4판 과학으로 풀어쓴
식품과 조리원리

KB149797

THE FOOD & PRINCIPLE OF COOKERY
A SCIENTIFIC APPROACH

4판 과학으로 풀어쓴
식품과 조리원리

이주희 · 김미리 · 민혜선 · 이영은
송은승 · 권순자 · 김미정 · 송효남

교문사

4판을 내면서

경제가 윤택해지고 농·수산업이 발달하면서 식재료가 풍부해졌다. 이에 따라 오늘날 사람들은 많이 먹는 것보다 무엇을 먹어야 행복하고 건강해지며, 그 행복과 건강을 어떻게 계속 유지할 것인지가 큰 관심사다. 그 결과 맛이 있으면서 건강을 지켜줄 수 있는 식품의 재료와 방법에 대한 관심이 지나칠 정도로 증가하고 있는데, 이러한 행위는 인간의 기본 욕구일 것이다.

또한 대중의 교육수준 향상과 교통·통신의 발달로 인하여 식생활에 대한 인식과 방식도 세계화되고 있다. 따라서 인간이 지닌 맛에 대한 감각이 더욱 세분화되면서 일반사람들도 각종 식재료를 이용한 여러 조리방법에 익숙해졌으며, 조리에 대한 물리·화학적 특성이나 생화학적 특성을 기반으로 과학적 조리법에 대한 정보와 조리원리에 대한 해답을 요구하고 있다.

이에 2019년 2월, 저자들은 식품의 올바른 이용과 식품을 식재료로 조리 시 일어나는 일련의 과정들을 과학적 원리로 설명함으로써 더욱 깊이 이해시키고자 《과학으로 풀어 쓴 식품과 조리원리》를 출간하였다. 그 뒤 저자들이 강의를 하면서 느낀 점들을 첨가하여 수정하고 내용을 보완하는 개정작업도 하였으나, 많은 독자 여러분의 성원에 힘입어 계속되는 보완과 수정을 통하여 제4판을 내놓게 되었다.

그 동안 이 책을 교재로 사용해 주신 교수님들과 학생들, 그리고 교문사 편집부원들께 감사의 마음을 드리며, 좀 더 완성도를 높이기 위해 앞으로도 개정작업을 계속해 나갈 것임을 약속드린다.

2019년 2월
저자 일동

CHAPTER 4
밀가루

CHAPTER 12
달걀

CHAPTER 13
우유와 유제품

CHAPTER 1
조리의 기초

CHAPTER 1
조리의 기초

우리가 식품을 조리하여 음식으로 만들어 먹을 때 바라는 바를 여러 가지로 생각할 수 있겠지만 '어메니티(amenity)'라는 단어로 표현할 수 있을 것이다. 어메니티는 단순하게 쾌적성이라기보다는 '생명의 안식'이라는 더욱 깊은 의미를 가진 심신의 편안함을 말한다. 식탁을 중심으로 한 어메니티는 음식과 사람의 상태에 영향을 미치는 여러 요인에 의해 결정된다(그림 1-1). 따라서 조리원리를 이해하고 그 원리에 입각하여 영양과 위생, 맛까지도 조화를 이룬 음식을 만들기 위한 노력은 궁극적으로 인간의 행복 중의 하나인 식생활의 어메니티를 위해서 필수불가결한 것이라 할 수 있다.

1. 조리의 목적

인간은 생명을 유지하고 성장과 건강한 생활을 영위하기 위해 필요한 영양소와 기능성분을 식품으로부터 공급받아야 한다. 농산물, 축산물, 수산물 등의 식품은 적당한 처리를 하여 사람이 먹는 음식으로 변하게 된다. 조리란 이렇게 식품에 인위적인 처리를 가하여 먹기에 알맞은 음식으로 만드는 과정을 말하며, 다음과 같은 목적이 있다.

1) 영양적 효용성 증가

식품에서 불필요한 부분을 제거하거나 갈거나 다지는 등의 기계적 조작과 가열처리로 인한 조직의 연화 및 단백질 변성은 조직을 부드럽게 하여 소화와

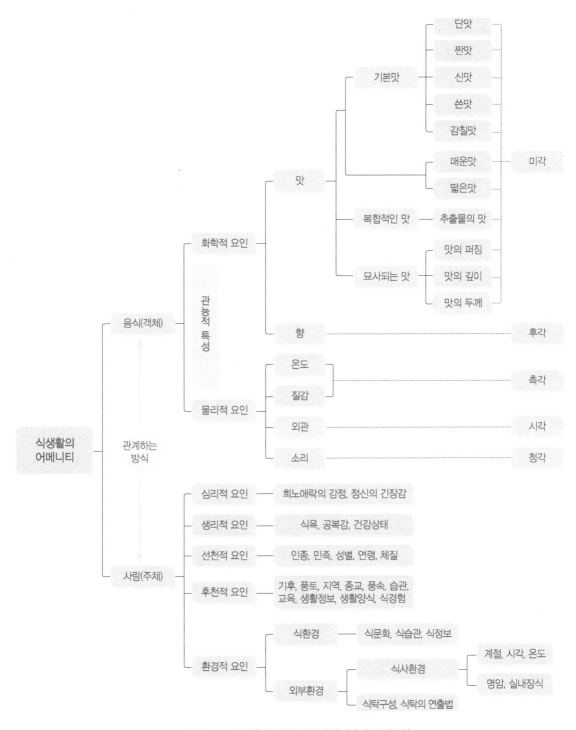

그림 1-1 식생활에 있어서의 어메니티의 구성요인

출처 : 일본 푸드스페셜리스트협회 편저, 권순자 외 2인 공역(2004).푸드코디네이트론. 시그마프레스(주)

흡수를 증진시킨다. 반면에 식품에 따라서는 영양소를 최대한 보존시켜야 하므로 비타민 C가 많은 귤, 딸기 등의 과일은 가열하지 않는 조리법이 좋다.

2) 안전성 향상

식품이 지니고 있는 독성분, 병원성 세균, 해충류, 농약 등을 씻거나 담그기 등으로 제거하거나 가열함으로써 위생적이며 안전한 음식을 만들 수 있다. 예를 들면 채소를 흐르는 물에 씻거나 담그면 위생적으로 더욱 안전해질 수 있다.

3) 기호성 증진

식품은 조리과정을 통하여 향미, 질감, 색이 증진되고 더욱 맛있게 먹을 수 있는 온도가 되어 기호적인 가치가 향상된다. 예를 들어, 시금치를 살짝 데치면 녹색이 더욱 선명해지고, 고기는 구우면 생으로 먹을 때 느끼지 못하는 좋은 향미를 느낄 수 있게 된다.

4) 저장성과 수송성 향상

식품은 세포 속에 들어 있던 산화효소나 가수분해효소의 영향으로 식품성분 간의 화학반응이나 조직이 물러지는 등의 변화를 보이지만, 조리를 하면 효소가 파괴되어 저장성이 높아진다. 특히 채소류의 경우는 조리를 통해 부피가 줄어들기 때문에 수송이나 이동 시에 물리적인 충격이나 파손으로부터 자유로워져 안전하게 저장하고 수송할 수 있다.

이와 같이 조리는 인간이 음식을 통해 얻으려고 하는 여러 가지 영양성분과 기능성분, 안전성, 감각적인 만족, 수송성과 저장성을 좀 더 효과적으로 더 오래, 더 다양한 형태로 얻을 수 있게 한다. 식재료가 가진 특성을 다양한 방법으로 조리함으로써 하나의 재료로 여러 가지 맛, 냄새, 질감을 얻을 수 있게 된다는 것이다.

따라서 다양한 식품재료의 성분과 특성만이 아니라 조리과정에서 일어나는 영양소, 향미, 색, 질감 등 물리적·화학적 변화 등의 조리원리를 이해해야만 효율적인 조리방법을 찾아내어 위생적이고 영양가도 높으며 더욱 맛있는 음식을 만들 수 있게 된다.

식품의 성분과 조리과정에서 일어나는 변화에 대한 과학적인 연구는 그동안 많이 이루어져 왔으나 식품의 복잡한 구조 및 성분, 새로운 식품재료 등의 출현, 또한 조리 시 일어나는 물리적·화학적 변화의 복잡성 등으로 인해 아직은 조리의 원리 중 밝혀야 할 분야가 많다. 특히 우리나라의 전통 조리법은 오랜 기간 경험으로 이루어진 것이 많아 이에 대한 체계적이고 과학적인 방법으로 연구가 이루어져 세계 속으로 우리나라의 웰빙(well-being) 조리방법을 증명하고 발전시 하겠다.

2. 열 전달

회나 샐러드 등은 가열하지 않고 만든 음식이지만, 대부분의 음식은 가열하여 만드는 것이 일반적이다. 가열하면 식품 내로 에너지가 가해지므로 분자운동에 의해 향, 색, 맛, 질감 등 여러 가지 변화가 일어난다. 조리목적에 따라 다양한 온도대의 조리법이 사용된다(그림 1-2-a).

1) 열과 조리

(1) 열의 강도

- 열의 강도는 온도계로 측정하며, 온도계는 섭씨온도계와 화씨온도계가 있다.
- 온도계는 대기압인 1기압에서 물의 어는점(0℃)과 끓는점(100℃)을 실제

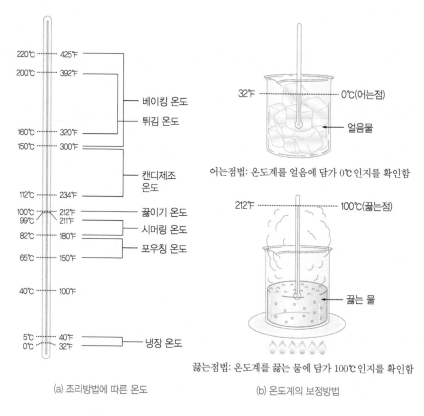

(a) 조리방법에 따른 온도

베이킹 온도
튀김 온도
캔디제조 온도
끓이기 온도
시머링 온도
포우칭 온도
냉장 온도

어는점법: 온도계를 얼음에 담가 0℃인지를 확인함

32℉ — 0℃(어는점)
얼음물

212℉ — 100℃(끓는점)
끓는 물

끓는점법: 온도계를 끓는 물에 담가 100℃인지를 확인함

(b) 온도계의 보정방법

그림 1-2 조리방법에 따른 온도와 온도계의 보정방법

로 측정하여 그 각각의 눈금위치를 각각 0℃와 100℃로 보정하여 사용한다(그림 1-2-b).

- 섭씨온도(℃)계 : 물의 어는점을 0℃, 끓는점을 100℃로 하여 100등분으로 눈금을 표시
- 화씨온도(℉)계 : 물의 어는점을 32℉, 끓는점을 212℉로 하여 180등분으로 눈금을 표시

섭씨 온도를 화씨로, 화씨 온도를 섭씨로 바꾸려면?

$$℉ = \frac{9}{5}℃ + 32$$

$$℃ = \frac{5}{9}(℉ - 32)$$

일반적으로 우리나라에서는 섭씨온도를, 서양에서는 화씨온도를 주로 사용

(2) 열에너지

열에너지는 전기, 화학, 핵에너지 등과 같은 에너지의 형태이다. 물이나 기름 등에 열에너지를 가하면 온도가 상승하며, 상승하는 정도는 물질의 비열

비열(specific heat)

어떤 물질 1 g을 1℃ 올리는 데 필요한 열량을 말하며, 이것을 cal/g℃ 또는 J/g℃로 나타냄

물질	cal/g℃
물	1.0
기름	0.5
설탕	0.3
공기	0.25

칼로리

열에너지의 양으로, 1 cal (calorie)는 물 1 g을 1℃ 올리는 데 필요한 에너지의 양

(specific heat)로 나타낸다.

2) 열원 또는 열 에너지원

조리 시 주로 사용되는 열원으로는 가스, 전기 등이 있다.

(1) 열원의 종류

① **가스**　조리용 연료로 사용되는 가스의 종류로는 천연가스, 부탄가스가 있다. 장점으로는 점화가 간단하고 최고 온도가 높으며 온도의 상승이 빠르고 점화 즉시 원하는 화력을 얻을 수 있다.

② **전기**　전기는 연료라기보다는 에너지원이라 할 수 있다. 전기의 장점은 무해하고 자동조절이 가능하다. 단점으로는 가스만큼 최고 도달온도가 높지 않고 온도 상승이 느리고 완만하며 에너지 단가가 비싼 편이다.

(2) 열효율

열효율(thermal efficiency)이란 열원, 즉 연료 중에 함유되어 있는 열량과 가열에 쓰이는 열량의 비를 말하는데 열원의 종류에 따라 다르다(표 1-1).

표 1-1 열원의 종류에 따른 열효율

종류	열효율(%)	종류	열효율(%)
전력(전기솥)	50~65	연탄	30~40
가스	40~45	장작	25~45
석탄	30~40	왕겨	20

3) 열의 전달방법

열원에서부터 식품으로 열이 이동하는 방법으로는 전도, 대류, 복사가 있다(그림 1-3).

(1) 전도

물체가 열원에 직접 접촉하였을 때 열이 물체를 따라 이동하는 것을 전도(conduction)라 한다. 전도에 의한 열전달은 비교적 느리다. 전도에 의해 열이 전달되는 정도를 열전도율이라 하며, 열전도율은 물질의 종류에 따라 다르다(표 1-2).

- 열전도율이 큰 물질 : 열을 빨리 전달하나 보온성이 낮다.
- 열전도율이 작은 물질 : 온도상승이 늦으나 보온성이 높다.
- 열이 효율적으로 전도되기 위한 조건
  - 조리기구의 재질 : 열전도율이 높은 재질(금속 〉유리 〉나무)
  - 금속의 종류 : 은 〉구리 〉알루미늄 〉철
  - 조리기구의 모양 : 바닥이 넓고 편평한 것
  - 열원에서의 거리 : 열원에서 가까울수록

실생활의 조리원리

라면을 알루미늄 냄비에 끓이면 맛있는 이유는 무엇일까?
알루미늄은 열전도율이 높아 조리수가 끓는점까지 빨리 올라가서 라면이 빨리 끓어 붇지 않기 때문이다.

표 1-2 열전도율 (cal/cm · sec · deg)

물질	열전도율	비교치	물질	열전도율	비교치
은	1.006	5.11	철	0.197	1.00
구리	0.962	4.88	유리	0.002	1/99
알루미늄	0.572	2.90	공기	0.000055	1/3582

- 식품의 조직상태 : 균일한 식품

(2) 대류

대류(convection)에 의한 열의 전달은 공기나 액체를 통해서 일어나는데, 공기나 액체를 가열하면 팽창하여 밀도가 낮아지면서 가벼워지므로 위로 올라가고, 위의 찬 공기나 액체는 밀도가 높아 무거우므로 아래쪽으로 이동한다. 이렇게 열이 전달되는 것을 대류라 한다.

- 점도가 낮은 액체 : 대류가 잘 일어나 빨리 데워지는 반면에 빨리 식는다.
- 점도가 높은 액체 : 대류가 원활하게 이루어지지 못하여 열이 고루 전달되기 어렵다. 따라서 냄비 밑바닥에 눌어붙어 타게 된다. 따라서 대류가 원활하도록 저어 주어야 한다.

(3) 복사

복사(radiation)는 열원으로부터 중간매체 없이 직접 물체에 도달하여 열이 전달되는 것을 말하며, 복사열의 전달속도는 열원에서부터 물체까지 장애물 없이 빛의 속도로 직접 전달되므로 가장 빠르다. 열에너지는 전자기파의 형태로 이동하는데, 파장에 따라 가시광선은 380~760 nm, 적외선은 760 nm보다 긴 파장으로 열선이라고도 한다(부록 1 참고).

열의 복사는 빛과 같은 형태로 공간을 직진하고 다른 물체에 닿으면 흡수, 반사, 투과된다. 표면이 거칠고 어두운 색을 띠는 용기는 복사에너지를 흡수하므로 내용물이 빨리 가열된다. 반면에 표면이 매끈하고 반짝거리며 밝은 빛

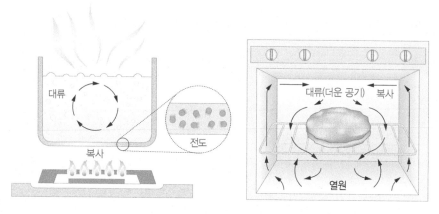

그림 1-3 열의 전도, 대류, 복사

을 띠는 용기는 복사열을 흡수하지 못하고 반사한다. 투명한 용기는 복사열을 투과시켜 식품 표면에 흡수되도록 한다.

복사열을 이용하는 조리방법에는 전기 또는 가스레인지나 숯불, 연탄불에 고기, 생선, 김 등을 직접 노출시켜 굽는 직화구이, 브로일, 토스트 등이 있다. 오븐에서 식품을 가열하는 것은 복사에 의한 것도 있다.

(4) 전자레인지에 의한 가열

① 전자레인지에 의한 가열 원리

- 전자레인지의 가열 원리는 전도, 대류, 복사와는 달리 열원이 따로 있는 것이 아니라 식품 내부에서 열을 발생시켜 식품을 가열하는 특징이 있다.
- 전자레인지에서는 전기에너지를 마그네트론 장치에서 극초단파(microwave)로 발생시키는데 극초단파, 즉 마이크로웨이브의 주파수는 920∼2,450 MHz로, 이것은 물분자가 1초에 24억 5천만 회 진동하는 것을 의미한다. 이러한 진동에 의한 마찰열로 식품의 수분이 가열되어 조리가 가능하게 된다.
- 극초단파는 식품 표면에서 2.5∼5 cm 정도 침투하여 흡수된다. 이때 극성 분자인 물분자가 분극되어 전자기장 내에서 규칙적으로 배열하는데, 전자기장의 변화에 따라 재배열하기 위해 회전하여 분자 간에 마찰을 일으켜 열이 발생한다.

표 1-3 전자레인지와 조리 용기

사용이 가능한 용기	사용이 불가능한 용기
도자기, 경질 유리(파이렉스 등), 나무, 대나무, 종이, 플라스틱(폴리프로필렌, 테프론, 실리콘수지 등)	금속, 금박 또는 은박 장식 용기, 칠기, 알루미늄 포일, 열에 약한 플라스틱(폴리에틸렌, 비닐, 멜라민, 요소수지)

② **전자레인지 조리의 특징**

- 조리시간이 짧다.
- 전자파가 경질 유리(파이렉스 등), 도자기, 종이, 합성수지 등을 투과한다.
- 갈변이 일어나지 않는다.
- 수분 증발로 중량이 감소한다.
- 조리공간의 온도가 오르지 않는다.
- 식품의 향, 색 등이 유지되고 조리 시 영양소 손실이 적다.
- 데우기 등 재가열 시 편리하다.
- 용기에 식품을 담은채로 조리가 가능하다(표 1-3).

③ **전자레인지 사용 시 주의할 점**

- 식품을 빨리 가열하기 위해서는 액체식품은 깊이가 얕은 그릇을 사용한다.
- 식품은 반드시 랩(wrap) 포장하여 수분 증발을 방지한다. 이때 랩에 작은 구멍을 뚫거나 뚜껑을 조금 열어 두어야 수증기가 팽창하여 터지는 것을 방지할 수 있다.
- 식품 표면에 갈색을 내려면 먼저 오븐이나 그릴에서 조리하여 갈색이 된 후에 전자레인지로 중심부를 익힌다.
- 극초단파의 양을 고루 분산시키기 위해 회전접시를 이용한다.
- 전자파에 노출되지 않도록 주의한다. 가열 후 전원스위치를 끄고 나서 문을 연다. 또, 조리 중에는 2 m 이상 떨어져 기다리도록 한다.

4) 열전달 매체

가열 시 식품에 열을 전달하는 매체로는 공기, 물, 수증기, 기름이 있다(표 1-4).

표 1-4 열전달 방법과 열전달 매체

열전달 방법	열전달 매체			
	공기	물	수증기	기름
전도		○	○	○
대류	○	○	○	○
복사	○			

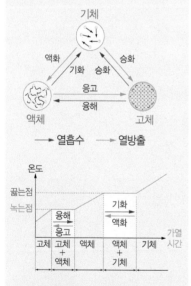

잠재열

물질의 상 변화 시 방출하거나 흡수하는 에너지의 양을 말하며, 칼로리로 표시함.

- 물의 기화열 : 물이 수증기로 될 때 흡수되는 열(540 cal/g)
- 얼음의 융해열 : 얼음이 물로 될 때 흡수되는 열(80 cal/g)

(1) 물

물은 끓이기, 삶기, 데치기 등과 같은 습식가열에서 열을 전달하는 매체이다. 열원에서 냄비를 통해 물에 전달된 열이 식품으로 이동한다. 이때 전도와 대류에 의해 열이 전달된다. 물은 공기보다 좋은 전도체이므로 식품은 물 속에서 더 빨리 가열된다. 조리 시 도달하는 최고온도는 물의 끓는점까지이다.

(2) 수증기

수증기는 찌기와 같은 습열조리를 할 때 열을 전달하는 매체로 전도와 대류에 의해 열이 전달된다. 수분 함량이 많은 식품을 알루미늄 포일로 싸서 오븐에서 굽는 경우에도 찌는 것과 같은 효과가 생긴다.

식품은 수증기보다 온도가 낮으므로 수증기는 식품 표면에서 응축되며, 이때 수증기가 보유하고 있던 기화열이 방출되면서 물이 되고 이 열로 식품이 가열된다. 이를 수증기의 잠재열이라 하며 물 1 g당 540 cal이다.

실생활의 조리원리

높은 산에 올라가서 밥을 지으면 밥이 설익는 이유는?
쌀의 전분이 충분히 호화되려면 약 99∼100℃의 온도가 유지되어야 한다. 그러나 높은 산은 대기압이 낮아 끓는점이 낮아져서 전분이 충분히 호화되기 전에 끓게 되므로 쌀의 전분이 덜 호화되어 밥이 설익게 된다.

(3) 공기

공기는 굽기, 로스팅, 브로일링 같은 건열조리 시 주로 복사와 대류에 의해 열을 전달하는 매체이다. 공기의 비열은 물보다 낮고, 열전도율이 극히 낮은 비전도체(표 1-4)이므로 조리시간이 오래 걸린다.

(4) 기름

기름은 볶기(sauteing), 부치기(pan frying), 튀기기(deep-fat frying) 등에서 열전달 매체가 된다. 기름이 대류되어 열이 고르게 분산되고, 식품이 기름과 접촉하면 전도에 의해 열이 전달된다. 기름은 비열이 낮아 열전달 속도가 빠를 뿐 아니라 끓는점이 높아 조리시간이 단축된다. 발연점이 높은 기름을 선택해야 튀긴 음식의 기름 흡유량이 적어진다.

(5) 조리방법에 따른 열의 전달

가열 조리방법은 나음의 표 1-5와 같이 분류된다. 조리 시 가열에 의한 열의 전달은 전도, 대류, 복사에 의하나 대부분의 경우는 한 가지 방법에 의하기보다는 세 가지의 열전달 방법이 복합적으로 식품에 적용된다.

표 1-5 가열 조리방법의 분류

가열방식	조리방법	열전달 매체
습식 가열	끓이기 삶기 데치기 밥짓기	물
	찌기	수증기
건식 가열	굽기	공기
	부치기 튀기기 볶기	기름
복합식 가열	브레이징	공기, 물
	스튜잉	기름, 물
전자레인지 가열		열전달 매체는 없음 물은 발열체가 됨

3. 계량과 조리기구

단위 비교
- 1큰술(Tbsp, T)
  = 15mL = 3 tsp
- 1작은술(tsp, t)
  = 5 mL

식품이나 조미료의 정확한 계량은 조리법의 표준화와 조리작업의 과학화를 위해 중요하다. 그리고 맛있는 음식을 만드는 데는 적절한 조리법과 조리기구를 이용해 정확한 방법으로 재현성을 높이는 과학적인 조리법으로의 접근이 필요하다.

표 1-6 무게와 부피의 단위 환산

무게	1파운드(lb)	454그램(g)
	1온스(oz)	28.35그램(g)
부피	1갤런(gal)	3.79리터(L)
	1쿼트(qt)	946.4밀리리터(mL)
	1액체온스(fl oz)	29.6밀리리터(mL)

1) 계량

(1) 계량 단위

조리를 위해 식재료를 계량하는 것은 조리과정에서 첫 과정이며 중요한 절차이다. 따라서 정확한 계량법을 알아야 한다. 일반적으로 식재료를 계량할 때는 무게나 부피를 측정하는 데 나라마다 다양하게 사용되는 계량 단위를 표준화하는 목적으로 미터단위를 사용하고 있지만 아직도 우리나라뿐 아니라 세계 각국에서는 무게나 부피의 단위로 사용되는 상용단위가 있다. 표 1-6은 서양에서 일반적으로 사용되는 무게와 부피를 표준 단위로 나타낸 것이다. 미터법에서 부피를 나타내는 단위는 리터(L)로, 무게는 그램(g)으로 나타낸다.

계량컵

계량스푼

아날로그 저울

(2) 계량기구

① **부피** 식품의 부피를 측정하는 기구에는 계량컵, 계량스푼, 메스실린더, 메스플라스크 등이 있다.

- 계량컵 : 1 C(200mL), $\frac{1}{2}$ C, $\frac{1}{3}$ C, $\frac{1}{4}$ C이 한 세트이고 계량컵보다 작은 양을 계량할 때는 계량스푼을 사용하여 계량한다. 1 C의 국제 표준용량은 240 mL이나 우리나라나 일본에서는 200 mL를 1 C으로 지정하고 있어 서양조리에서의 1 C의 부피와는 다르니 주의해야 한다.
- 계량스푼 : 1 Tbsp(15mL), 1 tsp(5mL), $\frac{1}{2}$ tsp, $\frac{1}{3}$ tsp, $\frac{1}{4}$ tsp이 한 세트로 되어 있거나 1 Tbsp의 손잡이가 길게 되어 있고 다른 한쪽 끝에 1 tsp이

디지털 저울

붙어 있어 하나로 연결된 간편한 모양의 것도 있다.

② **무게** 식품의 무게를 측정하는 것은 부피로 식품을 계량하는 것보다 더 정확한 방법이며 많이 사용되고 있다. 식품의 무게는 저울을 사용하여 측정하는데, 저울은 반드시 수평한 곳에서 영점을 맞추고 사용해야 한다. 저울은 아날로그식과 숫자가 바로 나타나는 디지털식이 있다. 이것은 주로 가정용이며, 그 외 대용량의 무게를 재는 다양한 저울이 있다.

제빵용 온도계   적외선 온도계

③ **시간** 식품의 가열, 담그기, 숙성 등에 필요한 적절한 시간을 알기 위해서는 시간을 측정해야 한다. 이를 위해 초침이 잘 보이는 탁상시계나 손목시계, 스톱워치, 타이머 등을 사용한다.

튀김용 온도계   육류용 온도계

수소이온 농도와 pH
$$pH = -\log[H^+]$$

④ **온도** 식품의 가열, 발효 등은 온도와의 관계가 중요하다. 조리용 온도계는 용도에 따라 다양한 종류가 있다.

⑤ **수소이온 농도** 수소이온 농도는 단백질의 등전점, 발효의 정도, 효소활성, 색소의 변화 등 조리 중의 여러 현상과 관계가 있다. 수소이온 농도($[H^+]$)는 pH 종이나 pH 미터를 사용해 측정한다.

⑥ **소금과 당 농도** 식품에 존재하는 당이나 소금의 농도를 측정하는 것은 음식의 맛을 알아내는 데 중요한 일이다. 당의 농도는 당도계로, 소금의 농도는 염도계를 이용한다. 굴절 당도계는 굴절률로 당도를 측정하며 프리즘에 시료 한두 방울을 떨어뜨리고 뚜껑을 덮어 접안렌즈로 보면 당 농도가 나타난다. 염도계는 소금에서 해리한 Na전극과 비교전극을 짜 넣은 복합전극을 시료 중에 찔러 자극하면 식염 농도가 측정된다.

⑦ **점도** 점도의 측정에는 모세관 점도계와 회전 점도계를 사용한다.

- 모세관 점도계(오스트왈드 점도계) : 일정량의 시료가 모세관 속에서 흘러 떨어지는 데 필요한 시간을 표준액과 비교해서 측정하면 점도를 알 수 있다.
- 회전 점도계 : 시료액 중에서 원통을 회전시켜 생기는 저항에 따라 원통의 상태가 변화하는 정도를 측정하는 것으로 시료액의 점도를 알 수 있다.

⑧ 기타 물성 아밀로그라프는 전분입자 가열에 따른 변화의 상태가 회전 점도계와 같은 원리로 측정되는 것이다. 레오미터는 시료의 굳기, 응집성, 탄력성, 부착성 등 식품의 텍스처 요소가 되는 것과 탄성률, 점성률 등의 레오로지 특성을 측정하고 기록하는 장치이다. 고체식품의 경우 텍스처 자동분석기(texture autoanalyzer)를 통해 경도, 응집력, 검성 등 식품의 텍스처를 쉽게 측정할 수 있다.

(3) 식품별 계량방법

① 가루식품

◎ 밀가루

밀가루는 체에 친 후 계량한다. 두세 번 체친 밀가루를 스푼으로 계량컵에 수북히 담아 스페츌라로 편평하게 깎아 한 컵으로 한다(그림 1-4). 밀가루를 체로 치면 밀가루 사이에 들어간 공기가 빵을 부풀게 하는 데 이용된다.

그림 1-4 밀가루의 계량방법

◎ 설탕

- 백설탕 : 덩어리진 것은 부수어서 계량컵에 수북히 담아 표면을 스페출라
  로 깎는다.
- 황설탕·흑설탕 : 사탕수수로 설탕을 만드는 과정에서 당밀이 남아 있어 서
  로 달라붙기 때문에 컵에서 꺼내었을 때 모양이 유지될 정도로 컵에 꾹꾹
  눌러 담아 컵의 위를 편평하게 스페출라로 깎은 후 한 컵으로 한다.

② **고체식품**　고체식품은 부피보다 무게를 재는 것이 훨씬 정확하다. 버터와 마가
린 같이 실온에서 고체인 지방은 냉장고에서 꺼내 부피를 재기에는 너무 딱딱하
므로 실온에서 약간 부드럽게 한 후 반고체로 만들어 컵에 꾹꾹 눌러 담아 공간
이 없게 한 후 위를 편평하게 깎아 계량한다. 된장도 컵에 꾹꾹 눌러 담아 같은
방법으로 계량한다.

- 물 이용법 : 부피가 작고 물에 젖어도 되는 고체식품은 물을 담은 메스실린
  더에 식품을 넣은 후 증가된 물의 양으로 부피를 알 수 있다(그림1-5).
- 씨앗 대용법(종자 치환법, 종실법) : 물에 젖으면 안 되는 식품의 경우는 씨앗
  대용법을 이용한다. 측정하고자 하는 식품보다 큰 그릇에 종자(좁쌀 등)
  를 편평하게 가득 담아 이보다 큰 그릇에 그릇째 그대로 담은 후 측정하

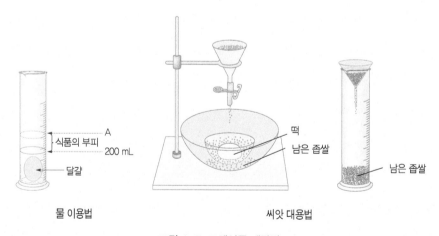

식품의 부피 A
200 mL
달걀

물 이용법

떡
남은 좁쌀

남은 좁쌀

씨앗 대용법

그림 1-5　고체식품 계량법

려는 식품을 그릇에 넣고 종자 속에 파묻어 위를 편평하게 하면 식품의 부피만큼 종자가 넘쳐 나오게 된다. 넘쳐 나온 종자를 메스실린더에 담아 눈금을 읽으면 된다. 이때 늘어난 부피만큼이 측정하고자 하는 식품의 부피가 된다.

③ **액체식품** 액체식품은 속이 들여다보이는 투명한 계량컵을 사용한다.
- 일반적인 액체 : 컵을 수평상태로 놓고 눈높이를 액체의 밑면에 일치되게 하고 눈금을 읽는다.
- 점도가 있는 액체 : 꿀과 엿 등은 컵에 가득 채운 후 위를 편평하게 깎아주고, 고추장, 마요네즈, 케첩 등은 공간이 없도록 눌러 담고 위를 깎아 측정한다.

(4) 식품별 목측량
조리에서 무게와 부피를 정확히 측정하는 것이 과학적인 조리법의 지름길이

표 1-7 식품별 목측량

식품		단위	실제량(g)	식품		단위	실제량(g)
곡류·서류	쌀	1 C	195	과일류	배	1개	550
	밀가루	1 C	100		사과	1개	300
	고구마	1개	250		귤	1개	100
	감자	1개	140	조미료류	된장	1 T	18
어육류·난류	조기	1마리	400		간장	1 T	17
	닭	1마리	1200		마요네즈	1 T	17
	달걀	1개	50		식초	1 T	15
두류·채소류	두부	1모	400		참기름	1 T	13
	무	1개	1000		소금	1 T	13
	당근	1개	200		백설탕	1 T	8
	양파	1개	150		통깨	1 T	8

지만 측정기구가 없을 때 눈대중으로 식품의 양을 짐작하여 조리에 이용할 수 있다. 표 1-7에 눈대중의 식품의 양을 참고로 제시하였다.

2) 조리기구

(1) 대형기기

① 조리용 레인지

◎ 가스레인지

가스레인지(gas range)는 일반적으로 세 가지 형태가 있는데 버너만 있는 것, 버너와 그릴이 함께 있는 것 그리고 버너와 그릴과 오븐 그릴이 함께 있는 것이다.

◎ 가스오븐레인지

가스오븐레인지(gas oven range)는 가스레인지에 오븐의 기능이 장착된 것으로 위의 레인지에는 팬이나 냄비를 이용한 요리를 하고, 아래 오븐에는 굽기, 로스트 등의 요리를 한다. 아래 오븐은 열이 자연대류식인 것과 강제대류식이 있는데, 강제대류식은 열효율이 높고 조리시간이 빠르다.

　오븐 사용 용기는 내열성 유리나 알루미늄 포일과 철제 금속, 스테인리스 스틸 등의 재질로 된 조리기구가 가능하다.

인덕션 레인지

◎ 인덕션 레인지

인덕션 레인지(induction range)는 가스로 식품을 가열하는 종래의 방법과는 달리 불꽃이 나지 않고 표면이 편평한 면에서 식품을 가열하는 열기구이다. 가스 폭발의 위험이나 불꽃으로 인한 화상의 위험이 없으므로 무엇보다 안전하고 효율성이 높아 경제적이며 외관이 깔끔하여 위생적이다. 또 온도 변화가 빠른 것도 큰 장점이다.

인덕션 레인지의 원리

IH방식이란 전자유도 가열식 조리기기를 의미하는데, 작동원리는 레인지 상판 아래에 있는 코일에 전류를 흘려보내면 코일에 자력선이 발생하고 이 자력선이 냄비의 바닥을 통과 시에 냄비의 재질에 포함된 저항성분(철 성분)에 의해서 와류전류를 생성시킨다. 냄비 바닥에서 발생한 와류전류는 냄비 자체만 발열시키므로 그릇만 뜨거워지는 유도가열이 일어난다. 냄비를 들면 가열이 즉시로 멈추게 되며, 상판을 손으로 만져도 뜨겁지 않아 안전하고, 냄비가 닿는 부분에서만 에너지가 생성되므로 에너지효율이 높다.

◎ 컨벡션 오븐

전기를 열원으로 이용하는 대류식 오븐(convection oven)이다. 단시간에 다량의 조리가 가능하지만 수분 증발로 식품이 건조될 가능성이 있다. 요즘은 스팀을 이용한 가열 오븐도 있다.

◎ 기타

- 그리들(griddle) : 두꺼운 철판으로 만들어진 번철로 팬케이크, 전 부치기 등의 조리 시 이용된다.
- 그릴(grill) : 직화로 굽는 석쇠로 고기 · 생선 · 채소구이용으로 사용된다.
- 살라만더(salamander) : 불꽃이 위에서 아래로 내려오는 하향식 열기기로 생선구이나 그라탱 요리에 이용된다.

② **냉장고와 냉동고** 냉장고(refrigerator)는 0~8℃를 유지하여 식품을 저온 저장하는 기계이다. 냉장고의 종류는 형태와 용도에 따라 아주 다양한 제품이 나오고 있다(표 1-8). 냉동고(freezer)는 -18℃ 이하를 유지해야 한다.

표 1-8 냉장고의 종류

분류 기준		종류	특성
형태	리치인 (reach-in)	패스트루(pass-through)	앞뒤 양문 형태의 냉장고로 단체 급식에서 많이 사용
		업라이트(upright)	일반적인 가정용 냉장고
		언더더카운터(under-the-counter)	작업대 밑에 냉장고가 달려 있음 (아이스크림냉동고)
		포터블(mobile or portable)	소형으로 이동 가능한 냉장고
	워크인 (walk-in)	워크인(walk-in)	방 하나를 냉장온도가 유지가 되도록 시설함
용도		다목적 와인 김치 쌀 화장품	저장용품에 따라 다양한 냉장고가 있음
냉각 방식		자연대류식 강제순환식	냉각방식이 자연적인 흐름에 따르는지 강제순환을 하는지에 따름
냉동실 위치		탑 마운트(top mount)	냉동실이 냉장실의 위에 있음
		보텀 프리저(bottom freezer)	냉동실이 냉장실의 아래에 있음
		사이드 바이 사이드(side by side)	냉동실이 냉장실의 옆에 있음

③ **식기세척기** 식기세척기(dish washer)는 자동으로 세척의 전 과정이 이루어지도록 다양한 형태가 나오고 있으며 그 종류는 표 1-9와 같다.

④ **믹서, 블렌더 및 주서**

- 믹서(mixer) : 크리밍(creaming), 거품내기(foaming), 혼합하기에 사용한다. 가루믹서(flour mixer)는 제과·제빵 시 사용하는 것으로 대량 밀가루반죽 혼합기이다. 테이블 믹서는 소형혼합기로 소량의 식재료를 섞는 데 이용한다.
- 블렌더(blender) : 과일과 채소의 분쇄, 셰이크, 재료의 혼합, 다짐, 즙 만들기에 사용한다.

표 1-9 식기세척기의 종류

종류	특징	사용법
담금형	그물선반에 식기를 넣어 물에 담아 세척	수동세척과 유사
싱글탱크, 고정선반형	선반에 식기를 올려 탱크에 넣고 고압으로 물을 분사해 세척	세척기의 문을 열고 선반랙을 넣은 후 기계를 작동
컨베이어선반형	컨베이어벨트가 세척기로 식기를 운반해 세척	식기선반은 세척기로 자동 운반되어 세척하며 수동세척과 유사
플라이트형	컨베이어가 연속식 랙(rack)으로 되어 있고, 식기는 꽂이에 꽂혀 고정되어 세척	양끝에 종업원이 식기를 올려 놓거나 꺼내도록 설계
회전형	식기를 올리고 내릴 수 있는 순환 컨베이어가 설치되어 세척	
저온형	고온으로 가열하지 않는 에너지 절약형	식기의 소독을 위해서 화학소독제를 사용

- 주서(juicer) : 과일이나 채소를 파쇄한 뒤 고형물은 거르고 액만 받아마실 수 있도록 만든 기계이다. 요즘은 식품만 넣으면 자동으로 고형물과 액이 분리되어 나오는 자동기계가 많이 있고 건강을 염려하여 채소와 과일의 섭취가 늘어나면서 많이 이용하고 있다.

⑤ 커피메이커 커피는 볶아서 간 원두의 성분을 어떻게 침출하느냐에 따라 부록 2와 같이 분류한다. 커피 추출에는 침지법·여과법·가압추출법이 있고, 여과법에는 퍼콜레이터식·진공식·드립식·자동드립식이 있다.

(2) 조리 소도구

① 상 우리나라 음식을 차리는 데 사용되는 상의 종류는 다음과 같다.

- 원반 : 둥근 모양으로 궁중에서는 수라상에 사용되었다.
- 책상반 : 네모 모양으로 가정에서 반상으로 이용되었다.
- 두리반 : 둥근 모양으로 여러 사람이 둘러 앉아 먹는 상이다. 대가족에서

부녀자, 어린이들이 둘러앉았거나 머슴들이 둘러앉아 받는 상이며, 어른들은 사용하지 않는 것이 원칙이다. 이는 어른들과 겸상을 하지 않는 우리나라의 옛 풍속에서 비롯된 전통이다. 두리반은 원반과 유사하나 약간 모가 나 있다.

• 개다리소반 : 상다리의 모양이 개다리를 닮았다고 하여 붙여진 이름이다.

② **칼** 칼날의 재료는 스테인리스 스틸이 가장 좋으나 스테인리스 스틸과 카본 스틸이 이용되고 있다. 스테인리스 스틸은 카본 스틸보다는 강하고 부식이나 변색이 없고 칼날을 세우기는 힘들지만 세워 둔 칼날은 오래 지속된다. 특히 외식이나 급식분야에서는 식품위생상 식품 간의 교차오염을 방지하기 위해 칼의 손잡이와 도마에는 색을 달리하여 식재료별로 사용하고 있는데, 적색은 육류용, 녹색은 채소, 노란색은 과일, 파란색은 생선류에 이용하도록 구분하고 있다. 부록 3과 같이 다양한 종류와 모양이 있다.

③ **물기 제거기구** 세척한 식재료의 물기를 제거하는 기구는 부록 4와 같이 다양한 종류가 있다.

④ **팬** 팬의 종류와 용도는 부록 5와 같다.

⑤ **오븐용 기구** 오븐은 빵이나 과자, 육류 등의 구이요리에 이용되는데 여기에 사용되는 소도구는 주로 제빵·제과용 기구이다.

4. 기초 조리법

조리는 식사를 계획하여 음식이 완성되는 일련의 과정을 일컫는 말이지만 협의의 의미로는 가열에 의한 식품의 물리적·화학적 성분의 변화를 말한다. 조리

수산물을 소금물로 씻으면 좋은 이유

소금물은 생선이나 조개의 체액의 농도에 가까워 맛성분이 물속에 용출되는 것을 다소 늦춘다. 해수어는 맹물로 씻으면 삼투압 차가 커서 맛성분이 빨리 용출될 우려가 있다. 반면에 담수어를 씻을 때는 소금을 사용할 필요는 없다. 단, 비브리오균은 소금물에서 번식력이 강하므로 대량조리를 해야 하는 단체급식 등에서는 맹물로 씻는 것이 좋다.

오염물질을 효과적으로 씻으려면

세균이 1,000마리 묻어 있는 식품을 세척하면 세균의 10%가 잔류한다고 가정했을 때 100마리가 남지만, 동량의 물을 3등분하여 3번을 씻으면 한 번에 30%가 잔류한다고 가정하더라도 첫 번째는 300마리, 두 번째는 그 30%인 90마리, 세 번째 물에서는 27마리만 남는다. 이런 뜻에서 흐르는 물이 가장 좋으며, 수압 때문에 조직이 무른 굴 등은 담긴 물로 여러 번 물을 갈아주며 씻는 것이 좋다.

(예) 1,000마리의 세균의 잔류량

· 한 번에 씻을 경우(10% 잔류 가정)

$$1,000 \times \frac{1}{10} = 100(마리)$$

· 세 번에 나누어 씻을 경우(한 번당 30% 잔류 가정)

$$1,000 \times \frac{3}{10} \times \frac{3}{10} \times \frac{3}{10} = 27(마리)$$

대합이나 모시조개의 모래를 제거할 때 소금물에 담그는 것은?

조개류는 모래 속에서 호흡할 때 모래와 찌꺼기 등을 들이마시므로 물에 담가두면 이것들을 토해 낸다. 이것을 해감한다고 한다. 이때 조개는 호흡을 하므로 바닷물과 같은 농도의 소금물이 바람직하다. 대합이나 모시조개는 3%의 소금물에 담가두고, 바지락은 하구의 해수와 담수의 경계에 서식하고 있어 맹물로 충분하다. 또 밝은 곳보다는 어두운 곳이, 냉장보다는 실온 쪽이 좋다는 결과가 알려져 있다.

말린 표고버섯을 잘 불리려면

표고버섯에는 다시마의 글루탐산이나 가츠오부시(다랑어포)의 5′-이노신산은 없지만 5′-구아닐산을 다량 함유하고 있다. 이 물질은 감칠맛은 강하지 않지만, 글루탐산이나 이노신산과 함께하면 감칠맛이 훨씬 강해진다.

  말린 표고버섯은 수온 20℃에서는 20분, 10℃에서는 40분 전후로 흡수를 완료하는데, 이렇게 물에 담그면 감칠맛 성분을 잃게 된다. 따라서 미지근한 물에 설탕을 약간 넣어 두면, 흡수는 빠르고 맛의 용출을 늦출 수가 있다. 그 이유는 설탕용액이 삼투압이 높아 내부와의 농도 차가 적기 때문에 성분의 용출도 늦어지게 된다. 마른 표고버섯에 설탕 맛이 다소 배어드는 것은 표고버섯의 맛을 방해할 정도는 아니며 조릴 때에는 속까지 설탕이 먼저 침투해 있는 것이 도움이 된다.

의 과정은 구입한 식재료를 씻는 과정부터 시작하여 씻기, 담그기, 썰기, 냉장과 동결, 해동 그리고 여러 가지 가열과정을 거쳐 익히는 과정까지를 말한다.

1) 식재료의 준비과정

(1) 다듬기

다듬기는 식재료의 비가식 부분을 제거하고 정리하는 과정으로 식품 전체 무게 중 버려지는 부분의 비율을 폐기율이라고 한다. 조개류의 껍질, 생선의 내장, 육류의 뼈 제거로 인해 이러한 식품은 비교적 폐기율이 높고 곡류와 채소류는 폐기율이 낮다.

(2) 씻기

① **채소 씻기**　채소를 씻는 목적은 다음과 같다.

- 위생적 청결 : 흙과 이물질을 제거, 기생충이나 농약 등의 위해물질이 감소된다.
- 쓴맛, 떫은맛 등의 제거 : 채소의 쓴맛이나 떫은맛은 호모겐티스산이나 수산의 아린맛, 탄닌의 떫은맛, 일부 무기질의 쓴맛 등인데, 이들은 물에 담그면 용출된다. 우엉, 연근, 감자, 토란, 시금치, 죽순, 고사리, 고비의 쓴맛이나 떫은맛은 자른 후에 물에 담가 이 성분을 제거하는데, 흐르는 물로 씻으면 더 효과적이다.

② **과일 씻기**　과일의 껍질을 벗기거나 자른 후에는 갈변하기 쉽고, 단맛, 신맛, 향이 달아나기 쉬우므로 자르기 전에 통째로 씻도록 한다.

③ **생선과 조개류 씻기**　수산물을 씻는 목적은 다음과 같다.

- 비린내 제거 : 생선의 비린내는 주로 체표면의 점액에 많이 함유되어 있으므로 잘 씻으면 비린내가 감소한다.

- 오염물질, 미끈거림 제거 : 미끈거림은 당류와 단백질이 결합한 점성물질로, 세균이나 오염물질이 다량 부착되어 있다. 미끈거림은 물에는 강하여 제거되지 않으나 소금물에는 녹아서 소금을 사용하여 씻으면 제거하기 쉽다. 생선은 바닷물 정도의 농도(2~3%)인 소금물로 씻고, 조갯살은 소쿠리에 넣어 소금물에 담가 흔들어 씻는다.

④ **삶은 국수 헹구기** 국수는 삶은 후 찬물에 헹구는데, 이것은 씻는다는 의미보다 물에 담가 온도를 낮추어 고온에서 계속 진행되는 국수의 호화를 중지시키는 의미가 더 크다.

(3) 담그기

① **채소 담그기** 채소를 물에 담그는 목적은 다음과 같다.

- 쓴맛 빼기
- 팽압 회복 : 채소를 공기 중에 방치하면 수분이 날아가 팽압이 감소하여 시들게 되지만 물에 담그면 채소 세포 속의 농도가 평형을 유지하기 위해 물이 세포 속으로 들어가면서 팽압이 회복되어 채소는 아삭아삭해진다.
- 변색방지 : 콩나물은 조직이 연하고 공기와 접촉하는 표면적이 크며, 발아 상태에 있어서 효소의 산화가 빨라 순식간에 검게 변하는데, 물에 담가 두면 이것을 막을 수 있다.

② **건조 대구 · 청어 담그기** 청어나 대구 말린 것을 불릴 때에 잿물이나 쌀뜨물에 담근다. 왜냐하면 큰 생선을 말리는 중에 지방이 산화되어 생긴 유리지방산으로 인한 건어물 특유의 떫은 맛을 제거하기 위해서다. 잿물은 탄산칼륨의 알칼리성이 강해서 유리지방산을 중화시켜 떫은맛을 제거하여 맛을 좋게 한다. 또 생선단백질에 알칼리가 작용하면 팽윤을 촉진하여 세포막을 부드럽게 한다. 쌀뜨물에 담그면 콜로이드성 물질이 감칠맛의 유출을 방지하고 표면의 떫은맛 물질을 흡착하여 제거해 준다.

(4) 썰기

썰기의 목적은 다음과 같다.

- 열전달과 침투 용이 : 불필요한 부분을 제거하고 식재료의 표면적을 증가시켜 열전달과 조미료의 침투를 용이하게 한다.
- 외관과 맛 증가 : 먹기에 편리하고 외관과 맛도 좋아지게 된다. 요즘은 음식을 미적으로 보기 좋게 만드는 푸드 데코레이션에 대한 관심이 더해지면서 써는 작업을 중시하게 되고 여러 가지 다양한 노력과 발전가능성이 돋보이고 있다. 써는 방법은 통째썰기, 어슷썰기, 반달썰기, 막썰기, 얇팍썰기, 채 썰기, 네모썰기, 다지기 등의 기본적인 방법과 식품의 색이나 모양을 살려 매화, 국화, 난초 등의 모양썰기가 있다. 다양한 썰기방법과 일본요리와 서양요리에서 일반적으로 사용되는 썰기방법을 부록 6에 간단히 제시하였다.

(5) 으깨기, 갈기, 다지기

- 으깬 감자 : mashed potato
- 간 쇠고기 : ground beef, minced beef
- 강판에 간 레몬 껍질 : grated lemon peel
- 다진 마늘 : crushed garlic, minced garlic, chopped garlic

- 으깨기(mashing) : 감자나 달걀 등의 고형재료를 고운 입자 상태로 만드는 방법이다.
- 갈기(grinding) : 믹서나 그라인더로 미세한 입자 형태로 만드는 것으로 주로 쌀가루, 미숫가루, 후춧가루, 고춧가루 등을 만드는 것이다.
- 다지기(mincing, chopping) : 마늘이나 허브 등 일정한 모양을 가지지 않은 재료를 작은 조각으로 자르는 것이다.

(6) 섞기와 젓기

섞기와 젓기는 단독보다 병행하여 사용한다. 섞기와 젓기를 통해 다음과 같은 목적을 이룰 수 있다.

- 재료의 균일화 : 제과와 제빵에서 밀가루에 우유를 넣고 잘 섞기 위해서이다.
- 열전도의 균질화 : 소스를 만들 때나 묵을 쑬 때 젓지 않으면 냄비 밑은 타고 눌어 붙게 되는데, 이때 열을 균일하게 분포시키기 위해 저어 준다.

믹서보다 주서로 과즙을 낼 때에 비타민 C 함량이 높은 이유는?

채소나 과일의 비타민 C는 공기와 접촉하면 산화되어 효력이 감소한다. 과즙을 낼 때에 믹서는 70~80%에서 100%까지 산화된다. 주서는 즙이 즉시 외부로 나가며, 기포가 들어가는 것이 믹서보다 적기 때문에 주서가 더 좋다.

- 복숭아 : 믹서나 주서 모두에서 잔존율이 0%이다.
- 감귤류 : 믹서나 주서 모두에서 잔존율이 높고, 특히 주서에서는 100% 가까이 남아 있다.
- 딸기 : 믹서에서는 50% 정도, 주서에서는 90% 이상 남아 있다.

- 맛의 균질화 : 조미를 할 때 조미성분을 잘 저어주면 맛이 골고루 배게 된다.
- 부드러운 촉감 : 달걀 흰자로 만든 스폰지케이크에서 재료를 잘 섞어 케이크의 질을 부드럽게 한다.

(7) 냉각과 냉장

식재료는 필요에 따라 짧은 시간 동안이나 저장을 위해 낮은 온도에 보관하여야 한다. 단시간에 냉각하기 위해서는 열전도율이 높은 물(차가운 물)을 사용하면 효과적이다. 냉각이나 냉장을 할 때는 음식의 표면적이 클수록, 용기가 작을수록 빨리 식으므로 식품의 온도를 빨리 낮추려면 작은 부피(그릇)로 나누거나 덩어리진 음식은 잘라서 보관하는 것도 방법이다.

(8) 동결과 해동

- 동결 : 식품을 긴 시간 저장하기 위해 얼리게 되는데, 이때 가장 문제가 되는 것은 동결 시의 조직손상이다. 이러한 조직의 손상을 최소화하기 위해

과일을 먹을 때에 차게 해서 먹으면 더 달게 느껴지는 이유는?

과일의 과당과 포도당이 설탕과 다른 점은 각각 α 형, β 형이 서로 변환될 수가 있고 과당의 β 형은 α 형보다 3배나 강한 단맛을 가지고 있다. 과일을 냉각하면 α 형은 감소하고 β 형이 증가하여 단맛이 강해진다. 반대로 따뜻하면 α 형의 비율이 증가하며 수소이온 농도가 증가하여 신맛이 강하게 느껴진다.

급속하게 얼려야 한다. 급속 동결은 얼음의 핵화(nucleation) 중에 결정의 성장(crystal growth)을 막아 큰 얼음결정이 생기는 것을 막는다. 반면 완속 동결은 핵의 생성보다 결정의 성장이 커지고, 커진 결정은 식품의 조직을 파괴하여 해동 후 조직의 변화(부피 증가)가 크게 된다.

• 해동 : 동결한 식품은 해동해야 하는데 반 조리·조리식품, 데친 채소는 급속해동을 하고, 닭고기 같은 육류는 서서히 해동시키는 완만해동을 하는 것이 좋다.

2) 가열조리 과정

식품을 조리하는 데는 재료를 날것 그대로 이용하는 비가열조리법과 가열하여 익혀 조리하는 가열조리법이 있다. 비가열조리법에는 생채, 냉채, 샐러드 등이 있고, 가열조리법에는 습열조리법과 건열조리법이 있다. 습열조리법에는 데치기, 삶기, 찌기 등이 있고, 건열조리법에는 굽기, 볶기, 부치기, 튀기기 등이 있다.

(1) 습열조리법

① 데치기　데치기(blanching)는 채소 등을 끓는 물에 잠시 넣었다가 건져서

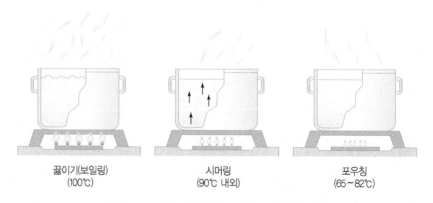

| 끓이기(보일링) | 시머링 | 포우칭 |
| (100℃) | (90℃ 내외) | (65~82℃) |

그림 1-6 끓이기(보일링), 시머링, 포우칭의 차이

흐르는 찬물에 식히는 방법으로 채소의 색 유지(효소를 불활성화시켜)나 고기류의 불쾌한 냄새를 없앨 때에 이용한다. 채소를 비교적 장시간 저장하려면 살짝 데쳐 물기를 조금 짜고 냉동 보관하는 것이 좋다. 기름에 데치는 방법도 있는데, 기름에 데칠 때는 130℃ 정도로 하여 물에 데칠 때와 같이 넣었다 꺼내며 생선이나 피망 껍질을 제거할 때 이용한다.

② 삶기　삶는 것은 물을 이용하는 대표적인 조리법이며, 주로 삶은 건더기를 건져 이용하고 삶은 물은 버리는 경우가 많다. 이에 비해 끓이기는 조미를 하면서 가열하여 전체를 이용하는 것이다. 삶으면 재료의 텍스처는 부드럽게 되고, 육류는 단백질이 응고되며, 건조식품은 수분흡수가 촉진된다. 또 재료의 좋지 않은 맛이 제거되고 색깔이 좋아진다. 예를 들어, 국수, 고구마, 수육을 삶는 것 등이 있다.

③ 끓이기　끓이기(boiling)는 물, 조미액을 열전달 매체로 사용하여 조미성분을 침투시키며 식품을 가열하는 것이다. 100℃의 끓는 물에서 식품을 익히는 방법으로 물의 양은 식품이 충분히 잠길 정도로 한다. 육류는 찬물에서 끓이기 시작하여야 식품표면의 단백질이 응고되기 전에 수용성 단백질이 용출되어 국물이 맛있는 음식이 된다. 예로 곰국, 찌개 등이 있다.

끓인 후에는 식품의 모양 유지가 어렵고 수용성 영양소와 기능성 물질도 용출 되므로 국물까지 섭취하는 것이 좋으나 소금 과잉 섭취의 문제점이 있을 수 있다.

- 식품을 빨리 끓이려면 : 재료에 칼집을 넣어 열 침투를 쉽게 하면 된다. 그리고 재료의 모양이나 끓이는 순서의 조절로 식품의 익는 정도를 비슷하게 하는 것도 중요하다.
- 끓이기의 장점 : 조미성분이 균일하게 분포된다는 것이다.

끓이면 수용성 성분의 용출, 조미료의 침투, 액즙의 증발이 일어난다. 채소류나 어패류는 끓일 때 비교적 적은 양의 국물로 단시간 끓여야 한다. 건조된 식품은 수분 함량이 적으므로 물을 많이 넣고 약불에서 장시간 끓여야 한다.

④ **시머링** 시머링(simmering)은 100℃보다 낮은 90℃ 내외의 온도로 식품을 서서히 끓이는 방법이다. 예를 들어, 곰국이나 서양요리의 스톡 만들기 등에 이용된다.

⑤ **포우칭** 포우칭(poaching)은 65~82℃의 물에서 익히는 방법으로 서양에서 생선이나 달걀 요리에 많이 이용한다. 섈로 포칭(shallow poaching)은 재료가 조리액체에 반 정도 잠기게 하여 스팀과 액체로 조리한다. 딥 포칭(deep poaching)은 재료가 액체에 완전히 잠기게 조리하는 것이다. 샤브샤브, 수란(에그 포칭)이 대표적인 음식이다.

⑥ **찌기** 찌기는 많은 에너지를 보유하는 수증기를 이용하여 조리하는 방법이다. 찌기의 장·단점은 다음과 같다.

- 장점 : 맛과 모양 유지가 용이하며 식품의 수용성 영양성분의 손실이 적다.
- 단점 : 찌기 전에 조미를 미리 해야 하며, 강한 냄새의 식품에는 이용하기 어렵다.

찌는 온도는 100℃ 정도이며 달걀찜이나 푸딩은 그보다 낮은 온도도 가능하다. 찌는 데 사용하는 물의 양은 용기의 80% 정도면 된다. 불은 증기가 발생할 때까지 강하게 유지하고, 물이 끓으면 끓는 것이 유지될 정도로 불을 줄인다. 물이 끓기 전에 미리 찜기에 식품을 넣으면 식품 표면의 증기가 응축되어 생긴 수분을 식품이 흡수하여 질감이 좋지 않게 된다.

주로 채소나 찐빵, 찐만두, 감자류, 어패류, 육류, 달걀찜, 푸딩의 조리에 이용한다.

⑦ **수비드** 수비드(프랑스어: sous vide)는 흔히 저온조리라고 일컫는 프랑스어로 '진공 포장(under vacuum)'이라는 뜻이다. 명칭처럼 재료가 물에 가라앉으면서 골고루 접촉할 수 있도록 진공 포장해 재료가 도달하기를 원하는 온도로 데운 물에 넣어 조리하는 방법이다. 물의 온도는 재료에 따라 다르지만 정확한 물의 온도를 유지한 채 길게는 72시간 동안 음식물을 데운다. 고기류는 물은 55~60℃로 조리하며 채소는 그보다 더 높은 온도로 데운다. 수비드는 음식물의 겉과 속을 골고루 가열하는 목적과 음식물의 수분(촉촉함)을 유지하는 목적이 있다.

수비드 스테이크를 만들 경우, 진공포장한 스테이크를 레어에서 미디엄 레어 사이의 온도인 48~52℃ 사이의 물에 담가 1~4시간 동안 익힌 후 포장에서 뜯은 뒤 물기를 닦아내고 팬에 겉을 1분 남짓 지지는데 조리과정에서 근섬유가 천천히 파괴되므로 고기가 연하고 육즙(촉촉함)이 잘 유지된다. 다만 오븐이나 가스레인지 등을 통해 익힌 고기와는 식감이 달라, 먹어보지 않은 사람에게는 익숙하지 않을 수도 있다.

(2) 건열조리법

① **굽기** 굽기는 가장 오래된 조리법으로 두 가지 원리가 있다. 먼저 복사열을 이용한 직접구이와 프라이팬과 철판을 이용한 간접구이가 있다. 오븐구이는 직접과 간접구이의 혼합으로 복사, 전도, 대류의 열전달 원리가 적용된 조리법이다. 굽기는 150~250℃ 온도를 사용하며 식품 내부의 열전도율은 낮으므로 온도 조절을 잘해야 식품 표면이 타지 않고 식품 내부까지 잘 익는다.

고기와 생선구이는 초반에는 강한 불을 사용하여 표면의 단백질을 응고시켜야 하고, 고구마의 경우 고구마 내의 아밀레이스가 충분히 작용하여 전분이 당으로 많이 분해되도록 약한 불에서 서서히 가열해야 고구마의 단맛을 즐길 수 있다.

구이의 방법은 다음과 같다.

- 그릴링(석쇠구이) : 그릴링(grilling)은 복사열과 전도열을 이용하여 직화로

굽는 방법으로 열원으로는 가스, 전기, 석탄, 나무, 숯 등을 사용한다. 어육류나 채소류를 그릴에 올려 150~250℃에서 조리한다. 이때 재료의 맛을 돋우는 각종 양념을 하여 조리하기도 한다. 브로일링과의 다른 점은 조리에 사용하는 도구의 차이로, 그릴은 아래쪽의 열원이 복사열과 전도에 의해 조리가 되므로 식품이 닿은 면에 그릴 자국이 난다. 숯이나 나무를 태워 조리할 경우에는 조리 재료에 훈연향까지도 배게 하여 한층 좋은 향을 느낄 수 있다. 바베큐나 불고기 요리에 이용한다.

- 브로일링 : 브로일링(broiling)은 그릴과 같이 직화로 굽는 방법으로 석쇠 위에 음식을 올려놓고 온도를 280~300℃에서 가열한다. 그릴링과의 차이점은 브로일러는 열원이 위쪽에 위치해 있어 복사에너지에 의한 조리만 가능하다.

- 베이킹 : 베이킹(baking)은 생선, 과일, 채소, 빵, 제과류를 오븐에서 굽는 것을 말하며, 복사와 대류로 음식이 조리된다. 제과나 제빵, 그라탱 등에 적용된다.

- 로스팅 : 로스팅(roasting)은 오븐과 같은 밀폐된 공간에서 가금류나 육류, 뿌리나 구근 채소를 오븐에서 굽는 것을 말하며, 복사와 대류에 의해 조리하는 방법이다. 긴 꼬챙이에 식품을 꽂아 오븐 속에서 꼬챙이를 돌려가면서 익히는 것도 로스팅이다. 일반적으로 오븐에서 익히는 육류는 큰 덩어리인 경우가 많아 오븐에서 꺼내도 여열에 의해 계속 익는 여열조리(carryover cooking)가 일어나므로, 원하는 정도로 익히기 위해서는 그 전에 오븐에서 꺼내어 10분 남짓(carryover cooking time) 그대로 두어 여열 조리하는 것이 좋다.

  - 로스팅 시 주의사항 : 식재료에서 유출된 지방이나 육즙이 식재료에 닿지 않게 랙 위에 식재료를 올려 조리한다. 랙이 있는 로스팅 팬(roasting pan)을 오븐 안에 넣어 사용할 때는, 로스팅할 육류가 지방 함량이 많은 경우(오리 등)에는 로스팅 팬의 뚜껑을 열고, 기름기 없는 자른 고기의 경우에는 뚜껑을 덮고 조리하는 것이 좋다. 과도한 열로 식품이

그라탱

다 익힌 음식의 마무리 단계로 빵가루에 버터를 섞거나 치즈를 음식 표면에 뿌려 오븐에서 구워 음식 표면에 황금색의 단단한 껍질이 형성되는 조리법

건조되지 않게 온도를 조절한다. 로스팅 중에는 육즙 손실이 우려되므로 포크로 찌르거나 뒤집지 않는다.

② **부치기와 튀기기** 열전달 매개체로 기름을 사용하여 고온(160~190℃)에서 조리하는 방법으로 단시간 내에 익으므로 영양소의 파괴가 적고 열량이 증가된다. 튀김용 기름은 발연점(smoke point)이 높은 기름이 적당하며, 각종 기름의 발연점은 유지류(표 9-2)에 제시하였다.

기름은 비열이 작아 온도 변화가 용이하므로 튀김에 적합하며, 튀김을 잘하려면 두꺼운 냄비에 기름을 넉넉하게 사용하고 소량씩 튀겨야 한다.

튀김(frying)에는 부치기(pan frying)와 튀기기(deep frying)가 있다.

- 부치기 : 튀김옷을 입힌 재료를 기름에 1/2 정도 또는 그 이하로 잠긴 상태로 조리해 내는 것이다. 조리 시 뚜껑을 덮고 조리할 수 있으며 육질이 부드럽고 작은 크기의 육류, 해물, 채소류의 튀김에 이용한다. 팬 프라잉에는 발연점이 높은 기름이 좋다.

- 튀기기 : 튀김옷을 입힐 재료나 입히지 않은 재료(예: 감자튀김)를 기름에 완전히 잠기게 하여 튀기는 것이다. 적당한 온도와 기구로 조리하고 내용물의 양을 조절해 지방 흡수가 적은 바삭한 튀김을 얻을 수 있도록 하는 것이 중요하다. 딥 프라잉에는 발연점이 높은 기름, 회복시간(recovery time)이 짧은 기름일수록 좋다.

③ **볶기** 비교적 적은 기름으로 고온에서 단시간 조리하며 소량의 기름을 사용하는 것이 특징이다. 기름양은 5~10%로 하고, 낮은 온도에서는 식품에서 수분이 유출되므로 기름을 충분히 달군 후 재료를 투입한다. 볶기의 장점은 영양손실이 적고 수분증발로 인한 농축효과가 있다. 볶는 냄비로는 두껍고 열용량이 큰 것을 이용한다.

서양조리에서 소테(sauté, sauteing)는 아주 적은 양의 기름을 프라이팬에 두르고 식품을 볶는 방법이다. 물을 이용한 조리법보다 연화가 힘드므로 육질

발연점
지방의 구성성분 중 글리세롤이 분해되어 아크롤레인(acrolein)이라는 연기성분이 생성되는 온도

튀김 시 회복시간
식재료를 넣고 나서 다시 처음의 온도로 올라가는 데 걸리는 시간

데글레이즈(déglage)
고기를 굽거나 볶을 때 고기
에서 흘러나오는 즙만을 모아
냄비에 붓고 액즙이 엉기도록
약한 불에서 끓여 고기에 얹
을 소스로 만드는 과정

웍(wok)
바닥이 둥근 중화냄비(팬)

이 연한 식품에 이용한다. 소테는 단시간에 조리해야 하므로 모든 재료를 미리 준비해 둔다. 조리 중에 용출된 즙액을 데글레이즈(déglage)하여 소스를 만들어 사용한다.

동양조리에서는 웍(wok)이나 프라이팬을 사용해서 소량의 기름과 센 불로 익혀 내는 것으로 부드럽고 작게 썬 육류, 채소류를 조리한다. 사용하는 기름은 땅콩기름(peanut oil)처럼 향미가 많고 발연점이 높은 것이 좋다.

④ **에어 프라이**　에어 프라이(air fry)는 대류를 사용하여 음식 주위로 뜨거운 공기를 순환시켜 조리하는 것으로, 팬이 빠른 속도로 음식 주위에 뜨거운 공기를 순환시켜 식품의 내외부가 가열되며 바삭바삭한 층을 만들어낸다.

에어 프라이는 최대 200℃(392°F)로 가열된 공기를 순환시키면서 원하는 음식을 얇은 층의 기름으로 코팅하게 되는데 이렇게 함으로써 전통적인 딥 프라이보다 70~80% 기름을 덜 사용하여 감자칩, 닭고기, 생선, 스테이크, 치즈버거, 감자 튀김, 페이스트리와 같은 음식을 프라이할 수 있다. 또한 온도 및 타이머 조정 기능이 있어서 더 정교한 조리도 가능하다.

(3) 복합식 가열조리법

브레이징에 물 대용으로 사용되는 것들
• 신맛 식품(토마토, 맥주, 포도주)
• 스톡(stock)

① **브레이징**　브레이징(braising)은 한국의 '조린다'는 의미로 불어의 '브레이즈(braiser)'에서 유래하였다. 덩어리가 크고 육질이 질기거나 지방 함량이 적은 육류를 조리하는 방법이다. 건열과 습열을 이용하는 조리법으로 먼저 식품(육류, 가금류, 채소나 버섯류 등)을 고온에서 표면이 갈색이 되고 향미가 증진되도록 구운 후, 흘러나온 액즙이 모자랄 경우 물을 넣고 뚜껑을 닫아 익혀 식품의 특유의 향미를 유지할 수 있게 한다. 뿌리채소 같은 단단한 채소를 깔고 육류 등을 넣기도 하고, 냄비에 육즙을 조금 넣은 다음 뚜껑을 덮고 천천히 조리한다.

② **스튜잉**　스튜잉(stewing)은 건열과 습열을 겸해서 사용하는 조리방법이다.

스튜는 작은 덩어리의 고기를 높은 열로 표면에 색을 낸 다음 습열로 조리하는 것이 특징이다. 스튜를 할 때는 소스를 충분히 넣어 재료가 잠길 정도로 하고 완전히 조리될 때까지 건조되는 일이 없도록 해야 한다. 원리는 브레이징과 비슷하나 재료의 크기가 브레이징보다 작고 재료가 덮일 정도의 액체를 사용한다.

CHAPTER 2
식품의
일반적인 구조

세포의 구조
조리와 물
분산 상태

CHAPTER 2
식품의 일반적인 구조

식품은 영양소를 한 종류 또는 그 이상을 포함하는 천연물이나 그 가공품으로서 인간이 섭취할 수 있는 것을 말한다. 식품의 재료로는 곡류·두류·서류·과일 및 채소류 등의 농산물, 육류·우유·난류 등의 축산물, 어류·조개류·해조류 등의 수산물이나 그의 가공품이 주로 이용되고 있다. 이같이 식품은 생물체로 이루어졌으므로, 기본적인 단위인 세포로 구성되어 있다.

1. 세포의 구조

식품은 대부분 진핵세포이므로 세포 내에는 필요한 핵, 세포질이 있다. 세포질에는 막으로 둘러싸여 있는 세포 소기관이 있으며, 이 세포 소기관에 여러 가지 영양소, 색소, 효소 등이 주로 용매인 물에 용해되어 존재한다. 살아있는 세포의 경우 대부분의 막은 반투막으로서 선택적 투과성을 가지고 있어 물은 자유로이 통과되나 용질인 영양소, 색소, 효소 등은 자유롭게 통과하지 못한다. 그러므로 세포가 살아있을 때에는 주로 불포화지방산과 단백질로 구성된 막에 의해 세포 내 구성성분의 함량이 잘 조절된다. 식물세포는 동물세포와는 달리 원형질막 밖에 주로 섬유소로 구성된 세포벽을 가지고 있다(그림 2-1과 7-1 참조).

반투막

용매는 투과시키나 용질은 투과시키지 않는 막

　식품을 이루는 세포는 물이 가장 많은 부분을 차지하여 과일은 물 함량이 90% 정도이고, 육류는 60% 내외이다. 반면 마른 곡류는 8~16%가량의 물을 함유하고 있다. 그러므로 세포의 주성분인 물의 성질을 잘 알아야 한다.

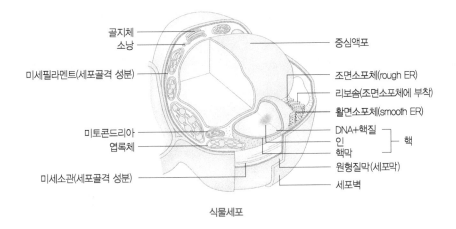

식물세포

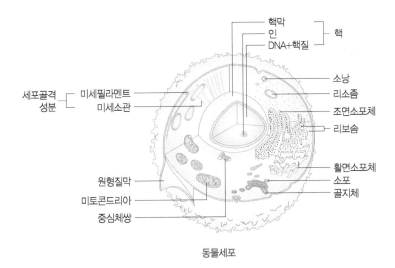

동물세포

그림 2-1 식물세포와 동물세포의 내부

조리 시 영양소의 손실을 적게 하려면?

영양소는 세포에서 물이라는 용매에 용질로 녹아 있으며 막으로 둘러싸여 있어 막의 반투과성으로 인해 쉽게 손실되지 않는다. 그러나 원형질막 분리, 토출, 가열, 상처 등으로 세포가 손상을 받아 세포의 완전성을 잃은 경우 영양소를 잃게 되므로 우리가 보관하거나 세척할 때 세포를 되도록 완전하게 유지하도록 해야 한다. 특히 딸기와 같이 조직이 무른 과일의 경우 더욱 조심해야 한다.

2. 조리와 물

식품의 구성성분인 물은 영양소 등 여러 성분들의 용매로서 작용하여 삼투압을 조절하며 세포 내의 화학작용이 일어나게 한다. 또한 조리에서는 열을 전달하는 전도체로서 전분의 호화, 효소의 불활성 등을 일으키며, 또한 조미료 등을 운반하여 식품 내로 침투되게 하고 건조된 식품을 회복시키는 등 물은 조리에 있어서 중요한 역할을 하고 있다.

삼투압

반투막을 사이로 농도가 다른 두 액을 두면 저농도 용액의 물이 막을 통해서 고농도 용액으로 이동하는 것을 삼투현상이라 하는데, 이때 고농도 용액 쪽에 압력을 가하면 삼투현상이 저지되며, 이 압력을 이 용액의 삼투압이라 함

1) 물의 구조

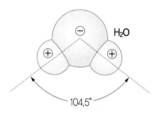

그림 2-2 물의 구조

물의 화학적 구조는 산소원자 한 개가 수소원자 두 개와 결합된 형태로 결합각은 104.5°를 이루고 있다. 분자 내에서 산소와 수소 사이에 이루어지는 결합은 공유결합이다. 이 공유결합은 산소의 전기음성도가 수소보다 크므로 전자가 산소쪽으로 약간 치우치게 되어 산소는 약간의 음전하를 띠며, 반대로 수소는 약간의 양전하를 띠게 되어 쌍극성(bipolarity)을 갖는 극성 공유결합이다.

이로 인해 물분자와 물분자 사이의 결합에는 수소결합이 생기게 된다. 즉, 한 물분자 안에서 음전하를 띠는 산소와 또 다른 물분자의 양전하를 띠는 수소 사이에 서로 끌어당기는 약한 결합을 하게 된다. 이러한 수소결합의 존재로 인해 물분자 간의 응집력, 즉 물분자가 서로 달라 붙는 집합체를 이루게 된다. 이 집합체를 분열하는 데 많은 에너지가 필요하므로 물은 분자량이 비슷한 다른 분자들에 비해 녹는점, 끓는점, 기화열이 높다.

2) 상태에 따른 물의 성질

(1) 액체(물)

- 자연 중 식품에 존재하는 형태이며, 액체 상태인 물에 용질이 녹아 있다.

- 0~100℃에서 액체 상태이며 분자 사이의 수소결합에 의해 서로 연결되어 일정한 모양을 이루면서 자유로이 이동하는 유동성을 갖는다. 그러나 각각 독립적이지는 않다.
- 4℃에서 밀도가 가장 크며, 따라서 부피는 최소가 된다.

$$밀도 = \frac{질량}{부피}$$

즉 단위부피당 질량

(2) 고체(얼음)

- 0℃에서 물이 얼음으로 고체화되기 시작한다.
- 물분자 사이의 거리가 가장 가깝다.
- 고체화될 때 결정은 격자 형태로 육면체를 형성하여 내부공간이 생기며, 부피가 1/11배 증가하게 되어 밀도가 낮아진다. 실제 예로 아이스커피 위에 뜬 얼음을 들 수 있다.

(3) 기체(수증기)

- 온도가 상승하여 자유로이 움직이는 물의 증기압이 대기압보다 커지면 물은 수증기로 기체화한다.
- 대기압인 1기압에서는 끓는점이 100℃이다. 액체인 물 1 g이 기체인 수증기로 변화할 때 약 540 cal의 기화열이 필요하며, 반대로 수증기가 물로 될 때에는 이 열을 내놓게 되는데 이 열을 이용하여 식품을 가열하는 것이 찜 조리법이다.

실생활의 조리원리

냉동고에 식품을 올바르게 저장하는 방법은?

냉동고에 물이나 수분이 많은 식품을 얼릴 때에는 물이 고체화되면서 부피가 증가하므로 통에 조금 덜 채워 얼려야 한다. 고체인 얼음이 액화를 거치지 않고 바로 기체로 변하는 현상을 승화라 한다. 냉동고에 식품을 저장하면 승화현상이 일어나 식품이 마르게 되며, 색, 향기, 질감 등의 저하가 일어나는 현상을 냉동화상(freezer burn)이라 부른다. 이 현상을 감소시키려면 1회분씩 나누어 수분 증발을 막을 수 있는 폴리필름으로 포장하거나 공기를 차단시킬 수 있는 밀폐용기에 넣어 두는 것이 바람직하다. 이와는 달리 승화현상을 이용하여 수분을 건조시키면 열에 의한 건조보다 향과 맛을 적게 잃는데, 이를 이용한 것이 냉동건조커피나 라면의 건더기스프이다.

• 기체화되면서 부피가 약 1600배로 증가한다. 그러므로 물을 가득 붓고 끓이면 넘치며 팽창제의 하나로 쓰이게 된다.

3) 결합수와 유리수

식품의 물은 단백질, 탄수화물, 지질 등의 용질과의 결합이 얼마나 단단한지에 따라 결합수(bound water)와 유리수(free water)로 존재하게 된다.

• 결합수 : 전분, 펙틴, 단백질 등의 극성그룹이나 이온 가까이에서 단단하게 결합되어 있는 물을 말한다. 이것은 용질을 녹일 수 있는 용매로 작용하지 않아 미생물이 잘 자라지 못한다. 결합수는 구조적으로 차곡차곡 쌓여있는 형태로 밀도가 유리수보다 높다. 또한 -18℃에서도 얼지 않으며, 쉽게 기화하지도 않아 증기압에도 관여하지 않고 쉽게 제거되지도 않는다.

• 유리수(자유수) : 용질과 거리가 상당히 멀어서 용질과의 결합이 매우 약한 물을 말한다. 유리수는 용매로 작용하며 쉽게 제거할 수 있다. 미생물이 자랄 때 필요한 물은 유리수이므로 보관 및 저장시 식품을 건조할 때 제거되는 물이란 유리수를 뜻한다.

4) 수분활성도

수분활성도(water activity; Aw)는 임의의 온도에서 식품 내 물의 수증기압을 그 온도에서 순수한 물이 가지는 수증기압으로 나눈 비율로 나타낸다.

$$수분활성도(Aw) = \frac{식품\ 내의\ 물의\ 증기압}{순수한\ 물의\ 증기압}$$

순수한 물의 수분활성도는 1이 된다. 그러나 식품에는 탄수화물, 단백질, 지질 등 용질이 녹아 있으므로 수분활성도는 1보다 작으며, 이때 용질의 농도가 높을수록 수분활성도는 감소하게 된다.

(1) 식품의 수분활성도와 저장성

식품의 저장성은 수분에 영향을 받게 되는데, 이때 수분이란 단순한 퍼센트의 함량이 아니라 식품의 수분활성도를 뜻한다. 그러므로 수분활성도는 식품의 저장성에 중요한 개념이 된다.

① 미생물 번식과 수분활성도   수분활성도를 0.6 미만으로 낮추면 미생물이 성장, 번식하기가 어렵게 된다. 대부분 박테리아는 수분활성도가 0.90 이상에서 잘 자라며, 이스트는 0.86 이상, 곰팡이는 0.60 이상에서 잘 자랄 수 있다. 그러므로 수분활성도를 0.60 미만으로 낮추게 되면 식품을 오랫동안 저장할 수 있게 된다.

② 수분활성도를 낮춘 저장법
- 건조법 : 건조시켜 수분함량을 낮춰 식품 내 수분활성도를 낮춘다.
- 냉동법 : 수분을 얼려 식품 내 수분활성도를 낮춘다.
- 당장법 : 설탕을 넣어 설탕 용질의 농도를 높여 식품 내 수분활성도를 낮춘다.
- 염장법 : 소금을 넣어 소금 용질의 농도를 높여 식품 내 수분활성도를 낮춘다.

(2) 상대습도가 식품의 수분활성도에 미치는 영향

식품의 수분활성도는 저장하는 동안 저장조건의 상대습도에 따라 증가 또는 감소하게 된다. 공기 중의 상대습도를 100으로 나누면 수분활성도와 같은 개념이 된다. 모든 반응은 언젠가는 평형이 이루어진다. 그러므로 저장 시 식품의 수분활성도와 상대습도에 따라 식품이 수분을 흡수하기도 하고 탈수하기도 한다. 예로 과자를 장마 기간에 뜯어서 보관할 경우 눅눅해지고, 사과는 썰어 둘 경우 마르는 현상을 들 수 있다. 그러므로 식품을 보관할 경우 수분활성도가 변하지 않기를 원한다면 그 식품의 수분활성도와 상대습도가 같게 유지시켜야 한다. 이를 위해 밀폐용기에 저장해야 하며, 냉장고에는 습도가 어느 정도 유지되도록 따로 채소칸이 마련되어 있다.

조기는 저장성이 낮은데 비하여 굴비는 왜 오랫동안 저장이 가능할까?
굴비는 조기를 소금에 절여 말린 것으로 소금과 건조로 인해 수분활성도가 낮아져 미생물의 성
장이 어려워지므로 저장기간이 길어지게 된다. 과거와 달리 요즘 나오는 굴비는 건조를 덜 시켜
조직은 부드러우나 수분활성도가 높아 냉동고에 보관해야 수분활성도가 낮아져 저장성이 좋다.

5) 경수와 연수

물은 경수와 연수로 나눌 수 있다. 경수는 칼슘이나 마그네슘이온 등을 염 형
태로 많이 함유한 물을 말한다. 경수는 칼슘이나 마그네슘이온들이 탄산과 염
을 형성하여 끓였을 때 연수가 되는 일시적 경수와 이 이온들이 황산이온과
염을 형성하여 끓여도 연수가 되지 않는 영구적 경수로 나눌 수 있다. 영구적
경수는 약품을 처리하거나 이온교환수지에 의해 연수로 만들 수 있다.

조리 시 경수를 사용하면 콩을 불릴 때 칼슘이나 마그네슘염에 의한 단백질
변성과 불용성 염인 칼슘 펙테이트(Ca pectate)를 형성하여 쉽게 물러지지 않
으며, 차나 커피에선 탄닌과 작용하여 차를 혼탁하게 만드는 현상이 나타난다.

3. 분산 상태

식품에 존재하는 성분들은 세포 내에서 함께 존재하는 수분에 분산되어 있는
형태로 존재한다. 분산의 형태는 식품의 종류에 따라 다르다. 예로 설탕물의 경
우 물이 분산매(용매), 설탕분자가 분산질(용질)이며, 우유는 유당 단백질, 지
방, 비타민, 무기질 등 모두 다른 분산질(용질)이 섞여 있는 혼합된 형태로 존재
한다. 분산 상태는 분산계의 상태와 분산질의 크기에 따라 분류할 수 있다.

1) 분산계의 상태에 따른 분류

분산매는 연속상이라고도 하며, 예를 들어 우유에서는 물이 연속상에 해당된다. 분산질은 분산상이라고도 하여 불연속인 계를 말하며, 우유에서는 지방구가 분산질(분산상)이며 분산매 중에 분산되어 있다.

분산매와 분산질의 고체, 액체, 기체의 상태에 따라 분산계를 분류하는 방법은 표 2-1과 같다.

표 2-1 분산계의 분류

분산매(연속상)	분산질(분산상)	분산계의 예	
기체	액체	에어졸	안개
	고체	가루	체친 밀가루
액체	기체	거품	맥주 거품, 난백의 거품
	액체	유화액	우유, 마요네즈
	고체	현탁액	된장국
고체	기체	고체 거품	쿠키
	액체	고체 유화액	젤리, 조림
	고체	고체 현탁액	냉동식품

2) 분산질의 크기에 따른 분류

분산질은 가장 작은 이온 크기부터 몇 백 개의 분자가 붙어 있는 덩어리의 입자들이 분산질이 되어 용액을 형성하기도 한다. 이때 분산질의 크기에 따라 진용액(true solution), 교질용액(colloidal dispersion), 현탁액(suspension)으로 나누며, 조리에서 나타나는 각각의 현상이 다르다.

(1) 진용액

① **분산질의 크기** 1 nm 미만으로 소금, 설탕, 비타민, 무기질 같은 크기가 작은

- nano(n) : 10^{-9}
- micro(μ) : 10^{-6}
- milli(m) : 10^{-3}

김치를 담글 때 왜 배추 절이기가 중요한가?

농도가 다른 두 용액은 농도가 같아지려는 성질(평형)이 있어 시간이 지나면 농도가 같아진다. 배추를 절일 때 소금물을 사용하면 전투막인 세포벽 안으로 소금이 침투해 들어가나 반투과성인 원형질막 안으로는 침투하지 못하므로 소금물보다 농도가 낮은 배추의 세포 안 물이 나와 평형이 된다. 이때 원형질막 내부의 물이 많이 빠져 나오면 원형질막 분리가 일어나는데, 이때는 원형질막이 반투과성 성질을 잃게 되어 소금, 젓갈의 성분, 설탕 용질 등이 안으로 들어가게 되어 맛이 내부까지 침투하게 되나, 원형질막 분리가 일어나기 전이라면 이러한 양념들이 안으로 침투하기 어렵다.

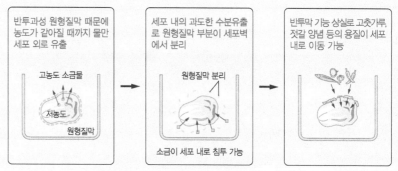

김치 담그기 중 소금에 의한 배추의 세포 내 변화

분자나 이온이 용해된 형태이다. 분산질의 크기가 작아 전투막은 통과하나 반투막은 통과하지 못한다.

② **진용액의 안정성** 분산질의 크기가 가장 작아 제일 안정적이다.

③ **분산질의 성질**

> **용해도**
> 일정 온도에서 용매 100 g에 용해되어 포화용액을 만드는 용질의 양

- 대부분 고체 분산질의 경우 온도가 높아지면 용해도가 증가하며 이 원리를 이용하여 캔디를 만든다.
- 분산질이 비점 상승과 빙점 강하를 유발한다.
- 분산질용액 1 M이면 0.52℃ 비점 상승과 1.86℃ 빙점 강하를 일으키는데 이온의 경우 각 이온이 각각의 분산질로 작용한다.

(2) 교질용액(콜로이드)

① **분산질의 크기** 1 nm~1 μm 미만이며, 일반적으로 단백질 용액이 이에 속한다.

② **교질용액의 안정성** 분산질이 전하를 띠어 서로 반발하여 브라운 운동을 하므로 이로 인해 안정한 상태가 된다. 그러나 교질용액의 분산질의 크기는 진용액보다 커서 교질용액의 안정성은 진용액보다는 낮다.

③ **분산질의 성질** 이물질을 흡착하는 성질이 있으며 이러한 성질을 이용하는 것이 짠 국에 달걀을 푸는 경우이다.

◎ 졸과 젤

- 졸(sol) : 분산매인 액체에 콜로이드 입자가 분산된 교질용액으로 유동성이 있는 액체상태인 것을 졸이라 한다.
  - 전분호화액 : 수분에 호화된 전분이 분산되어 있는 졸이다.
- 젤(gel) : 분산매인 액체에 콜로이드 입자가 분산된 교질용액이 어떤 요인에 의해 흐르지 않고 굳어진 상태를 젤이라 한다. 젤에서는 분산질이 연결되어 결합하여 망상구조를 이루며, 분산매인 수분은 망상구조 사이에 갇히게 된다(그림 2-3). 망상구조에 갇힌 수분이 시간이 지남에 따라 빠져나오는 현상을 이액현상(syneresis)이라 한다. 일단 젤이 형성된 후 다시 졸로 되돌아갈 수 있는 젤을 가역적 젤, 다시 졸로 되돌아갈 수 없는 젤을 비가역적 젤이라 한다.

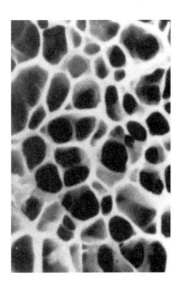

그림 2-3
젤의 3차원적 망상구조
출처 : 이영은(1987). 아이오와 주립대학교 박사학위논문

친수성 콜로이드
(hydrophylic colloid)
분산질이 분산매인 수분을 결합하여 분산질이 합쳐지는 것을 방지하므로 안정성이 큼

소수성 콜로이드
(hydrophobic colloid)
분산질이 수분을 결합하지 않으므로 분산질이 쉽게 서로 합쳐져 안정성이 쉽게 깨짐

이액현상(syneresis)
젤에서 시간이 지남에 따라 망상구조 내의 수분과의 결합이 약해져 내부의 액체를 방출하는 현상을 말하며 액체 방출로 부피가 감소됨

- 가역적 젤 : 냉장고에 둔 사골국이나 생선조림에 생긴 젤라틴 젤
- 비가역적 젤 : 밥이나 묵과 같은 전분의 망상구조에 물이 갇힌 전분 젤

◎ 유화액

한 액체에 섞이지 않는 다른 액체가 분산되어 있는 콜로이드 분산계를 유화액
(emulsion, 에멀션)이라 한다. 섞이지 않는 액체, 즉 물과 기름을 섞이게 하여
유화액의 안정성을 높이려면 유화제가 필요하다. 유화액에는 수중유적형과
유중수적형이 있다.

- 수중유적형(oil in water, O/W) : 연속상인 물에 기름방울이 분산된 형태의 유
  화액
  - 마요네즈, 우유, 크림 등
- 유중수적형(water in oil, W/O) : 연속상인 기름에 물방울이 분산된 형태의 유
  화액
  - 버터, 마가린 등

(3) 현탁액

분산질의 직경이 1 μm 이상으로 크기가 커서 중력에 의해 분산매 속에서 쉽
게 가라앉는다. 그러므로 균일하게 분산되기 위해서는 계속 저어야 한다. 냉
수에 전분이나 밀가루를 풀어 둔 상태가 현탁액(suspension)의 예가 된다.

친수성기
소수성기
유화제

수중유적형(O/W) 유화액   유중수적형(W/O) 유화액

그림 2-4 유화액의 종류

CHAPTER 3
곡류 및 전분

CHAPTER 3
곡류 및 전분

곡류의 어원

곡류를 영어로는 cereals라고 하는데, 이는 로마의 수확과 농업의 여신 Ceres에서 유래

곡류는 탄수화물을 다량 함유하고 있으며 안정적인 에너지와 단백질의 공급원이며 소화·흡수가 쉽고, 맛이 담백하며 수분과 단백질이 적어 잘 부패하지 않고, 수송하기에도 편리하여 주로 인간의 식량과 가축의 사료로 이용된다. 옥수수, 쌀, 밀은 세계 3대 식량작물이다. 곡류는 주로 낟알 그대로 조리해서 먹기도 하고 제분과정이나 가공과정을 거쳐 고운 가루(flour), 굵은 가루(grits) 또는 시럽, 기름, 전분 등 여러 형태로 사용한다.

1. 곡류의 분류

1) 곡류의 분류

곡류는 식물의 전분질 종자로 대부분 화본과(Poaceae, Gramineae)에 속하며, 메밀만 여뀌과(마디풀과, Polygonaceae)에 속한다. 곡류는 일반적으로 다음 세 가지로 분류한다.

- 미곡 : 쌀
- 맥류 : 보리, 밀, 귀리, 호밀
- 잡곡 : 옥수수, 조, 수수, 메밀, 기장, 피

2) 곡류의 재배 개시 시기 및 지역

곡류는 기원전 9,600년 무렵 선사시대부터 중동과 소아시아(지금의 터키)에

서 야생 곡류를 식량으로 사용했을 것이라고 추측하며, 각각의 곡류의 재배 개시 시기와 지역은 표 3-1과 같다.

표 3-1 곡류의 재배 개시 시기 및 지역

곡류	재배 개시 시기	재배 개시 지역
보리	기원전 7,000년 무렵	카스피해 연안
밀	기원전 9,600년 무렵	중동, 카스피해 연안
벼	기원전 7,000년 무렵	중국 양쯔강유역(단립종), 인도 아쌈지방(장립종)
옥수수	기원전 7,000년 무렵	멕시코

3) 국가별 주곡

주로 많이 이용하는 곡류를 주곡이라 하는데, 나라에 따라 그 종류가 다르다.
- 쌀 : 한국, 중국, 일본 및 동남아
- 밀 : 미국, 캐나다, 유럽, 중동
- 옥수수 : 멕시코, 남미, 미국
- 보리 : 유럽, 중동
- 호밀 : 러시아, 중부 유럽
- 수수, 기장 : 아프리카
- 귀리 : 스코틀랜드 등 극소 지역에서 이용되었으나, 최근 귀리에 많은 β-글루칸의 건강기능성이 주목을 받으며 생산량이 늘어나고 있다.

2. 곡류의 구조

쌀, 보리, 귀리는 곤충과 외부 환경 변화로부터 보호하는 왕겨(husk)로 둘러싸여 있고, 밀, 호밀, 옥수수는 왕겨가 없이 열매가 그대로 노출되어 있다. 모든 곡류의 식용부위는 동일한 기본 구조를 가지고 있어 겨(bran), 배유(endosperm) 및 배아(germ) 세 부분으로 구성되어 있다(그림 3-1). 벼의 왕겨를 벗겨낸 것을 현미라 하며, 현미로부터 겨를 제거하는 과정을 도정(milling)이라 한다. 현미는 겨 5~6%, 배아 2~3%, 배유 92% 내외로 구성되어 있다.

왕겨
겨(5~6%)
배유(92%)
배아(2~3%)

그림 3-1 벼의 구조

1) 겨(bran)

호분층(aleurone layer)
배유와 배아 부분을 완전히 덮는 단세포층

열매의 가장 바깥에 있는 과피(열매껍질, pericarp), 종피(씨껍질, seed coat), 호분층(aleurone layer)과 외배유를 말한다. 겨층은 셀룰로오스와 헤미셀룰로오스로 된 두꺼운 세포벽으로 되어 있어 식이섬유와 무기질의 우수한 급원이다. 이 중 호분층은 인, 티아민, 리보플라빈, 나이아신과 소량의 단백질, 지질을 함유한다. 쌀겨는 배합사료나 미강유의 원료로, 밀겨는 빵, 케이크의 재료로 이용한다.

2) 배유(endosperm)

우리가 주로 먹는 부분으로 단백질 그물구조 속에 전분입자들이 박혀있는 저장세포로 구성되어 있다. 일반적으로 중심부로 갈수록 전분이 더 많아 탄수화물이 대부분이고 섬유소, 단백질, 비타민 및 무기질은 극히 적은 편이다.

3) 배아(germ)

도정과정 중 대부분 제거되며, 지질이 풍부하고, 약간의 단백질과 비타민, 무

쌀의 도정도와 도정률

쌀의 도정 정도를 나타내는 방법에는 도정도와 도정률이 있다. 현미에서 겨와 배아가 차지하는 무게를 8% 정도로 보고 있으며, 겨를 100% 제거하는 과정에서는 배아도 함께 제거되므로 백미의 도정률은 92%가 된다.

도정 정도에 따른 쌀의 종류	도정도(%) 현미에서 겨층을 벗긴 정도	도정률(%) 현미 무게에 대한 도정된 쌀의 무게 비율
10분도미(백미)	100	92.0
7분도미	70	94.4
5분도미	50	96.0
현 미	0	–

기질을 함유하고 있다. 불포화지방산을 많이 함유하고 있어 산화되기 쉬우므로 곡류의 대부분은 배아를 제거하고 판매된다. 배아는 따로 모아 비타민 B 복합체와 비타민 E의 우수한 급원식품으로 이용되며, 냉장 저장하여야만 한다.

3. 곡류의 성분과 영양

곡류의 성분은 종류에 따라 다르며, 또한 같은 종류라 할지라도 품종에 따라 다르고, 특히 기후와 토양에 따라 많이 달라진다. 곡류의 영양성분은 표 3-2와 같다.

1) 탄수화물

곡류는 우수한 복합다당류의 급원이다. 평균 75%의 전분을 함유하며, 약간의 자당(sucrose)과 덱스트린도 존재한다.

2) 단백질

단백질 함량은 10% 내외로 곡류의 종류에 따라 단백질과 아미노산의 종류와 양에 차이가 있어 단백질의 질이 다르다(표 3-3).

표 3-2 곡류의 영양성분

곡류		에너지 (kcal)	수분 (g)	단백질 (g)	지질 (g)	회분 (g)	탄수화물 (g)	식이섬유 (g)	칼슘 (mg)	비타민 B₁ (mg)	비타민 B₂ (mg)
쌀	멥쌀	337	15.8	5.9	0.7	0.4	77.2	0.8	4	0.07	0.03
	찹쌀	346	13.6	6.6	1.0	0.6	78.2	1.9	7	0.14	0.04
	흑미	312	13.5	7.6	2.3	1.3	75.3	7.6	19	0.61	0.25
밀		321	10.6	10.6	1.0	2.0	75.8	-	52	0.43	0.12
보리(쌀보리)		316	13.5	9.3	1.8	1.0	74.4	12.8	30	0.06	0.16
옥수수	스위트콘	82	78.4	2.3	0.5	1.0	17.8	3.3	2	0.03	0.05
	찰옥수수	110	63.6	4.9	1.2	0.9	25.4	-	21	0.25	0.11
메밀		345	13.1	13.6	3.4	2.0	67.8	6.3	21	0.46	0.26
귀리(쌀귀리)		334	9.7	14.3	3.8	1.8	70.4	-	18	0.15	0.46
호밀		290	10.1	15.9	1.5	1.8	70.7	-	10	0.26	0.16
조(차조)		345	14.2	9.6	3.6	1.5	71.1	5.1	14	0.51	0.16
수수		243	14.2	9.9	2.3	1.5	71.5	10.3	9	0.35	0.20

출처 : 농촌진흥청 국립농업과학원(2017). 국가표준식품성분표(제9개정판)

표 3-3 곡류 단백질의 구성비율(%)

	알부민	글로불린	글루텔린	프롤라민
쌀	10	10	75	5
밀	10	5	40~50	33~55
옥수수	5	5	35~45	45~55
보리	10	10	50~55	25~30
호밀	10~45	10~20	25~40	20~40
귀리	10~20	10~55	25~55	10~15

3) 지질

콜레스테롤은 전혀 함유하지 않고 지질을 소량 함유하고 있으나, 도정과정에서 대부분 제거되기 때문에 곡류의 지질 함량은 무시할 정도다.

4) 비타민과 무기질

현미는 비타민 B 복합체와 비타민 E, 철, 인 등의 무기질을 상당량 함유하고 있다. 그러나 주로 겨와 배아에 존재하므로 도정과정에서 대부분 손실된다 (티아민 77%, 리보플라빈 80%, 나이아신 81%, 비타민 B_6 72%, 판토텐산 50%, 엽산 67%, 비타민 E 86% 손실). 더 큰 문제는 무기질인데, 무기질은 곡류의 피트산과 결합하여 효율적으로 흡수되지 못한다.

5) 식이섬유

통곡류는 혈중 콜레스테롤과 혈당을 낮추어 주는 수용성 식이섬유와 대장암의 위험을 경감시키는 불용성 식이섬유의 좋은 급원이다.

6) 기타 성분

호밀, 밀, 귀리, 보리 등 곡류의 겨에는 폴리페놀의 일종인 리그난(lignan)이 다량 함유되어 있다. 리그난은 에스트로겐과 유사한 구조로 식물성 에스트로겐으로 작용하며, 항산화성을 가져 일부 암에 대한 예방효과가 있는 것으로 알려져 있다.

4. 대표적인 곡류

역사적으로 인류에게 중요한 세 가지 곡류로 쌀, 밀, 보리를 꼽을 수 있다. 그러나 현재 생산량으로 보면 옥수수, 밀, 쌀, 보리, 수수, 기장, 귀리, 호밀, 라이밀, 메밀 순이다. 우리나라에서는 예로부터 쌀, 보리, 조, 콩, 기장을 오곡이라 하여 중요하게 여겼다.

1) 쌀

멥쌀

찹쌀

벼(Oryza sativa)
'Oryza'는 그리스어로 '동양에 기원을 두다', 'sativa'는 라틴어로 '재배하다'라는 뜻으로 벼의 학명은 동양에서 기원하여 재배하는 식물이라는 뜻을 가진다.

벼(*Oryza sativa* L.)는 화본과 벼속에 속하는 식물로서 왕겨를 벗긴 낟알이 쌀(rice)이며, 쌀은 밀, 옥수수와 더불어 세계 3대 식량작물 중의 하나이다. 쌀은 열대와 온대 몬순기후 지역에서 광범위하게 재배되며, 중국과 인도를 비롯한 아시

한 사람이 일년에 먹는 쌀 소비량은?

국민 1인당 쌀 소비량은 1970년 136.4kg으로 정점을 찍은 뒤 1998년 처음으로 100kg 미만을 기록했고, 2018년도에는 61.0kg까지 떨어져 81년 이후 지속적으로 감소하는 추세다. 이는 하루 167.3g으로 하루 2공기가 못되는 셈이다. 대신 제조업 쌀 소비량은 2014년부터 지속적으로 늘어나고 있어 이른바 '혼밥족'이 늘면서 직접 쌀을 조리하는 대신 가정간편식(HMR) 등으로 대체하는 인구가 늘어나고 있음을 보여주고 있다.

전체 양곡 소비량 중 보리쌀, 밀가루, 잡곡류, 콩류, 서류 등 기타 양곡이 차지하는 비중은 12.1%이며, 밀가루와 콩류의 소비량은 줄고 잡곡류의 소비량은 증가하는 추세이다.

아에서 94%가 생산된다. 전 세계 인구의 50% 이상이 주식으로 이용하고 있다.

우리나라 벼농사는 신석기시대 후기 또는 청동기시대에 중국으로부터 전래되었다. 벼농사는 통일신라시대에 전국적으로 보급되었고, 고려시대에 전국적 정착과정을 거쳐 조선시대에 우리식의 벼농사가 완성되어 쌀을 주식으로 하는 한식 고유의 반상차림이 완성되었다.

(1) 쌀의 종류

① **형태에 따른 종류** 쌀은 형태에 따라 자포니카형(단립종), 자바니카형(중립종), 인디카형(장립종)으로 나뉘며(표 3-4), 재배지역이나 밥을 지었을 때의 특징이 다르다.

표 3-4 형태에 따른 쌀의 종류

형태	종류
자포니카형(일본형) (단립종, 원립종)	• 학명 : *Oryza sativa* subspecies japonica • 재배 지역 : 한국, 일본, 중국 동북부, 대만 북부, 미국 서해안 등 온난하고 적당한 강우량인 지역에서 재배되며, 세계 쌀 생산량의 약 20%를 차지 • 형태 : 짧고 둥글둥글한 형태 • 특징 : 물을 넣고 가열하면 끈기가 생김
자바니카형(자바형) (중립종, 반장립종)	• 학명 : *Oryza sativa* subspecies javanica • 재배 지역 : 자바섬이나 인도네시아 등 아열대 지역에서 재배되며, 생산량은 미미함 • 형태 : 자포니카형과 인디카형의 중간 형태이며 크기가 약간 큰 편임 • 특징 : 맛이 담백하고 가열하면 끈기가 생기나 인디카형에 가까움
인디카형(인도형) (장립종)	• 학명 : *Oryza sativa* subspecies indica • 재배 지역 : 인도, 인도네시아, 방글라데시, 베트남, 태국, 미얀마, 필리핀, 중국 남부, 미 대륙, 브라질 등 고온다습한 열대 및 아열대 지역에서 재배되며, 세계 쌀 생산량의 약 80%를 차지 • 형태 : 자포니카형에 비해 가늘고 길쭉한 형태 • 특징 : 자포니카형에 비해 끈기가 적고 푸슬푸슬함

몬순(monsoon) 기후

여름에는 덥고 비가 많이 내리지만 겨울에는 춥고 건조한 것이 특징인 계절풍 기후. 아시아에서 여름 계절풍에 의한 비는 농업용수로 매우 유용하며, 우리나라에서 벼농사가 발달한 것도 이와 같은 계절풍의 영향이라 할 수 있다.

표 3-5 멥쌀과 찹쌀의 성분 및 성상 비교

성분 및 성상	멥쌀	찹쌀
아밀로오스 함량	20~25%	1~2%
단백질 함량	6.5%	7.4%
호화온도	65℃ 정도	70℃
비중	1.13	1.08
유리지방산	적음	멥쌀보다 많음
저급불포화지방산	적음	멥쌀보다 많음
성상	반투명하고, 찹쌀에 비해 김	유백색이며, 멥쌀보다 짧음

② **아밀로오스와 아밀로펙틴 함량에 따른 종류** 멥쌀과 찹쌀로 나눌 수 있으며, 우리나라에서 생산되는 쌀의 약 96%는 멥쌀이고 나머지는 찹쌀이다(표 3-5).

③ **그 밖의 쌀의 종류**

흑미

적미

녹미

발아미

• 유색미 : 과피와 종피의 착색 정도에 따라 적색, 자색, 흑색에 이르는 다양한 유색미가 있는데 유색미라도 완전히 도정하면 백미가 된다. 단백질, 무기질 및 비타민 함량이 높다. 유색미는 백미에 비해 발아력과 저장성이 우수하며, 혈중 콜레스테롤을 낮추는 효과가 있다. 이는 안토사이아닌 색소의 항산화성에 기인한다. 색이 특이하여 술, 떡, 제과 등에 널리 이용된다. 국내산 흑미는 중국산을 개량하여 색소를 3배 이상 함유하도록 한 것으로 아주 검은 것보다 약간 적색을 띄는 것이 찰기가 강하다. 흑미의 색소는 주로 시아닌-3-글루코사이드(cyanin-3-glucoside)로 수용성이므로 지나치게 씻지 않는 것이 좋다.

• 향미 : 히말라야 부근에서만 재배되는 최고급 품종의 향미인 인도산 바스마티(Basmati) 종은 독특한 향이 있고 유난히 긴 모양을 하고 있다.

• 배아미 : 현미를 특수한 방법으로 도정하여 배아를 남긴 쌀이다.

• 발아미 : 현미에 적정한 수분, 온도, 산소를 공급해 1~5 mm 정도 싹을 틔

운 쌀로 비타민, 아미노산, 효소 및 SOD(superoxide dismutase) 등 유용 성분이 생겨 몸의 면역력을 높이고 생활습관병을 예방한다고 알려져 있다. 또한 현미의 소화를 방해하는 피트산은 싹이 나면서 인과 이노시톨로 바뀌어 소화가 잘 된다.

• 강화미 : 백미를 티아민과 리보플라빈 용액에 담갔다가 건조시켜 도정과정 중에 손실된 비타민을 인공적으로 보충하여 만든다. 강화미는 보통 150 mg%의 티아민과 3.5 mg%의 리보플라빈을 함유하고 있다.

• 기능성 쌀 : 환경과 건강에 대한 관심이 높아지면서 쌀 표면에 영지, 상황, 동충하초 등 버섯균을 배양시킨 버섯쌀, 홍국(누룩곰팡이)을 발효시켜 만든 홍국쌀, 칼슘, 키토산, DHA, 강황, 인삼 등 기능성 물질을 코팅한 코팅미 등 기능성 쌀이 시장에 소개되고 있다.

• 특수목적용 쌀 : 단맛을 가진 찹쌀로 동양식 국수와 당과류를 만드는 데 유용한 모치고메(Mochigome)종과 튀김옷과 아삭아삭한 피자껍질을 만드는 데 적당한 칼모치(Calmochi)종이 있으며, 멥쌀로는 리조또(risotto) 조리에 적합한 흡수력이 좋은 알보리오(Alborio)종이 있다.

• 청결미 : 도정 후 백미 표면에는 미세한 겨가루가 부착되어 있어 저장성과 낟알의 윤기를 떨어뜨리므로 약간의 물을 분사한 다음 롤러에 의한 마찰 전단력과 강한 공기류를 이용하여 쌀겨를 제거하는 연미공정을 거쳐 청결미를 생산한다(그림 3-2).

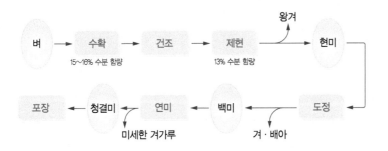

그림 3-2 쌀의 수확 후 처리공정

제현
벼에서 왕겨를 제거하여 현미가 되는 과정. 제현율은 무게로는 80%, 부피로는 55% 정도임

(2) 쌀의 성분과 영양

쌀을 도정할수록 단백질, 지질, 식이섬유, 무기질, 비타민 함량은 감소하고 반대로 탄수화물은 증가한다(표 3-6). 단백질의 경우 도정도에 따라 함량은 감소하나 필수아미노산 조성은 크게 변화하지 않는다.

현미는 영양성분은 우수하나 섬유소가 많고 겨층이 수분의 침투를 막아 전분의 호화가 완전히 일어나지 않으므로 먹을 때 질감이 단단하고 소화율이 낮다. 그러나 요즘에는 현미도 호화가 잘 되도록 취사 기능이 강화된 취사기기가 개발되어 많이 이용되고 있다.

표 3-6 쌀의 도정도에 따른 영양소 함량

도정도	에너지 (kcal)	수분 (g)	단백질 (g)	지질 (g)	회분 (g)	탄수화물 (g)	식이섬유 (g)	칼슘 (mg)	비타민 B_1 (mg)	비타민 B_2 (mg)
호품벼, 백미	337	15.8	5.9	0.7	0.4	77.2	0.8	4	0.07	0.03
밭벼, 7분도미	358	14.9	9.5	1.5	0.7	73.4	0.9	6	0.24	0.03
호품벼, 현미	299	16.8	6.3	1.9	1.1	73.9	3.5	10	0.26	0.07

출처 : 농촌진흥청 국립농업과학원(2017). 국가표준식품성분표(제9개정판)

우리나라 식생활에서 쌀은 하루 영양권장량 중 에너지의 44.1%, 단백질의 29.9%, 철 10.2%, 비타민 B_1 31.8%, 비타민 B_2 50.0%, 나이아신 17.6%를 공급하여 에너지, 단백질, 비타민 B_1 및 B_2의 주요 공급원이 된다.

- 단백질 : 쌀의 단백질 함량은 6~10%로 밀가루보다 적으나, 쌀은 밀의 2배 가량의 라이신을 함유하고 있어 쌀의 생물가는 72인데 반해, 밀가루는 47로 쌀 단백질이 더 우수하다. 쌀 단백질은 글루텔린(glutelin)에 속하는 오리제닌(oryzenin)이 80%를 차지하여 글루텐 형성을 못하므로 제빵 적성은 좋지 못하다.

- 지질 : 현미에 2% 정도 함유되어 있으며, 주로 배아와 겨에 존재한다. 불포화지방산이 72.5%를 차지하고 있다. 특히 콜레스테롤 억제효과를 가진 올레산(39%)과 필수지방산인 리놀레산(36.9%)이 많다. 쌀겨기름(미강

유)은 페놀성 항산화물질인 γ-오리자놀(oryzanol)을 함유한다.

- 무기질 : 인, 칼륨, 마그네슘이 풍부한 반면 칼슘은 부족하여 우유 등 칼슘 함유식품을 함께 섭취하는 것이 좋다.
- 비타민 : 현미에는 비타민 $B_1 \cdot B_2$, 나이아신이 상당량 들어 있으나 도정과 정 중 제거되어 백미에는 거의 존재하지 않으며, 저장이나 조리과정 중에 거의 손실되므로 쌀에서 비타민의 섭취를 기대하기는 어렵다.
- 생리활성물질 : 쌀겨에는 토코페롤, γ-오리자놀, β-시토스테롤(sitosterol) 과 페룰산(ferulic acid) 등 항산화물질을 함유하여 콜레스테롤 저하효과, 혈압상승 억제효과, 항산화효과, 돌연변이 억제효과 등이 있으며, β-글루 칸, 펙틴과 검질과 같은 식이섬유가 풍부하여 현미는 당뇨병 예방에도 효 과적인 곡류로 인식되고 있다.

단백질의 분류

단백질은 용해성을 기준으로 7개 그룹으로 분류한다(Osborne 분류).
이들 중 대표적인 것은 알부민과 글로불린이며, 모든 동식물체에 함유되어 있고, 영양소로서도 소화흡수가 좋고 필수아미노산을 균형 있게 함유하고 있다. 글루텔린과 프롤라민은 곡류에서 중요한 단백질이다.

단백질	물	묽은 염류	묽은 산	묽은 알칼리	알코올	분포
albumin	○	○	○	○	×	일반 동식물체
globulin	×	○	○	○	×	일반 동식물체
glutelin	×	×	○	○	×	식물, 특히 곡류
prolamin	×	×	○	○	○	식물, 특히 보리류, 옥수수
albuminoid	×	×	×	×	×	동물의 털, 깃, 가죽, 뼈, 발톱
histone*	○	○	○	×	×	흉선, 적혈구, 세포핵
protamin*	○	○	○	×	×	어류의 이리

○ 가용성, × 불용성
* 특수한 염기성 단백질

2) 보리

보리(대맥, barley, *Hordeum vulgare* L.)는 인류가 처음 재배했던 작물 중의 하나로, 5,000~7,000년 전의 것으로 추정되는 낟알이 이집트와 서남아시아의 비옥한 초승달지대에서 발견되었다. 보리는 비교적 생육기간이 짧고 내한성이 뛰어나서 열대에서 한 대에 이르는 넓은 지역에서 경작한다. 1500년대 중엽 스페인 사람들이 남아메리카에 소개했고 거기서 북쪽으로 전파되었다.

주요 보리 생산국은 러시아, 캐나다, 독일, 프랑스, 미국, 스페인 등이다.

(1) 보리의 분류

- 쌀보리(나맥)와 겉보리(피맥) : 쌀보리는 껍질이 쉽게 제거되는 반면, 겉보리는 씨방벽에서 분비되는 점액물질로 인해 껍질이 열매에 달라붙어 제거되기 힘들다. 겉보리는 겨층이 15~20%, 쌀보리는 10~15%를 차지하므로 쌀보리가 식용으로 하는 배유 부분이 많다. 겉보리와 쌀보리의 구성성분은 다르나, 도정한 다음에는 비슷해진다. 겉보리 품종 중 씨알이 크고, 단백질 함량이 10% 이하이지만 발아력이 균일한 특성을 갖춘 품종을 특별히 맥주보리라 하여 구분하기도 한다.

두줄보리   여섯줄보리

그림 3-3 두줄보리와 여섯줄보리

출처 : 이혜수 외(2001). 조리과학. 교문사. p.83

- 두줄보리(이조대맥)와 여섯줄보리(육조대맥) : 같은 보리이면서도 이삭에 달린 씨알의 줄 수에 따라서 구분한다(그림 3-3).
- 가을보리(추파형)와 봄보리(춘파형) : 파종시기에 따라서 구분하는데, 우리나라에서는 대부분 가을보리를 재배한다.

(2) 보리의 성분과 영양

압맥

보리는 단백질 9.4%, 지질 1.2%를 함유하고 있어 밀과 큰 차이가 없으나 전분 함량은 약 65%로 밀보다 적다(표 3-2). 반면 도정해도 쌀같이 겨층이 완전히 제거되지 않을 뿐만 아니라 중앙에 깊은 홈이 파여 있고 그곳에 섬유소가 많아 소화가 잘 안된다. 이러한 낮은 소화율을 개선하기 위하여 압맥과 할맥으로 가공한다.

압맥과 할맥은 밥을 지었을 때 모양과 색뿐만 아니라 입 안에서의 느낌도 쌀과 비슷하고 소화율도 높아 많이 이용된다. 밥을 지을 때는 미리 삶아 놓을 필요가 없으며, 물은 쌀만으로 지을 때보다 5% 정도 많게 한다.

- 단백질 : 주요 단백질은 프롤라민(prolamin)에 속하는 호르데인(hordein)으로 약 10% 정도 함유하고 있어 쌀보다 많은 편이나 라이신, 메티오닌, 트립토판 등의 필수아미노산 함량이 적어 질적으로 우수하지는 않다. 보리는 단백질 함량이 낮을 뿐 아니라 글루텐 단백질이 없으며, 분쇄해도 전분이 조직으로부터 분리되기 어렵기 때문에 제분이 어려워 빵이나 면의 재료로 100% 사용할 수 없고 일부 밀가루와 복합분으로 사용되고 있다.
- 비타민 및 무기질 : 백미와는 달리 배유 내부에도 분포되어 있으므로 도정하더라도 손실은 비교적 적다. 다른 맥류와 비교해 칼슘, 인, 철 등의 무기질과 비타민 B 복합체가 풍부하다.
- 식이섬유 : 보리에는 호밀과 같은 찐득찐득함을 주는 펜토산(pentosan)과 귀리 특유의 젤과 같은 성질을 주는 고분자 수용성 식이섬유인 β-글루칸이 세포벽을 구성하고 있으며 각각 약 2~8%를 차지하고 있다. 높은 식이섬유 함량 때문에 보릿가루는 밀가루의 2배에 달하는 높은 수분흡수능력

압맥
도정한 후 고열증기로 부드럽게 하여 기계로 눌러 단단한 조직을 파괴하여 물이 쉽게 흡수되어 호화가 빨리 되게 한 것

할맥
홈을 따라 분할하여 섬유소의 함량을 낮춘 것

보리단백질
호르데인(hordein)

을 가진다. β-글루칸은 점성이 높아 혈관이나 간의 콜레스테롤 함량을 저하시키는 효과가 매우 좋다.

(3) 보리의 이용

유럽이나 미국에서 보리는 주로 사료용으로 재배되지만, 쌀을 주식으로 하는 우리나라와 일본에서는 식량으로 재배하여 독특한 정맥가공을 하고 있다. 식량으로 쓰일 때는 쌀과 섞어서 먹는 혼식 방법이 일반적이며, 예전에는 보리밥이 빈곤과 연결되어서 거친 음식이라는 이미지가 강했으나, 오늘날에는 β-글루칸 함량이 높아 건강식품으로 재인식되고 있다.

여섯줄보리 중 겉보리는 볶아서 보리차로 이용하거나 엿기름을 만들어 엿, 식혜, 된장, 고추장 등을 만들기도 하며 미숫가루 제조에 이용한다. 밥을 지어 먹거나 국수, 빵 등에 이용하는 것은 쌀보리이다. 두줄보리는 맥주, 위스키 제조 등 양조용으로 이용한다.

3) 귀리

귀리

귀리(연맥, oats, *Avena sativa*)는 서남아시아에서 기원하였으나, 습한 기후에서 잘 자라 북유럽의 중요한 작물이 되었다. 예전에는 주로 말의 사료로 사용되었으나, 오늘날 영국과 미국이 식용으로 가장 귀리를 많이 소비하는 나라이다.

귀리는 다른 곡류에 비해 전분이 비교적 적고 식이섬유, 지질 및 단백질이 풍부하다. 그러나 귀리도 글루텐을 형성하는 단백질을 가지고 있지 않아 점탄성이 떨어지고, 겉껍질이 붙어있어 가공하기 어려우며, 겨와 배유에 밀보다 2~5배의 지질을 가지고 있으며 다량의 지방분해효소를 가지고 있어 산패하기 쉬워 제빵 적성이 나쁘다. 따라서 저장기간 동안 급속한 품질저하를 막기 위해서는 열처리를 통해 효소를 불활성화 시켜야한다.

그러나 귀리는 장점도 많다. 수분흡수력이 우수한 β-글루칸을 다량 함유하고 있어 뜨거운 오트밀이 부드럽고 걸쭉한 농도를 지니게 하며, 빵이나 과자를 촉촉하게 만드는 효과가 있고, 혈중 콜레스테롤 감소 효과가 있다. 또한 귀리는 항산화작용을 하는 폴리페놀 화합물도 다량 함유하고 있다. 따라서 최근 밀가루 대신 일부를 귀리로 대체한 빵류나 쿠키를 만들거나, 아침식사용 시리얼의 일종인 그래놀라, 뮤즐리와 핫시리얼의 주원료로 사용되며 소비가 급증하고 있다. 증기로 가열한 후 눌러서 가공한 납작귀리(rolled oat)를 뜨거운 우유와 섞어 죽처럼 만든 오트밀(귀리죽)은 소화가 잘 되어 유아용, 환자용, 노인용으로 주로 이용된다.

4) 옥수수

옥수수(corn, *Zea mays* L.)는 남부 멕시코를 중심으로 기원전 7000년 무렵부터 재배되기 시작하였다. 16세기 초에 포르투갈인이 인도에 전하고, 중국을 거쳐 고려 때 우리나라에 들어왔다.

옥수수의 주생산국은 미국으로 전 세계 생산량의 약 46%를 차지하고 있으며, 생식용으로는 나종과 감미종이 주로 사용되고, 주정, 팝콘, 전분, 시럽, 기름 가공에 사용된다. 대부분은 대체연료 목적으로 에탄올 생산에 이용되며, 우리나라, 일본, 멕시코, 스페인 등에서는 주로 사료용으로 수입하고 있다.

(1) 옥수수의 종류
옥수수는 종자의 모양과 특성에 따라 마치종(dent corn), 경립종(flint corn), 감미종(sweet corn), 나종(glutinous corn), 폭립종(pop corn) 등으로 나눈다(그림 3-4).
- 마치종 : 사료나 전분, 기름 등의 공업용 원료로 이용되며 세계에서 가장 많이 재배된다. 말의 이빨처럼 생겼다 하여 마치종이라 불린다.
- 경립종 : 전분, 포도당, 고급 풀, 위스키, 소주 등의 원료로 이용되며 맛이 좋아 식용으로 오래전부터 재배해 왔다.
- 감미종 : 서양에서 생식용으로 또는 통조림이나 냉동처리하여 수프, 조림,

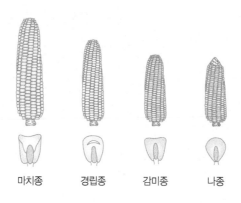

그림 3-4 옥수수의 종류

출처 : 이혜수 외(2001). 조리과학. 교문사. p.86

크로켓 등에 이용되며, 단맛이 있어 감미종이라 한다. 노란색은 카로티노이드 색소인 제아잔틴(zeaxanthin)으로 눈의 황반변성을 막아 주어 노년기에 실명을 예방할 수 있는 기능성 물질로 주목받고 있다. 샐러드나 중화요리에 사용되는 영콘(베이비콘)은 생식용으로 만든 감미종의 일종으로, 쪄서 통조림으로 이용한다.

- 나종(찰옥수수) : 찰기가 있어 우리나라에서 간식용으로 많이 이용한다.
- 폭립종(팝콘) : 보통 품종과 비교하여 종자의 크기가 작고, 단단한 반투명 배유의 비율이 크다. 각질층이 딱딱하여 고온처리하면 금방 껍질이 터지지 않아 내부의 압력이 높아져 어느 순간 각질층의 파괴와 동시에 부피가 팽창한다. 팝콘은 173~198℃의 온도와 수분 함량 11~14%, 껍질에 상처가 없는 상태에서 성공적으로 팝핑된다.

(2) 옥수수의 성분과 영양

옥수수는 다른 잡곡에 비해 탄수화물, 지방과 단백질을 다량 함유한다(표 3-2). 그러나 단백질은 제인(zein)으로 필수아미노산인 트립토판이 부족하여 옥수수가 주식인 라틴아메리카, 아프리카, 아시아 등에서는 양질의 단백질을 같이 섭취하지 않으면 단백질 영양결핍증이나 나이아신 결핍으로 펠라그라

옥수수단백질

제인(zein)

에 걸리기 쉽다. 그러나 토르티야(tortilla) 제조시 신축성있는 반죽을 만들기 위해 알카리처리(nixtamalization)를 하게 되면 나이아신의 흡수를 도와주어 펠라그라 예방에 도움을 준다.

5) 조

조(foxtail millet, *Setaria italica*)는 곡류 중 가장 크기가 작고 저장성도 강하다. 탄수화물은 대부분 전분이며, 단백질은 라이신이 제한아미노산이지만 로이신, 트립토판은 많은 편이다. 칼슘과 비타민 B 복합체 함량이 많고 소화율이 99.4%로 높아 이유식 또는 치료식에 이용된다.

차조

메조는 노란색이며, 차조는 녹색이 진한 편이며 메조에 비해 단백질과 지방이 풍부하다. 주로 밥, 죽, 떡, 엿, 소주의 원료로 이용된다.

6) 수수

수수(sorghum, *Sorghum bicolor*)는 중남부 아프리카의 스텝이나 사바나에서 진화했으며, 기원전 2000년 무렵 재배되기 시작했으며, 인도나 중국으로 전파되었다. 수수는 가뭄과 더위를 잘 견디기 때문에 대부분 따뜻한 나라에서 재배된다. 메수수와 차수수가 있으며 품종은 외피의 색에 따라 흰색, 갈색, 노란색 등이 있는데, 식용으로는 주로 갈색이 이용된다. 외피는 단단하고 탄닌을 함유하고 있어 다른 곡류에 비하여 소화율이 떨어진다. 단백질은 주로 글루텔린이며 차수수는 메수수보다 단백질 함량이 약간 많은 편이다. 차수수는 수수경단, 수수부꾸미, 쿠스쿠스 등으로 이용된다.

수수

수수는 발아하게 되면 종자 보호용으로 시안화합물을 생성하기 때문에 싹을 틔워 먹어서는 안된다.

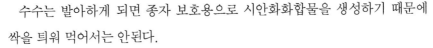

7) 메밀

메밀

여뀌과(마디풀과, Polygonaceae)에 속하는 메밀(buckwheat, *Fagopyrum esculentum*)은 모밀이라고도 하며, 서늘하고 습한 기후에서 가장 잘 자란다. 중앙아시아가 원산지로 여겨지는 메밀은 중국에서 1,000년 전부터 재배되었으며, 구소련은 한때 세계 제일의 메밀 생산국이었다.

메밀은 영양이 우수한 식품으로 단백질이 12~14%로 다른 곡류보다 많은 편이며, 필수아미노산인 라이신, 트립토판, 트레오닌 함량도 많아서 단백질이 질적으로도 우수하다. 또한 철을 비롯해 나이아신, 티아민, 리보플라빈 등 비타민 B 복합체가 많이 들어 있다(표 3-2).

메밀은 제분하여 사용하며, 본래 끈기가 있지만 열을 가하면 끊어져서 면으로 만들기 어려우므로 메밀국수를 만들 때는 메밀가루와 밀가루를 7 : 3의 비율로 섞고, 그 밖에 콩가루, 녹말, 달걀, 인산염, 물 등을 섞어서 만든다. 우리나라에서는 메밀묵과 메밀국수, 냉면 등에 이용하며, 동유럽에서는 눌러 부순 거친 메밀가루로 '카샤(kasha)'라고 하는 걸쭉한 죽을 만들어 먹는다.

메밀의 제분율은 70~75%로, 중심부만을 가루로 낸 것이 가장 빛깔이 희고, 가루를 많이 낼수록 빛깔은 검지만 풍미가 더 좋다. 메밀은 제분 직후의 것이 특히 맛이 좋은데, 건조가 잘된 것을 한랭한 곳에 두면 4~6개월은 맛을 잃지 않는다.

실생활의 조리원리

갈비와 메밀냉면은 아주 이상적인 음식궁합이라는데 왜일까?
메밀에는 모세혈관의 저항성을 강하게 하고, 고혈압으로 인한 뇌출혈 등의 혈관 손상을 예방하는 효과가 있는 루틴(rutin)이 5.9~6.8 mg% 정도 함유되어 있기 때문이다. 따라서 고지방식인 갈비와 함께 먹으면 궁합이 좋다는 것이다.

8) 기장

기장(millet, *Panicum miliaceum*)은 노란색으로 조와 형태는 비슷하나 크기가 약간 크며 메기장과 찰기장이 있다. 아프리카와 아시아가 원산지이며 조보다 성숙이 빠르고 메마른 땅에서도 잘 자라서 특히 건조한 지역의 주요 식량자원이다. 특히 16~22% 정도로 단백질 함량이 높으며, 지방, 비타민 함량이 높다. 쌀과 섞어 밥을 지어 먹거나 떡, 엿, 소주나 맥주의 원료로 사용된다.

기장

9) 퀴노아

퀴노아(quinoa, *Chenopodium quinoa*)는 감자, 옥수수와 더불어 고대 잉카 제국의 3대 작물의 하나로 어원은 '모든 곡식의 어머니'라는 뜻을 가지고 있다. 퀴노아는 어린이와 성인에게 모두 필요한 필수아미노산을 골고루 함유한 양질의 단백질(평균 16~20%)을 풍부하게 함유하고 있다. 작은 좁쌀 크기의 원형 모양에 흰색, 붉은색, 갈색, 검은색 등 다양한 색깔을 띠며, 화이트 퀴노아는 밥을 할 때 함께 넣어 먹으며, 레드 퀴노아는 단백질과 칼슘 함량이 더 높은 편으로 샐러드 등에 사용하면 좋다.

 퀴노아의 외과피에는 쓴맛을 내는 방어물질인 사포닌이 함유되어 있어 차가운 물로 거품이 나오지 않을 때까지 빠르게 씻어 준 뒤 사용한다.

10) 테프

테프(teff, *Eragrostis tef*)는 곡류 중에 가장 작으며 에티오피아의 주곡으로 글루텐 프리로 인제라(Injera)라는 폭신폭신한 질감의 납작한 빵을 만드는데 사용된다. 흰색, 갈색, 붉은색, 검은색 등 다양한 색깔을 띠며, 유색 품종이 풍미가 더 좋다고 한다. 칼슘, 철분, 비타민C, 단백질이 풍부하고, 저항성전분을 40%

정도 함유하고 있어 혈당지수가 낮아 혈당관리에 도움을 주며, 칼슘 함량이 높아 골다공증 예방에 도움을 준다. 기장이나 퀴노아와 같은 방법으로 조리해서 먹는데, 크기가 작아 조리시간이 짧다.

5. 전분의 성질과 조리

곡류는 맛을 좋게 하고 소화율을 증진시키기 위하여 조리를 하는데, 곡류의 조리과정 중 가장 중요한 과정이 전분의 호화(gelatinization)이다.

전분은 식물의 대표적인 저장 탄수화물로서, 포도당으로 구성된 고분자물질이다. 세포질(cytoplasm)에 존재하는 색소체(plastids), 특히 백색체에서 형성되고, 입자(granule)의 형태로 존재하며 식물의 종류에 따라 그 모양과 크기가 다르다(표 3-7). 모양은 대체로 구형, 타원형, 렌즈형, 다각형 등으로 다양하고, 크기 역시 전분 종류에 따라 다른데, 일반적으로 곡류전분의 입자는 크기가 2~20 μm로 작고 균일한 편이며, 근경류전분은 5~100 μm로 큰 편이다.

표 3-7 전분 입자의 모양과 크기

종류	모양	크기(μm)	종류	모양	크기(μm)
감자	타원형	10~100	밀	구형, 볼록렌즈형	5~10, 25~40
고구마	다각형, 달걀형	15~55	옥수수	다각형, 구형	5~25
호밀	볼록렌즈형	12~40	귀리	다각형	5~15
타피오카	구형, 반구형	5~35	쌀	다각형	2~10

1) 전분

(1) 전분의 구성

전분은 직쇄상(linear)의 아밀로오스(amylose)와 가지상(branched)의 아밀로펙틴(amylopectin) 분자로 구성되어 있으며(그림 3-5), 아밀로오스와 아밀로펙틴 분자를 비교하면 표 3-8과 같다.

전분 분자의 구성은 전분의 종류에 따라 다르며, 메곡류는 아밀로오스가 20~25%, 아밀로펙틴이 75~80% 함유되어 있고, 찹곡류는 아밀로오스가 0~6% 정도로 거의 모두가 아밀로펙틴으로 구성되어 있다.

(2) 전분의 분자구조

아밀로오스는 대략 6~8개의 글루코오스 단위마다 한 번 회전하는 나선구조

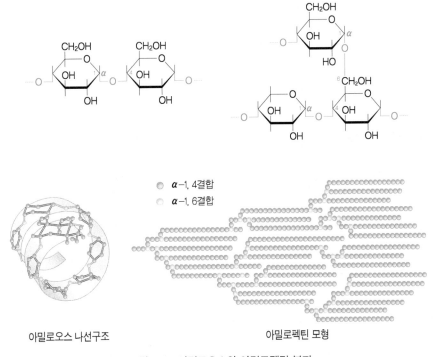

아밀로오스 나선구조

아밀로펙틴 모형

○ α-1, 4결합
○ α-1, 6결합

그림 3-5 아밀로오스와 아밀로펙틴 분자

표 3-8 아밀로오스와 아밀로펙틴의 비교

	아밀로오스	아밀로펙틴
결합	α-1,4 글루코시드결합	α-1,4 글루코시드결합 96% α-1,6 글루코시드결합 4%
구조	직쇄상 구조 6~8개의 글루코오스 단위로 된 나선구조	직쇄상의 기본구조에 글루코오스 20~25개 단위마다 α-1,6결합으로 연결된 짧은 사슬(평균 15~30개의 글루코오스)의 가지가 쳐지는 가지상 구조
중합도	500~2,000	20,000~100,000
평균 분자량	100,000~400,000	4,000,000~20,000,000
내포화합물	형성함	형성하지 않음
청색값	1.1~1.5 (청색)	0~0.6 (적자색)
가열시	불투명, 풀같이 엉김	투명해지면서 끈기가 남
호화·노화	쉽다	어렵다

아밀로오스-$[I_3]^-$복합체

$$I_2 + I^- \longrightarrow I_3^-$$

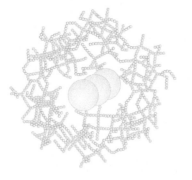

그림 3-6 아밀로오스-요오드 내포화합물

(helix)를 하고 있다(그림 3-5). 이 나선구조의 내부 공간은 소수성(hydrophobic)을 갖게 되어 요오드나 지방산 등의 분자들이 들어가 내포화합물(inclusion complex)을 형성하게 된다(그림 3-6). 특히 요오드분자와 복합체를 형성하여 청색의 정색반응을 나타냄으로써 전분의 존재를 확인하는 정성 및 정량실험에 유용하게 사용된다.

아밀로펙틴은 직선상의 α-1,4결합으로 정렬되어 있는 결정성 영역과 가지상의 α-1,6결합이 밀집되어 있는 비결정성 영역으로 구성되어 있으므로 전분 입자는 결정성 물질(crystallite)이다.

2) 전분의 조리 중 변화

전분에 물을 가하고 가열한 후 냉각, 저장하는 조리의 과정 중에 일어나는 일련의 변화를 전분의 호화(gelatinization), 젤화(gelation) 및 노화(retrogradation)라 한다. 즉, 전분을 찬물에 분산시키면 현탁액(suspension)을 형성하는데 이를 가열하여 졸(sol) 상태의 교질용액(colloid)이 형성되면 호화가 일어난 것이고, 호화액이 식어서 흐르지 않는 상태가 되면 젤화한 것이다. 젤(gel)이 굳어서 단단해지면 노화한 것이다.

(1) 전분의 호화

전분의 호화는 그림 3-7과 같이 3단계로 이루어진다.

- 제1단계 : 생전분은 냉수에 분산시켜 가열하면 주로 α-1,6결합이 밀집된 비결정성 영역에만 물이 침투되어 무게의 25~30%의 수분을 흡수하는데, 이 단계는 호화 개시온도 전까지의 가역적 변화이다.
- 제2단계 : 전분 현탁액의 온도가 호화 개시온도(60℃) 이상이 되면 충분한 열에너지에 의해 결정성 영역의 수소결합이 끊어져 그 사이로 무게의 3~25배까지 물이 침투하여 급격하게 전분입자가 팽윤(swelling)하고, 복

복굴절성(birefringence)

전분입자의 결정성은 빛을 두 방향으로 굴절시켜 편광현미경으로 전분 입자를 관찰할 때 핵심부(hilum)를 중심으로 검은 십자가(Maltese cross)가 나타남. 호화가 되면 복굴절성이 소실되는데, 이는 결정성이 소실되었음을 의미함

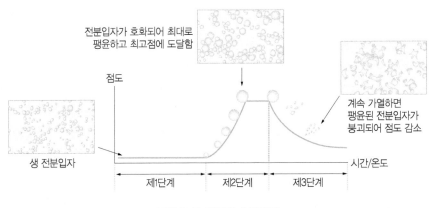

전분입자가 호화되어 최대로 팽윤하고 최고점에 도달함

점도

계속 가열하면 팽윤된 전분입자가 붕괴되어 점도 감소

생 전분입자

시간/온도

제1단계 제2단계 제3단계

그림 3-7 전분의 호화과정

굴절성(birefringence)이 소실되는 비가역적 변화가 일어난다. 이때 전분입자에서 일부의 아밀로오스와 아밀로펙틴의 일부가 끊어져 용출되어 나와 점도가 급증하면서 최대점도에 도달하고 반투명한 콜로이드 용액을 형성하게 되는데, 이러한 변화를 호화라 한다.
- 제3단계 : 계속 가열하면 팽윤된 전분입자가 서로 부딪쳐 붕괴되며 점도가 감소한다.

전분 내의 결정성 영역이 파괴되어 복굴절성을 소실하는 온도인 호화온도는 전분의 종류에 따라 다르다(표 3-9).

표 3-9 전분의 호화온도 및 특성

전분 종류	호화온도(℃)	특성
고아밀로오스전분 (고아밀로오스 옥수수)	100~160	• 툭툭 잘 끊어지는 호화액 형성 • 냉각하면 매우 단단하고 불투명한 젤 형성
곡류전분 (쌀, 옥수수, 밀, 수수)	62~78	• 호화액은 끈기가 있고 잘 끊어짐 • 냉각하면 비교적 불투명한 단단한 젤 형성
찰곡류전분 (찹쌀, 찰옥수수, 차수수)	63~74	• 호화액은 끈기가 매우 강하고 매우 잘 늘어나며, 투명함 • 냉각해도 젤형성이 잘 안됨
근경류전분 (감자, 타피오카)	52~70	• 호화액은 끈기가 있고 잘 늘어나며 비교적 투명함 • 냉각하면 약한 젤 형성

전분입자의 크기와 호화온도와의 관계

전분입자의 크기가 클수록 호화온도가 낮다는 설도 있으나, 이는 복굴절성 소실온도(briefringence end point temperature, BEPT)를 현미경으로 관찰할 때 나타나는 현상을 보고 나온 설임. 입자의 크기가 클수록 눈에 잘 띄기 때문에 나온 설일 뿐 근거는 불충분함

① 전분의 호화에 영향을 미치는 요인

- 전분의 종류 : 곡류전분은 근경류전분에 비해 호화온도가 높고 최고점도와 투명도는 낮은 편이나 계속 가열하여도 점도의 감소는 적은 편이며 냉각하면 젤 형성이 잘 된다. 아밀로펙틴은 아밀로오스보다 호화되기 어려워, 일반적으로 찹쌀을 이용한 음식의 조리시간이 더 길다.
- 수분 : 수분 함량이 많을수록 전분입자가 쉽게 팽윤되어 호화되기 쉽다. 호화가 충분히 일어나기 위한 물의 양은 전분의 약 6배가 이상적이다.

레몬 파이 속(filling)을 새콤달콤한 맛이 나게 하면서도 점도를 유지하려면?
전분을 먼저 호화시킨 후 설탕과 레몬즙을 첨가한다. 탕수육 소스에서도 마찬가지이다.

리조또(risotto)를 만들 때 쌀을 기름으로 먼저 볶는 이유는?
쌀 표면에 기름막을 만들어 수분 침투를 지연시킴으로써 호화를 억제하여 밥이 퍼지는 것을 막고 쫄깃쫄깃한 씹힘성을 제공하기 위해서이다.

- 산 : 산의 호화 촉진작용은 미약하나 pH 4 이하에서는 산에 의해 전분 분자의 일부가 가수분해되어 점도가 낮아진다. 따라서 산에 의해 점도가 묽어지는 것을 막으려면 산 가수분해시간을 최소로 하기 위해 재빨리 가열하거나 전분을 먼저 호화시킨 후에 산을 첨가하는 것이 좋다.
- 설탕 : 설탕은 친수성이 커서 전분입자와 경쟁적으로 물을 흡수하여 설탕의 농도가 30%까지는 점도를 상승시키나, 50% 이상이 되면 전분 입자의 팽윤을 억제하고 호화를 지연시켜 점도를 저하시킨다. 그 영향은 과당<포도당<유당<설탕의 순으로 커진다. 따라서 전분을 미리 조리하며 호화시킨 다음 설탕을 첨가하는 것이 좋다.
- 지방/단백질 : 전분입자를 코팅하여 물의 흡수를 방해하여 호화를 억제한다.

(2) 전분의 젤화

전분 호화액이 뜨거울 때는 점성이 있고 흐르는 성질을 가지는 졸(sol) 상태이나 대개 38℃ 이하로 냉각하면 반고체 상태의 젤(gel)을 형성한다. 이는 용출되었던 아밀로오스 분자들이 수소결합에 의해 회합하거나, 전분입자의 외곽에 있는 아밀로펙틴 분자의 가지와 결합하여 3차원 망상구조를 형성하고 그 내부에 물이 갇히게 되는 것이다. 이렇게 하여 형성된 젤은 용기에서 분리시켜도 어느 정도 흔들흔들하면서 그 모양을 유지한다. 묵과 과편은 전분의 젤화를 이용한 우리나라의 고유한 전통식품이다.

묵을 만들 수 있는 전분
녹두, 도토리, 메밀, 동부

과편
신맛이 나는 과즙에 설탕을 넣고 졸이다가 녹말을 넣어 엉키도록 하여 식힌 다음 편으로 썬 것으로 앵두편, 모과편, 살구편, 오미자편, 녹말편 등이 있음

① 전분의 종류에 따른 젤화 특성

- 아밀로펙틴만으로 이루어진 찰전분은 젤화가 거의 일어나지 않는다.
- 아밀로오스를 함유하고 있는 메전분은 쉽게 젤화된다. 젤의 강도는 아밀로오스 함량이 높을수록 높아진다.
- 근경류 전분은 약한 젤을 형성한다.

② 젤 강도를 감소시키는 첨가제

- 산 : 가수분해가 일어나 아밀로오스 사슬의 길이가 짧아져 젤 강도가 약해지거나 젤화가 잘 되지 않는다.
- 설탕 : 전분입자의 붕괴를 억제하여 젤 강도를 감소시킨다.
- 유화제 : 아밀로오스와 복합체를 형성하여 젤 강도를 감소시킨다. 이는 중국음식의 류우차이나 소스, 수프, 그레이비 등에 이용되는 조리원리이다.

류우차이(溜菜)
음식을 만든 후 육수에 전분을 넣어 만든 걸쭉한 소스를 끼얹거나 무치는 중국요리

(3) 전분의 노화

호화 또는 젤화된 전분을 실온에 오래 방치하거나 냉각시키면 전분 분자들 간의 수소결합에 의해 부분적으로 형성된 작은 결정영역이 재배열되면서 결정영역이 점점 커지며 노화(retrogradation)가 일어난다. 이때 젤의 망상구조가 수축하며 내부에 갇혀 있던 물이 빠져 나오는 이액현상(syneresis)이 발생한다. 노화에 의해서 생긴 결정영역은 생전분의 결정영역과 그 양상이 다르다.

노화된 전분은 투명도가 떨어지고 소화율도 떨어지는데, 재가열하여 일부 수소결합이 끊어지면 결정영역이 해소되어 다시 호화상태로 된다(그림 3-8).

① 전분의 노화에 영향을 미치는 요인

- 전분의 종류 : 메곡류전분은 노화되기 쉽고, 근경류전분과 찰전분의 노화는 그 속도가 느린 편이다. 또한 아밀로오스 함량이 높을수록 노화가 잘 일어난다. 이는 아밀로오스는 직쇄상 구조로 입체장애가 없기 때문에 분자 간 수소결합이 용이하나, 아밀로펙틴은 가지상 구조를 가지고 있어 분자

찬밥이 더운밥보다 소화가 잘 안 되는 이유는?

더운밥의 호화된 전분은 결정성이 소실되어 소화효소의 접촉이 용이하나, 밥이 식으면 재결정화
가 일어나 소화되기 어려워지기 때문이다.

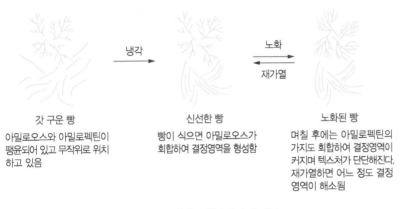

냉각 →	노화 → ← 재가열

갓 구운 빵
아밀로오스와 아밀로펙틴이
팽윤되어 있고 무작위로 위치
하고 있음

신선한 빵
빵이 식으면 아밀로오스가
회합하여 결정영역을 형성함

노화된 빵
며칠 후에는 아밀로펙틴의
가지도 회합하여 결정영역이
커지며 텍스처가 단단해진다.
재가열하면 어느 정도 결정
영역이 해소됨

그림 3-8 빵의 노화과정과 재가열

간 수소결합을 입체적으로 방해하기 때문이다.

- 수분 : 수분 함량이 30~60%일 때 가장 빨리 일어나고, 15% 이하로 건조시
  키면 노화가 억제된다.
- 온도 : 0℃ 이하거나 60℃ 이상에서는 잘 일어나지 않는다. 그러나 0~60℃
  의 범위에서는 온도가 낮을수록 노화속도가 빨라지며, 0~4℃의 냉장온
  도에서 전분의 노화는 가장 쉽게 일어난다.
- 산 : 노화는 수소결합에 의한 것이므로 수소이온이 많으면 촉진된다. 따라
  서 알칼리성에서는 노화가 억제되며, 산성에서는 노화가 현저히 촉진된다.

② 전분의 노화 억제방법

호화된 전분이 노화하면 전분질 식품의 품질이 저하되므로 노화를 억제할 필
요가 있다(표 3-10).

라면은 저장 중에도 노화가 되지 않고 끓이면 쉽게 호화되는 이유는?

라면은 생국수를 쪄서 호화시킨 후 성형하여 튀긴 즉석튀김국수이다. 이미 호화된 것을 튀겨서 수분 함량을 15% 이하로 만든 것으로 저장하여도 노화되지 않으며 끓는 물에서 쉽게 호화된다. 요즘에는 건강을 생각하여 튀기지 않고 만든 라면도 시판되고 있다.

표 3-10 전분의 노화 억제방법

원리	노화 억제방법	식품 예
수분 함량 조절	굽거나 튀겨 수분 함량을 15% 이하로 조절	비스킷, 건빵, 라면
	설탕의 탈수작용 이용	케이크
	수분 80% 이상 유지	죽
온도 조절	0℃ 이하로 냉동	냉동 떡, 냉동 케이크
	60℃ 이상으로 보온	보온밥통에 저장된 밥
재결정화 방지	유화제 사용	케이크

(4) 전분의 호정화

가용성 전분

전분이 부분적으로 분해되었으나 천연 전분의 입자형을 유지하므로, 냉수에는 용해되지 않지만 열수에서는 투명하게 용해되어 점성이 낮은 용액을 형성함.

전분을 물을 가하지 않고 160∼180℃ 이상으로 가열하거나 효소나 산으로 가수분해했을 때 전분이 가용성 전분(soluble starch)을 거쳐 다양한 길이의 덱스트린으로 분해되는 것을 호정화(dextrinization)라 한다(그림 3-9).

호정화가 되면 황갈색을 띠고 용해성이 증가되며 점성은 약해지고 단맛이 증가한다. 이러한 현상은 빵을 구울 때, 누룽지, 미숫가루, 뻥튀기, 팝콘, 아침

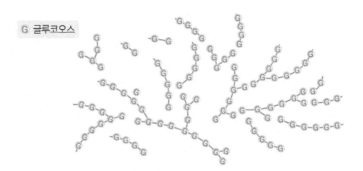

G 글루코오스

그림 3-9 호정화 : 아밀로펙틴으로부터 다양한 길이의 덱스트린 형성

전쟁과 같은 비상시에 미숫가루가 식량으로 좋은 이유는?

수분 함량이 적어 미생물 번식과 무게 감소로 저장성이 증가하고 휴대하기 좋으며, 노화되지 않
고 전분이 호화 또는 호정화되어 있어 물만 부으면 바로 먹을 수 있는 상태가 되기 때문이다.

대용 시리얼, 루(roux) 등에서 나타나며, 소스를 만들 때 걸쭉하면서도 엉기
지 않는 소스를 만들기 위해 밀가루를 버터에 마른 채로 볶는 것도 이러한 이
유 때문이다.

(5) 전분의 당화

전분에 산을 넣고 가열하거나, 효소 또는 효소를 가지고 있는 엿기름 같은 물
질을 넣고 최적온도로 맞추어 주면 가수분해되어 단맛이 증가하는데 이러한
과정을 당화(saccharification)라 한다. 전분을 당화시켜 만든 식품에는 식혜,
엿, 조청, 콘시럽 등이 있다.

① **전분 가수분해효소** 전분을 가수분해하는 효소에는 분해방법에 따라 여러
종류가 있다.

- α-아밀레이스(α-amylase) : 전분의 α-1,4결합을 무작위로 가수분해하는 내
  부효소(endo-enzyme)로, 주로 저분자량의 덱스트린, 소당류, 맥아당
  및 포도당을 생성하여 투명한 액체상태로 만들기 때문에 일명 액화효소
  (liquefying enzyme)라 한다. 발아 중인 곡류(맥아 등)에 많고 타액 및 췌
  장액에도 존재한다. 최적온도 50℃, 최적 pH 4.7~6.9이며 주로 양조용,
  물엿과 결정포도당 제조에 사용된다.
- β-아밀레이스(β-amylase) : 전분의 비환원성 말단에서부터 맥아당 단위로
  α-1,4결합을 가수분해하는 외부효소(exo-enzyme)이다. 고구마, 엿기름
  중에 많이 존재하며, 주로 맥아당을 생성하여 당도를 증가시키므로 당화
  효소(saccharifying enzyme)라 한다. 최적온도 65℃, 최적 pH 4.0~6.0이
  며 주로 물엿이나 식혜 제조에 사용된다.

맥아(malt)

보리에 적당한 물을 붓고 3~4
일간 두어 발아시킨 것
- 초록맥아 : 건조시키지 않은
  맥아
- 건조맥아(엿기름) : 건조시킨
  맥아(엿이나 식혜 제조 시에
  이용)

(6) 전분의 이용

음식의 조리과정에서 전분은 다음과 같이 이용된다.

- 증점제(thickening agent) : 소스, 수프, 그레이비, 스튜, 파이 속
- 젤형성제(gel forming agent) : 묵, 과편, 푸딩, 젤리
- 결착제(binder) : 소시지 등 육가공품, 콘 아이스크림
- 안정제(colloidal stabilizer) : 마요네즈, 샐러드드레싱
- 보습제(moisture retention) : 케이크 토핑
- 피막제(film forming agent) : 오블레이트

오블레이트(oblate)
감자, 고구마, 타피오카 등 근경류 전분을 호화시켜 제조한 가식성 필름

식혜

우리나라의 대표적인 전통음료로서 엿기름 중에 함유된 β-아밀레이스에 의하여 밥알의 전분이 당화되고 맥아당이 생성되어 단맛이 증가되고 밥알은 비중이 감소되어 뜰 수 있게 된다. 지방에 따라서 감주 또는 단술이라 하기도 한다.

6. 곡류의 조리

1) 밥

밥은 우리의 상차림에서 주식의 자리를 지키고 있는 가장 중요한 음식으로, 곡류에 물을 붓고 가열하여 전분을 충분히 호화시키되 곡류 낟알의 모양이 붕괴되지 않으면서 연하고 탄력성이 있고, 곡류에 흡수된 물이 중심부까지 고르게 분포되어 서로 과도하게 달라붙지 않는 상태인 것을 말한다.

밥의 주재료는 쌀이며, 찹쌀, 잡곡(보리, 조, 차조), 두류(검은콩, 완두, 강낭콩, 청태, 팥), 서류(감자, 고구마), 견과류(밤, 황률), 채소(무, 콩나물, 죽순, 산나물, 김치), 육류 및 어패류(굴, 조개, 홍합) 등 들어가는 부재료의 종류에 따라 밥의 종류는 다양하다.

쌀을 씻을 때 너무 오래 씻으면 밥맛이 떨어지는 것은 왜일까?

쌀은 잘 씻어 쌀겨를 제거해야 맛있는 밥이 되는데, 그렇다고 너무 오래 씻으면 오히려 좋지 않다. 쌀에 물을 가하고 그대로 1분 정도 두면 10% 이상의 물을 흡수한다. 이때 쌀겨의 냄새도 쌀입자 속으로 흡수되어 나중에 아무리 씻어도 쉽게 제거되지 않는다. 또한 비타민 B1은 가볍게 씻을 때는 약 20% 손실되지만 오래 씻으면 50% 이상 손실된다.

쌀을 잘 씻으려면 우선 가하는 물의 양이 충분해야 하며, 물을 가하고 나서는 2~3번 재빨리 휘저어 그 물을 즉시 버리고 물을 3회 바꿔가며 씻어야 한다.

일반적으로 밥 짓는 과정은 쌀 불리기(침지)와 밥 짓기(취반)로 이루어진다. 밥은 '만든다'고 하지 않고 '짓는다'고 하는데, 이는 밥은 기계적으로 끓이는 것이 아니라 기술에 정성을 들여야 함을 말하는 것이다.

(1) 쌀 불리기

침지과정에 의해 물이 배유세포의 내부까지 침투하여 전분 입자들을 수화시키고 복합전분입자(compound starch granule)를 알알이 떨어지게 하여(그림 3-10) 취반 시 물과 열이 골고루 전달되어 전분의 호화가 신속히, 그리고 완전히 일어남으로써 맛있는 밥이 된다. 보통 여름에는 30분, 겨울에는 90분 정도 불리면 거의 흡수가 끝나 쌀 무게의 20~30%의 물을 흡수한다.

수분 흡수 속도는 쌀의 성분 또는 전분의 호화특성과 직접적인 관계는 없

수분 흡수 속도에 영향을 주는 요인

- 현미 겨층의 존재 유무
- 겨층의 두께 및 조성
- 온도

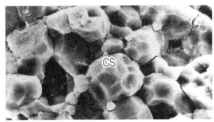 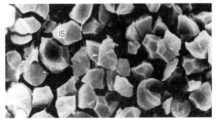

(a) 불리기 전   (b) 불리기 후

CS: 복합전분입자, is: 개개의 전분입자

그림 3-10 물에 불리기 전·후 쌀알의 전분입자 구조변화

출처 : 이영은(1987). 아이오와주립대학교 박사학위논문

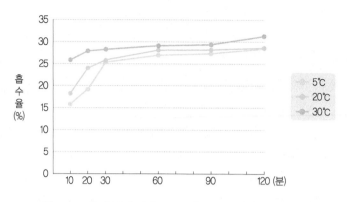

그림 3-11 물에 불린 시간과 물의 온도에 따른 쌀의 흡수율(%)

으며, 현미 겨층의 존재유무, 겨층의 두께 및 조성, 온도 등에 의해 결정된다. 겨층은 비교적 얇은 층이기는 하나 수분의 침투가 어렵고 섬유소가 많아 밥을 지었을 때 전분의 호화가 완전히 일어나지 않으므로, 먹을 때 질감이 단단할 뿐 아니라 소화율이 낮다. 온도에 따라 물의 흡수속도와 양이 다르나 30분 후에는 거의 최대 흡수량에 도달하게 되고, 2시간이 경과하면 쌀 무게의 대략 30%의 물이 흡수된다(그림 3-11). 햅쌀은 수분함량이 많아 불리지 않고 밥을 지어도 된다.

(2) 밥 짓기

밥을 짓는다는 것은 약 11%의 수분을 함유하고 있는 쌀에 물을 붓고 가열하여 수분 함량이 65% 내외의 밥으로 만드는 조리과정을 말한다.

① **가수량** 가장 맛있는 밥의 수분 함량은 약 60.5~66.5%인데 중량으로 환산하면 밥은 쌀무게의 약 2.3배가 된다. 밥을 지을 때 물의 양은 쌀의 품종, 건조상태, 쌀의 양, 열원과 취반용기에 따라 다르지만, 증발률이 밥물의 10~15%이므로 쌀 무게의 1.4~1.5배, 쌀 부피의 1.2배이다. 묵은 쌀은 부피로 1.3~1.4배, 햅쌀은 쌀과 동량의 물을 가한다.

 찹쌀로 밥을 지을 때는 충분히 불린 후 멥쌀보다 적은 약 0.9배의 밥물이 필요하다. 찜통에서 찌는 방법을 이용할 때는 찹쌀을 물에 충분히 불린 다음 수 증기를 이용하여 찌며, 찌는 과정에서 2~3회 물을 뿌려 주어야 충분히 호화 가 된다.

② 불 조절　맛있는 밥을 짓기 위해서는 쌀 입자에는 충분히 물이 흡수되고 익 었을 때 밖에는 조금도 남아 있지 않아야 한다. 밥 짓기에 필요한 가열시간은 쌀의 양, 화력 그리고 밥 짓는 용기의 종류 등에 따라 다르다. 불 조절과 용기 의 종류가 맛있는 밥짓기에 큰 영향을 미치므로 최근 전기밥솥 개발은 이 점 을 중시하고 있다.

- 온도 상승기 : 센 불로 가열하여 최고 온도에 도달하게 하는 과정으로 대류 가 활발히 일어나 용기 안의 온도가 일정하게 되고 쌀알의 흡수는 급속히 진행된다.
- 비등 유지기 : 밥물이 끓으면 불을 약하게 조절하여 끓어 넘치는 것을 방지 하고 98~100℃를 유지한다. 쌀알 틈새로 물이 위아래로 고루 이동하여 쌀알 속까지 물이 완전히 흡수되어 유리된 물이 거의 없어질 때까지 가열 한다.
- 뜸 들이기 : 밥 짓는 용기의 종류에 따라 불을 아주 약하게 하거나 또는 불 을 끈 상태에서 고온이 10~15분 정도 유지되도록 뜸을 들이면 쌀알 중심

실생활의 조리원리

뜸 들일 때 뚜껑을 열면 왜 안 될까요?
고온의 수증기가 도망가서 뜸 들이기가 불완전해질 뿐 아니라 온도도 급격히 내려가 쌀알 표면 에 물방울이 맺혀 질척하게 젖어 맛없는 밥이 된다.

뜸 들인 후에 밥주걱으로 밥을 가볍게 뒤섞어 주는 이유는?
뜸 들이기를 너무 오래하면 온도가 점차 내려가 밥알 사이에 있던 수증기가 밥알 표면에 응축되 어 밥알이 질척해져 서로 붙어 덩어리져서 밥을 푸기가 힘들어지며 밥맛도 떨어진다. 뜸 들이기 가 끝난 후 밥을 가볍게 뒤섞어야 하는데, 이를 '재치기'라고 한다. 이렇게 하면 과다한 수증기 를 날려 보내는 효과가 있어 물의 응축을 막아 고슬고슬한 밥이 된다.

부까지 완전히 호화되고, 쌀알 표면에 부착된 여분의 수분이 내부로 완전히 흡수되어 부드러운 밥이 된다. 이때 솥의 두께가 얇으면 보온이 잘 안되어 수증기가 뚜껑에 물방울로 맺혀 아래로 떨어져서 밥이 질척해져 밥맛이 떨어진다. 무쇠솥에 장작불로 한 밥이 맛이 있다고 하는 것은 무쇠솥과 장작불이 화기를 오래 간직할 수 있기 때문이다. 이에 비해 가스불은 불을 끄면 바로 화기가 없어져 밥맛이 떨어진다.

(3) 밥맛에 영향을 주는 요인

밥맛은 색, 윤기, 밥알의 크기 등 외관과 냄새, 맛, 끈기(점도) 및 단단한 정도 등 관능특성에 의해 좌우되는데, 그 중 냄새, 맛, 끈기가 밥맛에 영향을 주는 주요 요인이다.

밥맛은 품종이나 재배에서 취반까지 여러 과정과 요인에 의해 영향을 받는다. 이들 요인 중 품종 > 산지, 기상, 재배방법, 건조, 저장, 도정 > 수확, 유통, 취반순으로 영향을 주는 것으로 알려지고 있다. 따라서 가장 우선적으로 선택해야 할 사항은 품종이다.

① **품종** 인디카형은 자포니카형에 비해 아밀로오스 함량이 비교적 높고 배유를 구성하고 있는 세포벽이 두꺼워서 밥을 지어도 세포벽이 파괴되지 않으므로 전분이 세포 내에 갇혀 있어 호화가 충분히 일어나지 않아 끈기가 적다. 우리나라에서는 신동진, 호품, 일품, 추청 등이 주로 재배되고 있으며, 최근 아밀로오스 함량이 13% 이하로 낮아 찰기가 있는 백진주나 미호 등이 미식가들

사이에 각광을 받고 있다.

② **쌀알의 구조적 특성**　쌀알의 내부에는 배유세포들이 모여 조직을 이루고 있고(그림 3-12-a), 각 세포는 셀룰로오스와 헤미셀룰로오스로 이루어진 얇은 세포벽으로 둘러싸여 있으며, 그안에 원형질막이 있고 그 막 안쪽으로 돌아가며 단백체(protein body)가 전분입자를 둘러싸고 있다(그림 3-12-b). 쌀 전분입자는 다른 곡류와는 달리 복합전분입자의 상태로 존재하며, 위치에 따라 약간의 차이가 나지만 개개의 전분입자의 직경은 대개 2~10 μm 정도이다.

밥을 지을 때 세포벽이 약화되고 붕괴되어 세포 내의 전분이 팽윤하는 것을

복합전분입자
입자가 여러 개 모여서 하나의 전분입자를 형성한 것

탑라이스

수입쌀과 경쟁하여 이길 수 있고 소비자가 신뢰할 수 있는 전국 단위의 쌀의 브랜드 명칭이며, 2005년부터 정부에서 육성하고 있다. 지역별로 수라벼, 오대벼, 일품벼, 추청벼, 일미벼, 호평벼, 신동진벼, 새추청벼와 같은 고품질 품종만 엄선하여 최고의 밥맛을 목표로 최첨단기술과 친환경적으로 재배 생산하고 있다.
· 비료를 알맞게 주어 밥맛이 가장 좋은 단백질 함량(6.5% 이하)으로 맞춤
· 가장 밥맛이 좋도록 적온에서 건조
· 이듬해까지 밥맛이 변하지 않도록 15℃ 이하의 저온에서 저장
· 깨진 쌀과 희나리 등은 모두 골라내고 완전한 쌀이 95% 이상 되도록 포장
· 밥맛 유지를 위해 도정 후 30일 이내의 쌀만 판매
· 소비자 신뢰 확보를 위해 생산이력제 실시(http://toprice.rda.go.kr)

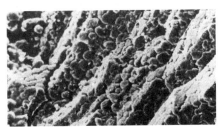
(a)

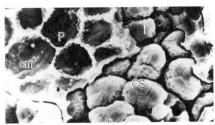
(b)

CS: 복합전분입자, cm: 세포벽 물질, P: 단백체, i: 전분에 생긴 단백체 자국

그림 3-12　쌀의 배유세포 구조

출처 : 이영은(1987), 아이오와주립대학교 박사학위논문

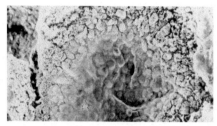
(a) 단단하고 끈기가 적은 밥알

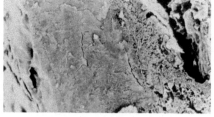
(b) 부드럽고 끈기가 큰 밥알

그림 3-13 취반 후 배유세포의 변화

출처 : 이영은(1987). 아이오와주립대학교 박사학위논문

돕는다. 쌀알의 중심부보다는 외부 쪽의 세포벽의 붕괴가 심하다. 일반적으로 단단하고 끈기가 적은 밥알에서는 세포벽의 붕괴가 적어 배유세포의 형태가 그대로 유지되고(그림 3-13-a), 부드럽고 끈기가 큰 것에서는 외부 세포벽의 붕괴가 커 내부 배유세포 안의 전분입자로 수분의 흡수가 용이하여 완전히 호화된다(그림 3-13-b).

③ **구성성분** 쌀의 구성성분으로 밥맛에 영향을 주는 것은 아밀로오스, 단백질, 유리아미노산, 유리당 및 휘발성 향기성분 등이다.

- 아밀로오스 : 일반적으로 아밀로오스 함량이 낮은 쌀일수록 밥의 끈기(찰기)가 커지며 색도 좋다. 아밀로오스 함량이 높으면 전분입자의 팽윤이 충분히 일어나지 못하여 밥의 점도가 떨어지고, 밥이 식었을 때에는 밥알의 팽윤과 붕괴 부족으로 단단한 느낌을 준다.
- 단백질 : 일반적으로 단백질 함량이 높으면 밥맛이 저하된다고 한다.
- 유리아미노산 : 유리아미노산이 구수한 밥맛에 영향을 준다. 글루탐산, 아스파르트산, 아르기닌 등 유리아미노산은 맛 좋은 쌀에 많고, 트레오닌, 프롤린은 맛없는 쌀에 많다고 한다.
- 휘발성 향기성분 : 묵은 쌀에는 저장 중 라이페이스에 의해 쌀의 지방산이 분해하여 n-발레르알데히드, n-카프로알데히드와 같은 알데히드로 인해 좋지 못한 냄새를 유발하고, 분해된 지방산이 전분의 충분한 팽윤과 호화

를 억제하여 단단한 밥을 만들어 맛이 없다.

④ **건조상태**

- 수확 후 오래되어 지나치게 건조된 쌀 : 수분을 갑자기 흡수하므로 팽윤이 골고루 이루어지지 않아 조직이 파괴되며 공간이 생겨서 질감이 나빠진다.
- 햅쌀 : 묵은 쌀에 비해 수분 함량이 많고 포도당 및 가용성 맛성분이 많아 밥맛이 좋다.

⑤ **취반 조건**

- 밥물 : pH 7~8일 때 밥의 외관이나 맛이 좋고 산성일수록 맛이 떨어진다.
- 밥짓는 용기 : 재질이 두껍고 뚜껑이 꼭 맞으며 두껍고 무거운 것으로 무쇠나 곱돌 등으로 된 것이 좋다. 열전도는 낮고, 열용량이 커서 천천히 데워지며, 한번 데워지면 그 온도를 유지하기 쉬워 뜸 들이기가 잘 된다. 게다가 무거운 뚜껑은 수증기가 도망가는 것을 방지하여 내부 압력이 높아져 비등점도 약간 상승시키므로 쌀의 중심까지 고루 호화하기에 적합하다. 용기의 크기는 쌀 부피의 3~4배 되는 크기가 좋다.
- 밥짓는 열원 : 장작불이 가스나 전기에 비해 좋다.

2) 죽

죽은 우리나라를 비롯한 대부분의 농경지역에서 가장 처음 시작된 곡물요리이다. 곡류 부피의 5~6배의 물을 붓고 완전히 호화될 때까지 끓인다. 특히 지질 함량이 많은 견과류를 이용한 죽은 일반적인 죽보다 물의 분량을 적게 하는데 곡류의 약 4배 정도의 물이 적당하다(표 3-11).

흐를 정도의 점성을 지닌 반유동식으로 소화가 매우 용이하여 노인식, 이유식, 환자식으로 많이 쓰여 왔다. 주재료로 쌀을 많이 이용하고 그 외 수조육류, 어패류, 채소류, 견과류, 우유 등 영양이 많은 재료를 넣어 만든다.

표 3-11 죽의 종류 및 특성

종류	특성
흰죽	쌀 분량의 5~6배의 물을 사용 • 옹근죽 : 쌀알을 그대로 쑤는 죽 • 원미죽 : 쌀알을 굵게 갈아서 쑤는 죽 • 무리죽 : 쌀알을 곱게 갈아서 쑤는 죽
암죽	곡물을 말려 가루로 만들어 물을 넣고 끓인 것 • 떡암죽, 쌀암죽, 밤암죽
응이	곡물을 갈아서 앙금을 얻어 이것으로 쑨 것. 의이라고도 함 • 율무, 연근, 수수, 갈분, 보리, 밀, 연실, 녹두 등의 앙금을 사용함
미음	곡물 분량의 10배가량의 물을 붓고 낟알이 푹 물러 퍼질 때까지 끓인 다음 미음체에 밭쳐 국물만 마시는 음식 • 쌀, 차조, 메조 등을 사용함

3) 떡

떡은 곡물가루로 만드는 음식으로서 의례 등 대소사에 필수적으로 사용된다.

표 3-12 떡의 종류 및 특성

종류	특성
찌는 떡	곱게 빻은 쌀가루를 시루에 안쳐 김을 올려 찌는 떡 • 시루에 안치는 방법에 따라 설기떡, 켜떡 • 켜떡은 재료에 따라 메떡, 찰떡 • 고물을 얹느냐 얹지 않느냐에 따라 시루떡, 시루편 • 백설기, 팥시루떡, 시루편, 두텁떡 등
치는 떡	멥쌀가루나 찹쌀가루를 찌거나 밥을 지어 안반에 쳐서 만드는 떡 • 찹쌀도병 : 인절미 • 멥쌀도병 : 절편, 가래떡, 개피떡 등
지지는 떡	찹쌀가루를 익반죽하여 모양을 만들고 기름에 지진 떡 • 화전, 부꾸미, 주악 등
빚는 떡	쌀가루를 익반죽하여 둥글게 빚어 찌거나 삶는 떡 • 송편 : 멥쌀가루 • 경단(단자) : 찹쌀가루, 차수수가루
술로 부풀린 떡	익반죽한 쌀가루에 막걸리를 넣고 발효시켜 고명을 얹어 찌는 떡 • 증편

떡은 만드는 방법에 따라 찌는 떡, 치는 떡, 지지는 떡, 빚는 떡과 술로 부풀린 떡으로 분류한다(표 3-12). 증편은 쌀가루를 막걸리로 발효시켜 부풀게 하여 찌는 떡으로, 맛과 향이 색다르며 이산화탄소로 부풀려 기공이 있는 텍스처를 지닌다.

7. 곡류의 저장

곡류는 곤충이나 해충에 의한 피해를 막기 위해 건조시켜 밀봉포장하거나 서늘한 곳에 보관한다. 벼는 왕겨가 보호막 구실을 하므로 해충에 의한 손상이 적으며 청결미는 겨층과 배아, 즉 지방이 거의 제거된 상태이기 때문에 저장성이 높다. 표면에 겨가 많이 부착되어 있는 백미의 경우는 곤충에 의한 피해가 가장 크게 나타난다. 따라서 쌀의 저장성은 현미＜백미＜벼＜청결미의 순서로 높다고 할 수 있다.

쌀은 수분 함량이 적을수록 장기간 저장할 수 있으나 함수율이 너무 낮으면 밥맛이 저하된다. 저장 중 온도가 높으면 호흡이 왕성하여 수분이 발생하며, 호흡열에 의해 쌀알의 온도가 상승하므로 산화에 의해 쌀의 품질이 저하하게 된다.

열대지방에서는 고온 다습하므로 쌀의 저장성을 높이기 위해 벼를 반증열하여 건조시켜 파보일미(parboiled rice)를 만들어 저장한다.

파보일미(parboiled rice)

- **제조 과정** : 벼 → 수침 → 반증열 → 건조 → 도정
- **특징**
  - 저장성 향상 : 반증열 후 건조시켜 도정했기 때문에 고온다습한 조건에서도 쌀의 변질이 없다.
  - 기능성 향상 : 반증열 후 식히면 노화되는데, 이때 아밀로오스 분자가 서로 회합하여 단단하고 빡빡하게 압축된 구조가 되어 저항전분(resistant starch, 난소화성 전분)이 된다. 이 저항전분은 식이섬유의 일종으로 구강이나 소장의 소화효소의 작용을 받지 않기 때문에 혈당 상승을 억제한다. 그리고 그대로 대장에 내려가 장내 발효를 통해 유기산을 생성하여 유해균을 억제하고 유익균을 증식시켜 정장작용을 하고 공복감을 억제한다. 전분은 4kcal/g의 열량을 내지만, 유기산이 되면 그 절반인 2kcal의 열량을 내므로 칼로리를 줄일 수 있다.
  - 쇄미 발생 감소 : 인디카종 쌀은 도정 과정에서 쌀알이 파괴되기 쉽지만, 반증열하는 과정에서 전분이 호화되어 반투명해지고, 건조 과정에서 식으면서 노화되어 더 단단해지므로 도정 시 쌀알이 파괴되기 어려워 쇄미 발생이 적다.
  - 질감 : 전분을 미리 호화시켜 건조하여 낟알이 단단하기 때문에 밥을 지으면 낟알이 더 푸슬푸슬하고 단단하며 온전한 형태를 유지한다. 그러나 질감이 단단해서 거칠어 보일 수도 있다.
  - 황변 : 침지하는 동안 갈변반응을 촉매화하는 효소를 활성화하며, 반증열하는 동안 배아와 왕겨의 색이 배유로 이행하여 도정하여도 색이 누르스름하다.
  - 향미 : 침지하는 동안 겨층의 리그닌 성분의 일부가 분해하여 바닐린화합물이 생성되어 독특한 견과류 맛이 난다.
  - 조리시간 증가 : 일반 백미에 비해 조리시간이 1.3~1.5배 정도 길어진다.

CHAPTER 4
밀가루

CHAPTER 4
밀가루

밀과 밀가루

밀은 인류 역사에서 가장 오래되고 널리 경작된 농작물 중의 하나로, 전 세계 인구의 60%정도가 주식으로 사용하고 있다. 나일강, 유프라테스 강, 티그리스 강의 범람으로 생기는 고대문명의 요람인 초승달 지역에서 기원전 9,600년부터 처음 재배되기 시작한 것으로 알려져 있다. 그러나 최근에는 중국, 인도, 러시아, 미국 등지에서 주로 생산한다. 밀의 75%는 밀가루로 만들어 제과, 제빵, 제면 등에 사용하며, 나머지 25%는 아침식사용 시리얼을 만들거나 동물의 사료, 밀배아 또는 밀배아 기름(소맥 배아유)을 만드는 데 사용된다.

1. 밀의 분류

밀(wheat, *Triticum* spp.)은 화본과에 속하는 일년생 곡류로, 30,000여 품종이 있으며, 빵, 면, 과자용으로 쓰이는 보통밀(*T. aestivum*)과 파스타용인 듀럼밀(*T. durum*)이 전 세계 생산량의 90%를 차지한다.

- 경질밀(hard wheat)과 연질밀(soft wheat) : 배유의 성분인 단백질과 전분의 결합력에 따른 분류로, 경질밀은 낟알이 단단하고 단백질 함량이 많아 주로 강력분의 원료로 제빵에 쓰이고, 연질밀은 박력분의 원료로 과자, 파이, 케이크를 만드는 데 사용된다.
- 겨울밀(winter wheat)과 봄밀(spring wheat) : 파종 시기에 따른 분류로, 겨울밀은 세계적으로 생산량이 가장 많으며, 봄밀은 단위면적당 수확량은 적으나 제빵성이 우수한 것이 많다. 겨울밀은 봄밀보다 따뜻한 지역에서 재배되며 일반적으로 수확량이 봄밀보다 많다. 겨울밀은 가을에 심고 이듬해

입도의 거친 정도에 따른 명칭
- semolina : 아주 거친 가루
- farina : 중간 정도로 거친 가루
- flour : 고운 가루

파리나(farina)
보통밀로 만들며 입도가 세몰리나보다는 덜 거친 가루로, 이것으로 만든 죽을 cream of wheat라고 함

봄이나 여름에 수확한다. 봄밀은 매우 추운 지역에서 재배된다. 봄에 심는 봄밀은 그해 여름이면 완전히 무르익는다.

- 빨강밀(brown wheat)과 흰밀(white wheat) : 종피의 색깔에 의한 분류로, 빨강밀은 황색, 황금색, 적황색, 황적색, 적갈색 등이며, 흰밀은 약간 황색을 띤다.

- 듀럼밀(durum wheat) : 이탈리아가 원산지이며, 초경질밀로 단백질 함량이 13% 이상으로 높아 마카로니, 스파게티와 같은 파스타(pasta)와 인도의 납작한 빵인 난(nann)을 만드는 데 쓰인다. 듀럼밀은 전분질이 적고 단단하여 가루로 만들기 힘들다. 그래서 가루로 만들어도 입자가 거칠 수밖에 없어 '거칠게 갈다'라는 뜻을 가진 세몰리나(semolina) 또는 세몰라(semola)라고 부른다.

세몰리나

듀럼밀의 배아를 거칠게 간 가루로 따뜻한 물을 붓고 반죽해 마카로니, 스파게티 등 건조 파스타를 만드는 데 사용한다. 단백질과 회분 함량이 높은 것이 특징이며, 카로티노이드 색소를 함유하고 있어 연한 호박색의 색을 띤다. 파스타가 일반 국수나 우동에 비해 노란 이유는 이 때문이다. 단백질 함량이 높아 글루텐 형성이 잘 되며, 글루텐 망상구조가 강하여 내부에 전분을 잘 보유할 수 있기 때문에 삶아도 면발이 잘 풀어지지 않는 점이 특징이다.

2. 제분

밀은 배유 부분보다 외피가 단단하여 외피를 제거하려 하면 배유 부분이 먼저 부스러진다. 게다가 밀은 낟알의 중앙에 홈이 길게 파여 있고, 그 홈은 외피에 연결되어 단단히 붙어 있어 낟알 형태 그대로 외피를 제거하기가 어렵다. 따라서 밀은 낟알로 먹지 않고 밀가루로 제분(milling)하여 사용한다.

가수처리하여 부드러워진 밀 낟알을 롤러 밀(roller mill)을 이용하여 밀기울과 배아를 제거하고(조쇄 공정, break system), 그 결과 크기가 작게 분리된 배유를 체와 공기 흡입기를 이용하여 원하는 크기의 입자를 가진 밀가루를 얻는 과정(분쇄 공정, reduction system)이 제분이다. 제분과정에서는 밀가루 외에도 배아, 동물의 사료로 쓰이는 밀기울, 쇼츠를 부산물로 얻게 된다.

- 밀기울(wheat bran) : 과피, 종피와 호분층이 대부분이지만 소량의 배유와 배아를 포함하며, 일반적으로 밀 중량의 20~25% 정도이다. 섬유질, 단백질, 지방, 무기질 등이 풍부하고, 배아와 마찬가지로 자당(sucrose)과 라피노오스(raffinose)가 주된 당류로 밀기울 무게의 4~6% 정도 차지한다. 호분층은 무기질, 피트산(phytic acid), 지질과 나이아신, 비타민 B_1과 B_2의 함량이 높고 효소의 활성도 높다.

- 배아(germ) : 밀 중량의 약 2%를 차지하고, 단백질(25%), 당질(24%, 전분은 없고 주로 자당과 라피노오스), 지질(16~32%), 회분(5%), 비타민 B 복합체와 효소가 많다. 그 외에도 비타민 E가 500 ppm이나 함유되어 있다. 이러한 영양소들이 함유되어 있어 건강기능식품으로 사용된다.

- 배유(endosperm) : 주로 전분과 글루텐을 형성하는 단백질로 되어 있으며, 밀가루로 이용되는 주요 부분이다.

제분율(extraction rate)

원료 밀의 중량에 대한 제분된 밀가루의 중량비로, 분쇄공정에서 첫 단계의 롤을 통과하여 회분 양이 가장 적은 최상급 밀가루를 패턴트 분(patent flour)이라 하며, 이 중에서 밀알의 가장 중심에서 얻은 제분율이 약 45%인 밀가루를 short patent라 하고, 제분율이 65%인 밀가루를 long patent라 한다. 첫 단계 롤을 통과하지 못한 껍질 부분이 약간 많은 것을 클리어 분(clear flour)이라 한다. 클리어 분과 패턴트 분을 모두 합치면 제분율이 72%가 되는데, 이것을 스트레이트 분(straight-grade flour)이라 하며 일반적으로 시중에서 구입하는 다목적용 밀가루가 여기에 속한다. 일본 우동국수에 쓰이는 순백색의 밀가루는 제분율이 55% 정도이며, 통밀가루는 제분율 90% 이상의 밀가루를 사용한다.

3. 밀가루의 종류

밀은 품종과 재배되는 환경, 제분 부위에 따라 단백질의 함량이 다르다. 제분 방법과 단백질 함량, 회분의 함량에 따라서 강력분(단백질함량 12~14%, 최소 10.5%, 회분 0.4~0.5%), 중력분(단백질함량이 9~10%), 박력분(단백질함량 7~9%, 회분 0.4%이하)으로 나뉜다. 사용목적에 따라 경질밀과 연질밀을 적절히 혼합하여 글루텐 함량에 따라 강력분, 중력분, 박력분으로 분류한다(표 4-1). 강력분의 경우 글루텐의 세기인 점탄성이 가장 강력하고 양이 가장 많으며, 중력분, 박력분의 순으로 글루텐의 강도와 양이 감소한다. 단백질 함량이 가장 높은 듀럼밀을 원료로 하는 세몰리나도 많이 이용된다. 충분히 치댄 반죽을 물 속에서 전분을 씻어 제거하면 점착력이 있는 글루텐을 얻을 수 있는데 이를 습부(wet gluten)라 하며, 105℃ 건조기에서 항량이 될 때까지 건조시킨 것을 건부(dry gluten)라 한다. 보통 습부량은 건부량의 약 3배 정도이다.

표 4-1 밀가루의 종류와 용도

종류	단백질 함량 건부량(습부량)	원료 밀		용도	특성
박력분	7~9 (19~25)%		연질밀	제과용(과자, 파이, 케이크, 비스킷)	전분 함량이 높아 부드러우며 바삭함
중력분	9~10 (25~35)%	보통밀	경질밀과 연질밀의 혼합분	다목적용·가정용(만두, 국수, 수제비, 부침가루, 중화면, 고급 우동면)	제면성이 좋고 퍼짐성이 우수함
강력분	11~13.5 (35 이상)%		경질밀	제빵용	흡수율이 높고 끈기와 탄력성이 좋음
세몰리나	13% 이상	듀럼밀		파스타용	단백질과 회분 함량이 높음

4. 밀가루의 성분과 영양

밀가루는 일반적으로 12~14% 수분 함량일 경우 지질은 2% 이하, 회분은 0.5% 정도이고 탄수화물과 단백질로 구성되어 있다. 전분과 단백질은 서로의 함량에 반비례한다.

1) 탄수화물

전분, 셀룰로오스, 헤미셀룰로오스, 펜토산 및 당류 등으로 구성되어 있다.

- 전분 : 약간의 차이는 있으나 밀가루의 75~80%로 가장 많다.
- 셀룰로오스 : 제분과정 중 대부분 제거되어 다목적용 밀가루에는 0.3% 이하가 함유되어 있다.
- 헤미셀룰로오스와 펜토산 : 펜토산은 밀 배유 내에 3.9% 정도 들어있는데, 이 중 수용성 펜토산(1.5%)은 밀가루 현탁액이 점성을 띠거나 젤화되는 데 중요한 역할을 한다.
- 당류 : 신선한 밀은 약 2.8% 정도의 당류를 함유한다. 포도당(0.09%), 과당(0.06%), 자당(0.84%), 라피노오스(0.33%), 글루코프럭토산(1.45%) 등이 있다.

2) 단백질

밀가루 단백질은 밀가루 반죽 시 점탄성을 가지는 글루텐을 형성하는 단백질이 85%를 차지한다. 글루텐 단백질은 글루텔린과 프롤라민과 같은 저장단백질로 대부분이 배유에 분포한다. 밀의 글루텔린은 글루테닌(glutenin)이라 하고, 프롤라민은 글리아딘(gliadin)이라고 하는데, 이 두 단백질은 영양적으로 중요한 라이신, 트립토판, 메티오닌이 부족한 불완전 단백질이다. 나머지 단백질은 호분층, 밀기울 및 배아에 주로 존재하는 알부민과 글로불린 등으로,

효소의 구성성분이 된다.

소아지방변증(celiac disease)

소아지방변증은 글루텐(특히 글리아딘) 단백질에 대한 민감한 면역반응으로 장 점막이 손상되어 영양소의 소화·흡수 장애가 일어나 복부에 가스가 차고 지방변을 배설하며 영양불량으로 성장이 지연되는 질병이다. 따라서 맥아, 밀, 호밀, 귀리, 보리와 이들을 함유한 가공식품들을 일체 피해야 한다.

3) 지질

밀은 지질을 1.8% 함유하고 있고 각 부분에 따라 그 구성지질과 함량이 다른데, 배아에 지질이 가장 많이 함유되어 있다.

밀 지질의 70%는 비극성 지질, 20%는 당지질, 10%는 인지질로 구성되어 있고, 배아와 밀기울에는 인지질이 많고, 배유에는 당지질이 더 많이 함유되어 있다.

4) 비타민과 무기질

비타민과 무기질은 밀기울과 배아에 주로 들어있고 배유의 중심부로 갈수록 적어진다. 왕겨만 제거한 통밀가루는 비타민 $B_1 \cdot B_2 \cdot B_6$, 나이아신, 판토텐산, 비타민 E와 무기질(인, 칼륨, 칼슘, 마그네슘, 철, 구리, 망간 등)을 거의 그대로 가지고 있지만 시판되는 다목적용 밀가루에는 제분과정 중 겨층이 제거되어 비타민 B 복합체와 무기질이 대부분 손실된다. 배아와 밀기울에는 비타민 E(3.9 mg%)가 상당히 많고, 배유에는 총 토코페롤의 약 15%가 함유되어 있다.

밀가루는 회분 함량에 따라 등급이 분류되며, 회분 함량이 많을수록 품질이 떨어진다. 대부분 가정용 밀가루는 1등급이다.

5) 효소

밀가루에는 아밀레이스, 프로테이스, 라이페이스, 리폭시게네이스, 파이테이스 등 효소의 양은 적으나, 여러 반응의 촉매작용을 하여 밀가루 반죽과 제빵 적성에 중요한 역할을 한다.

- 아밀레이스(amylase) : 밀가루 전분은 α-아밀레이스와 β-아밀레이스가 같이 작용하여 단순당이나 맥아당으로 분해되는데, 빵 반죽을 할 때에 이스트가 이를 발효시켜 이산화탄소(CO_2)가 발생하여 빵 반죽이 부풀게 된다.
- 프로테이스(protease) : 밀가루에 필요 이상의 프로테이네이스(proteinase)나 펩티데이스(peptidase)와 효소활성제인 시스테인과 글루타치온이 존재하면 글루텐을 가수분해하여 글루텐의 강도를 약화시키고, 지나치게 적으면 빵 반죽이 단단하여 잘 부풀지 않는다.
- 라이페이스(lipase) : 밀가루에 그 함량이 많지 않아도 라이페이스는 저장 중 유리지방산을 형성하고, 유리지방산은 결합지방산에 비해 더 쉽게 산패되어 종종 비누 맛을 가지게 한다.
- 리폭시게네이스(lipoxygenases) : 밀가루에 함유된 카로티노이드를 산화시켜 노란색의 색소를 제거하여 표백제로서의 기능을 한다. 이것은 빵 반죽에는 유리하나 노란색이 바람직한 파스타에서는 바람직하지 못하다. 또한 밀가루 반죽 시 안정성을 증가시켜 반죽의 물성을 좋게 한다.
- 파이테이스(phytase) : 밀가루 반죽이 발효하는 동안 무기질의 흡수를 방해하는 피트산의 일부를 영양물질인 이노시톨과 인으로 분해한다.

6) 색소

밀가루에 함유된 색소는 대부분 카로티노이드로, 이 색소가 많으면 노란색을 띠게 된다. 밀가루를 공기 중에서 자연적으로 숙성시키면 리폭시게네이스에 의해 표백되어 품질이 좋아지나 시간과 노동력, 공간이 많이 필요하고 품질이 균일하지 못해 비경제적이다. 따라서 과산화벤조일과 염소 등의 밀가루 품질 개량제를 사용하여 표백시킨다.

5. 밀가루 반죽

1) 글루텐 형성

밀가루는 다른 곡류와는 달리 물을 첨가하여 반죽하면 단백질이 수화되어 3차원 망상구조의 점탄성(viscoelasticity)을 가진 글루텐(gluten) 복합체를 형성한다(그림 4-1). 글루테닌은 고분자량(> 100,000, 평균 3,000,000)의 긴 막대 모양을 한 단백질이고, 글리아딘은 저분자량(4,000)의 둥근 모양을 한 단백질이다. 글루테닌은 반죽에 탄성을, 글리아딘은 점성과 신장성을 제공한다(그림 4-1). 밀가루 반죽을 오래 치대면 밀 단백질의 시스틴의 다이설파이드

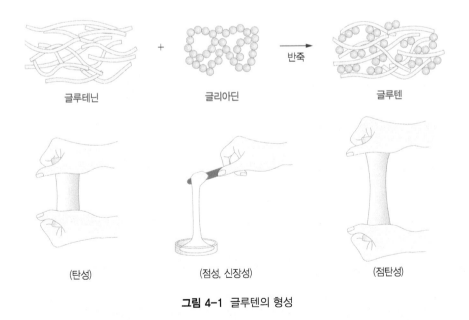

그림 4-1 글루텐의 형성

기와 글루타민의 아마이드기가 분자 내 또는 분자 간 결합을 형성하여 입체적 망상구조를 형성한다(그림 4-1).

글루텐의 망상구조 내부공간을 수화된 전분이 차지하여, 반죽이 발효되면서 이산화탄소 기체가 발생하여 기공이 커져서 망상구조의 단백질 막이 얇아지게 된다. 미세기공 내에 함유되어 있던 전분은 가열하면 호화되어 점성과 부착성을 가지며, 냉각되면 젤화되어 글루텐과 함께 빵조직을 고정하는 역할을 하여 부피를 형성하는 것을 도와준다.

2) 글루텐 형성에 영향을 주는 요인

① **밀가루의 종류**   강력분은 박력분을 사용했을 때보다 더 단단하고 질긴 반죽을 형성한다. 단백질을 완전히 수화시키려면 글루텐 무게의 2배 정도의 물이 필요하다. 따라서 강력분은 반죽하는 데 더 많은 양의 물이 필요하며 오래 반죽해야 한다.

② **물을 첨가하는 방법**   동질의 밀가루에 동량의 물을 가해서 반죽을 만들어도 물을 한번에 다 가하는가 또는 소량씩 나누어서 가하는가에 따라 글루텐의 형성량이 달라진다. 물을 소량씩 가하는 쪽이 글루텐을 더 많이 형성하므로 국수나 만두피같이 글루텐이 다량 형성되면 질이 좋아지는 음식을 만들 때 효과적이다.

③ **반죽을 치대는 정도**   반죽은 치대면 글루텐이 형성되어 차츰 단단한 덩어리를 형성하고 표면은 매끄러워진다. 그러나 어느 한도를 넘으면 형성된 글루텐 섬유가 지나치게 늘어나 가늘어지고 여기저기가 끊어져 반죽은 다시 물러진다. 이러한 현상은 손으로 밀가루 반죽을 치댈 때에는 잘 일어나지 않으나 기계를 사용하여 빵 반죽을 할 때에는 일어날 수 있다.

④ **밀가루 입자의 크기** 밀가루 입자의 크기가 작을수록 글루텐 형성이 잘 된다.

⑤ **온도** 온도가 올라가면 단백질의 수화속도가 증가하여 글루텐 생성속도가 빨라지므로 보통 30℃ 전후의 물을 이용한다.

물의 온도가 40~50℃로 높으면 반죽은 연화되기 때문에 더 오래 치대야하며, 낮으면 밀가루의 흡수량이 낮아져 글루텐 형성이 억제되므로 바삭바삭한 튀김옷을 만들기 위해서는 냉수를 이용한다.

⑥ **첨가물**
- 소금 : 소금은 글리아딘의 점성과 신장성을 증가시키고 단백질 가수분해효소를 억제하여 글루텐의 입체적 망상구조를 치밀하게 하므로 빵이나 국수반죽을 질기고 단단하게 한다.
- 달걀 : 달걀에는 수분이 많으므로 가열하기 전에는 반죽을 질게 하고 콜로이드 상태의 단백질을 다량 함유하고 있으므로 반죽을 부드럽고 매끄럽게 한다. 그러나 가열하면 단백질이 응고하면서 글루텐을 도와 제품의 질을 단단하게 한다.
- 설탕 : 설탕은 흡습성이 있어 밀단백질의 수화를 감소시켜 글루텐 형성을 억제하여 케이크 반죽에 다량 첨가되었을 때에는 반죽이 묽게 되고 구우면 표면이 갈라진다. 반대로 설탕 양이 너무 적으면 결이 거칠고 질겨진다. 설탕은 또한 달걀 단백질의 열응고를 억제하여 단백질의 연화작용을 한다.
- 유지 : 유지는 글루텐 단백질의 표면을 둘러쌈으로써 글루텐이 더 이상 길게 성장하지 못하게 하여 반죽을 부드럽고 연하게 하며, 충전용 고체지방은 글루텐과 글루텐 사이에 막을 형성함으로써 파이에서와 같이 켜가 생기게 한다(그림 4-2).

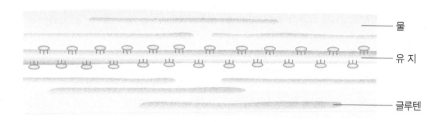

그림 4-2 글루텐 형성 시 고체지방의 역할

3) 도우와 배터

밀가루 반죽은 밀가루와 물의 비율에 따라 된 반죽인 도우(dough)와 묽은 반죽인 배터(batter)로 구분할 수 있다(표 4-2).

도우

표 4-2 물의 양에 따른 도우와 배터의 종류

밀가루 반죽		밀가루 : 물	식품 예
도우 (dough)	stiff/firm	1 : 1/8	파스타, 패스트리, 파이, 쿠키
	soft	1 : 1/3	비스킷, 이스트브레드, 롤, 스콘, 쿠키
배터 (batter)	drop	1 : 1/2~3/4	크림퍼프, 머핀, 커피케이크, 쿠키
	pour	1 : 2/3~1	팬케이크, 크레페, 와플, 팝오버, 파운드케이크

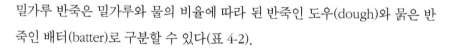

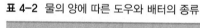

배터

4) 밀가루 반죽에서 재료의 역할

밀가루의 전분은 호화, 단백질은 글루텐 형성을 통해 빵의 구조와 텍스처를 만들어 주며, 밀가루의 덱스트린, 맥아당, 포도당은 발효를 도와주고, 단맛과 빵껍질의 색을 먹음직한 황갈색으로 만드는 데 기여한다. 밀가루 반죽에 첨가되는 다른 재료들의 역할은 표 4-3과 같다.

모닝롤

머핀

표 4-3 밀가루 반죽에서 재료의 역할

재료	역할	재료	역할
우유	• 빵의 향미와 빵 속살의 질감 증진 • 빵 껍질의 갈색화 • 영양가 향상	설탕	• 단맛 부여 • 발효를 도와 부피 증가 • 촉촉함 부여 • 빵 껍질의 갈색화
액체	• 밀가루의 수화 • 전분의 호화 • 마른 재료의 용매 역할	소금	• 향미 부여 • 반죽을 단단하게 함 • 부피, 텍스처, 빵 속살 증진 • 유통기간 연장
달걀	• 구조 형성 • 팽창 보조 • 색깔과 향미 향상 • 영양가 향상	유지	• 연하게 함 • 크리밍에 의한 부피 증가 • 구조 및 바삭바삭함(flakiness)에 기여 • 향미와 색깔 부여 • 전분의 노화 방지
팽창제	• 부피 증가 • 빵 속살의 텍스처와 향미에 기여		

6. 팽창제

팽창제는 밀가루 반죽을 구울 때 잘 부풀게 하고, 가볍고 다공질을 가지며 폭신폭신한 텍스처를 가지게 한다. 팽창제는 물리적 팽창제, 생물학적 팽창제 및 화학적 팽창제로 구분할 수 있다. 밀가루 반죽은 공기와 수증기의 물리적 도움으로 부피가 증가하지만, 대부분 생물학적 또는 화학적 팽창제에 의해 발생되는 이산화탄소에 의해 팽창하게 된다.

- 물리적 팽창제(physical leavening agent) : 공기, 수증기
- 생물학적 팽창제(biological leavening agent) : 효모, 박테리아 → 이산화탄소 발생
- 화학적 팽창제(chemical leavening agent) : 식소다, 베이킹파우더 → 이산화탄소 발생

1) 물리적 팽창제

(1) 공기

밀가루를 체로 치거나 여러 재료를 혼합하거나 크리밍(creaming)하는 동안, 공기가 자연적으로 빵 반죽에 혼입되어 굽는 동안 공기가 팽창하여 기공을 형성한다. 반죽을 팽창시키는 공기의 양을 증가시키기 위해 난백이나 난황으로 거품을 내거나 마가린이나 쇼트닝과 같은 고체지방을 크리밍하기도 한다.

스폰지케이크(sponge cake), 앤젤푸드케이크(angel food cake)와 파운드케이크(pound cake)가 그 예이다.

(2) 수증기

반죽에 첨가된 액체나 달걀 흰자의 수분이 굽는 동안 수증기로 변할 때 부피가 1,600배나 늘어나기 때문에 수증기는 공기보다 효과적인 팽창제이다. 수증기의 끓는점이 비교적 높기 때문에 대부분의 식빵이나 케이크 제품에서는 역할이 미미하지만 빨리 열처리를 해야 하는 크래커(saltine cracker), 파이껍질, 패스트리, 크림퍼프(cream puff)나 팝오버(popover), 인도나 이슬람문화권에서 먹는 납작한 빵(flat bread)에서는 수증기가 주된 팽창 기체의 역할을 한다.

2) 생물학적 팽창제

(1) 효모(yeast)

빵 효모(baker's yeast)의 제조에 쓰이는 효모는 *Saccharomyces cerevisiae*이며, 기질로는 포도당, 자당, 과당, 맥아당을 선호하고, pH 4.5~5.5, 온도 20~27℃에서 가장 잘 증식한다. 빵 반죽 시 적정 발효온도는 27~38℃이며, 특히 35℃가 최적온도이다.

빵 반죽 시 밀가루의 아밀레이스는 전분을 맥아당과 포도당으로 분해하고,

효모의 인버테이스(invertase)는 밀가루의 자당과 효모의 먹이로 소량 첨가되는 설탕(자당)을 포도당과 과당으로 분해하며, 효모의 자이메이스(zymase)는 이 포도당을 기질로 사용하여 에탄올과 이산화탄소를 생산한다. 반죽에 설탕이나 소금이 과량 첨가되면 삼투현상을 유발하여 효모 세포를 탈수시켜 발효가 억제된다. 에탄올은 빵의 풍미에, 이산화탄소는 빵의 팽창에 기여하여 독특한 텍스처를 갖도록 한다.

빵 효모는 압착효모, 활성건조효모와 속성팽창 건조효모의 형태로 시판되고 있다(표 4-4).

$$C_6H_{12}O_6 \xrightarrow{\text{zymase}} 2C_2H_5OH + 2CO_2$$

포도당   에탄올   이산화탄소
          (빵의 풍미)   (반죽의 팽창)

표 4-4 빵 효모의 종류와 특성

종류	특성
압착효모 (compressed yeast)	• 폐당밀을 원료로 증식시켜 분리, 수세, 압착한 것 • 수분 함량 68% : 냉장에서 1개월 유통 가능 • 사용량은 식빵의 경우 밀가루 중량의 2~3% • 반죽에 첨가하기 전에 소량의 온수(32~38℃)에 분산시켜 사용 • 기체보유력은 큰 반면 짧은 유통기간과 냉장보관 등으로 소매시장보다 제빵업자들이 선호
활성건조효모 (active dry yeast)	• 폐당밀을 원료로 증식시켜 분리, 수세, 탈수한 후 말린 것 • 수분 함량 8% 이하 : 실온에서 6개월, 냉동에서 2년 이상 저장 가능 • 사용량은 식빵의 경우 밀가루 중량의 1~1.5%(건조에 의해 활성저하가 일어나기 때문에 건물환산으로 압착효모의 약 1.4배) • 재수화에 압착효모보다 고온인 40~46℃가 바람직하며, 일단 수화된 후에는 온도가 38℃ 이하로 떨어지지 않도록 주의
속성팽창 건조효모 (quick-rising yeast)	• 재래종보다 훨씬 빠르게 증식하는 신종 효모로 만든 건조효모 • 반죽 전에 재수화가 필요없이 마른 재료들과 혼합하여 사용 • 2차 발효가 필요 없고 2배 빠르게 발효됨 • 온도에 민감하여 52~54℃에서 활성화됨

**파운드케이크
(pound cake)**

밀가루, 달걀, 설탕, 버터를 각각 1:1의 비율로 섞어서 만든 케이크. 영국에서 처음 만들었으며 재료를 1파운드(453.6 g)씩 넣었다 해서 붙여진 이름

(2) 박테리아(bacteria)

사워도우(sourdough)를 사용하는 유럽식 빵, 특히 호밀빵을 만들 때 공기 중
의 효모와 함께 박테리아에 의해 이산화탄소가 생성되며, 젖산균과 초산균에
의해 젖산과 초산이 만들어져 독특한 풍미를 가지며 약간의 신맛이 난다. 사
워도우의 일부를 남겨서 다음 번 반죽의 스타터(starter)로 사용한다.

3) 화학적 팽창제

(1) 식소다(baking soda)

식소다(탄산수소나트륨)를 넣은 반죽을 가열하면 이산화탄소와 알카리성의
탄산나트륨을 생성하여 비누 같은 냄새와 밀가루의 플라보노이드색소의 변
색을 가져와 빵의 색을 노란색으로 변하게 한다.

$$2NaHCO_3 \xrightarrow{\text{가열}} Na_2CO_3 + H_2O + CO_2$$

탄산수소나트륨　　　　　탄산나트륨　　물　　이산화탄소

　그러므로 일반적으로 식소다를 단독으로 사용하지 않고 중화시키기 위하여
반죽에 레몬즙, 식초, 버터밀크, 요구르트, 막걸리, 당밀, 황설탕, 코코아, 초콜
릿 등의 산성 재료를 첨가하여 사용한다. 탄산수소나트륨은 산과 작용하여 탄
산을 형성하고, 탄산은 물과 이산화탄소를 발생시킨다. 이 반응은 바로 일어
나기 때문에 반죽을 혼합한 즉시 오븐에 가열하여야 한다.

$$NaHCO_3 + HA \xrightarrow{\text{물}} NaA + H_2CO_3$$

탄산수소나트륨 　 산 　　　　 염 　 탄산

$$\downarrow$$

$$H_2O + CO_2$$

물 　 이산화탄소

적절한 팽창을 위해서는 밀가루 1컵당 $\frac{1}{4}$작은술의 식소다가 필요하며, 옛날 찐빵, 바나나케이크를 만드는 데 이용한다.

(2) 베이킹파우더(baking powder)

탄산수소나트륨에 산염을 미리 섞어 놓은 것이 베이킹파우더로, 시판되는 베이킹파우더에는 식소다와 산염 외에도 흔히 전분이 희석제로 포함된다. 희석제는 건조제의 기능뿐만 아니라 나머지 두 가지 성분의 활성을 표준화시켜 12%의 이산화탄소를 발생하도록 조절해 준다.

케이크, 케이크도넛, 팬케이크, 와플, 비스킷, 머핀, 쿠키 등에 사용되는데, 사용되는 산염의 종류에 따라 이산화탄소의 발생속도가 결정된다.

① **단일반응 베이킹파우더(single acting baking powder)**　반죽 초기에 이산화탄소가 전부 발생되는 것으로, 주로 주석산염(cream of tartar), 인산염(monocalcium phosphate monohydrate)이 사용된다. 이산화탄소 발생이 너무 빠르면 굽는 동안 기체가 지나치게 빠져나가 부피가 작아지거나 가운데가 움푹 들어가 틈이 생기기 쉽다. 밀가루 1컵 당 $1\frac{1}{2}$~2작은술의 단일반응 베이킹파우더가 필요하다.

$$NaHCO_3 + KHC_4H_4O_6 \xrightarrow{\text{물}} KNaC_4H_4O_6 + H_2O + CO_2$$

탄산수소나트륨 　주석산수소칼륨 　　　　 주석산나트륨칼륨염 　 물 　 이산화탄소

② **이중반응 베이킹파우더(double acting baking powder)** 　반죽 초기에 반응하는 산염과 굽는 동안에 이산화탄소가 방출되도록 늦게 반응하는 산염을 둘 다 포함하는 것으로, 충분한 부피와 형태를 가진 제품이 만들어지게 된다. 주로 시판되는 것은 인산염(monocalcium phosphate, MCP)과 황산염(sodium aluminum sulfate, SAS)의 복합적인 형태이다. 밀가루 1컵 당 $1 \sim 1\frac{1}{2}$ 작은술의 이중반응 베이킹파우더가 필요하다.

1단계 : $3CaH_4(PO_4)_2 + 8NaHCO_3 \xrightarrow{\text{물}} Ca_3(PO_4)_2 + 4Na_2HPO_4 + 8H_2O + 8CO_2$
　　　　　MCP　　　 탄산수소나트륨　　　　　　　인산칼슘　　　인산수소나트륨　 물　　 이산화탄소

2단계 : $Na_2SO_4Al_2(SO_4)_3 + 6H_2O \xrightarrow{\text{가 열}} Na_2SO_4 + 2Al(OH)_3 + 3H_2SO_4$
　　　　　SAS　　　　　　　　 물　　　　　　　 황산나트륨　수산화알루미늄　 황산

　　　　$3H_2SO_4 + 6NaHCO_3 \xrightarrow{\text{가 열}} 3Na_2SO_4 + 6H_2O + 6CO_2$
　　　　　황산　　　　 탄산수소나트륨　　　　 황산나트륨　 물　　 이산화탄소

7. 밀가루의 조리

밀가루로 조리한 음식은 팽창제 사용 여부나 발효 여부, 사용하는 팽창제의 종류에 따라 다음과 같이 분류할 수 있다(표 4-5).

표 4-5 밀가루 음식의 분류

팽창제 사용 여부	팽창제를 사용			팽창제를 사용하지 않음
발효 여부	발효	비발효		
사용하는 팽창제 종류	이스트	베이킹파우더	공기나 수증기	
밀가루 음식의 종류	식빵 모닝롤 시나몬롤 중화만두피 빵도넛	찐빵 롤케이크 케이크도넛 핫케이크, 와플 머핀, 마들렌 비스킷, 쿠키	팝오버 엔젤케이크 스폰지케이크 슈패스트리 파이크러스트	국수 만두피 수제비

1) 국수류

밀가루 반죽을 얇게 밀어 면대를 형성한 다음 가늘게 자르거나 반죽을 압축하여 만든 것을 국수류라 하며, 국수의 종류에 따라 적당한 밀가루를 선택해야 한다.

- 우동과 소면 : 중력분
- 중화면 : 준강력분
- 파스타(압출면의 일종) : 세몰리나

밀가루 반죽의 숙성

밀가루 반죽을 30분 이상 실온에서 숙성시키면 면대를 뽑을 때 달라붙지 않아 좋음

밀가루에 소금 2%, 물 30~35%를 넣고 충분히 글루텐을 형성하여 바로 잘라낸 것을 생국수라 하고, 생국수를 건조한 것을 건조국수라고 한다.

중화면은 탄산나트륨과 탄산칼륨의 혼합물인 알칼리제(간수)를 1~2% 첨가하여 글루텐 형성을 촉진하여 일반 면보다 탄력성이 강하고 잘 늘어난다. 또한 간수는 전분의 호화 및 팽윤을 증진시키고, 단백질을 부분적으로 용해하여 독특한 풍미를 나게 할 뿐만 아니라 밀가루의 안토잔틴 색소에 작용하여 중화면이 노란색을 띠게 한다.

실생활의 조리원리

국수를 맛있게 삶으려면?
- 국수의 전분이 단시간 내에 호화되도록 국수 무게의 6~7배 물에 삶는다.
- 국수가 떠오르면 불을 줄여 너무 심하게 물이 대류하지 않도록 해야 국수의 표면이 거칠어지는 것을 막아 면을 매끄럽게 삶을 수 있다.
- 국수가 다 익으면 되도록 많은 양의 냉수에 국수를 단시간에 냉각시켜 국수의 탄력을 유지해야 한다.
- 국수를 삶는 물의 pH는 5~6(일반 음용수)이 좋다.

2) 소스류

루(roux)는 밀가루와 버터를 1 : 1의 비율로 하여 볶은 것으로, 볶는 정도에 따라 화이트 루, 블론드 루, 브라운 루의 세 종류가 있으며 색과 풍미, 촉감이 다르다. 첨가하는 액체의 양에 따라 소스의 점도를 조절할 수 있다.

- 화이트 루 : 밀가루의 날 냄새만 없어지도록 볶은 것으로 우유로 만든 베샤멜 소스(bechamel sauce)를 만드는 데 사용
- 브라운 루 : 밀가루를 버터와 오일의 혼합물을 쓰거나 고기 구울 때 떨어진 기름(dripping)을 사용하여 마이얄 반응에 의해 짙은 갈색이 나도록 볶은 것으로 육류 계통의 요리 등 향이 강하고 짙은 소스나 스튜, 그 외 구수한 맛을 내기 위해 사용. 브라운 루는 열이 많이 가해져 밀가루 글루텐이 분해되기 때문에 화이트 루나 블론드 루 보다 점도가 낮아 조금 더 많은 양이 필요.

실생활의 조리원리

루를 만들 때 박력분을 사용하면 좋은 이유는?
글루텐 함량이 적은 박력분은 그만큼 전분의 양이 많기 때문에 강력분보다 점도가 커서 소스의 농후제로 사용하기 좋기 때문이다.

같은 밀가루를 사용해도 브라운 루의 점도가 낮은 이유는?
브라운 루는 더 높은 온도로 볶아 전분이 부분적으로 호정화되어 분해되었기 때문이다.

수프나 소스의 덩어리짐을 막으려면?
· 액체를 가하기 전에 밀가루와 버터를 저온에서 오래 볶는다.
· 소량의 설탕을 가하여 밀가루 입자를 분리시킨다. 너무 과량 넣으면 비가역적으로 묽게 할 수 있으니 주의한다.

3) 이스트빵

효모를 넣어 부풀리는 이스트빵(yeast bread)은 식빵, 하드롤, 소프트롤, 베이글, 피타 브레드, 피자껍질, 커피케이크, 빵도넛 등 모양과 맛이 다양하다.

이스트빵을 반죽하는 방법에는 직접 반죽법(straight dough method), 스폰지법(sponge method)과 노니드법(no-kneading method) 등이 있다. 재료를 모두 한꺼번에 넣어서 발효시키는 직접 반죽법은 짧은 시간에 발효가 끝나고 노력이 적게 들며 제품의 향기가 좋아 가장 흔하게 사용된다. 반죽, 발효, 성형, 프루핑(proofing), 굽기 등의 과정을 거쳐 이스트빵을 만든다(표 4-6).

피타(pitta)

고대 시리아에서 유래되었으며, 이스트로 밀가루반죽을 발효시켜 만든 원형의 넓적한 빵. 터키에서는 피테, 그리스에서는 누타리라 함

스폰지법

설탕, 이스트와 밀가루의 일부를 액체와 섞어 발효하여 스폰지를 만든 후 나머지 밀가루와 소금, 녹인 버터 등을 넣고 반죽하는 방법

노니드법

직접반죽법에서 치대기와 성형단계를 생략하는 방법으로 준비시간을 단축할 수 있으나 빵 속의 탄력성이 떨어지고 표면이 고르지 못하게 됨

표 4-6 이스트빵 제조 단계 및 유의사항

공정	단계	유의사항
반죽 (mixing)	우유의 가열처리 및 효모의 산포	가열한 후 27℃로 식혀서 효모를 수화시킨다. 가열하지 않으면 반죽이 질어지고 끈적거리며 빵의 조직이 거칠고 부피가 작아 진다.
	치대기(kneading)	글루텐이 적당히 형성되면 반죽이 끈적거리지 않고 탄력 있으며 잘 늘어난다. 수많은 작은 기포가 반죽 표면에 생긴다.
발효 (fermentation)	1차 발효	반죽의 부피가 2배 정도될 때까지 27~38℃ (35℃)에서 발효시킨다.
	재반죽(punching down)	과량의 이산화탄소를 빠져 나가게 하고 효모 주위에 영양소를 재배치하기 위하여 시행한다.
	2차 발효	글루텐 섬유가 지나치게 늘어나지 않도록 반죽의 부피가 2배 될 때까지 발효시킨다. 그 이상 발효되면 글루텐이 너무 늘어나 빵을 구우면 주저앉게 된다.
성형(shaping)		반죽을 원하는 모양으로 만든다.
프루핑(proofing)		빵의 부피를 증가시키기 위해 베이킹 팬에서 반죽이 구워 놓은 빵의 크기가 될 때까지 다시 부풀린다.
굽기(baking)		205℃에서 10~15분, 177℃에서 30분간 굽는다. 빵 반죽이 처음 몇 분간 상당히 부풀게 되는데 오븐스프링(oven spring)이라 한다.

크림퍼프(cream puff)

속에 크림을 넣은 서양과자. 슈크림의 영어 표현

크림퍼프를 만들 때 물과 버터를 섞은 것이 끓을 때 밀가루를 넣는 이유는?
- 밀가루의 전분이 적당히 호화되고 점성이 생겨 만들어진 페이스트 속에 지방이 균등하게 분산되고, 글루텐은 점탄성 이외에도 지방을 감싸 매끄러워지기 때문이다.
- 물과 버터 섞은 것이 100℃일 때 밀가루를 넣어 재빨리 섞어 불에서 내려 페이스트의 온도가 77℃가 되었을 때 가장 모양이 좋은 슈크림 껍질이 만들어진다.

4) 퀵브레드

효모가 발효되기를 기다리지 않고 즉시 팽창할 수 있는 물리적 팽창제(공기, 수증기)와 화학적 팽창제(베이킹파우더)를 이용하여 구울 수 있는 제품을 퀵브레드(quick bread)라 한다. 비스킷(biscuit), 머핀(muffin), 와플(waffle), 팬케이크(pan cake), 크림퍼프(cream puff), 팝오버(popover) 등이 있다.

퀵브레드를 반죽하는 기본 방법을 머핀법(muffin method)이라 하여 마른 재료는 함께 체를 치고, 액체 재료는 액체 재료대로 함께 혼합한 다음 글루텐이 너무 많이 형성되지 않도록 마른 재료와 액체 재료가 섞일 수 있을 정도로 가볍게 혼합한다. 종류에 따라 다르나, 대개 177~232℃에서 빵껍질이 갈색으로 변하고, 이쑤시개로 가운데를 찔러보아 묽은 반죽이 묻어나지 않을 때까지 굽는다.

퀵브레드의 재료 배합비율은 표 4-7과 같다.

표 4-7 퀵브레드의 재료 배합비율

종류	밀가루 (C)	액체* (C)	지방 (T)	설탕 (t)	달걀 (개)	베이킹파우더 (t)	소금 (t)
비스킷	1	1/3	2 1/2	0	0	2	1/2
머핀	1	1/2	1~2	3~6	1/2	2	1/2
와플	1	5/8	4	1	1	1~2	1/2
팬케이크	1	1	1	1	1	1~2	1/4~1/2
팝오버	1	1	0~1	0	2	0	1/2
크림퍼프	1	1	8	0	4	0	1/4

* 액체는 우유를 기준으로 하며, 크림퍼프는 끓는 물을 말함

5) 케이크와 쿠키

① 케이크(cake) 가소성 고체지방의 유무에 따라 지방을 넣은 케이크 (shortened cake)와 지방을 넣지 않은 케이크(unshortened cake), 그 중간 형태인 시폰케이크(chiffon cake)로 나눌 수 있다. 박력분을 사용하면 좋다.

- 지방을 넣은 케이크 : 버터케이크나 파운드케이크 등이 있다. 버터나 쇼트닝과 같은 가소성 고체 지방과 설탕을 버터의 노란색이 엷어질 때까지 크리밍(creaming)하는 동안 공기가 혼입되고 구울 때 팽창하여 케이크를 부풀게 한다. 그러나 팽화력이 약하기 때문에 베이킹파우더를 밀가루의 1~2% 정도 첨가한다. 지방과 설탕을 많이 함유하여 글루텐의 형성을 방해하므로, 케이크의 질이 질기지 않고 연하며 오래 두어도 잘 굳지 않는다.
- 지방을 넣지 않은 케이크 : 스폰지케이크나 앤젤푸드케이크 등이 있다. 반죽을 할 때 물이나 우유를 넣지 않고 모든 수분은 달걀이 제공한다. 달걀 흰자 거품에 혼입된 공기와 구울 때 발생한 수증기에 의해 스폰지상으로 부푼다. 케이크의 질은 지방을 넣은 케이크보다 훨씬 더 섬세하고 가볍다.
- 시폰 케이크 : 레몬 시폰케이크, 초콜릿 시폰케이크 등이 있다. 식물성 기름과 달걀 노른자를 달걀 흰자의 거품, 박력분, 팽창제와 혼합하여 만든다.

② 쿠키(cookie) 케이크에 비해 물의 비율이 적고, 지방과 설탕의 비율이 높아 전분의 호화와 글루텐 형성이 거의 일어나지 않아 바삭바삭하고 연한 텍스처를 갖는다.

6) 파이와 패스트리

패스트리는 고체 지방층으로 인해 바삭바삭한 켜를 이루어 연하고 표면이 연하게 갈색화된 제품이다. 주재료는 밀가루, 고체 지방, 냉수와 소금으로 팽창제 없이도 고온으로 가열하면 도우의 수분이 수증기로 변하여 고체 지방의 층

파이나 패스트리를 만들 때 냉수를 사용하는 이유는?
반죽하는 온도가 높으면 글루텐이 형성되기 쉽고 밀가루의 아밀레이스가 활성화되어 전분이 맥
아당으로 분해되며, 버터가 녹아 밀가루의 미세한 입자 사이를 메워 층과 층이 달라붙어 무겁고
축축한 파이껍질이 되기 쉽기 때문이다.

사이에서 압력을 형성하여 도우를 여러 개의 얇은 층으로 부풀게 하여 켜를
만든다. 지방은 녹아 도우에 흡수되어 패스트리의 향미와 연한 텍스처에 기여
하므로 패스트리에서 지방은 가장 중요한 재료이다.

8. 밀가루의 저장

밀가루는 밀봉하여 건조하고 서늘한 곳에 보관하면 흰밀가루는 약 1년 정
도, 지방이 풍부한 배아를 함유하고 있어 산패되기 쉬운 통밀가루는 냉장 조
건에서 약 3개월간 보관할 수 있다.
낮은 온도에서 저장해야만 효소(아밀레이스, 프로테이스, 라이페이스)가 활
성화되는 것을 방지하여 장기 저장 시 품질이 저하되는 것을 막을 수 있다.

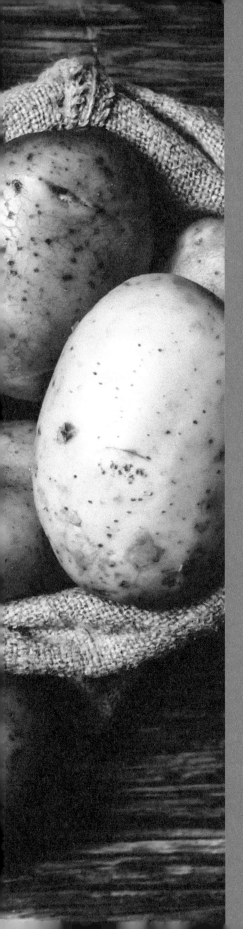

CHAPTER 5
서류

서류의 성분과 영양

대표적인 서류

CHAPTER 5
서류

서류는 식물의 뿌리로 분류상 근채류에 속한다. 곡류와 같이 전분이 주성분으로 과거 곡류의 생산량이 부족하던 시절 구황작물 또는 주식 및 주식 대용품으로 이용되었다. 서류에는 감자, 고구마, 돼지감자, 참마, 토란, 카사바 등이 속한다.

1. 서류의 성분과 영양

서류는 수분이 70~80%로 많아 저장성이 낮고 수송이 곤란한 단점이 있으나 생산과 재배가 비교적 쉽고 단위면적당 에너지 생산력이 다른 곡류보다 높으며 칼륨, 인 등과 같은 무기질이 풍부하고 열에 잘 파괴되지 않는 비타민 함량도 비교적 높은 식품이다. 서류의 영양성분은 표 5-1과 같다.

표 5-1 서류의 영양성분

(가식부 100 g당)

성분	수분 (%)	열량 (kcal)	단백질 (g)	지질 (g)	당질 (g)	섬유질 (g)	회분 (g)	무기질					비타민					
								칼슘 (mg)	인 (mg)	철 (mg)	나트륨 (mg)	칼륨 (mg)	A (RE)	베타카로틴 (μg)	B₁ (mg)	B₂ (mg)	나이아신 (mg)	C (mg)
감자 (대지,생것)	81.9	50	2.01	0.04	15.08	2.7	0.97	9	33	0.58	1.0	412	0	0	0.06	0.03	0.31	10.51
고구마 (분질,생것)	62.7	105	1.01	0.11	37.19	2.7	1.09	15	49	0.45	7	370	0	32	0.06	0.03	0.7	7.12
돼지감자	81.2	69	1.9	0.2	15.0	0.5	1.2	13	55	0.2	2	630	0	0	0.07	0.05	1.7	12
마 (단마, 생것)	83.1	47	1.84	0.12	14.05	2.4	0.89	9	52	0.44	4	417	0	0	0.12	0.05	0.68	3.84
토란 (생것)	80.8	53	2.08	0.14	15.79	2.8	1.21	11	55	0.5	2	520	0	0	0.08	0.02	0.6	1.21

출처 : 농촌진흥청 국립농업과학원(2017). 국가표준식품성분표(제9개정판)

2. 대표적인 서류

1) 감자

감자는 일년생 식물이며 땅 속의 덩이줄기(tuber)가 비대하여 생긴 작물로 유럽에서는 15세기 말 신대륙 발견 이후에 전파되었고, 우리나라에는 1842년 순조 24년 간도 지방으로부터 들어왔다. 주로 찌거나 삶아서 먹으며 주식 대용으로 이용된 중요한 식량작물 중의 하나이다.

(1) 감자의 종류
① **감자의 품종** 감자가 최초로 전래된 이후 초기에는 주로 재래종이 재배되었을 것으로 추정되며, 이후 1950년대까지는 재래종 감자 외에 일본에 의해 도입된 외국의 품종이 주로 재배되었다. 현재는 주로 가장 흔히 먹는 수미를 비롯하여 남작, 대지, 조풍, 세풍, 남서, 대서 등 모두 16품종이 보급되고 있다.

② **껍질색에 따른 분류** 감자 껍질의 색에 따라 크게 노란색, 빨간색, 보라색의 감자로 구분할 수 있다.
- 노란색 감자 : 일반적인 감자이며, 수미, 골든 등이 있다.
- 보라색 감자 : 껍질은 물론 내부까지 보라색을 띤 새로운 품종(보라밸리)의 감자로 항산화 활성도가 기존 감자 품종보다 4배나 높고 칼로리가 68.7 kcal/100 g당으로 낮으며 생으로 먹기에 좋은 감자이다.
- 빨간색 감자 : 전분 함량이 낮아 찌는 것보다 생으로 섭취하기에 좋으며 일반 품종에 비해 단백질 함량은 높고 열량은 낮다.

③ **전분 함량에 따른 분류** 감자의 전분 함량에 따라 크게는 전분 함량이 높은 분질감자와 전분 함량이 낮은 점질감자로 나누기도 하고, 더 자세히 하이스타치(high starch), 미디움스타치(medium starch) 및 로우스타치(low starch)의

감자로 구분하기도 한다.

- 하이스타치 감자 : 속살의 입자가 굵고 부슬부슬하여 매시드포테이토용으로 좋으며 러셋(russets), 아이다호(idahoes), 러셋버뱅크(russets burbank) 등이 속한다.
- 미디움스타치 감자 : 가장 여러 가지 용도로 사용할 수 있는 종류로 노란색의 껍질과 속살을 지닌 유콘골드(yukon golds)와 옐로핀(yellow finns)종의 감자가 있다.
- 로우스타치 감자 : 빨간색 혹은 흰색의 매끄러운 껍질을 지녀 점질(waxy) 감자로도 불린다. 속살은 다소 투명하고 단단하며 수분을 많이 함유하여 부드러워 서로 잘 뭉친다.

우리나라에서는 삶았을 때 포실포실하며 불투명한 것을 분질감자, 삶았을 때 찰지며 반투명한 것을 점질감자로 분류하며 표 5-2와 같은 특성을 보인다.

감자의 식용가

$$= \frac{단백질량}{전분량} \times 100$$

- 식용가가 클수록 점질을 나타냄
- 점성 또는 분성을 나타내는 정도
- 단백질이 많을수록 또는 전분이 적을수록 식용가가 커서 점성을 나타냄

표 5-2 점질과 분질감자의 특성

종류	점질감자(waxy potato)	분질감자(mealy potato)
비중	1.07~1.08	1.09~1.12
전분 특성	개별 전분입자의 크기가 작고 전분함량이 낮은 대신 단백질 함량 많아 과육이 황색임	전분입자의 크기가 크고 전분 함량이 높아 과육이 희며 당분이 적음
조리 특성	• 찌거나 삶아도 흩어지거나 부서지지 않고 수분이 많아 부드럽고 촉촉함 • 육질이 반투명하고 찰진 질감을 나타냄	• 찌거나 구웠을 때 건조한 흰색의 포실포실한 가루가 일고 윤기없이 파삭한 질감을 나타내며 부서지기 쉬움 • 작은 입상조직이 보이고 불투명해짐
용도	기름으로 볶는 요리, 샐러드, 조림, 수프	찐 감자, 오븐구이용, 매시드포테이토, 프렌치프라이드 포테이토
품종	수미, 대지, 자주감자	러셋, 대서, 남작(중간)

분질감자와 점질감자를 쉽게 구분하는 방법

분질감자와 점질감자의 비중이 다른 점을 이용한다. 즉 소금과 물을 1:11의 비율(부피기준)로 소금물을 만들어 감자를 띄우면 비중이 큰 분질감자는 가라앉고 비중이 낮은 점질감자는 위로 떠오른다.

매시드포테이토를 만들 때 감자를 삶아 식힌 후 체에 내리면 잘 안 되는 이유

매시드포테이토를 만들기 위해서는 감자의 조직을 파괴하여 세포를 뿔뿔이 흩어지게 해야 한다. 이때 각각의 세포 자체는 파괴하지 않고 원래의 모양을 유지해야 맛과 입 안에서의 감촉이 좋다. 세포가 파괴되면 내용물이 밖으로 나와 점착력이 있는 떡과 같은 상태가 되기 때문이다. 뜨거운 감자는 세포막이 연해져 있기 때문에 세포끼리 비교적 떨어지기 쉽지만, 식은 감자는 식물세포를 서로 붙여 주는 역할을 하는 펙틴이 단단해져 세포끼리 더욱 견고히 붙기 때문에 한층 더 떨어지기 어렵게 된다. 따라서 식은 감자를 무리하게 체에 내리면 세포막이 파괴되어 내부의 풀 상태가 된 전분이 밀려 나와 점착성이 증가하므로 한층 더 체에 내리기 힘들어지며 질척한 매시드포테이토가 되어 좋지 않다.

매시드포테이토

(2) 감자의 성분 및 영양

감자는 수분 함량이 80% 내외이고 탄수화물은 대부분 전분의 형태로 존재한다. 감자 전분은 곡류에 비해 입자가 커서 빨리 호화된다. 감자가 숙성함에 따라 수분과 당분 함량이 감소하고 전분 함량은 현저하게 증가한다. 감자 단백질은 글로불린에 속하는 튜버린(tuberin)이고 1.5% 함유되어 있다.

감자껍질에는 사과보다 비타민 C가 2.5배나 많아 '땅 속의 사과'로 불리며 감자의 비타민 C는 전분질로 둘러싸여 있어서 가열조리에도 잘 파괴되지 않는다. 칼륨, 인과 같은 무기질이 풍부하며 특히 혈압에 좋은 칼륨이 바나나보다 2배나 많이 들어 있다. 이외에도 감자에는 펙틴을 비롯한 식이섬유가 풍부하다.

감자를 날 것으로 먹으면 솔라닌(solanin) 때문에 아린맛이 난다. 솔라닌은 알칼로이드계 화합물로 독성물질에 속하며 감자의 씨눈 및 껍질 부위에 많이 함유되어 있다. 덩이줄기를 햇볕에 쬐면 솔라닌 함량이 높아져 이를 먹으면 식중독을 일으키게 되므로 싹이 튼 감자는 싹 부분을 도려 내고 먹어야 한다.

감자단백질

· 튜버린(tuberin)
· 필수아미노산은 메티오닌만 부족한 좋은 단백질
· 감자 육질이 노란색일수록 단백질 함량이 많아짐

알칼로이드(alkaloid)

대개 염기로 질소원자를 가지는 화합물의 총칭으로 천연물이나 이차대사산물의 일종이다. 흔히 약리학적 효과를 지녀 의약품에서도 사용된다. 카페인, 니코틴, 퀴닌 등도 알칼로이드 화합물이다.

솔라닌 배당체 함량은 100 g 중 2~13 mg 정도이나 껍질을 제거하면 70% 이상이 제거된다. 또한 솔라닌은 산이나 가열에 의해 쉽게 독성이 제거된다. 소량의 솔라닌은 항염증작용, 조혈작용, 이뇨작용을 하나 20~30 mg 이상 섭취하면 설사, 복통, 어지럼증 및 마비 등의 중독증상이 나타난다. 감자의 발아를 방지하기 위하여 방사선 Co^{60}의 γ-선을 조사하기도 하며, 햇빛을 차단하여 저장하는 것이 좋다.

(3) 감자의 효소적 갈변반응

일반적으로 과일과 채소에는 폴리페놀 화합물(polyphenol compounds)이 함유되어 약간의 쓴맛을 나타내거나 입 안에서 수렴성을 나타낸다. 이 화합물은 과일에 상처가 생기거나 껍질을 벗겼을 때 노출된 단면이 갈색으로 변하는 효소적 갈변반응(enzymatic browning reaction)의 원인물질이다. 즉, 폴리페놀 화합물이 공기 중의 산소와 접촉할 때 조직내에 공존하는 효소인 폴리페놀 옥시데이즈(polyphenol oxidase)에 의해 산화되어 갈색물질이 생성되는데 이러한 반응을 효소적 갈변반응(enzymatic browning reaction)이라 한다. 이러한 갈변반응은 과일에서는 바람직하지 않지만 홍차나 우롱차를 제조할 때에는 유용하게 이용된다. 효소적 갈변반응에서 기질로 작용하는 폴리페놀 화합물은 주로 탄닌류의 물질로 알려져 있으며, 카테킨, 키로신, 카페산, 클로로겐산 등이 있다.

 감자는 껍질을 벗기거나 썰어서 공기 중에 방치해 두면 표면의 갈변현상이 일어나는데, 이는 효소적 갈변반응의 일종으로 감자 절단 시 세포가 손상, 파괴되면서 세포 내에 함유되어 있던 타이로시네이즈(tyrosinase)라는 산화효소가 노출되면서 함께 있던 이 효소의 기질인 타이로신(tyrosine)과 반응하여 갈색물질을 형성하기 때문이다. 타이로신은 효소의 작용에 의해 DOPA(3,4-dihydroxyphenylalanin)라는 중간물질을 거쳐 퀴논 형태가 된 후 중합하는 복잡한 여러 과정을 거쳐 최종적으로 멜라노이딘(melanoidin)이라는 갈색 물질을 만든다. 이 멜라노이딘은 햇볕에 탔을 때 피부 표면에 생기는 멜라닌 색

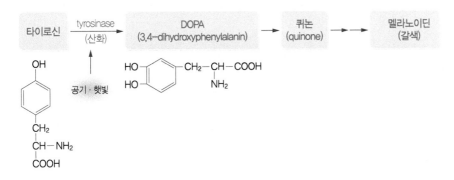

그림 5-1 감자의 효소적 갈변반응

소와 같은 것이다(그림 5-1).

① **감자의 갈변 방지** 감자의 갈변을 방지하기 위해서는 산소와의 접촉을 차단하여 산화가 일어나지 않도록 하거나 효소인 타이로시네이즈의 작용을 억제시키는 것이 좋다.

- 감자를 자른 후 즉시 물에 담그면 타이로신이나 타이로시네이즈를 물에 용출시킬 수 있으며 물에는 산소의 함유량이 낮아 효율적이다.
- 자른 감자를 비타민 C 용액에 담그면 환원작용이 일어나 건진 후에도 갈변을 방지할 수가 있다.
- 삶은 감자의 경우는 타이로시네이즈가 불활성화되어 갈변현상을 볼 수 없다.
- 진공포장과 같이 산소를 차단함으로써 갈변반응을 억제할 수 있다.

- 비효소적 갈변반응은 효소의 관여없이 식품의 가공 및 저장 과정에서 일어나며 멜라노이딘 이라는 갈색물질을 생성하는 복잡한 반응이다. 마이얄 반응(maillard rxn), 캐러멜화 반응 (caramelization) 및 아스코르브산 산화반응(ascorbic acid oxidation)의 세 가지로 구분된다.

마이얄 반응
- 알데히드기나 케톤기를 가진 환원당과 아미노기를 가진 질소화합물(아미노산, 펩티드, 단백질)이 함께 있을 때 쉽게 반응하여 멜라노이딘 색소를 형성한다.
- 거의 자발적으로 일어나며 온도가 높을수록, 반응물질의 농도가 높을수록 잘 일어나고 알칼리성 조건에서 잘 일어남.
  예) 토스트한 빵 껍질, 감자튀김, 간장, 된장, 커피 등

캐러멜 반응
- 고온에서 당류를 가열할 때 일어나는 반응으로 아미노화합물이나 유기산이 존재하지 않아도 고온에서 당이 분해되어 갈색의 점조한 물질이 생긴다.
- 설탕이나 물엿을 주원료로 하는 캔디류와 당과류(과자)에 있어 캐러멜화에 의한 갈색화가 문제시 된다.
  예) 캔디류의 갈색, 잼과 젤리의 어두운 색

아스콜빈산의 산화
- 아스코르브산이 중성과 알칼리 조건에서 중합 또는 축합반응을 일으키거나 질소화합물과 반응하여 갈색 물질을 형성한다.
  예) 오렌지 주스, 분말오렌지, 가공과일의 변색

(4) 감자의 저장과 당분의 변화

감자는 수확 후 저장온도에 따라 당의 함량이 달라진다. 실내온도에서 저장하면 감자의 호흡작용이 활발해져 당이 많이 소모되므로 당의 함량이 낮아진다. 그러나 저온에서 저장하면 호흡작용은 느려지고 감자에 함유된 아밀레이스 (amylase)와 말테이스(maltase) 등의 효소가 천천히 전분을 당화하여 환원당을 생성한다. 따라서 점차 단맛이 증가하면서 포실포실한 가루가 없어지며 투명해진다.

이러한 현상은 프렌치프라이드 포테이토나 포테이토칩과 같이 감자를 기름에 튀겨서 만드는 제품의 품질에 중요한 영향을 준다. 당 함량이 높은 감자로

포테이토칩을 만들면 색이 지나치게 진해질 뿐 아니라 씁쓸한 맛이 나기 때문이다. 따라서 감자의 튀김음식에는 냉장온도보다는 실온에서 저장한 감자를 이용하는 것이 좋다.

(5) 감자의 조리 및 이용

감자를 응용한 요리는 무수히 많으며 서양에서는 육류와 곁들이는 주·부식으로 많이 이용하여 프랑스에서는 튀긴 감자, 영국 및 북유럽에서는 삶은 감자를 즐긴다. 우리나라에서도 감자밥, 감자수제비, 감자범벅, 감자조림 및 감자부침개 등 다양한 조리법이 이용되고 있다.

감자의 주성분인 전분은 전분 및 전분당 공업, 주정공업의 원료, 물엿제조, 주정, 포도당의 제조원료로 이용되며, 포테이토칩, 감자분말 등 간식·기호용으로도 다양하게 쓰인다. 감자분말은 빵의 품질개량제로 원료 밀가루에 섞어서 사용하며 쿠키 및 크래커 등에도 약간씩 혼합하여 사용하고 있다.

2) 고구마

고구마는 땅 속의 덩이뿌리가 비대하여 생긴 작물로 열대나 아열대에서 재배되는 일년생 식물이며, 1763년 통신사에 의해 대마도에서 들여와 재배하기 시작했다. 껍질은 적자색이고 육색은 황색 또는 황백색인 품종이 많으며, 육질이 호박처럼 노란색을 띤다고 하여 붙여진 호박고구마(일명 속노란고구마)와 보라색을 띠는 자색고구마도 있다.

(1) 고구마의 성분 및 영양

고구마는 감자보다 수분 함량이 적고 탄수화물이 많아 열량이 감자의 1.5배 가량 많다. 탄수화물의 대부분은 전분이며, 이 외에 자당, 포도당(3%), 과당(1%)을 많이 함유하고 있어 감자보다 단맛이 강하다. 고구마는 비타민 $A \cdot B_1 \cdot C$ 등이 풍부하며 속노란 고구마의 색은 카로틴에 의한 것이다. 또한

군고구마를 구울 때 돌이나 재에 묻어 구우면 더 맛있는 이유

고구마와 같이 전분질인 큰 덩어리의 식품을 구울 때는 전분이 완전히 호화될 때까지 중심부를 충분히 가열해야 하는데, 이렇게 될 때까지 그대로 구우면 속은 익지 않은 채 표면은 새까맣게 타버린다. 따라서 내외의 온도차를 줄이고 천천히 가열되도록 100℃ 내외의 돌이나 재에 오래 묻어 두면 잘 익는다. 또한 고구마가 서서히 따뜻해지면 최적온도가 50~75℃인 β-아밀레이스와 같은 전분 분해효소의 작용이 활발해져 맥아당과 포도당이 많이 생성됨으로써 단맛이 증가되는 효과가 있다. 반면에 가열속도를 빨리하면 오히려 효소의 불활성화를 촉진하는 결과를 초래한다. 햇볕에 말린 고구마의 단맛이 증가하는 것도 같은 원리로 햇볕의 따뜻한 열기가 β-아밀레이스를 활발하게 작용할 수 있도록 했기 때문이다.

관수현상이란 무엇인가요?

홍수로 인하여 고구마밭의 배수가 잘 되지 않거나 껍질을 벗겨 장시간 물에 담근 고구마 또는 완전히 익히지 않은 고구마는 찌거나 구워도 조직이 연화되지 않고 생고구마와 같은 질감이 된다. 이를 관수현상이라 하는데 이는 고구마의 세포질 안에서 삼투작용을 맡고 있던 칼슘과 마그네슘 이온이 세포막이 파괴되면서 세포막에 존재하는 펙틴과 결합하여 불용성의 펙틴산염(pectate)이 생기면서 조직이 단단하게 되기 때문이다.

고구마는 알칼리성 식품으로, 특히 칼륨이 많이 들어 있어서 체내 과잉의 나트륨을 몸 밖으로 배출시키는 역할을 하므로 고혈압을 비롯한 성인병 예방에 좋다.

고구마는 섬유질이 많아 변비에 좋고 혈청 콜레스테롤을 감소시키며 미생물에 의해 장내에서 이상발효하여 배 속에 가스가 차기 쉽다. 또한 위장에서 머무르는 시간이 길어서 공복감을 그다지 느끼지 않으므로 비만 예방에 효과적인 식품이다.

고구마에는 특수성분인 얄라핀(jalapin)이 함유되어 있는데 일종의 수지배당체로 고구마의 절단면에서 나오는 유백색의 성분이다. 손에 묻으면 강한 점성이 느껴지고 공기와 접촉하면 산화되어 점차 검게 변하는데, 이는 식물 스스로 상처 부위를 보호하기 위함이다.

(2) 고구마의 조리 및 이용

고구마는 찐고구마, 군고구마, 튀김, 샐러드 등으로 다양하게 이용되고 전분,

제과, 당면, 물엿, 고추장, 주정 등의 가공원료로도 사용되며 또한 고구마 줄기는 채소로서 부식으로 이용된다. 분질고구마는 전분이 많고 맛이 좋아서 식용에 적합하나, 점질고구마는 전분이 비교적 적고 당분이 많아서 식용보다는 전분 및 사료제조에 많이 사용된다.

주정
술의 주성분이라는 뜻이며, 에틸알코올(에탄올)을 말함

3) 돼지감자

돼지감자(Jerusalem artichoke, *Helianthus tuberosus* L.)는 국화과에 속하는 다년생의 초본으로 맛이 없어 돼지의 사료로 사용되어 '뚱딴지'로 부른다. 황무지에서도 잘 번식할 정도로 재배가 용이하나 대부분 야생에서 가축 사료용으로 많이 이용한다. 요즘 당뇨에 효과가 있다고 알려지면서 자연산을 채취하거나 재배하여 판매하는 경우가 많아지고 있다. 생것은 특이한 냄새가 있고 인체 내 소화효소로는 분해되지 않아 소장에서 흡수되지 못해 이상발효를 일으키므로 생으로 먹기는 쉽지 않다.

돼지감자

돼지감자의 주성분은 과당이 β-1,2결합으로 중합한 대표적인 프럭탄(fructan)인 이눌린(inulin)이다. 이눌린은 돼지감자 외에도 다알리아 뿌리, 우엉 등에 전분을 대신하여 함유된 저장물질이다.

돼지감자는 조림, 김치, 튀김, 찜, 무침 등으로 조리하여 이용한다.

이눌린의 효능
이눌린은 인체 내에서 글루카곤(glucagon)이 분해되는 것을 억제함으로써 혈당을 안정화시키며 당뇨합병증의 원인인 당화혈색소(HbA1c)의 수치를 낮출 수 있는 것으로 알려짐

4) 마

마(yam, *Discorea* spp.)는 다년생의 넝쿨성 식물로 주성분이 전분이며 점성이 강하다. 점질물은 뮤신(mucin)이며 α-아밀레이스 등 효소를 많이 함유하고 있어 소화를 촉진시킨다. 마는 갈아서 생식하거나 삶아서 이용한다. 또한 산약이라 하여 한방에서는 자양강장, 노인들의 기침과 가래, 신장 보호 등에 쓴다.

마

5) 토란

토란

토란(taro, *Colocasia antiquorum var. esculenta*)은 땅 속의 달걀이라고 하며, 원산지는 인도 지역이다. 우리나라에서는 남부 지방에서 많이 재배하며 대개 7월 중순 무렵부터 수확하여 추석 전후에 많이 이용한다. 토란은 수분이 80%이고 당질의 대부분은 전분이며 덱스트린과 자당도 들어 있어 토란 고유의 단맛을 낸다.

토란의 가열조리 중 국물에 거품이 생겨 잘 끓어 넘치는 원인은 점질성분인 갈락탄(galactan) 때문으로 이는 전분과 함께 토란 고유의 맛을 내지만 국물의 점도를 높게 하여 열의 전도나 조미료의 침투를 방해하기도 한다. 그러나 배 속의 열을 내리고 간장 및 신장의 노화방지에 좋은 역할도 한다.

토란은 껍질에 흠이 없고 모양이 둥글둥글한 것이 상품이며 5℃ 이하가 되면 부패하게 되므로 따뜻한 곳에서 15~18 cm가량 흙을 덮어 두면 겨울을 날 수 있다.

토란은 토란탕, 토란찜 등으로 조리하고, 토란 줄기는 껍질을 벗겨 건조시킨 후 나물로도 이용한다. 동남아시아에서는 주식으로 이용하기도 한다.

> **갈락탄(galactan)**
> 갈락토오스로 이루어진 다당류의 총칭이며, 토란과 한천 등에 풍부함

6) 구약감자

곤약

구약감자(*Amorphophallus konjac*)는 토란과에 속하며 원산지는 인도, 세이론, 인도 지나반도의 남부이며, 중국을 거쳐 우리나라에 전래된 듯하다. 일반

실생활의 조리원리

토란의 점질물질을 줄이려면 소금물을 이용
토란의 점질물은 1% 소금물에 쉽게 응고되므로 토란을 조리할 때는 소금물이나 쌀뜨물에 데치면 점질물을 줄일 수 있다. 또한 토란 껍질을 벗길 때 손이 가려워지는 것은 수산칼슘이 많기 때문인데 역시 소금물로 씻으면 쉽게 낫는다. 토란 특유의 아린맛은 호모겐티스산(homogentisic acid) 때문으로 소금물에 데치면 이를 제거할 수 있고 훨씬 부드럽게 먹을 수 있다.

성분은 수분 75~83%, 탄수화물 11~14%, 단백질 2~4%이다. 수용성 식이섬유로 소화가 안되는 글루코만난(glucomannan, 곤약만난)이 많아 이를 이용하여 묵처럼 젤화시켜 곤약을 만든다.

곤약(konjac)은 구약감자 생것으로부터 직접 만드는 경우와 일단 생것을 말려 곤약가루로 만든 후에 가공하는 경우가 있다. 곤약은 수분 약 97%, 당질 약 3%인 저칼로리 식품이며 무기질이 소량 함유되어 있고, 글루코만난은 2% 정도 함유되어 있다. 곤약은 특유의 향이 있어 조리 시 끓는 물에 반드시 데쳐서 사용한다.

글루코만난(glucomannan)
물 또는 온수를 가하면 현저히 팽윤되어 점도가 높은 젤을 형성. 이것에 수산화칼륨 등의 알칼리를 가하여 가열하면 응고되어 반투명한 덩어리가 되는데, 이 덩어리가 곤약임. 글루코만난은 장내에서 이물질의 흡착배설작용도 하고 콜레스테롤도 낮추는 작용을 함

7) 카사바

카사바

카사바(cassava, *Manihot esculenta*)는 남아메리카 열대 지역이 원산지인 덩이 뿌리로 동남아시아나 남태평양 여러 섬에서 많이 재배하고 열대와 아열대 지역에 널리 분포한다. 덩이뿌리는 사방으로 퍼지고 고구마처럼 굵어진다. 단백질 함량이 다른 서류에 비해 적으나 20~25%의 전분이 함유되어 있고 칼슘과 비타민 C가 풍부하다. 덩이뿌리에서 채취하는 전분을 타피오카(tapioca)라고 하며, 과자·알코올·풀·요리의 원료 등으로 사용한다. 타피오카펄은 버블티, 디저트용 과일퓨레 등에 넣는다.

겉껍질에는 유독성분인 청산(HCN) 배당체를 구성성분으로 한 리나마린(lina-marin)이 함유되어 있어 분쇄하여 물로 씻어 내거나 가열하여 배당체를 가수분해시켜서 이용한다. 이 독성은 열을 가하면 없어지므로 감자처럼 쪄서 먹기도 한다.

CHAPTER 6
두류 및 두류제품

CHAPTER 6
두류 및 두류제품

두류(legumes)는 콩과(Leguminosae)에 속하고 열매를 맺으면 콩깍지(꼬투리)를 형성하면서 그 안에 종자를 만든다. 뿌리 부분에는 뿌리혹이 있고 그 뿌리혹 박테리아가 공기 중의 질소를 고정 이용하여 유기질소화합물을 합성한다. 두류는 동양이 원산지로 약 5,000년 전부터 재배하여 왔고, 미국, 중국, 브라질 등이 주생산국이다.

1. 두류의 종류

우리나라에서 재배되는 두류의 주요 품종은 거의 모두가 우리 고유의 품종이고 영양성분의 차이에 따라 다음과 같이 분류하기도 한다(표 6-1).

표 6-1 두류의 분류 및 종류

분류	콩의 종류
단백질과 지방의 함량이 많은 것	대두, 땅콩
단백질과 당질 함량이 높은 것	팥, 녹두, 완두, 강낭콩, 동부
비타민 C가 많아 채소류의 성질을 지닌 것	풋콩, 풋완두(꼬투리완두)

2. 두류의 성분과 영양

두류의 가치는 양질의 단백질과 지방에 있다. 따라서 유지공업의 주요 원료로서 이용될 뿐만 아니라 아미노산의 조성이 우수하여 곡류의 섭취에서 부족하기 쉬운 아미노산, 특히 라이신을 보충하는 경제적인 단백질 공급원으로 유용하게 이용되고 있다. 그 외에도 인, 철, 칼슘, 비타민 B_1이 풍부하며 보존성이 좋기 때문에 예로부터 주식 또는 부식으로 많이 이용되어 왔다. 주요 두류 및 두류제품의 성분은 다음 표 6-2와 같다.

표 6-2 두류의 영양성분

(가식부 100 g당)

성분	수분 (%)	열량 (kcal)	단백질 (g)	지질 (g)	당질 (g)	섬유질 (g)	회분 (g)	무기질			비타민				
								칼륨 (mg)	칼슘 (mg)	철 (mg)	A (RE)	B_1 (mg)	니아신 (mg)	C (mg)	E (mg)
대두[1] (노란콩)	11.2	409	36.21	14.71	32.89	25.6	4.89	1838	260	6.66	11	0.553	1.640	3.27	16.92
땅콩[1]	10.8	525	25.74	42.57	18.36	13.4	2.53	746	67	3.07	4	0.389	10.54	0.0	18.56
팥[1]	8.9	352	19.3	0.1	68.4	-	3.3	424	82.0	5.6	∅	0.54	3.3	0.0	-
녹두[1]	9.4	352	24.51	1.52	60.15	22.4	4.42	1420	100.0	4.4	243	0.156	1.634	5.29	8.40
완두[1]	8.1	363	20.7	1.3	67.1	-	2.8	926	85.0	5.8	522	0.49	1.7	0.0	-
강낭콩[1]	10.4	350	21.2	1.1	63.9	-	3.4	-	99.0	8.9	0.0	0.41	1.9	0.0	-
동부[1]	11.9	349	18.88	1.82	64.23	20.0	3.17	1335	44	4.32	38	0.160	2.725	0.0	6.75
풋콩[2]*	71.7	135	11.7	6.2	8.8	5.0	1.6	590	58.0	2.7	44.0	0.31	1.6	27.0	1.5
풋완두[2]*	88.6	36	3.1	0.2	7.5	3.0	0.6	200	35.0	0.9	94.0	0.15	0.8	60.0	0.8
두유[2]	86.6	70	4.4	3.6	4.7	-	0.7	9	17.0	0.7	0.0	0.04	0.4	0.0	-
두부[2]	81.2	97	9.62	4.63	3.75	2.9	0.80	90	64	1.54	0.0	0.032	0.159	0.0	6.23
콩나물[2]	89.5	37	4.64	1.36	3.80	1.6	0.7	218	48	0.67	6	0.114	0.677	1.80	0.19

출처 : 농촌진흥청 국립농업과학원(2017). 국가표준식품성분표(제9개정판)
* 출처 : (일본)全國調理師養成施設協會편, 細谷憲政감수(2002). 최신식품표준성분표
[1] 말린식품 기준
[2] 신선식품 기준

1) 대두

(1) 대두의 성분

① **단백질** 대두(soy bean)는 단백질 36.21%, 지질 14.71%로 단백질과 지질 함량이 높으며, 특히 중요한 것은 단백질이다. 대두 단백질은 약한 염류에 녹으며 글로불린(globulin)에 속하는 글리시닌(glycinin)으로 전체 단백질의 84%를 차지한다. 또한 알부민(albumin)인 레규멜린(legumelin)이 5.4%, 프로테오스가 4.4% 함유되어 있고, 비단백질질소 6%로 구성되어 있다. 대두 단백질은 필수아미노산을 골고루 함유하고 있어 단백가가 높은 편이다. 특히 곡류에서 부족한 필수아미노산인 라이신과 류신이 많이 들어 있어 쌀, 보리 등의 영양상 결점을 보완하기에 효과적이다. 그러나 달걀 흰자에 비하여 메티오닌, 시스틴과 같은 함황아미노산은 적은 편이다.

② **지방** 국산 대두의 지질 함량은 평균 17~18%, 중국산 18~19%, 일본산 17~18%, 미국산 콩은 평균 20% 정도이다. 일반적으로 황색의 광택과 배꼽의 색이 엷고 자엽(떡잎)이 황색인 콩이 지질 함량이 높다. 대두 중의 지질은 상온에서 황색의 액체로 리놀렌산(linolenic acid) 7% 정도, 리놀레산(linoleic acid) 50% 이상, 올레산(oleic acid) 25% 등으로 구성지질의 88%가 불포화지방산인 매우 양질의 식용유이다. 따라서 콩가루나 콩제품은 공기에 접촉할 경우 지질의 산패에 의한 변질이 쉽게 나타난다. 또한 콩의 지질에는 유화에 중요한 레시틴이 0.1~0.2% 정도 함유되어 있다.

③ **탄수화물** 대두의 탄수화물 함량은 약 30%이며 주로 소화되지 않는 다당류이다. 종피 중에는 펜토산 2.5~4.9%, 갈락탄 1.1~5.6%, 자당 3.3~6.3% 정도이다. 곡류의 종자와 달리 미숙한 콩은 전분을 함유하지만 완숙된 콩에는 거의 없으며 소화율도 좋지 않아 1.68 kcal/g의 열량(FAO 분석표 기준)을 내는 것으로 알려져 있다.

④ **무기질과 비타민** 무기질 중에는 칼륨이 가장 많고 인, 마그네슘, 칼슘 등도 풍부하다. 인은 약 75%가 인산염인 피틴(phytin) 형태로 존재한다. 비타민은 곡류에 비해 비타민 B 복합체가 많으나 비타민 C는 함유되어 있지 않다.

⑤ **아이소플라본** 대두에 특이적으로 풍부하게 함유된 아이소플라본 (isoflavone)은 인체 장내의 박테리아 활동에 의해 에스트로겐(estrogen)을 닮은 활성화합물로 풀려져 나온다는 사실이 밝혀져 있다. 이들 활성화합물은 제니스테인(genistein), 다이제인(daidzein), 글리시테인(glycitein) 등이며 특별히 '피토에스트로겐(phytoestrogen)'이라고 한다. 실제로 피토에스트로겐은 인체에 호르몬과 유사한 효과를 나타내는 것으로 알려져 있다. 이들은 배당체 (glycoside) 형태로 존재하여 제니스테인 배당체가 약 50%, 다이제인 배당체가 약 40%를 차지하고 있고, 이러한 배당체는 대두의 떫은맛, 쓴맛 등의 원인 중 하나이다.

아이소플라본(isoflavone)

식물의 페놀계 노란색 색소인 플라보노이드의 하나. 기본 물질은 플라본으로, 플라본의 페놀기가 페닐기의 3번 위치에 결합한 것

배당체(glycoside)

하나 이상의 당(糖)이나 우론산으로 이루어진 탄수화물이 페놀이나 알코올의 유도체와 같은 비당성분(아글리콘)과 결합하고 있는 천연에 널리 존재하는 물질의 총칭

아이소플라본의 생리활성

아이소플라본은 에스트로겐과 비슷한 구조로 되어 있어 에스트로겐 수용체와 결합하면 그 작용이 활성화된다. 이와 같이 에스트로겐과 유사한 에스트로겐 작용(estrogenic effect)을 나타내기 때문에 식물성 에스트로겐(phytoestrogen)이라고도 한다. 즉, 폐경으로 체내 에스트로겐이 고갈되는 경우 아이소플라본은 뼈 조직이나 혈관 조직에 분포되어 있는 에스트로겐 수용체(β-estrogen receptor)에 결합하여 마치 에스트로겐인 것과 같은 효과를 나타낸다. 따라서 일반적으로 에스트로겐 호르몬요법이 유방암 등의 부작용을 유발하는 데 반해, 부작용이 없는 천연물이므로 에스트로겐 대체물질로 주목받고 있다. 미국 식품의약국(FDA)에서는 콩을 하루에 25 g 이상 섭취할 것을 권장하고 있다.

---

⑥ **사포닌과 트립신 저해제** 두류는 우수한 영양가를 지닌 식품이지만 조직이 단단하여 소화·흡수율이 낮고 사포닌, 탄닌, 레시틴 등의 특수성분과 트립신 저해제, 헤마글루티닌 등의 유해물질이 함유되어 있어 가공하여 사용하는 것이 좋다. 사포닌은 대두뿐 아니라 특히 팥에도 0.3%가 함유되어 있다. 비누와 비슷하게 한쪽 끝은 수용성이고 다른 쪽 끝은 지용성이어서 유화제와 거품

안정제 역할을 한다. 대두나 팥을 끓일 때 너무나 쉽게 거품이 나며 넘치는 것은 이 때문이다. 대두의 사포닌은 절반이상이 껍질부분에 몰려 있다. 사포닌은 용혈작용은 거의 없어 독성은 매우 약하나 과량섭취 시 설사를 일으킬 수도 있다.

또한 생대두 중에는 단백질 분해효소인 트립신의 작용을 방해하는 알부민 단백질의 일종인 트립신 저해제(trypsin inhibitor)가 들어있어 장내에서 소화, 흡수를 어렵게 한다. 이외에도 적혈구의 응고를 촉진하는 뮤코단백질이 존재하여 단백질의 소화흡수를 더욱 어렵게 하고 있다. 그러나 이들 억제물질들은 100℃에서 4~5분 정도로 가열 처리하면 변성되어 기능을 상실하므로 단백질의 소화율이 향상되고 날콩 냄새도 억제된다.

뮤코단백질(mucoprotein)
중심 단백질에 몇 개의 뮤코다당의 사슬이 결합하여 고분자의 중합체가 되어 고차구조를 형성하고 있는 단백질을 말함. 현재는 뮤코다당-단백질복합체라는 이름이 쓰임

(2) 대두의 종류

대두(soybean)는 종피의 색에 따라 황대두, 흑대두, 청대두로 분류하며 주된 종류와 특징 및 용도는 다음과 같다(표 6-3).

① **황대두(누런콩, 흰콩)** 종피와 속살이 황색이어서 누런콩 또는 흰콩이라 하며, 수입대두의 대부분을 차지한다. 크기에 따라 대립, 중립, 소립 황대두가 있다. 크기가 제일 큰 대립은 콩조림에 많이 사용하고, 중립은 두부나 된장 등에 소립은 낫토 제조에 사용된다.

② **흑대두(검은콩)** 검은콩은 흰콩과 같은 속에 속하며 영양성분이나 맛은 비슷하고 크기가 커서 조림용으로 많이 이용한다. 검은콩의 한 종류인 서리태는 겉모양은 검은콩과 같지만 껍질을 벗기면 속이 푸른색이어서 속청태라고도 한다. 밥에 넣어 먹으면 훨씬 고소하고 좋다. 서목태는 검은콩의 일종으로 껍질은 까맣고 크기는 보통 검은 콩보다 훨씬 작아 마치 쥐눈 같다고 쥐눈이콩이라고도 하며, 주로 한방약재로 사용하기 때문에 약콩이라고도 한다. 식용으로는 잘 먹지 않았으나 최근 건강에 좋다고 해서 밥에 넣어 먹기도 한다. 검은

검은콩 껍질의 항암물질
글리시테인 : 플라보노이드의 일종인 아이소플라본에 속하는 성분. 혈중 콜레스테롤 수치를 낮추고 에스트로젠 활성 등을 지님

검은콩 조리 시의 유의사항

검은콩은 수용성 안토사이아닌계 색소가 많은데 이 색소는 산성에서는 적색, 알칼리성에서는 청색을 띠며 금속이온을 만나면 색이 선명해지는 성질이 있다. 따라서 검은콩을 삶은 국물에 식초를 넣으면 딸기 같은 선명한 적색이 되어 음료로 이용하기도 하며, 철냄비에 넣어 삶으면 검은색이 더욱 선명해지는 효과를 낼 수 있다.

표 6-3 주된 대두의 종류와 특징 및 용도

분류	특징	종류	특징	용도
황대두 (누런콩, 흰콩)	종피와 속살이 황색이며 수입 대두의 대부분을 차지함	대립 황대두	크기가 큼	콩조림
		중립 황대두	크기가 중간 정도임	두부, 된장
		소립 황대두	크기가 작음	낫토
흑대두 (검은콩)	종피에 안토사이아닌 색소가 있어 검은색임	흑태	흑대두 중에서 가장 큼	콩밥, 콩조림
		서리태(속청태)	속은 녹색이며, 서리를 맞은 후에 수확하여 서리태라 함	콩밥, 콩조림, 콩떡
		서목태(여두, 쥐눈이콩, 약콩)	다른 검은콩보다 작고, 한방약재로 쓰여 약콩이라고도 함	한방 약재, 콩밥
청대두 (푸른콩)	종피와 속살의 색이 녹색임	청태(청대콩, 푸르대콩)	라이신이 풍부함	콩조림, 두부, 된장, 미숫가루, 과자, 풋콩(미숙 청대두)용

콩의 껍질에는 누런콩의 껍질에서는 발견되지 않는 글리시테인(glycitein)이라는 항암물질이 500 μg/g 이상 함유되어 있는 것으로 밝혀졌다.

③ **청대두(푸른콩, 청대콩)** 청대두(green soybean)는 청대콩, 푸르대콩, 청태, 청태콩 등으로도 불리며, 열매의 껍질과 속살이 다 푸른색이라 하여 붙여진 명칭이다. 겉은 검은색이지만 속은 푸른색인 것은 서리태(속청태)라 하여 흑대두에 속한다. 필수아미노산인 라이신이 풍부하여 조림에 많이 이용되고, 메

주나 두부를 만드는 데에도 쓰인다. 미숙할 때 수확한 것을 풋콩이라 한다.

풋콩

④ 풋콩(미숙 청대두, 에다마메)

풋콩은 채소로 이용되는 미숙 청대두를 말하며, 단백질이나 비타민 A·B·C 를 풍부히 함유하고 있으며, 여름에서 가을에 이르기까지 계절감을 갖는 식재료이다.

주로 꼬투리째 찐 다음 껍질을 까서 먹거나 꼬투리를 깐 후 소금을 넣고 삶아 샐러드로 먹기도 하고, 밥 지을 때 넣어 먹기도 하며 다른 채소처럼 조리의 범위는 넓지 않다. 가공용으로는 소금조림으로 하거나 껍질을 벗겨 병조림 또는 통조림에 이용되며, 냉동식품으로도 유통되고 있다.

2) 팥

팥단백질
파솔린

팥(azuki bean)은 68%가 탄수화물이며 대부분이 전분이다. 팥의 단백질은 파솔린으로 약 21% 함유되어 있으며, 지방 함량은 낮으나 리놀레산이 많다. 팥에는 비타민 B_1 함량이 높기 때문에 팥밥을 먹으면 각기병 예방에 효과가 있고 4.7%의 섬유질이 함유되어 변비에 탁월한 효능이 있다. 사포닌은 장을 자극하는 효과가 있어 과식하면 설사의 원인이 되기도 한다. 팥과 같이 전분 함량이 높은 두류는 주로 떡의 소와 고물로 이용된다. 표피에는 청산 배당체가 들어 있고 팥 앙금으로 하면 안토시안 등이 금속이온과 반응하여 색이 어두워지므로 식품가공 시 용기에 주의하여야 한다.

3) 녹두

녹두는 인도의 야생종에서 유래되어 한국, 중국, 일본에서도 오래전부터 재배되어 왔으며 척박한 토양에서도 적응력이 강하다. 녹두의 주성분은 62% 정도의 당질로 역시 전분이 대부분이고 펜토산, 덱스트린, 갈락탄, 헤미셀룰로오스가 많으며 이들은 녹두의 점성에 관계가 많다. 전분이 많아 청포묵, 빈대떡, 떡소, 떡고물 등으로 이용되며 콩나물처럼 싹을 길러 숙주나물로도 많이 이용한다.

4) 완두

완두

완두(peas)도 탄수화물이 주성분이며 그 대부분은 전분이고 아밀로오스를 많이 함유하고 있다. 완두의 주단백질은 글로불린인 레규민(legumine)이고, 지질의 주된 구성 지방산은 올레산이다.

완두는 둥근 모양에 줄기색이 녹색에서 황록색을 띠며 털이 없고 감미가 가장 높을 때 수확하는 것이 가공성이 좋다. 특히 완숙 직전의 미숙한 완두는 청완두(green peas)라 하여 수분이 많고 단맛이 있어 통조림으로 많이 이용하는데, 미숙할수록 단백질과 당분이 많고, 익을수록 전분, 섬유소, 기타 다당류가 많아진다. 미숙할 때 꼬투리째 먹는 꼬투리완두(풋완두, podded peas)는 비타민 C가 60 mg이나 되어 데쳐서 채소로 이용된다.

실생활의 조리원리

냉동 완두를 실온에서 해동하지 않고 그대로 가열하면 좋은 이유

예전에 통조림 형태로 많이 이용하던 완두는 현재는 냉동제품으로 거의 대체되고 있는 추세이다. 냉동 채소는 동결 중에도 산화효소 등에 의해 변색과 변질이 일어나기 때문에 이를 방지하기 위하여 냉동하기 전에 열탕처리나 증기를 쐬는 데치기(blanching)를 한다. 이러한 냉동 채소는 한 번 열처리를 한 상태이므로 육류나 생선처럼 자연스럽게 녹이면 연해진 조직에서 수분의 유출이 많고 섬유가 질겨지거나 서리를 맞은 채소처럼 색이 변하고 모양이 흐트러진다. 따라서 냉동된 상태에서 바로 데치거나 쪄서 세포 내 상태를 동결 전의 상태에 가깝게 하는 편이 좋다.

5) 강낭콩

강낭콩

페루가 원산지인 강낭콩(kidney bean)은 줄기모양이나 용도에 따라 구분하며 그 모양이 신장과 비슷한 형태이기 때문에 영어로 kidney bean이라고 한다. 품종에 따라 붉은색, 검은색, 흰색, 붉은 바탕에 흰색 무늬가 있는 것 등 색깔이 다양하다. 영양성분은 팥이나 녹두처럼 탄수화물이 많고 지질이 적다. 강낭콩의 탄수화물은 63.9%, 단백질은 21% 내외이며 탄수화물의 대부분은 전분이다. 미숙한 강낭콩에는 인과 칼슘 함량이 비슷하나 성숙한 콩에는 인이 칼슘보다 3배나 많다. 완숙된 콩에는 파이토헤마글루티닌이 함유되어 있어 소화작용을 저해한다. 주로 밥을 지을 때 넣거나 떡소, 떡고물, 양갱 등의 원료로 이용된다.

동부

6) 동부

원산지를 동남아시아·서남아시아로 보는 학자도 있고, 중앙아프리카로 보는 학자도 있다. 따뜻한 지역에 알맞은 작물이어서 동남아시아, 중앙아프리카, 미국 등지에서 재배되며, 우리나라에서는 여름의 고온 시기를 이용하여 재배가 가능하다.

신장(콩팥) 모양이고 빛깔은 여러 가지이며, 팥과 비슷하지만 약간 길고 종자의 눈이 길어서 구별된다. 밥 지을 때 넣어 먹거나 떡의 소, 과자 만드는 데에 이용한다.

7) 땅콩

두류 중 유일하게 땅 속에서 성장하는 땅콩(낙화생)은 유지제조용으로 쓰는 소립종과 식용으로 볶아 먹는 대립종으로도 구분한다. 대두와 같이 지질, 단백질이 많아서 열량이 높은 식품이며 탄수화물함량은 두류 중에서 최저이다. 땅콩 단백질의 필수아미노산 조성은 대두보다 우수하지는 않으나 지질은 필수지방산 중 아라키돈산이 풍부한 것이 특징이며 올레산과 리놀레산도 소량 함유되어 있다. 땅콩은 볶아 먹거나 쪄 먹는 외에도 제과에도 사용되며, 지질 함유량이 무려 45%나 되어 땅콩기름, 마가린 제조 등에 다양하게 이용된다.

3. 두류의 조리

1) 흡습성

두류는 조직의 연화와 조리 시 가열시간의 단축을 위해 물에 담가 불려 사용한다. 불리기는 조리시간을 25%이상 단축해 준다. 흡수속도는 콩의 저장기간, 보존상태, 수온 등에 따라 달라지는데, 대개 수온 20℃ 내외에서 5~7시간 동안 빠른 속도로 흡수된 후 서서히 흡수속도가 저하되어 약 20시간 후 포화상태에 도달해 정체기에 들어가며 이때 원래 콩 무게의 90% 이상의 물을 흡수한다. 그러나 팥은 표피가 단단하여 표피 전체로 물을 흡수하는 대두와는 달리 표피의 작은 구멍에서 약간의 흡수만이 일어나기 때문에 20시간 이후에 최대 흡수량에 이른다. 따라서 팥은 물에 담그기보다 직접 가열하는 경우가 많다.

콩을 담가 두는 물의 온도가 높을수록 수분흡수가 빨라진다. 만약 끓는 물에서 1.5분 정도 먼저 데치면 이후의 수분 흡수는 찬물에서도 2~3시간밖에 걸리지 않는다. 이는 데치기가 수분 이동을 차단하는 껍질을 불려 놓기 때문에 수월해 지는 것이다. 또한 소금과 베이킹소다가 조리시간을 단축한다. 0.3%의 식소다나 0.2%의 탄산칼륨을 첨가할 경우에도 흡습성이 증가하는데, 이는 알칼리성인 식소다나 탄산칼륨이 콩의 헤미셀룰로오스와 펙틴질을 연화하고 팽윤시키는 작용을 하여 껍질 내부를 한층 더 연하게 하기 때문이다.

가열조리 시의 변화
- 트립신저해제 활성 파괴
- 소화성 증가
- 헤마글루티닌 변성으로 적혈구 응집효력 상실

식소다
탄산수소나트륨(중조)

콩의 흡습성 증가 요인
- 물의 온도가 높을수록
- 0.3%의 식소다 첨가
- 0.2%의 탄산칼륨 첨가
- 1%의 소금 첨가

실생활의 조리원리

팥을 삶을 때 물에 불리지 않고 바로 삶아야 하는 이유
통팥 내부조직에는 전분이 많아 물을 쉽게 흡수하므로 껍질만 연해지면 미리 물에 불려 두지 않아도 빨리 연해질 수 있기 때문에 바로 가열하여 껍질을 연화시키는 것이 좋다. 왜냐하면 다른 콩과는 달리 팥은 껍질이 충분히 물을 흡수하기도 전에 배꼽 부분 안쪽으로 물이 흡수되어 껍질보다도 먼저 내부의 자엽(子葉)이 부풀기 때문에 껍질이 갈라져 '배 갈라짐' 현상이 일어나기 때문이다. 이때 내부의 전분이나 그 밖의 성분이 불리는 물 속에 용출되어 나오므로 맛이 떨어지고 쉽게 부패한다. 한편 팥밥처럼 색을 중시하는 경우 너무 오래 물에 불리면 예쁜 적색이 물에 용출될 우려가 있다.

그러나 식소다를 너무 많이 사용하면 입안에서 미끌거리는 불쾌한 느낌과 비누같은 맛 때문에 맛이 나빠질 뿐 아니라 알칼리에 약한 비타민 B_1이 파괴되므로 주의할 필요가 있다. 한편 대두는 소금물로도 쉽게 연화되어 흡습성이 증가되므로 1% 전후의 소금물에서 불리면 된다. 그 이유는 나트륨이 세포벽 펙틴의 마그네슘을 대체함으로써 훨씬 더 쉽게 용해되도록 하기 때문이다. 물론 소금도 삶은 콩의 맛과 질감에 영향을 준다. 즉, 소금은 전분 입자의 부푸는 정도와 겔화를 감소시키기 때문에 콩의 내부 질감이 푸슬푸슬해진다.

2) 용해성과 응고성

대두를 갈아 물에 담그면 글로불린 단백질인 글리시닌과 알부민 단백질인 레규멜린의 약 90%가 용출된다. 이들 단백질은 등전점인 pH 4~5 정도에서 침전하게 되며, 칼슘염($CaSO_4$, $CaCl_2$)이나 마그네슘염($MgCl_2$)과 같은 염류를 응고제로 넣으면 염석효과(salting-out effect)에 의해 응고하게 된다. 이와 같은 응고성을 이용한 식품이 두부이다. 두유는 가열만으로는 응고하지 않고 칼슘이나 마그네슘이 존재할 때 쉽게 응고되며, 반대로 두유를 가열하지 않고 칼슘을 넣으면 단백질은 침전하지만 가열한 경우처럼 부드러운 응고물은 형성되지 않는다. 최근에는 칼슘이 함유된 응고제를 많이 사용하여 두부의 칼슘 함량을 증가시키기도 한다.

두유를 응고제와 함께 가열하여 글리시닌을 겔상으로 응고시킨 후 물을 제거하고 성형하여 두부를 제조한다. 응고제의 종류에 따라 두부의 텍스처가 달라지며 응고제 사용량은 대두의 1~2% 정도가 적당하다. 가열온도가 높을수록, 응고제의 양이 많을수록 단단하게 응고된다.

3) 기포성

대두와 팥에는 사포닌이 0.3~0.5% 함유되어 있는데 사포닌은 기포성이 있어

염석(salting-out)
단백질 용액에 고농도의 무기 염류를 넣으면 단백질의 용해도가 감소하여 응고되는 현상

염용(salting-in)
저농도의 염류용액에서 단백질 분자가 이온들에 둘러싸여 화학적 활성이 감소하고 따라서 단백질 분자 사이의 정전기적 인력이 감소하게 되어 용해도가 증가하는 현상

삶을 때 거품이 일고 장을 자극하여 설사의 원인이 된다. 따라서 팥을 삶을 때에는 깨끗이 씻어 한 번 끓인 후 그 물을 일단 버려 과잉의 사포닌을 제거하는 것이 좋다. 다시 물을 붓고 푹 끓여 물이 졸아들면 또 다시 물을 붓고 약불로 조절하여 무르도록 끓인다. 두류를 끓일 때 거품이 나면 약간의 기름을 첨가하거나 된장 1큰술 정도 넣으면 좋다.

4. 두류제품

두류는 소화·흡수가 어려워 대개 간단한 가공처리를 하여 이용하는데 두유, 두부, 콩기름 등과 같이 일부 성분을 추출한 식품이나 간장, 된장과 같은 발효식품, 발아시킨 콩나물, 미숫가루나 떡에 쓰는 콩가루 등으로 다양하며 표 6-4에서와 같은 여러 가지 식품으로 이용되고 기타 건초, 콩깻묵과 같은 사료용으로도 이용된다. 이렇게 두류를 가공처리하면 대개 소화율이 향상된다(표 6-5).

표 6-4 두류제품의 종류

전체 이용제품	단백질 이용제품	지방질 이용제품
콩자반	두부	콩기름
된장	간장	토코페롤
고추장	가수분해 콩단백	레시틴
미소(miso)	탈지 콩가루	지방산
템페(tempe)	농축 콩단백	글리세롤
전지 콩가루	분리 콩단백	스테롤
콩우유	섬유화 콩단백	지용성 비타민
비지	변형 콩단백	볶은 콩 버터
콩요구르트	인조고기	
	유바	

표 6-5 각종 두류제품의 소화율

종류	소화율(%)	종류	소화율(%)
간장	98	콩가루	83
두부	95	콩장	68
두유	95	볶은콩	60
된장	85	비지	60

1) 두유

두유는 콩을 불려 갈은 후 끓여 걸러서 만든 것으로 우유와 유사한 콜로이드성 식품이다. 중국과 일본에서 수백 년 전부터 이용되었고, 우리나라에서도 두유를 콩국이라 하여 예로부터 여름에 음료나 국수를 말아 먹는 데 이용하였다. 두유는 유당(lactose)이 함유되어 있지 않아 유당불내증(lactose intolerance)이나 유아의 우유대용식품 제조에도 널리 이용되는 식품이다. 모유나 우유에 비하여 단백질 함량은 높으나 메티오닌, 비타민 B_{12}가 부족하므로 영·유아용으로 이용 시 이들 영양소를 강화시킨다. 두유를 만들 때 콩을 덜 삶으면 비린내가 나고 너무 오래 삶으면 메주콩 냄새가 나므로 적절히 삶아야 고소한 맛이 난다.

중국에서는 수세기 동안 도우푸피(두부피)를 만들었고 일본에서는 유바를 만들었다. 유바는 두유를 일정한 온도로 가열할 때 형성되는 피막을 채취한 것으로 맑은장국, 달걀찜, 생선전골, 냄비요리 등에 넣어 이용한다. 유바와 같은 응고단백질은 동물의 젖이나 두유를 뚜껑없이 가열할 때 생성된다. 즉, 열에 의해 풀린 단백질이 서로 엉기고 수분은 공기 중으로 날아가 더욱 건조하고 단단해지면서 얇지만 고형인 단백질 막이 형성되는 것이다. 유바는 섬유질의 쫄깃쫄깃하게 씹히는 질감을 지닌다.

유당불내증

유당불내증은 유당을 분해할 수 있는 효소인 락테이즈(lactase)의 분비량이 부족하거나 결핍된 사람에게 나타나는 증상을 말함. 모유에는 약 7%, 우유에는 약 4.5% 정도의 유당이 함유되어 있음

콩 비린내 물질 생성

리폭시게네이스는 산화효소로 콩 비린내를 생성하는 데 관여함

유바(湯葉)

두유를 끓여 그 표면에 생긴 얇은 막을 걷어서 말린 식품으로 일본 음식에 사용됨

2) 두부

두부는 콩을 물에 불려 분쇄한 후 끓여서 불용성 성분을 제거하고 응고제를 넣어 대두의 글리시닌과 레규멜린 단백질을 대두의 유지성분과 함께 응고시킨 것을 압착한 것으로 소화율이 95%까지 증가된 식품이다(그림 6-1). 제조과정 중 불용성 단백질과 상당량의 탄수화물 및 지방질은 여과시킬 때 비지로서 제거되며 나머지 지방과 당은 단백질 응고 시 두부 속에 포함된다.

응고제로는 주로 염화마그네슘($MgCl_2$)이나 황산칼슘($CaSO_4$) 등을 이용하며 사용량은 대두의 1~2% 정도가 적당하다. 간수라고 부르는 응고제는 바닷물 또는 소금물로부터 염화나트륨(NaCl)을 결정화시켜 제거한 여액을 말한다. 주성분은 염화마그네슘, 황산칼슘, 황산마그네슘 등이나 최근에는 바닷물 오염으로 인해 미량의 유해성분이 혼입될 가능성이 있어 염화마그네슘만을 99% 이상으로 정제한 정제간수를 사용하는 경우가 많다(표 6-6).

두부 응고제
염화마그네슘($MgCl_2$)
황산칼슘($CaSO_4$)

표 6-6 두부 응고제의 종류

원리	종류	용해도	두유 온도	장점	단점
염석	황산칼슘 ($CaSO_4 \cdot 2H_2O$)	난용성	80~85℃	반응이 완만하여 사용이 편리, 수율과 색깔이 좋음	두부표면이 거칠고 잔류 황산칼슘이 많아서 회분 과다의 우려가 있으며 맛이 덜함
	염화마그네슘 ($MgCl_2 \cdot 6H_2O$)	수용성	75~80℃	두부의 풍미가 좋고 맛이 좋음. 응고시간 빠르고 압착 시 물이 잘 빠짐	순간적으로 응고하기 때문에 고도의 기술 필요
	염화칼슘 ($CaCl_2$)	수용성	75~80℃	사용이 편리. 물빠짐이 좋아 튀김 두부용으로 많이 사용	풍미가 덜함
산응고	글루코노델타락톤 ($C_6H_{10}O_6$)	수용성	85~90℃	표면이 매끈하고 수율이 좋으며 조직이 부드러워 순두부 제조에 이용됨	산 응고로 인해 두부의 풍미가 덜함

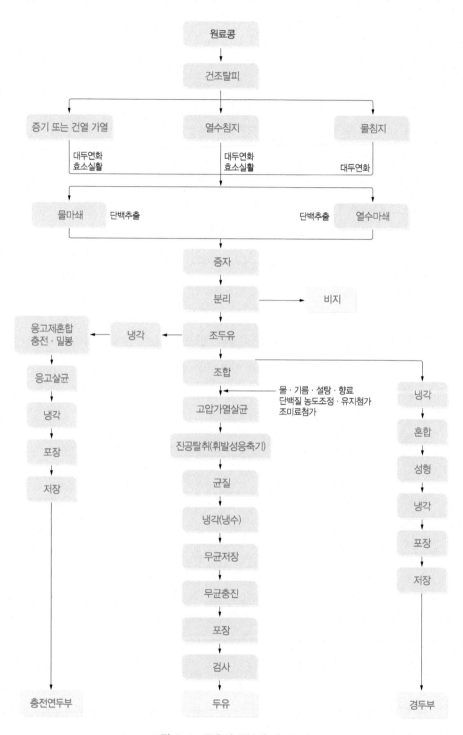

그림 6-1 두유와 두부의 제조공정

출처 : 송재철 외(1998), 최신 식품가공저장학, 효일

우리나라에서 주로 생산·판매되고 있는 두부는 순두부, 보통 두부, 연두부, 튀김두부, 동결두부, 전두부, 포장두부, 기능성 두부 등이 있는데 두부는 고형분이 12%, 연두부와 순두부는 6%, 경두부는 22% 이상이어야 한다(표 6-7). 순두부는 두유를 먼저 포장한 다음에 응고시키기 때문에 응고물이 원상태를 유지하며 수분함량이 대단히 높고 질감은 매우 여리고 부드럽다. 두부는 냉장(0~10℃) 상태에서 3일 정도 유통이 가능하며 콜드체인을 통해 유통되어야 한다.

실생활의 조리원리

된장찌개의 두부가 더 부드러운 이유
두부 조직 속의 수분에 녹아 있던 미결합상태인 칼슘이온은 조리 시에 가열하면 두부 단백질과 더 많이 결합하여 두부가 더 단단해진다. 그러나 조리수에 염분이 있으면 소금의 나트륨 이온이 이것을 방해하여 두부가 덜 단단해진다.

표 6-7 두부의 종류

종류	특징
동결두부	두부를 동결시켜 해동한 후 탈수, 건조한 것
전두부	미세 분말대두를 물에 녹여 100℃에서 5분 이상 가열한 진한 두유에 응고제를 가하여 그대로 응고시켜 성형한 것
보통 두부	단단하면서 탄력성이 있고 다소 거친 두부
연두부	조직이 균일하고 매끄러운 표면의 두부
순두부	보통 두부보다 조직이 연해서 일정한 형태나 모양을 갖추지 못한 두부

발효두부
아크티노무코르(Actinomucor)속과 무코르(Mucor)속 곰팡이로 발효시킨 두부로 중국에서는 수푸(더푸 루, 푸 루)라고 한다.

3) 콩나물

콩나물은 대두의 싹을 틔운 것으로 장소와 계절에 관계 없이 단시간에 재배할 수 있어 경제적인 영양식품으로 무기질을 많이 함유하고 있다. 또한 발아과정에서 생성되는 비타민 C를 비롯해 아스파르트산(aspartic acid)과 글루탐산(glutamic acid)과 같은 아미노산 함량이 증가하며 올리고당과 피트산(phytic

아스파라긴산(asparaginic acid)은 아스파르트산(aspartic acid)이라는 명칭으로 표준화되었음.

acid)은 발아하는 동안 분해된다.

콩나물 뿌리 부분에 많이 들어 있는 아스파르트산은 아미노산의 일종인 아스파라긴으로부터 만들어져 아스파르트산이라 부르는데, 이는 아스파르트산을 말한다. 아스파르트산은 발아 시 함량이 증가하며 숙취해소에 효과적인데, 이는 알코올 섭취 후 체내에 생성되는 아세트알데히드를 줄여 주는 작용을 하기 때문인 것으로 알려져 있다.

한편 녹두를 발아시킨 숙주나물도 콩나물과 재배조건이 유사하다.

콩나물을 데칠 때 뚜껑을 닫아야 하는 이유
뚜껑을 열면 비린내가 나는데, 이는 콩나물에 있는 리폭시게네이스(lipoxygenase)가 불포화지방산의 산화에 관여하여 비린내 성분을 형성하기 때문이다. 따라서 뚜껑을 닫으면 산소의 접촉을 방지하고 조리수의 온도를 빨리 증가시켜 효소를 불활성화시킴으로써 방지할 수 있다. 이때 조리수에 소금을 넣거나 콩나물국을 끓일 때에는 마지막에 마늘을 넣으면 더 효과적으로 비린내를 감소시킬 수 있다. 콩나물을 익힌 후 뚜껑을 열어 생긴 휘발성 성분은 날리면 더욱 효과적이다.

4) 장류

간장, 된장, 고추장 및 청국장과 같은 대표적인 대두발효식품인 장류는 예로부터 전해 내려온 전통 조미식품이기도 하다. 원료가 되는 콩을 쪄서 메주를 만들고 여기에 소금물을 첨가하여 발효시킨 후 걸러서 얻어지는 메주덩어리를 숙성하면 된장이 되고 거른 액을 달이면 간장이 된다. 청국장은 삶은 콩에 종균을 접종하여 발효시킨 다음 파, 마늘, 고춧가루, 소금 등을 넣어 마쇄한 것이다. 고추장은 메주에 고춧가루와 전분질 원료를 혼합하여 숙성시킨 것이다.

(1) 된장

식품위생법상 된장은 '콩을 주원료로 하여 식염, 메주를 섞어 발효하여 숙성시킨 것 또는 간장을 담근 다음 짜낸 나머지 부분'을 말한다. 된장은 재래식 된

표 6-8 대표적인 재래식 발효 대두 음식물

음식	이름	만드는 법	특징
미소	두장, 미소	콩+곡물을 곰팡이, 박테리아, 효모로 발효	기름지고 감칠맛 나고 짜다. 가끔 단맛을 내기도 하며, 많은 요리에 양념으로 쓰인다.
간장	장유, 쇼유, 케캅	콩+밀을 곰팡이, 박테리아, 효모로 발효	기름지고, 감칠맛 나며 짠 양념, 많은 요리에 쓰인다.
검은콩, 대두 너겟	두치, 하마낫토	콩+밀가루를 곰팡이로 발효	고기와 채소 요리에 쓰이는 감칠맛 나고 짠 재료.
발효 두부	더 푸루, 수푸	곰팡이로 발효시킨 두부	치즈와 비슷함. 다양한 요리의 양념.
낫토	나더우, 낫토	특정 박테리아로 발효시킨 콩	말랑말랑하고 독특하며 찐득찐득함. 밥이나 국수와 함께 먹음.
템페	텐베이, 템페	콩 껍질을 벗기고 특정 곰팡이로 발효	탄탄한 케이크, 약간의 견과 맛과 버섯 맛. 주재료로 흔히 팬에 구워 먹음.

장과 개량식 된장 그리고 발효를 속성으로 시킨 속성장이 있다. 재래식 된장(조선된장)은 주로 고초균(*Bacillus subtilis*)에 의하여 발효되며 막된장이라 한다. 개량식 된장은 재래식과 일본식 방법을 혼용해서 공장에서 대량으로 제조하는 공장식 된장 또는 절충식 된장을 말한다. 속성장은 별미장이라고도 하는데, 막장, 집장, 청국장, 담북장 등이 있으며 이들 명칭은 지방에 따라 다양하게 불리고 있다(표 6-8).

된장의 주원료는 콩, 쌀 또는 보리, 소금, 물이며 사용비율은 콩:물:소금=1:4:0.8이 좋다. 재래된장은 콩을 삶아 으깨어 메주를 만든 뒤 볏짚에 매달아 고초균이 접종되도록 한다. 소금물에 담가 한 달 정도 발효시킨 후 메주덩어리를 걸러 내어 액체 부분은 조선간장을 만들고 부산물인 고형분에 소금을 첨가하여 곰팡이, 효모, 세균 등의 상호작용으로 숙성되어 재래된장을 만든다. 숙성 중에는 각종 변화에 의하여 된장의 독특한 맛과 향기성분이 생성되게 된다.

재래식 된장은 메주의 자연발효과정에서 혼입될 수 있는 유해한 곰팡이가 생산하는 곰팡이독의 오염에 의한 우려가 있었으나, 발효과정이나 수세과정

중에 파괴 또는 제거되는 것으로 알려져 있다.

개량식 된장은 대두와 소맥분 또는 쌀, 보리쌀 등을 혼합한 원료를 사용해서 제조하며, 미생물도 재래식 된장에 관여하는 주된 세균인 고초균(*Bacillus subtilis*)과 일본된장에 쓰이는 황국균(*Aspergillus oryzae*)을 사용하여 효율적으로 제조하는 것이 특징이다. 고초균은 대두에 접종하여 메주를 만들고 황국균은 소맥분에 혼합하여 밀고지(koji)를 만든 후 이 둘을 혼합하여 소금과 물을 가한 뒤 숙성시켜 만든다.

표 6-9 된장의 종류

분류	종류	특성
재래식 된장	막된장(된장)	메주에 소금물을 넣어 간장을 뽑고 난 메주로 담근 된장
	토장	메주에 소금물을 알맞게 넣어 간장을 뽑지 않고 그대로 만든 된장
개량식 된장		콩과 곡류를 함께 넣어 만든 메주를 주먹만한 크기로 빚어 말려 메주가 잠길 정도로만 소금물을 붓고 한 달가량 후에 다른 독에 이 메주를 옮겨 담으면서 켜켜이 소금을 뿌려 만든 된장
절충식 된장		간장도 맛있고 된장도 맛있게 담그기 위한 방법으로, 굵직하게 빻은 메주를 미리 삼삼한 소금물에 되직하게 개어 삭혀 두었다가 간장을 뜨고 남은 메주에 섞어 만든 된장
속성식 된장* (별미장)	막장(빠개장, 가루장)	메주를 가루 내어 속성(10일 정도)으로 담근 된장
	담북장(담수장, 듬북장)	메주를 가루 내어 고춧가루와 소금물을 넣고 2~4일간 숙성시킨 된장
	청국장(퉁퉁장, 담북장)	콩을 삶아 2~3일 발효시켜 마늘, 고춧가루, 소금을 넣어 찧어 만든 된장
	집장(즙장, 채장, 검정장)	소금이나 간장에 절이거나 말려 수분을 어느 정도 뺀 무·당근·오이·가지·호박·고추 등의 채소와 엿기름을 메줏가루(또는 집장용 메줏가루)에 넣어 버무려 따뜻한 곳에 7~8시간 두어 속성으로 발효시킨 된장

* : 속성식 된장의 명칭은 같은 된장이라도 지방에 따라 다양하게 불리고 있음

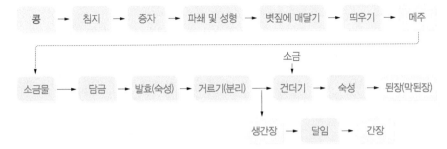

그림 6-2 재래식 된장과 간장의 제조공정

된장을 담을 용기는 미리 씻어서 바싹 말려 밑바닥에 소금을 약간 뿌린 다음 된장을 담고 위에서 꾹꾹 눌러 주며, 반드시 위에 소금을 얹어서 뚜껑을 덮어 두어야 한다.

된장 발효 시의 각종 변화와 향미

· 당화작용 : 탄수화물 → 당분 : 단맛
· 알코올발효 : 당분 → 알코올 : 알코올성 방향물질
· 유기산발효 : 당분, 단백질 → 유기산 : 신맛
· 단백질분해 : 단백질 → 아미노산 : 구수한 맛
· 기타 : 소금 : 짠맛

실생활의 조리원리

된장의 올바른 보관법
· 남향이나 서향과 같이 햇볕이 오래 잘 드는 곳에 보관한다.
· 빗물이나 이물질이 들어가지 않도록 한다.
· 장이 숙성되면서 냄새가 나므로 환기가 잘 되도록 한다.
· 숯을 서너 개씩 띄우면 나쁜 냄새를 흡착하는 효과가 있고, 고추는 항균효과가 있다.
· 입구를 종이나 비닐로 완전히 밀폐해 뚜껑을 덮는 것이 좋다.
· 햇빛이 강한 날에는 뚜껑을 열고 4~5시간 정도 두면 변질을 예방할 수 있다.

메주 띄울 때 꾸덕꾸덕하게 말리는 이유는?
메주를 띄울 때 겉을 꾸덕꾸덕하게 말리는 것은 유해한 곰팡이의 번식을 막기 위함이다. 겉이 마르기 전에 곰팡이가 번식을 하면 유독한 곰팡이 독이 생길 수 있으므로, 메주의 겉을 잘 건조시킨 후 곰팡이가 서서히 번식할 수 있도록 해야 하는데, 30℃ 정도의 건조한 곳에서 3일 정도 말리면 완전히 굳어진다.

청국장의 유래

《증보산림경제》에 오늘날 청국장(淸麴醬)에 해당하는 전시장(煎豉醬)에 대한 것이 나오는데, 괄호 속에 속칭 '戰國醬(전국장)'이라 되어 있어 그 시대에 민간에서 일반적으로 전국장이란 용어가 널리 사용되고 있었음을 암시하며, 전쟁터에서 속성으로 만들어서 먹었던 데서 기인한 것으로 여겨짐. 한편, 청국에서 전해졌다고 하여 청국장(淸國醬)이라 한다는 설도 있음

(2) 청국장

청국장(淸麴醬)은 콩 발효식품 중에서 가장 짧은 기간(2~3일)에 발효가 완성되며(표 6-9) 특이한 풍미와 우수한 영양성분을 포함하는 식품이다. 《식품공전》에서 청국장은 '대두 등을 주원료로 하여 적절한 온도에서 발효시켜 제조하거나 이에 양념 등을 적절히 가하여 조미한 것'을 말한다.

청국장은 쌀을 주식으로 하는 동양에서 중요한 단백질 급원식품으로 이용되어 왔다. 우리의 청국장은 고초균(*Bacillus subtilis*)을 주로 이용하며, 일본의 낫토(natto)는 바실러스 낫토(*Bacillus subtilis* var. *natto*)를 순수하게 배양한 종균을 이용하며 발효과정은 유사하다. 이 외에도 다른 나라에서는 청국장과 유사한 식품들이 이용되고 있다(표 6-10).

청국장의 감칠맛은 아미노산 중 글루탐산(glutamic acid)과 유기산에 의하며, 청국장의 독특한 냄새는 주로 암모니아태 질소성분과 테트라메틸 피라진(tetramethyl pyrazine) 및 기타 여러 가지 휘발성 물질의 혼합에 의한 것으로 알려져 있다. 맛과 향 이외에 청국장의 또 다른 특징은 끈끈한 실과 같은 점질물질이 있다는 것인데, 이는 글루탐산이 중합된 폴리펩타이드(polypeptide)와 과당이 중합된 프럭탄(fructan)의 혼합물로 칼슘의 흡수를 촉진하는 효과가 있다.

또한 청국장에는 강력한 단백질 분해효소와 전분 분해효소가 함유되어 있

표 6-10 각국의 청국장 유사제품

나라명	종류	원료	제조방법
한국	청국장	대두	*B. subtilis*, 볏짚과 함께 발효
일본	Natto	대두	*B. subtilis* var. *natto*, 볏짚 이용
태국	Thua-nao	대두	*B. subtilis* 접종 또는 바나나 잎과 함께 발효
인도	Kenima	대두	*B. subtilis*
아프리카	Dawadawa	메뚜기콩 (로커스트빈)	*B. subtilis* 2일 발효

출처 : 이삼빈 외(2001). 발효식품학. 효일

어 소화가 잘 되는데 콩단백질은 소화율이 65% 정도로 높지 않지만 청국장으로 만들면 소화율이 80% 이상으로 높아진다.

(3) 간장

《식품공전》에 따르면 간장은 '단백질 및 탄수화물이 함유된 원료로 제국하거나 메주를 주원료로 하여 식염수 등을 섞어 발효한 것과 효소분해법 또는 산분해법 등으로 가수분해하여 얻은 여액을 가공한 것'으로 정의한다. 간장은 제조방법, 농도, 원료에 따라 크게 다음과 같이 분류할 수 있다(표 6-11).

조선간장은 재래식 간장이며 그 제법은 비교적 간단하여 크게 콩으로 메주를 만드는 과정과 메주와 염수혼합액에서 발효숙성하는 과정으로 나눌 수 있

표 6-11 간장의 종류

분류		종류	특성
제조방법에 의한 분류	발효법	재래식 간장 (조선간장)	늦가을에 콩을 쑤어 온돌방에서 띄운 다음 이듬해 3~4월에 말린 메주를 소금물에 담가 햇볕이 잘 드는 곳에 30~40일 정도 우린 뒤 즙을 체로 걸러 끓인 것
		개량식 간장 (양조간장)	탈지대두, 밀, 소금을 주원료로 하여 원료의 단백질원 및 탄수화물원을 고지(koji)의 효소에 의해 아미노산 및 당으로 분해하는 방법
	산분해법	아미노산 간장	공장에서 생산하는 간장으로 단백질 원료를 염산으로 가수분해하여 탄산소다로 중화시켜 얻은 아미노산에 소금을 넣고 간장의 색, 맛, 향기를 내기 위해 첨가물을 넣은 것
		혼합간장	양조간장과 아미노산간장을 일정한 비율로 혼합하여 만든 것
농도에 의한 분류		국간장(청장)	담근 햇수가 1~2년된 간장으로 맑고 색이 연해 국 끓일때 사용
		중간장	담근 햇수가 3~4년된 간장으로 찌개나 나물을 무치는 데 사용
		진간장	담근 햇수가 5년 이상된 간장으로 맛이 달고 색이 진해 약식, 초, 조림, 육포, 장과 등 색을 내는 음식에 사용
원료에 의한 분류		조선간장	콩만을 원료로 사용하며 주로 세균인 고초균(*Bacillus subtilis*)으로 발효
		일본간장	콩과 전분질을 원료로 사용하며 곰팡이인 황국균(*Aspergillus oryzae*)으로 발효
		중국간장	콩만 원료로 사용. 일본의 '타마리' 간장과 거의 동일 고도로 농축된 대두아미노산에 의해 짙은 색과 풍부한 풍미를 지님
		어간장	어류를 원료로 하여 단백질 분해효소로 인해 단백질이 분해되어 만들어진 간장(젓국물의 일종)

다(그림 6-2).

된장 제조 시와 같이 메주를 완성하면 염수와 함께 용기에 담는 담금과정을 거치는데, 염수타기는 매우 중요한 작업으로 미생물의 생육 및 장의 숙성과 밀접한 관련이 있어 농도를 조절하는 것이 중요하다. 오늘날 장 담그기의 염 농도 표준은 Be 19°(보메도, Baume°)이다.

숙성 후에 고형물 부분인 메주덩어리를 건져 내고 분리한 간장은 생간장으로 각종 효소나 미생물이 잔존하며 미숙한 맛과 풍미를 갖는다. 이 생간장의 저장성을 높이고 풍미와 색깔을 향상시키기 위하여 달임과정을 거치면 살균과 농축의 효과를 얻을 수 있다.

아미노산간장은 산분해간장으로 콩단백질이나 밀단백질인 글루텐을 염산으로 가수분해한 후 알칼리로 중화하고 여과한 후 탈취시켜서 농축한 간장으로 짧은 시간에 고농도의 아미노산을 포함하는 간장을 얻을 수 있다. 그러나 산분해 중에 원료의 유지성분이 염산과 반응하여 생성되는 MCPD(2-chloro-1,3-propanediol) 성분은 식품 안전성에 문제를 일으킬 수 있는 유해성분으로 이의 생성을 최소화하기 위해서는 염산 농도를 18% 이하로 하고 단백질 원료의 지방 함량이 1% 미만인 원료를 사용해야 한다. 보통은 양조간장에 산분해간장을 섞어 제조한 혼합간장이 많다.

보메(Baumé)
식염수의 소금농도를 나타내는 단위로 순수한 물의 보메도를 0도, 15% 소금농도를 15도로 표시

실생활의 조리원리

간장을 만들 때 왜 펄펄 끓일까요?
간장을 달이는 이유는 살균이 주된 목적이며 아울러 효소를 불활성화시켜 더 이상의 발효가 진행되지 않도록 하기 위함이다. 또한 가열에 의한 마이야르 반응의 촉진으로 아름다운 갈색이 되도록 하며, 기타 분해되지 않은 단백질을 응고시켜 장을 맑게 하고 졸여서 농도를 높이기 위한 효과도 있다.

간장의 맛 성분과 갈색색소는?
간장은 짠맛, 신맛, 단맛의 균형을 이루어 독특한 맛을 낸다. 짠맛은 염분에 의한 것이고, 맛난맛은 글루탐산, 아스파라긴산, 신맛은 유기산, 단맛은 당류, 글리세린 및 일부 아미노산에 의한다. 또한 마이야르 반응 등에 의한 멜라닌과 멜라노이딘 색소에 의해 진한 갈색을 띤다.

(4) 고추장

고추장은 콩과 전분질 식품으로 찹쌀, 멥쌀, 보리쌀 등을 사용하여 고춧가루를 혼합해서 발효시킨 식품으로 탄수화물의 가수분해로 생성된 당류의 단맛과 콩단백질이 분해되어 생성된 아미노산의 감칠맛 및 고추의 매운맛, 소금의 짠맛이 조화를 이룬 식품이다.

고추장은 숙성 중 탄수화물과 단백질 분해효소의 작용으로 당과 아미노산이 생성되며 효모와 유산균에 의한 발효가 일어나 맛과 향기, 풍미 등에 영향을 미치며 고춧가루의 캡사이신(capsaicin)은 매운맛을 부여하고 항균작용이 있다. 고추장의 종류는 사용하는 곡류에 따라 찹쌀고추장, 보리고추장, 멥쌀고추장, 밀고추장, 팥고추장, 수수고추장, 떡고추장 등이 있는데, 이중 제일로 꼽는 것은 찹쌀고추장이다. 제조방법에 따라서는 일반적인 전통고추장(재래식 고추장)과 고지(麴)를 만들어 제조하는 개량식 고추장(고지고추장)으로 나눈다(표 6-12).

* 재래식 고추장 : 콩과 기타의 콩과 기타의 전분질 원료를 이용하여 고추장용 메주를 만든 후 전분질 원료 및 고춧가루, 소금 등을 혼합해서 담금(숙성)을 한다. 고추장용 메주는 간장용 메주보다 곰팡이가 덜 뜨게 해야 하며 볕에 바짝 말려 솔로 깨끗이 씻어 쪼갠 후 잘 말렸다가 가루로 곱게 빻

캡사이신(capsaicin)
고추에서 추출되는 무색의 휘발성 화합물로, 알칼로이드의 일종이며 매운맛을 내는 성분인데, 약용과 향료로 이용됨

표 6-12 고추장의 분류

분류법	명칭	종류
제조방법에 따른 분류	전통고추장	찹쌀고추장, 쌀고추장, 보리고추장, 밀고추장, 팥고추장, 수수고추장, 기타
	개량식 고추장	숙성식 고추장(고춧가루 선첨고추장, 고춧가루 후첨고추장), 당화식 고추장
이용방법에 따른 분류	초고추장	쌈에 이용하는 쌈장용, 볶음고추장용, 회에 먹는 초고추장용
	막고추장	고추장지짐이(생선, 채소, 나물 등에 고추장을 넣어 지짐), 고추장찌개
	장아찌고추장	장아찌 담글 때 이용

고추장에 찹쌀가루나 밀가루를 넣는 이유는?

고추장에 넣는 주요 재료는 메줏가루, 찹쌀가루, 엿기름, 고춧가루이다. 엿기름에 함유된 전분가 수분해효소인 아밀레이스에 의해 찹쌀가루의 전분이 분해되어 당류가 생성되므로 단맛이 증가되며 이와 함께 메주에 함유된 아미노산의 감칠맛과 고춧가루 캡사이신의 매운맛이 조화되어 고추장의 좋은 맛이 나게 된다. 찹쌀 대신 전분을 많이 함유하는 보리나 밀가루를 사용하는 것도 좋다.

고추장에 흰곰팡이가 피었을 때는 어떻게 할까?

고추장은 잘못되면 담근 지 얼마 안 되어 부글부글 끓어 넘치거나 흰곰팡이가 피기도 한다. 이는 엿기름에 전분을 넣어 충분히 오래 달이지 않았거나 소금 간이 너무 싱거운 경우 또는 고추장 항아리를 잘 간수하지 못하여 빗물이나 물이 들어간 경우이다. 이때는 곰팡이 핀 부분을 걷어내고 고추장을 전부 솥에 쏟아 은근한 불에서 달이고 소금을 약간 더 넣어주면 된다. 또 따뜻한 식혜를 넣어 다시 끓이면 맛을 되살릴 수 있다.

아야 한다. 고추는 고추씨를 빼고 사용하여야 한다.
- 개량식 고추장 : 소맥분을 원료로 하여 종균인 황국균(*Asp. oryzae*)을 접종하여 고지를 만드는 것이 재래식 고추장 제조와 큰 차이점이다.

(5) 미소

미소(Miso)는 황국균(*Asp. oryzae*)을 곡물에 번식시킨 고지(koji)를 이용하여 콩을 발효시킨 일본의 된장으로, 우리나라의 전통 된장에 비해 맛이 순하며 입자가 미세하여 조직감이 부드러우며 짠맛이 적은 특징을 가지고 있다. 국으로 끓여 먹거나 분말로 제조하여 건조채소, 조미료 등과 혼합한 즉석미소국의 재료로도 이용한다. 일본된장은 원료에 따라 다음과 같은 종류가 있다(일본농림규격, Japanese Agricultural Standard).
- 쌀된장 : 대두와 쌀을 발효 · 숙성시킨 된장
- 보리된장 : 대두와 보리를 발효 · 숙성시킨 된장
- 콩된장 : 대두를 발효 · 숙성시킨 된장
- 조합된장 : 위의 각 된장을 혼합한 된장, 또는 그 밖의 된장

염분농도에 따라서는 적된장과 백된장으로 나누며, 염분농도에 따라 숙성기간도 달라진다. 용도에 따라 각각 사용되기도 하지만 두 가지를 적당히 혼합하여 원하는 맛을 낸다.

- 적된장 : 염분농도가 높고 1년 이상 숙성시킨 된장으로, 숙성기간이 길어 마이야르 반응에 의해 갈색이 진해져 적된장이라 하며 깊은 맛이 있다. 대두에는 당분이 적어 콩된장은 주로 적된장으로 만들어진다. 적된장은 염분농도가 높기 때문에 적은 양으로도 간을 맞출 수가 있어, 여름철 된장국은 적된장을 사용하여 된장의 농도가 연하게 만들면 좋다.
- 백된장 : 염분농도가 낮고 숙성기간이 수개월로 짧아 색이 희고 재료인 보리 등의 입자가 남아있는 경우도 있다. 적된장에 비해 단맛이 있고 염분이 적어 겨울철 된장국은 백된장을 사용하여 단맛이 강하고 된장 농도가 진하게 만들면 좋다.

(6) 낫토(納豆)

우리나라의 청국장과 유사한 일본의 낫토는 순수 종균인 바실러스 낫토를 이용하여 발효한 것으로 끈적거리는 실과 같은 점질물질이 많이 생성되고 이 점질물은 혈전 용해작용이 높은 것으로 알려져 있다. 낫토는 적어도 1,000년의 역사를 지니며 아미노산이 암모니아로 분해되기 때문에 알카리성이라는 점과 젓가락으로 집으면 1 m까지 딸려 나오기도 하는 점액으로 유명하다. 소금이 들어가지 않아 상하기 쉽다. 삶은 통콩에 바실러스 서브틸리스 낫토(Bacillus subtilis natto) 배양액을 첨가한 다음 40℃에서 20시간 동안 두어 제조한다. 낫토 자체를 그대로 먹거나 간장이나 겨자와 함께 먹기도 하며 밥이나 국에 올려내거나 샐러드에 넣기도 하며 채소와 함께 끓여 먹기도 한다.

(7) 템페 및 두시

인도네시아를 대표하는 콩 발효식품인 템페(tempe)는 콩을 물에 불려 껍질을 벗겨 익힌 콩에 종균인 라이조푸스 올리고스포러스(Rhizopus oligosporus)를 섞어 둥근 조각으로 빚은 뒤 바나나 껍질로 싸서 30℃ 정도에서 1~2일 동안 발효시킨 것으로 흰색의 곰팡이가 표면을 덮은 덩어리가 된다. 신선한 템페에서는 효모 또는 버섯향이 난다. 템페는 그대로 먹는 일은 거의 없고 간장을 발라서 굽거나 얇게 썰어서 기름에 튀기거나 또는 수프에 넣어 먹는다.

중국의 두시는 삶은 콩을 발효시킨 것으로 소금을 첨가한 것을 함두시, 소금을 첨가하지 않은 것을 담두시라고 한다. 함두시는 된장이나 간장에 해당하고, 담두시는 청국장과 유사한 방법으로 만든다.

5) 콩고기

콩고기(meat analog)는 콩단백질과 기타 식물단백질, 탄수화물, 지방, 비타민, 무기질, 색소 등을 갈아 만든 식품으로 소시지, 베이컨, 슬라이스햄 등을 대체하는 데 유용하다. 콩조직단백분(textured soy protein products)은 사출기 또는 스팀을 처리하여 콩 단백질의 수소결합을 파괴하고 고압으로 재배열시켜 단백질에 새로운 수소결합을 형성함으로써 재정렬된 새로운 조직구조를 지닌 제품이다. 형태, 크기, 색이 다양하고 미립자, 큰 덩어리, 플레이크 형태 등으로 제품화되며 육류와 같은 조직감을 가지게 되어 일명 인조육으로서 육류의 대체품으로 각광받고 있다. 육류와 비교 시 지방 함량은 1/3 정도이고 콜레스테롤이 전혀 없는 장점이 있으나 콩단백질이 필수아미노산인 메티오닌이 부족하기 때문에 단백질의 질이 비교적 낮으며 나트륨 함량이 높아진다는 단점이 있다. 콩단백질은 결합성, 응집성, 젤형성능, 유화력 등이 있어 여러 가지 식품에 첨가되어 활용되기도 한다.

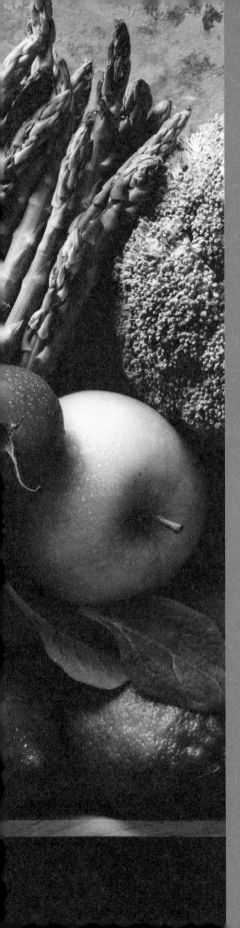

CHAPTER 7
채소류 및 과일류

CHAPTER 7
채소류 및 과일류

채소와 과일은 아름다운 색과 독특한 향미가 있으며, 특히 과일은 단맛과 신맛이 잘 조화되어 있고 질감이 다양한 관능적 특성이 있다. 채소와 과일은 비타민과 무기질이 풍부한 식물성 식품이며, 풍부한 식이섬유는 장을 자극하여 배변을 도와주는 생리적 작용이 있다. 이러한 성분 이외에도 채소와 과일에서 다양한 생리활성물질(피토케미컬)이 새로이 밝혀지면서 건강을 위해 다양한 색의 채소와 과일을 충분히 섭취할 것을 권장하고 있다.

1. 채소류

1) 채소의 구조

채소는 세포로 이루어져 있으며, 다른 식물과 마찬가지로 세포막 주위에 있는 단단한 세포벽이 형태를 지지해 주는 역할을 한다(그림 7-1).

(1) 세포벽
식물의 어린 세포에서는 얇은 1차 세포벽이 형성되며, 세포가 성숙하면서 1차 세포벽 안쪽에 두꺼운 2차 세포벽이 형성되기도 한다. 세포벽의 가장 바깥층에 위치한 중층은 세포간 접합을 돕는다
- 1차 세포벽 : 어린 세포에서 1차적으로 형성되는 세포벽이며, 셀룰로오스, 헤미셀룰로오스, 펙틴으로 구성되며 셀룰로오스와 헤미셀룰로오스의 비율이 높다.

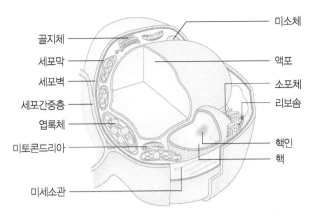

그림 7-1 식물세포(유세포)의 구조

리그닌(lignin)
탄수화물에 속하지 않는 페놀의 중합체

- 2차 세포벽 : 세포가 성숙하면서 2차 세포벽이 형성되며, 이곳에 리그닌 등의 물질이 부착되기도 한다. 당근의 심(core), 아스파라거스 순, 브로콜리 등은 성숙됨에 따라 리그닌 함량이 증가하므로 점차 질겨지고 가열 조리해도 잘 부드러워지지 않는다.
- 중층(middle lamella) : 세포벽의 가장 바깥층에 위치하며, 펙틴이 풍부하므로 인접한 세포들과 경계를 이루면서 세포간 접합을 돕는다.

(2) 유조직 세포(유세포)

채소와 과일의 주된 가식부는 유세포(parenchyma cells)로 구성되어 있다(그림 7-1). 채소와 과일의 유세포도 다른 식물세포와 같이 세포벽으로 둘러싸여 있고, 세포질에는 전분, 색소, 수분, 향기 성분 등이 함유되어 있다. 이 성분 중 전분과 색소는 색소체에 들어 있으며, 일부 수용성 성분은 액포에 들어 있다.

① **색소체(plastids)**   채소와 과일의 고유한 색을 나타내는 데 기여한다. 백색체, 엽록체 및 유색체 등이 있으며, 전분이나 여러 가지 지용성 색소가 함유되어 있다.
- 백색체 : 전분이 저장되어 있다.

- 엽록체 : 클로로필(엽록소)이 들어 있으며 탄수화물 합성에 중요한 역할을 한다.
- 유색체 : 카로틴, 잔토필 등의 카로티노이드 색소가 함유되어 있다.

② **액포(vacuole)** 유세포에 있는 주머니 모양의 세포내 소기관으로 여러 수용성 성분이 녹아 있다.

- 액포 내 성분의 종류 : 수분, 안토사이아닌 색소, 당, 염류, 유기산 등
- 액포 내 성분의 기능
  - 식품 특유의 향미와 산도 등에 기여
  - 식물의 팽압 유지 : 액포에 들어 있는 수분량에 따라 채소나 과일의 수분 함량이 달라지며, 채소의 수분 함량이 적당할 때 팽압이 잘 유지된다. 팽압이 높은 양상추와 시금치 등의 엽채류는 아삭아삭한 질감을 가진다. 채소를 물과 같은 저장액에 넣으면 삼투압의 차이 때문에 세포가 물을 흡수해서 액포 속에 물을 많이 저장하게 되어, 세포막이 세포벽을 밀어내는 압력(팽압)이 높아지므로 더 아삭아삭한 질감을 나타낸다(그림 7-2-c).

팽압(turgor pressure)
세포막이 세포벽에 가하는 압력

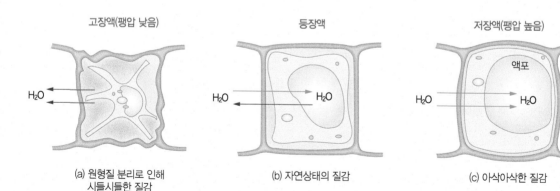

고장액(팽압 낮음)	등장액	저장액(팽압 높음)
(a) 원형질 분리로 인해 시들시들한 질감	(b) 자연상태의 질감	(c) 아삭아삭한 질감

그림 7-2 식물세포의 팽압에 따른 질감

- 식품의 즙의 양(수분 함량) 결정 : 액포의 수분량에 따라 채소나 과일의 즙이 많고 적음이 결정된다. 액포 내 수분량이 적은 감자나 바나나 등은 즙이 적은 채소이며, 액포 내 수분량이 많은 토마토와 수박 등은 즙이 많은 과일에 속한다.

(3) 세포간 공기층

식물의 세포와 세포는 완전히 밀착되어 있지 않고 세포들 사이에 공기가 함유되어 있는 세포간 공기층(intercellular air spaces)이 있다.

세포간 공기층의 역할

- **조직의 불투명성** : 공기층으로 인해 채소와 과일 조직이 불투명해 보이지만, 데치기 등으로 세포간 공기층이 제거되어 물로 채워지게 되면 반투명해져서 녹색 채소에서는 녹색이 더 진해지고 선명해진다.
- **부피 증가** : 공기층으로 인해 채소와 과일의 부피가 증가된다. 데치기 등으로 세포간 공기층이 제거되면 부피가 줄어든다.
- **아삭한 질감 유지** : 세포간 공기층의 비율이 높을수록 채소나 과일의 질감이 아삭아삭해진다. 데치기 등으로 세포간 공기층이 제거되고 조직이 연화되면 채소와 과일의 질감은 물러진다.

---

2) 채소의 분류 및 영양

주된 가식부에 따라 채소를 6종류로 분류할 수 있으며 각 채소류는 다음과 같은 영양적 특징이 있다(표 7-1).

표 7-1 채소의 분류 및 영양적 특징

분류	주된 가식부		채소명	주된 영양적 특징
근채류	뿌리		무, 당근, 도라지, 더덕	• 수분 : 채소에 따라 편차가 큼(60~95%) • 탄수화물 : 전분상태로 함량이 높은 편임(고구마, 감자) • 당분 : 고구마에 풍부(감자의 4~5배) • 비타민과 무기질 : 함량은 높지 않은 편임(단, 당근은 카로틴이 아주 풍부하고, 고구마, 감자는 비타민 C가 풍부함) • 저장성 : 저장온도와 습도만 조절하면 상당기간 신선하게 저장할 수 있음
	알뿌리 (구근)	덩이뿌리(괴근)	고구마, 순무	
		덩이줄기(괴경)	감자, 돼지감자	
		뿌리줄기(근경)	생강	
		비늘줄기(인경)	양파, 마늘	
경채류	줄기		셀러리, 아스파라거스	• 수분 : 보통 95% 내외로 아주 많은 편임 • 탄수화물, 비타민, 무기질 : 함량이 낮은 편임
엽채류	잎, 줄기		배추, 상추, 미나리, 부추, 양배추, 무청, 쑥갓, 근대, 시금치, 케일, 파슬리	• 수분 : 보통 90% 이상으로 많은 편임 • 섬유질 : 풍부한 편임 • 비타민 : 카로틴, 비타민 B₂, 비타민 C 등이 풍부 • 무기질 : 칼슘, 철이 풍부 • 수산 : 칼슘과 불용성염을 형성하여 칼슘의 흡수를 방해(시금치, 무청, 근대 등)
화채류	꽃		아티초크, 콜리플라워, 브로콜리	• 수분 : 보통 90% 내외임 • 섬유질 : 풍부한 편임 • 비타민 : B₁, B₂, C가 풍부
과채류	열매		오이, 토마토, 가지, 피망, 파프리카, 고추, 오크라, 단호박	• 수분 : 보통 90% 이상(단, 오크라, 단호박은 90% 미만) • 섬유질 : 풍부한 편임 • 탄수화물 : 단호박을 제외하고는 함량이 높지 않음 • 비타민 : 함량 낮은 편임(단, 고추와 홍색 피망은 카로틴과 비타민 C가 풍부하고, 녹색과 황색 피망, 단호박, 토마토는 비타민 C가 풍부) • 무기질 : 함량 낮은 편임(단, 오크라는 칼슘이 풍부)
종실채류	씨앗		완두콩, 청대콩	• 수분 : 채소류 중 가장 적은 편임(보통 80% 미만) • 섬유질 : 채소류 중 가장 풍부함 • 탄수화물 : 풍부하며 전분, 당분상태로 함유 • 단백질, 지질 : 다른 채소와는 달리 다량 함유 • 비타민 : B₁, B₂, 나이아신 풍부함 • 무기질 : 칼슘, 아연, 구리 풍부함

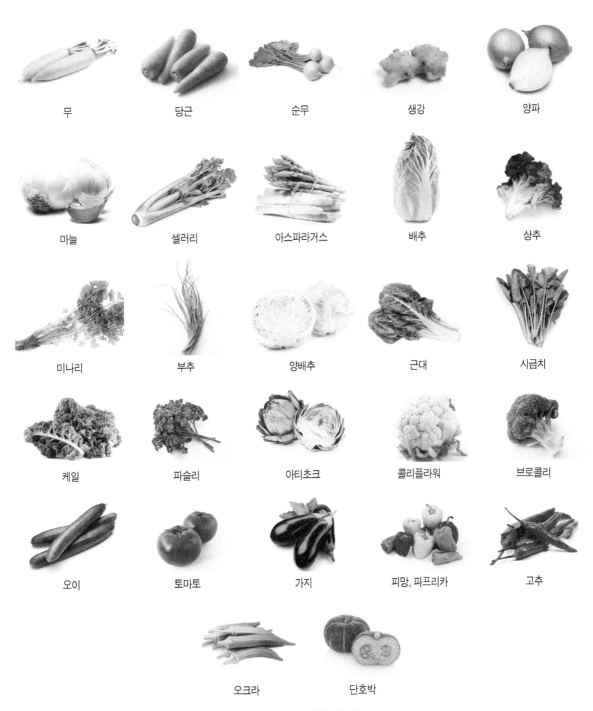

무　　　당근　　　순무　　　생강　　　양파

마늘　　　셀러리　　　아스파라거스　　　배추　　　상추

미나리　　　부추　　　양배추　　　근대　　　시금치

케일　　　파슬리　　　아티초크　　　콜리플라워　　　브로콜리

오이　　　토마토　　　가지　　　피망, 파프리카　　　고추

오크라　　　단호박

그림 7-3 다양한 채소들

3) 채소의 성분과 조리 시 변화

(1) 영양성분과 조리 시의 변화

① **영양성분**　채소의 영양성분은 채소의 종류에 따라 차이가 있으며(표 7-1), 크게 다음과 같은 특징이 있다.

- 채소는 일반적으로 섬유소, 무기질, 비타민이 풍부하다.
- 칼륨, 마그네슘, 칼슘, 나트륨이 풍부한 알칼리성 식품이다.
- 종실채류와 감자, 고구마 등의 근채류는 전분이 풍부하여 열량이 높은 편이다.
- 채소는 대체로 단백질과 지방 함량이 낮으나, 종실채류에는 이들 영양소가 풍부하다.
- 근채류와 종실채류를 제외한 대부분의 채소는 열량이 낮으며, 수분의 함량이 높을수록 열량이 낮다.

비타민의 열 파괴
채소에 있는 엽산과 비타민 C는 가열에 의해 쉽게 파괴되고, 수용성 비타민이므로 조리수를 버릴 때 다량 손실될 수 있음. 따라서 살짝 데치거나 생으로 먹을 때 손실을 최소한으로 줄일 수 있음

② **조리에 의한 영양소 손실 및 방지법**　채소의 주된 영양소인 비타민과 무기질에는 수용성인 것이 많아 세척이나 담그기, 데치거나 끓이기 등의 가열조리 시 손실되는 것이 많다. 또한 자르거나 갈았을 때 공기와의 접촉, 기름, 산과 알칼리, 금속 등에 의해서도 영양소가 일부 손실된다. 손실되는 영양소의 양이나 종류는 썰어 놓은 크기, 조리방법, 채소의 종류 등에 따라 달라지며, 손실을 줄이기 위한 방법은 표 7-2와 같다.

(2) 색소와 조리 시의 변화

채소는 특유의 밝은 색을 나타내므로 식탁을 아름답게 꾸밀 수 있다. 신선한 채소는 색깔이 밝고 산뜻하지만 오래 저장하거나 가열 등의 조리과정, 가공처리 및 조직 파괴 등에 의해서 어두운 색이나 암갈색으로 퇴색 또는 변색된다.

① **색소의 종류 및 조리 시의 변화**　채소와 과일에 있는 색소는 지용성 색소로는

클로로필(녹색)과 카로티노이드 색소(노랑-주황)가 있고, 수용성 색소로는 안토사이아닌 색소(빨강-자주-푸른색), 안토잔틴 색소(백색-담황색) 및 베탈레인 색소(적자색-황색)가 있다.

표 7-2 채소 조리 시의 여러 요인에 대한 영양소의 안정성

요인			물	열	공기(산화)	기름	산	알칼리	금속
채소의 주된 영양소	지용성 비타민	A	용출 안 됨	안정[c]	불안정	용출됨 (흡수율은 증가)	—	—	—
		D			안정				—
		E			불안정				불안정
	수용성 비타민	B 복합체	용출됨	비교적 안정[d]		용출 안 됨	안정	불안정[e]	불안정
		C		불안정	불안정		특히 저온에서 안정	불안정	불안정[f]
	무기질[a]		수용성인 것이 많아 용출됨[b]	안정	안정	안정	—	—	—
손실을 줄이기 위한 조리법			· 물에 오래 담그지 않음 · 씻은 후에 자름 · 조리수를 적게 사용하고 국물까지 먹도록 함	단시간에 조리하여 즉시 섭취	· 비타민 C는 비타민 C 산화효소를 함유한 식품과 함께 갈지 않도록 함 · 잘게 자르거나 간 것은 즉시 섭취 · 식초나 소금을 사용하여 비타민 C 산화효소를 억제	지용성 비타민은 기름을 사용하여 조리		되도록 식소다(중조, 연화 목적) 사용을 자제	스테인리스 조리 기구를 사용

a : 일반적인 조리과정에서 영양소로서의 안정성을 말함
b : 특히 K, Na, Mg, Cu, Zn 등은 20% 이상 용출되기 쉬움
c : E는 열에 안정하지만 기름에 과도하게 튀기면 쉽게 파괴됨
d : B_6와 엽산은 불안정
e : B_6는 안정
f : Fe 또는 Cu의 촉매로 쉽게 산화됨

무즙이나 채소즙에 당근즙을 섞으면 좋지 않다고 하는 이유는?

무 100 g에는 약 12 mg의 비타민 C가 함유되어 있고 당근에는 비타민 C 산화효소(ascor-binase)가 들어 있어 함께 섞어서 갈면 비타민 C가 산화되어 파괴된다. 그러나 단시간에 많이 파괴되지 않으므로, 색과 향미 등의 향상을 목적으로 무에 당근을 섞을 때에는 섞은 후 바로 먹으면 비타민 C 함량에 큰 차이가 없다. 아스코르비네이즈는 오이나 호박에도 들어 있다.

김치의 재료 중 색을 아름답게 할 목적으로 당근을 부재료로 흔히 사용하는데, 당근은 카로틴의 좋은 급원이지만 비타민 C의 산화를 촉진시키는 산화효소가 들어 있으므로 많이 사용하지 않도록 한다.

클로로필(chlorophyll)

엽록소

피톨기

$-C_{20}H_{39}$

◎ 클로로필(chlorophyll, 엽록소) : 녹색 색소

- 분포 : 녹색 채소의 엽록체에 함유되어 있는 녹색 색소이다.
- 구조 : 클로로필 분자의 중앙에 마그네슘 원자가 있으며, 마그네슘 원자는 포피린 고리 내 질소 원자들과 결합하고 있다(그림 7-4). 클로로필은 긴 사슬 구조인 피톨기가 에스터결합으로 결합되어 있어서 지용성을 나타내며, 피톨기를 잃으면 수용성으로 변한다.
- 조리 시의 변화
  - 산성 또는 가열에 의한 변화 : 대부분의 채소에 함유되어 있는 유기산은 가

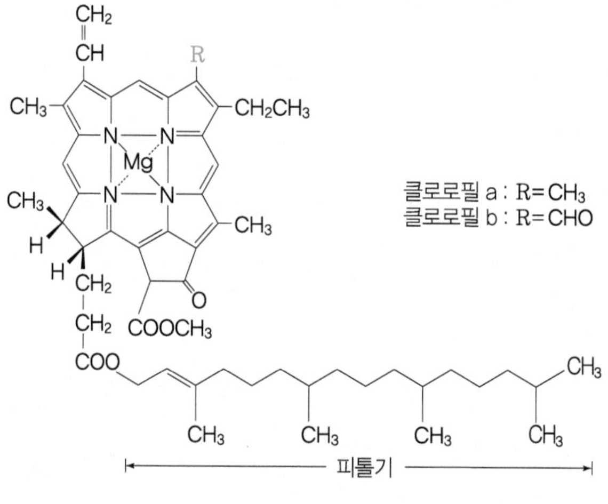

클로로필 a : R=CH_3
클로로필 b : R=CHO

그림 7-4 클로로필의 구조

열조리 과정이나 피클과 김치 등의 침채류에서 용출되어 클로로필을 페오피틴으로 변하게 한다(그림 7-5). 녹색 채소를 끓이면 첫 몇 분 이내에 유기산이 유리되어 5~7분 이내에 클로로필에 결합되어 있는 Mg^{2+}이 수소이온으로 치환된다. 이로 인해 클로로필은 녹갈색의 페오피틴으로 바뀌어 누런색으로 변색된다. 채소를 가열하면 세포막이 파괴되어 엽록소가 산과 쉽게 접촉하게 되므로 빠르게 변색된다. 이 반응은 비가역적이며 빠르게 일어난다. 피클이나 익은 오이소박이와 같이 산의 작용이 지속될 경우나 녹색채소를 장시간 가열할 경우 페오피틴이 페오포바이드로 분해되어 갈색이 된다(그림 7-5).

그러나 녹색 채소를 단시간에 데치면(blanching) 녹색이 더 진해지고 선명해진다. 그 이유는 데칠 때 세포막이 파괴되어 용출된 클로로필레이즈의 작용으로 인해 클로로필에서 피톨기가 제거되어 클로로필라이드가 생성되고, 세포간 공기층이 제거되기 때문이다.

- 알칼리성에서의 변화 : 식소다 첨가와 같은 알칼리성 조건에서도 클로로필의 피톨기가 가수분해되어 제거되므로 클로로필이 짙은 청록색의 클로로필라이드로 변하고, 더 진행되면 메탄올기도 제거되어 청록색의 클로

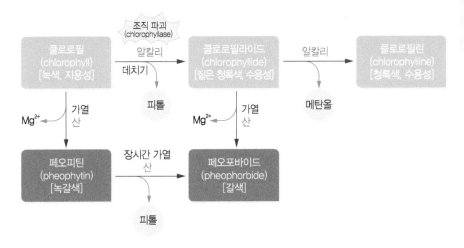

그림 7-5 조리 시 클로로필의 변화

녹색 채소를 조리할 때 색을 아름답게 유지하는 방법은?

· 충분한 양의 물 : 채소의 5배 이상의 충분한 양의 끓는 물에 데치면 용출된 유기산의 농도가 희석되고 조리수의 온도 저하도 막아 단시간에 조리할 수 있다.

· 뚜껑을 연 채로 조리 : 유기산이 공기 중에 휘발되도록 한다.

· 소금 사용 : 간장과 된장(1~2%의 유기산 함유)보다는 소금으로 간을 맞추면, 소금이 페오피틴으로의 변화를 억제하는 작용이 있어 녹색이 잘 유지된다. 한편 소금은 비타민 C 등의 수용성 성분의 용출을 억제하지만 무기질의 용출은 촉진한다.

· 알칼리성인 식소다(중조)를 소량 첨가 : 알칼리는 클로로필의 퇴색을 막아 녹색이 푸르게 고정되므로 식소다를 소량 첨가하기도 하지만, 섬유소가 가수분해되어 조직을 연화시켜 채소의 질감을 손상시키고 비타민 B_1, B_2 및 C를 파괴한다. 따라서 식품 가공 시 알칼리 첨가로 인한 섬유소 파괴를 방지할 목적으로 소량의 칼슘 초산염을 첨가한다.

로필린으로 분해된다(그림 7-5). 채소의 녹색을 유지할 목적으로 식소다 등을 첨가하면 엽록소의 녹색은 보전하는데 도움이 되지만, 섬유질이 가수분해되어 조직이 물러지고 티아민과 비타민 C가 파괴되기 쉽다.

- 조직 절단으로 인한 변화 : 채소를 자르거나 다지면 조직이 파괴되어 클로로필레이즈가 유리되는데, 이 효소가 지용성인 클로로필에서 피톨기를 제거하여 수용성인 클로로필라이드로 분해하기 때문에 조리수에 잘 녹게 된다. 그러나 클로로필라이드는 진한 청록색이므로 채소의 색에는 큰 변동이 없다(그림 7-4).

베타카로틴의 구조

잔토필의 구조

HO

카로틴의 고리구조가 탄소와 수소로만 이루어져 있는 반면, 잔토필은 고리에 히드록시기와 같은 산소원자를 함유함

◎ 카로티노이드(carotinoids) 색소 : 황색, 주황색, 적색 색소

· 종류 : 카로티노이드 색소는 노란색, 주황색, 빨강색을 나타내는 지용성 색소로서 크게 카로틴과 잔토필로 분류할 수 있다(표 7-3).

· 분포 : 당근, 고구마, 노란호박, 옥수수, 토마토, 감귤류와 같은 붉은색 또는 노란색 채소나 과일에 많이 함유되어 있다. 녹색 채소와 미숙한 과일에도 들어있으나 녹색의 클로로필에 가려져 보이지 않는다.

· 특징 : 카로틴 중 일부는 비타민 A의 전구체로 작용하는데, 카로틴을 함유한 채소나 과일이 신선할수록 비타민 A 활성이 높다.

● 조리 시의 변화 : 카로티노이드는 가열조리에 비교적 안정하며, 약산이나 알칼리에 의해 쉽게 파괴되지 않는다. 그러나 카로티노이드는 이중결합이 많아 불포화도가 매우 크므로 장시간의 가열, 빛에 노출, 산에 의해 산화되거나 이성질화(trans-cis isomerization)되어 황색이 엷어지며 비타민 A 활성이 저하된다. 특히 건조 채소나 과일의 카로티노이드에서 이중결합이 산화되기 쉽다.

표 7-3 채소와 과일의 카로티노이드 색소와 함유식품

분류	카로티노이드 색소	함유 식품
카로틴 (carotene)	α-카로틴(α-carotene)	당근, 감귤류, 찻잎
	β-카로틴(β-carotene)	당근, 감귤류, 녹차, 고추
	γ-카로틴(γ-carotene)	당근, 감귤류, 살구
	라이코펜(lycopene)	토마토, 수박, 감, 핑크그레이프프루트
잔토필 (xanthophyll)	루테인(lutein)	녹색 채소 잎, 브로콜리, 고추, 오이, 키위
	제아잔틴(zeaxanthin)	녹색 채소 잎, 노란 옥수수, 호박, 복숭아
	크립토잔틴(cryptoxanthin)	옥수수, 감귤류, 딸기, 앵두

◎ 플라보노이드계 색소(flavonoids)

플라보노이드계 색소는 수용성이며 넓은 의미에서는 안토사이아닌 색소와 안토잔틴 색소를 포함하지만 좁은 의미에서는 안토잔틴 색소만을 뜻하기도 한다.

안토사이아닌(anthocyanins) : 적자색 색소

채소나 과일의 보라색이나 적색을 나타내는 수용성 색소로 pH에 따라 색이 달라진다. 산성에서는 적색 계통, 중성에서는 보라색, 알칼리성에서는 청색 계통으로 변한다.

● 구조 : 플라본(flavone, 2-phenyl-1,4-benzopyrone)을 기본구조로 가지고 있다.
● 함유 식품 : 자색 양배추, 가지, 포도 등의 적자색과 딸기, 앵두, 자두, 복숭

안토사이아닌의 기본 구조

안토사이아닌은 플라본 (2-phenyl-1,4-benzo-pyrone) 고리를 기본구조로 가지고 있으며, 다른 플라보노이드와 달리 전체 구조가 공액 이중결합으로 연결되어 있어서 여러 가지 아름다운 색을 다양하게 낼 수 있음

가지를 조릴 때 색을 아름답게 유지하려면 미리 튀기거나 볶는다

가지 껍질의 보라색은 안토시안계의 '나스닌(nasnin)'이라는 수용성 색소이다. 나스닌은 오래 끓이면 국물에 용출되므로 가지를 미리 튀기거나 볶아서 표면에 기름막을 만들어 두면, 수용성 색소의 용출 방지와 조리시간 단축으로 색과 모양 유지에 도움이 된다.

생강초절임의 색깔이 분홍색이 되는 이유는?

회나 초밥을 먹을 때 함께 나오는 생강초절임은 생강을 살짝 데친 후 식초에 절여 만든다. 어리고 신선한 햇생강에는 소량의 안토사이아닌이 함유되어 있어 식초로 초절임을 하면 엷은 분홍빛이 나타난다. 그러나 시중에서 판매되는 생강초절임은 분홍빛을 더 내기 위하여 식용색소를 첨가한 것이 많다.

아, 사과 등의 붉은색의 과일에 함유되어 있으나 채소에는 흔치 않다.

- 조리 시의 변화 : 안토사이아닌은 조리과정에서 매우 불안정한 색소이다. 일반적으로 pH에 따라 색이 변하며 이러한 산-알카리에 의한 변화는 가역적이다.

  - 산성 조건 : 선명한 붉은색을 나타내므로 자색 양배추를 조리할 때 사과주스나 레몬즙을 첨가하면 선명한 색을 유지할 수 있다.
  - 중성 조건 : 자색으로 변한다.
  - 알칼리성 조건 : 식욕을 감퇴시키는 퇴색한 녹색이나 청록색으로 변한다.
  - 금속 : 알루미늄(Al^{3+})이나 철(Fe^{2+})과 같은 금속이온과 안정된 착염을 형성하므로 가지로 침채류를 만들 때에 철이나 못을 넣어 두면 안정된 청색을 유지할 수 있다. 또한 검은콩을 조릴 때 철냄비를 사용하면 색소가 잘 유지된다.
  - 가열조리 : 장시간 가열하면 퇴색하여 색상이 나빠지므로 과즙이나 과일 잼을 조리할 때 가열시간이 너무 길어지지 않도록 한다.

안토잔틴(anthoxanthins) : 백색 색소

안토잔틴은 안토사이아닌 이외의 플라보노이드를 총괄하여 부르는 이름이며, 대부분 배당체로 존재한다. 무색(백색) 또는 담황색을 띠는 수용성 색소

우엉이나 연근을 조릴 때에 식초를 넣으면 더 희고 아삭하게 조릴 수 있다

우엉이나 연근에는 안토잔틴 색소가 있어 산성에서는 무색, 알칼리성에서는 황색이 된다. 따라서 그대로 조리면 갈색이 되지만, 식초를 넣으면 무색이 되므로 더욱 희어진다. 또한 연근에는 점성이 강한 뮤틴이 있어 자른 단면에서 실이 생기는데, 식초를 넣으면 뮤틴이 점성을 잃어 아삭아삭해져 질감이 좋아진다.

주요 안토잔틴의 기본 구조

플라본

플라보놀

플라바논

플라바놀

로서 산성에서 무색, 알칼리성에서는 황색을 띤다.

- 구조 : 플라본(flavone, 2-phenyl-1,4-benzopyrone)을 기본구조로 가지고 있다. 채소와 과일에 많은 주요 안토잔틴은 플라본, 플라보놀, 플라바논, 플라바놀 등이다.
- 함유 식품 : 연근, 콜리플라워, 감자, 고구마, 무, 배추줄기, 양배추 속, 양파, 우엉 등의 백색 또는 담황색 채소 등 식물성 식품에 널리 함유되어 있다.
- 조리 시의 변화 : 안토잔틴은 열에 비교적 안정하지만 장시간 동안 과다하게 가열하면 색이 어두워진다. pH에 따라 색이 변하며 이러한 변화는 가역적이다.
  - 산성 조건 : 산성에서는 안정하여 더욱 선명한 흰색 또는 무색을 띠므로, 조리할 때 흰색을 잘 유지하기 위해 식초나 주석영을 첨가하기도 한다.
  - 알칼리성 조건 : 알칼리성에서 안토잔틴 색소는 황색이나 갈색으로 변한다.
  - 금속 : 구리나 철 등의 금속과 결합하여 착염을 형성하여 흑갈색으로 변한다. 철제 칼로 감자나 양파, 연근 등을 썰면 청록색 또는 흑갈색으로 변하는 것을 볼 수 있다.
  - 가열조리 : 안토잔틴 색소는 플라본 기본골격이 여러 당류와 에테르결합

밀가루나 쌀의 안토잔틴

중화면 제조 시 간수(알칼리성)를 첨가하거나 과자류를 만들 때 팽화제로 식소다(알칼리성)를 넣으면 황색이나 황갈색이 되고, 초밥용 밥에 식초(산성)를 조금 첨가하면 밥의 색이 더 하얗게 되는 것도 밀가루나 쌀이 안토잔틴을 함유하고 있기 때문이다.

을 통해 배당체의 형태로 존재하는 경우가 많은데, 가열하면 당이 분리
되어 색깔이 더욱 진해진다. 감자나 고구마, 옥수수를 가열조리하면 생
으로 있을 때보다 담황색이 더욱 진해지는 경우가 그 예이다.

◎ 베탈레인(betalains)

베탈레인은 수용성 색소로서 적자색의 베타시아닌(betacyanin)과 황색의 베
타잔틴(betaxanthin)으로 분류된다. 베탈레인은 안토사이아닌과 화학구조가
유사하나 구조 내에 질소 원자가 있다는 점에서 차이가 있다. 비트(beet)의 적
자색이 대표적인 베타시아닌이며, 수용성이므로 껍질을 벗기거나 잘라서 조
리하면 다량의 색소가 조리수로 손실된다. 베타시아닌은 산성에서 선명한 적
색을 나타내며 알칼리에서 적자색 또는 청색으로 변한다.

표 7-4 채소의 가열조리, pH 및 금속에 의해 일어나는 색소의 변화

색소		천연의 색	열	산	알칼리	금속
클로로필	클로로필 a	진녹색	초기에는 밝아졌다가 올리브빛 갈색으로 변색	어두운 녹색	청록색(클로로필린)	Cu, Zn은 녹색을 유지시켜 주지만, 독성으로 인해 유해할 수 있으므로 사용상 주의를 요함
	클로로필 b	녹색	초기에는 밝아졌다가 올리브빛 녹갈색으로 변색	올리브빛 녹갈색(페오피틴)	청록색(클로로필린)	영향을 받지 않음
카로티노이드		주황-빨강 노랑-주황	밝은 주황색	색조가 밝아짐	갈색을 띠게 됨	Cu, Fe, Al, Sn 등은 보라/붉은색을 녹색, 청색으로 변색시킴
플라보노이드	안토사이아닌	빨강-보라	붉은 톤의 갈색	빨강	청색, 보라, 녹색(변색)	Cu와 Fe은 흑갈색으로 변색시키며, Al은 누런색으로 변색시킴
	안토잔틴	백색(무색)-담황색	큰 변화는 없으나 백색을 잃고 누렇게 변함	더 밝아짐	누런색	Fe은 어두운 색으로 변색시키며, Al은 밝은 노란색으로 변색시킴
베탈레인	베타시아닌	적자색	용출된 색소는 색이 엷어짐	거의 불변	거의 불변	—
	베타잔틴	노랑, 주황	—			—

② **조리에 의한 채소의 변색 방지** 채소에 함유되어 있는 지용성 색소와 수용성 색소는 pH, 가열 또는 금속에 의해 영향을 받는다(표 7-4). 조리과정에서 일어나는 색소의 바람직하지 않은 변색을 막기 위해 다음과 같은 방법이 있다.

◎ 클로로필 변색 방지법

- 뚜껑을 연채로 조리 : 녹색 채소를 데칠 때에는 냄비 뚜껑을 열어 휘발성 유기산을 휘발시킨다.
- 다량의 조리수 사용 : 다량의 조리수로 유기산을 희석시킨다.
- 단시간에 조리 : 단시간에 데쳐 낸다.
- 소금물에 조리 : 데치는 물에 소금을 넣으면 변색을 어느 정도 방지할 수 있다.
- 식소다를 소량 첨가 : 녹색 채소에 식소다를 소량 첨가하면 녹색이 잘 유지되지만, 비타민 B 복합체와 비타민 C가 파괴되고 섬유소가 연화되므로 바람직하지 않다.

◎ 안토사이아닌 변색 방지법

안토사이아닌 색소가 함유된 채소에 식초나 레몬주스 등을 첨가하면 변색을 막을 수 있다. 그 예로 자색양배추를 조리할 때 사과와 함께 조리하면 아름다운 색을 유지할 수 있다.

◎ 안토잔틴 변색 방지법

식초, 레몬주스, 주석영(1 L당 ⅛ 작은술) 등을 소량 첨가하면 안토잔틴 색소가 함유된 감자, 양파, 쌀, 우엉, 연근 등의 황변을 예방하고 더욱 희게 유지할 수 있다.

주석영(cream of tartar)
주석산(tartaric acid)의 칼륨염

(3) 섬유질과 조리 시의 변화

① **섬유질의 종류와 성질** 섬유질(fiber)은 채소와 과일에 다량 함유되어 있는 성분이며 주로 식물세포벽에 존재한다. 섬유질에는, 셀룰로오스, 헤미셀룰로오스 및 펙틴질 등이 있다(표 7-5).

표 7-5 섬유질의 종류 및 함유 식품

성질	종류	함유 식품
불용성	셀룰로오스 헤미셀룰로오스 리그닌	밀, 현미, 호밀, 쌀, 채소, 식물의 줄기
수용성	펙틴 검	사과, 바나나, 감귤류, 보리, 귀리

◎ 셀룰로오스(cellulose)

- 구조 : 포도당이 β-1,4 글루코시드결합에 의해 일직선상으로 연결되어 있는 복합다당류이며, 수소결합에 의한 고도의 규칙적인 구조로 인해 결정성을 나타낸다.
- 분자량 : 다당류 중에서 가장 분자량이 크며, 천연상태에서 수십만~수백만에 이른다.
- 분포 : 식물세포벽의 기본 구조를 이루어 채소나 과일을 단단하게 한다.
- 성질 : 산이나 알칼리에 안정하므로 가열 조리과정에서 잘 분해되지 않는다. 초식동물의 소장에는 셀룰레이즈를 분비하는 미생물이 있다. 그러나 사람의 소장에는 이들 미생물이 없어 셀룰로오스가 소화되지 않으며, 셀룰로오스는 흡수성이 크므로 변의 부피를 증가시키고 변을 부드럽게하여 배변을 촉진시킨다.

◎ 헤미셀룰로오스(hemicellulose)

- 구조 : D-xylose, D-galactose, L-arabinose, D-glucuronic acid의 중합체이다.
- 분자량 : 셀룰로오스의 절반 정도라는 뜻을 가지고 있지만 실제 분자량은 10,000~40,000 정도로 셀룰로오스 보다 훨씬 작은 분자이다.
- 분포 : 식물세포벽에 분포하여 세포벽의 구조를 형성한다.
- 성질 : 묽은 산이나 염기에 의해 가수분해되므로 가열 조리과정에서 분해되어 그 함량이 감소된다.

◎ 펙틴질(pectic substances)

- 구조 : D-갈락투론산(galacturonic acid)이 α -1,4 글루코시드결합에 의해 연결된 직선상의 중합체이다. 갈락투론산의 카르복시기 일부가 메틸에스테르화되고 일부는 염기에 의해 중화되어 있는 복합적인 탄수화물 유도체이다.

- 분포 및 기능 : 식물세포벽에 분포하는 젤상의 고분자 물질로서 식물조직의 질감과 보수성에 관여한다.

- 종류 및 성질 : 펙틴질은 물에 녹이면 친수성 교질용액을 형성하며, 물보다 약산에 훨씬 잘 녹는다. 펙틴질의 종류와 각각의 성질은 다음과 같다(그림 7-6).

  - 프로토펙틴(protopectin) : 미숙한 과일에서는 펙틴이 세포벽 내의 셀룰로오스와 결합한 프로토펙틴이라는 형태로 존재한다. 프로토펙틴은 물에 불용성이지만 고온에서 가열하면 수용성인 펙틴산으로 가수분해된다.

  - 펙틴산(pectinic acid) : 과일이 적당히 성숙함에 따라 프로토펙틴이 프로토펙티네이즈(proto-pectinase)에 의해 분해되어 생성된 것으로서 이로 인해 조직이 연화된다(그림 7-6). 식품 내 펙틴산 분자의 카르복실기는 약 80%가 메틸기와 에스터결합을 하고 있으나, 조직으로부터 추출하는 과정에 메톡실기가 감소된다. 펙틴산은 펙틴이라고도 한다.

  - 펙트산(pectic acid) : 과일이 지나치게 익으면 펙티네이즈(pectinase)와 펙틴에스터레이즈(pectin esterase)에 의해 펙틴산이 펙트산으로 분해된다. 이로 인해 조직이 더욱 연화되며(그림 7-6), 펙트산은 5% 이하의 메톡실기를

D-갈락투론산

COOH
HO $\overset{H}{\underset{OH}{\mid}}$ H
H OH H OH
H OH

펙틴(pectinic)

갈락투론산의 중합체로서 분자 내의 카르복실기의 25~80%가 메틸기와 에스터결합 상태, 특히 사과껍질이나 감귤류 껍질에 풍부하며, 설탕(60~65%)과 산(pH 2.8~3.4)의 존재 하에서 가열하면 젤 형성. 펙틴산(pectinate, pectic acid)과 동의어로도 사용

펙티네이즈(pectinase)

펙틴을 가수분해하는 효소로서 polygalacturonase와 pectolase를 포함하는 명칭

펙틴 에스터레이즈 (petinesterase)

펙틴을 펙트산과 메탄올로 가수분해하는 일종의 에스터 가수분해효소

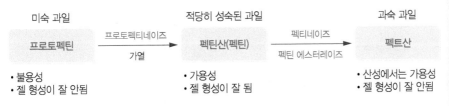

미숙 과일   적당히 성숙된 과일   과숙 과일

프로토펙틴 → (프로토펙티네이즈 / 가열) → 펙틴산(펙틴) → (펙티네이즈 / 펙틴 에스터레이즈) → 펙트산

- 불용성
- 젤 형성이 잘 안됨

- 가용성
- 젤 형성이 잘 됨

- 산성에서는 가용성
- 젤 형성이 잘 안됨

그림 7-6 과일의 숙성에 따른 펙틴질의 화학적 변화

저메톡실 펙틴으로 저열량 잼을 제조할 수 있는 이유는?

메톡실기가 50% 이상인 고메톡실 펙틴은 적량의 당과 산이 존재할 때 젤을 형성한다. 그러나 메톡실기가 50% 미만인 저메톡실 펙틴은 당과 산에 의해 젤을 형성하지 않으며, 칼슘이온이 존재할 때 젤을 형성한다. 이 원리를 이용하여 저메실톡실 펙틴으로 저열량 잼을 제조할 수 있다.

가지며 산성에서는 물에 녹는다. 펙트산은 설탕을 넣고 가열해도 젤을 잘 형성하지 않으나, 칼슘, 염 등에 의해 침전하여 젤을 형성한다.

② **채소 조리 시의 질감의 변화** 채소를 조리할 때 물, 열, 산, 알칼리 등은 채소의 냄새, 색, 수분 함량 및 영양소 보유량만이 아니라 질감에도 영향을 준다. 따라서 조리 시 채소의 질감에 일어나는 변화를 잘 이해하여 채소의 질감을 적절하게 유지하면서 조리하는 것이 중요하다.

◎ 가열조리 시의 질감의 변화

채소는 질감의 연화, 아린맛 제거, 조미료 침투 등을 목적으로 가열조리를 한다. 질감의 연화는 감자나 두류 조리에는 바람직하지만, 대부분의 다른 채소들의 경우에는 질감이 너무 물러지지 않도록 온도와 시간을 고려한다. 가열에 의해 채소의 질감이 연화되는 이유는 다음과 같은 변화가 일어나기 때문이다.

- 전분의 호화 : 전분이 호화되면 질감이 연해지고 소화가 잘 된다.
- 헤미셀룰로오스 및 프로토펙틴의 분해 : 채소의 세포벽 성분인 헤미셀룰로오스와 프로토펙틴이 분해되어 질감이 연화된다.
- 펙틴질의 용해 : 식물세포 간의 시멘트 역할을 하는 펙틴질이 가수분해되어 질감이 연해진다.
- 수분 흡수 : 일반적으로 신선한 채소는 삶거나 찌면 수분이 소량 손실된다. 그러나 감자, 고구마, 시금치 등과 같은 채소는 삶거나 찌면 물을 많이 흡수하고 연화되므로, 조리시간이 길어지면 질감이 지나치게 물러진다. 말

린 채소를 장시간 삶으면 조리수를 흡수하여 수분량이 크게 증가되어 질감이 연해진다.

◎ 알칼리 조건에서의 질감의 변화

- 헤미셀룰로오스와 펙틴이 분해되어 연화됨 : 채소에 알칼리성인 식소다를 소량 첨가하여 가열하면 단시간 동안 가열해도 헤미셀룰로오스와 펙틴이 쉽게 분해되어 세포벽이 연화된다. 가열시간이 길어지면 분해 과다로 질감이 지나치게 물러진다.
- 칼슘 첨가는 채소의 질감을 유지해 줌 : 염화칼슘 또는 수산화칼슘을 첨가하면 펙틴과 함께 불용성 칼슘염을 형성한다. 이로 인해 세포벽을 강화시켜 질감이 단단해지므로 채소의 질감을 적절하게 유지하는 데 이용된다. 이런 원리를 이용하여 토마토 통조림이나 오이피클 제조 시 염화칼슘을 첨가하고 있다.

실생활의 조리원리

채소를 소금에 절일 때 정제염보다 호염이 좋은 이유는?

마그네슘이나 칼슘을 함유한 소금을 사용하면 채소의 세포막의 펙틴이 이들 염류와 결합하여 물에 잘 녹지 않는 염을 형성하기 때문에 채소의 단단함을 유지하여 씹힘성을 상실하지 않는다. 이 때문에 채소를 소금에 절일 때는 불순물인 염화마그네슘이나 황산칼슘, 그 밖의 물질을 함유한 호염 쪽이 좋다.

데친 채소 샐러드에는 프렌치드레싱보다는 마요네즈를 사용하는 이유는?

조직이 연화된 데친 채소에 프렌치드레싱을 뿌리면 기름은 남고 소금과 식초만이 재료 속으로 스며들어 맛이 크게 저하될 뿐 아니라 재료 표면이 쉽게 흐트러진다. 그러나 마요네즈는 난황의 레시틴에 의해 식초와 기름이 유화되어 있어 데친 재료에 뿌려도 금방 분리되지는 않고 재료 표면을 덮어 준다. 이 경우에 채소가 뜨거우면 마요네즈가 분리되어 표면에 기름이 겉돌기 때문에 반드시 식힌 후에 뿌리도록 한다.

샐러드용 채소

조리법	종류
생으로 사용	양배추, 양파, 양상치, 당근, 오이, 파슬리, 토마토, 피망, 셀러리
데쳐서 사용	완두콩, 꼬투리 강낭콩, 옥수수, 아스파라거스, 콩나물, 콜리플라워, 시금치, 감자, 브로콜리

◎ 산성 조건에서의 질감의 변화

- 약산성(pH 4)에서는 펙틴의 가수분해가 억제되어 질감이 연화되지 않고 단단하게 유지됨
- 강산성에서는 펙틴이 분해되어 채소가 연화됨

(4) 채소 조리 시의 향미의 변화

채소는 각각 고유한 냄새를 갖는다. 오이, 당근, 감자, 고구마, 시금치, 쑥갓, 가지, 호박, 완두콩, 토마토와 같은 채소는 맛과 냄새가 부드럽다. 이러한 채소의 독특한 냄새는 소량의 유기산, 알데히드, 알코올, 케톤 및 에스터 등의 저분자 휘발성 화합물이 복합적으로 영향을 주어 나타난다.

이와 대조적으로 마늘류와 배추류 채소에는 위의 화합물 이외에도 황화합물이 함유되어 있어서 썰거나 다지면 조직이 파괴되면서 효소작용에 의해 황화합물이 휘발성이 강한 저분자 황화합물로 분해되어 강한 냄새를 나타낸다.

① **마늘류(파과 채소)** 마늘, 파, 양파, 부추, 달래 등의 파과 채소에는 시스테인의 유도체인 황화합물이 함유되어 있다. 파과 채소는 썰거나 다지기 이전에는 냄새가 나지 않지만, 조직이 파괴되어 효소가 기질인 황화합물과 접촉하면 자극적인 강한 냄새 성분이 생성된다(그림 7-7).

예를 들면, 마늘에 함유되어 있는 알리인이라는 황화합물은 조직이 파괴될 때 유출되는 알리네이스에 의해 알리신으로 전환된다. 알리신은 마늘의 주된 매운맛 성분으로 불쾌한 냄새는 없다. 그러나 알리신은 매우 불안정하므로 다이알릴 다이설파이드, 다이알릴 트리설파이드 등의 휘발성이 강한 저분자 황화합물로 쉽게 분해되어 마늘 특유의 강한 냄새와 매운 맛을 나타낸다(그림 7-7). 그러나 가열하면 이 매운 맛은 사라진다.

양파는 자르면 티오프로파날-S-옥사이드라는 최루성분이 생성되어 눈을 자극하여 눈물을 나게 하며 매운맛을 나타낸다. 양파를 가열하면 휘발성 냄새성분이 제거되어 자극적인 냄새와 맛이 약화되고 3-mercapto-2-methylpentan-

알리인(alliin)
마늘과 양파에 함유되어 있는 시스테인 유도체. 매운맛의 전구체로서 효소 알리네이스에 의해 매운맛을 가진 알리신으로 분해됨

1-ol (MMP) 생성이 증가되어 감칠맛 나는 고기풍미(meaty flavor)가 생긴다. 또한 다당류가 단순당으로 분해되고 자극적인 성분이 제거됨에 따라 단맛이 증가한다. (p.191 실생활의 조리원리 참조).

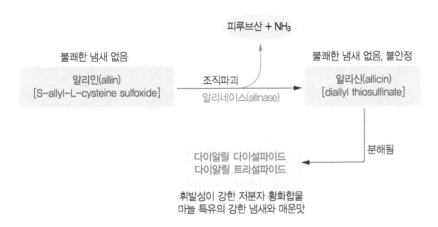

그림 7-7 마늘류 채소에서 냄새성분의 생성

② **배추류(십자화과 채소)** 배추, 양배추, 무, 갓, 브로콜리, 콜리플라워 등의 십자화과 채소와 겨자, 고추냉이(와사비) 등의 가공품에는 황화합물이 함유되어 있다. 배추류에는 황을 함유한 시니그린(sinigrin)이라는 아이소싸이오사이안산알릴의 배당체가 들어 있다. 배추 등을 절단하거나 다지면 시니그린이

양파를 썰 때 눈물이 덜 나오게 하려면 환기를 잘하고 물을 이용한다
티오프로파날-S-옥사이드가 눈물을 나게 하는 성분인데, 이것은 휘발성이며 물에 잘 녹기 때문에 환기를 잘 하거나 물에 담근 채로 양파의 껍질을 까고, 되도록 물에 젖은 상태일 때에 재빨리 써는 등의 방법이 대량조리에서는 상당히 효과적이다. 눈물이 나와 아픈 눈도 물로 씻으면 낫는다. 이 최루성분은 양파를 절단하면 다량의 S-프로페닐시스테인 설폭사이드가 알리네이스에 의해 분해되어 생성된다.

S-(1-프로페닐)-L-시스테인 설폭사이드 $\xrightarrow{\text{알리네이스}}$ 티오프로파날-S-옥사이드 + 피루브산 + NH$_3$
(S-(1-propenyl)-L-cyteine sulfoxide) (thiopropanal S-oxide)

미로시네이스(myrosinase)의 효소작용에 의해 포도당과 KHSO₄로 분해되면서 겨자유(allyl isothiocyanate)가 생성되어 독특한 향기와 매운맛을 나타낸다(그림 7-8). 미로시네이스가 작용하는 최적온도는 30~40℃이므로 겨잣가루의 매운맛을 강하게 내기 위해서는 따뜻한 물로 개어야 한다.

배추류를 오래 가열하면 겨자유가 분해되어 다이메틸 다이설파이드와 황화수소(H_2S) 등 휘발성 황화합물이 생성되어 강한 불쾌취를 나타내므로 단시간 가열하는 것이 좋다(그림 7-8). 이때 불쾌취를 줄이려면 조리수를 많이 사용하여 유기산을 희석시킨다. 산성에서는 황화합물의 배당체가 분해되기 쉬워서 불쾌취가 생기기 쉽다.

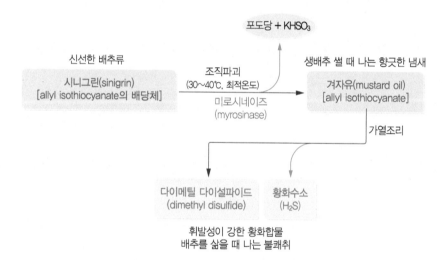

그림 7-8 배추류 채소의 냄새성분의 생성

피토케미컬

피토케미컬(phytochemical, 식물 생리활성물질)은 식물에 함유되어 있는 영양소가 아닌 물질로서 인체에 다양한 생리활성을 나타내어 건강을 증진시켜 주는 화합물의 총칭이다. 페놀 화합물, 터페노이드(terpenoid) 화합물, 각종 색소 화합물(카로티노이드, 플라보노이드), 알릴 화합물, 이소티오시아네이트, 아이소플라본, 사포닌 및 여러 가지 항산화물질이 포함된다. 피토케미컬은 종류에 따라 다양한 생리적 활성이 있으며, 대체로 밝고 고운 색을 띠고 있는 채소나 과일에 풍부하다(표 7-6).

암 예방 효과와 채소의 섭취

채소와 과일을 많이 섭취하면 암 발병률이 낮아진다는 사실이 밝혀졌다. 십자화과 채소(배추, 양배추, 케일, 브로콜리, 무 등)의 이소티오시아네이트, 마늘의 다이알릴 설파이드, 녹황색 채소(당근, 토마토, 시금치)에 많은 β-카로틴, 토마토의 라이코펜, 비타민 C와 E 및 폴리페놀류는 좋은 항산화물질로서 암 예방에 도움이 된다.

표 7-6 식품에 존재하는 피토케미컬의 종류와 기능

색	식품	피토케미컬의 종류	생리적 기능
빨강	토마토, 수박	라이코펜	전립선암 예방, 심장질환 예방
	사과	페놀화합물	노화 지연, 암 예방, 콜레스테롤 강하
	딸기	안토사이아닌 엘라직산	노화 지연, 폐기능 강화, 암 예방, 당뇨병성 합병증 예방
주황	살구, 당근, 늙은 호박	β-카로틴	항산화 작용, 암 예방, 심장질환 예방, 폐 보호기능
노랑(주황)	고구마		
	감귤류(오렌지, 자몽, 귤 등)	헤스페리딘 리모넨	
초록	브로콜리, 케일	β-카로틴 술포라판 인 돌 루테인 퀘세틴	노화 지연, 암 예방, 폐기능 향상, 백내장 예방, 알러지 염증반응 저하, 당뇨병성 합병증 예방
	시금치	β-카로틴 루테인 제아잔틴	노화 지연, 암 예방, 폐기능 향상, 황반 퇴화 및 백내장 예방, 시력감퇴 둔화, 당뇨병성 합병증 예방
	양배추	술포라판 인돌	암예방
	잎상추	퀘세틴	알러지 염증반응 저하, 뇌와 기관지 종양의 성장 저지, 오염물질과 흡연으로부터 폐 보호
초록(흰색)	부추	알릴 화합물	암 예방, 콜레스테롤 및 혈압 강하
	쪽파		
	마늘	알릴 화합물 퀘세틴	암 예방, 콜레스테롤 및 혈압 강하, 알러지 염증반응 저하, 뇌와 기관지 종양 성장 저지
	양파		암 예방, 콜레스테롤 및 혈압 강하, 알러지 염증반응 저하, 뇌와 기관지 종양 성장 저지, 오염물질과 흡연으로부터 폐 보호
	배	퀘세틴	알러지 염증반응 저하, 뇌와 기관지 종양 성장 저지, 오염물질과 흡연으로부터 폐 보호

계속

색	식품	피토케미컬의 종류	생리적 기능
보라	블루베리	안토사이아닌 엘라직산	노화 방지, 암 예방, 콜레스테롤 강하
	포도	레스베라트롤 엘라직산 퀘세틴	심장병 예방, 암 예방, 알러지 염증반응 저하, 뇌와 기관지 종양 성장 저지, 오염물질과 흡연으로부터 폐 보호
검정	검은콩, 검은깨, 검은쌀, 해조류, 석이버섯, 블랙올리브	안토사이아닌	암 예방, 노화 억제, 콜레스테롤 강하, 시력개선 효과, 혈관 보호기능, 항궤양 기능

4) 채소의 조리

채소는 가열조리하거나 생채로 조리할 수 있다. 우리 음식에서 채소의 조리법은 볶음, 무침, 선 등과 같은 숙채 외에도 찌개, 국 등의 습열조리법이 주류를 이루며 생으로도 이용하고 있다. 이와 대조적으로 서양에서는 습열조리법 이외에도 굽기(baking, roasting), 볶기(sauteing), 튀기기(deep-frying) 등의 건열조리법으로도 채소를 조리한다. 채소를 가열조리하면 영양소 일부가 파괴되지만, 일부 영양소는 흡수가 더 잘되므로 익힌 채소와 생채소가 식단에 고루 포함되도록 하는 것이 바람직하다.

채소를 조리할 때 주의해야 할 사항

· **구매** : 신선한 채소를 구매해야 하며 2~3일 이내에 사용할 분량만을 구매한다.
· **저장** : 구입한 채소는 될 수 있는 한 신속하게 냉장 저장하며, 사용하고 남은 채소 역시 즉시 냉장 저장하며 1~2일 이내에 사용하는 것이 좋다.
· **씻기** : 모든 채소는 흙, 미생물, 농약, 화학비료 등을 제거하기 위해서는 세심하게 씻어야 한다. 대부분의 채소는 수분을 흡수하므로 오래 담가두지 말고 단시간에 씻도록 한다. 근채류는 대부분 껍질을 제거한 다음 사용한다.
· **조리수 사용량** : 조리수를 많이 사용하지 않는 것이 영양소 손실을 줄일 수 있다.
· **조리시간** : 가능한 범위에서 짧은 시간 동안 조리하는 것이 바람직하지 않은 변화로 인한 질의 저하를 방지할 수 있다. 채소는 조리한 다음 바로 먹는 것이 좋다.

(1) 채소의 습열조리

한식의 채소 조리법은 습열조리가 대부분이므로, 채소의 영양소, 향, 색 및 질감이 크게 변화된다. 따라서 이런 변화를 최소화할 수 있도록 조리온도와 시간을 적절히 선택하는 것이 중요하다. 일반적으로 조리온도가 낮을수록, 조리시간이 짧을수록, 조리수를 적게 사용할수록 영양소 손실량이 적다.

① 끓이기(삶기, boiling)와 데치기(blanching)　삶기는 채소에 물을 넣어 끓이는 방법으로 우리 음식의 국, 찌개, 나물 등을 조리할 때 많이 이용하는 조리법이다.

- 장점 : 100℃ 이상의 고열로 올라가지 않으므로 열에 의한 영양 손실은 그다지 심하지 않다.
- 단점 : 수용성 영양소가 많이 손실되고 향미, 질감과 색도 많이 변질된다. 섬유소가 많은 건채소, 즉 고사리, 고구마순, 토란대, 시래기 등은 1시간 이상 끓이므로 영양소 손실량이 매우 높다.
- 주의할 점
  - 채소를 삶을 때는 가능한 한 적은 양의 조리수로 단시간 조리한다.
  - 채소를 데칠 때는 충분한 양의 끓는 물에 2분 정도 데친 후 즉시 찬물에 담가 헹구어 식힌 후 건져 낸다.
  - 물이 끓으면 채소를 넣고 뚜껑을 열어 유기산이 휘발되도록 하며 물이 끓는 것이 유지될 정도로 불을 약간 줄인다.

② 찌기(steaming)

- 장점 : 채소를 찌면 끓이거나 삶는 것보다 향미, 질감과 색이 더 잘 유지되며 영양소가 조리수로 손실되는 것을 줄일 수 있다.
- 단점 : 채소를 찌는 데 걸리는 시간은 삶는 시간에 비해 5~10분이 더 소요된다.
- 주의할 점
  - 찌는 시간은 채소의 가운데 부위가 부드러워질 때까지만 찌는 것이 좋

으며, 너무 오래 찌면 질감이 지나치게 물러진다. 채소가 적당히 쪄졌는지는 젓가락으로 찔러 확인한다.

- 일단 끓기 시작하면 적정량의 수증기가 유지될 정도로 불을 약간 줄여야 에너지가 절약된다.

③ 전자레인지 조리(microwave cooking)

• 장점 : 가열시간이 짧아 채소의 질감, 색, 영양소를 최대한 유지할 수 있다.

• 단점 : 전자레인지에 넣는 위치에 따라 다르게 가열되므로 식품의 모든 부위를 골고루 가열하기가 어렵다.

• 주의할 점

- 전자레인지 조리시 채소의 물분자가 수증기로 변해 음식을 건조하게 만드는 경향이 있으므로, 채소에 소량의 물을 넣고 뚜껑을 덮은 뒤 3~10분 정도 조리한다.

- 중간에 1~2회 섞어 주거나 위치를 바꾸어 주어야 고르게 가열할 수 있다. 회전테이블식 레인지라도 가끔 섞어 주는 것이 필요하다.

(2) 채소의 건열조리

① 직화구이나 오븐조리(oven roasting, oven broiling)

서양조리에서는 감자, 토마토, 옥수수, 피망 등을 통째로 직화로 굽거나 오븐(170~180℃)에서 굽는 건열조리법이 많이 이용된다. 최근에는 피망, 양파, 가지 등에 올리브유를 소량 발라서 190~210℃에서 갈변될 때까지 그릴이나 프라이팬에서 굽는 조리법도 널리 사용되고 있다.

• 장점 : 물에 담그지 않으므로 수용성 성분이 손실될 염려는 적다.

• 단점 : 상당한 고온이므로 영양소 파괴가 일어난다.

• 주의할 점

- 오븐에서 구울 때 재료를 알루미늄 포일에 싸서 구우면 찌는 효과도 함께 얻을 수 있고, 표면만 너무 탈 우려가 있는 경우에는 알루미늄 포일

등으로 살짝 덮어 둔다.

② **볶음(sauteing)과 튀김(deep frying)**　채소를 번철에 소량의 기름을 두르고
채소의 수분을 이용하여 볶거나, 다량의 기름을 이용하여 튀기는 조리법이다.

- 장점
  - 수용성 물질의 손실이 적고, 기름을 사용하므로 지용성 비타민의 흡수
    에 도움이 된다.
  - 튀기면 향미나 질감이 좋아져서 관능적 특성이 우수한 음식이 된다.
- 단점
  - 볶을 때 잘 익히려면 대부분 썰어서 볶아야 한다. 버섯, 호박과 같이 부
    드러운 채소는 크게 썰어도 잘 익지만, 당근과 같이 단단한 채소는 가늘
    고 얇게 썰어 주어야 하므로 손이 많이 간다.
  - 채소는 다른 식품에 비해 열량이 매우 낮은 식품인데도 불구하고 튀기
    면 열량이 매우 높아져 열량 제한에 불리해진다.
- 주의할 점
  - 볶기 전에 미리 팬을 적당히 달군 후 채소를 넣기 몇 초전에 기름을 두르
    고 조리하는 것이 좋다.
  - 채소를 번철에서 볶을 때에는 뚜껑을 덮어가면서 조리하면 양념이 잘
    배고 빨리 익힐 수 있다.
  - 당의 함량(특히 환원당)이 높은 채소를 튀기면 마이야르 반응이 많이 일
    어나 색이 지나치게 갈변된다.

5) 채소의 저장

채소는 수확한 후에도 세포 내의 효소에 의해 생리적 변화가 계속되며, 호흡
작용과 일부 생화학적 반응이 진행된다. 일반적으로 채소는 수확 후 저장하는
동안 호흡률이 수확할 때와 같거나 서서히 저하되면서 조직내 성분을 소모하

기 때문에 맛과 질감이 나빠진다. 따라서 채소의 종류에 따라 그 특성에 맞는 적절한 방법으로 저장해야 한다(표 7-7).

(1) 냉장 저장
채소는 보관하기 전에 상한 부분이나 먹지 않는 부분의 잎이 너무 무성하면 제거한 후 대개의 경우는 냉장 저장하는 것이 좋다.

① 냉장 저장 시의 이점
- 호흡률 저하로 부패 지연 : 채소 수확 후에 호흡률이 높으면 숙성이 빠르게 진행되고 단시일에 부패되어 신선도가 떨어진다. 저온 저장에 의해 효소작용을 억제하여 호흡률을 낮춰 부패를 지연시키면 3일 이상 신선도를 유지할 수 있다.
- 영양소 변화 감소 : 저온에서 효소작용이 억제되므로 비타민 등의 영양소 분해가 감소되며 전분의 분해가 억제된다.
- 색과 질감 저하 지연 : 클로로필 등의 분해가 감소되어 색감 저하가 지연되며, 수분 증발로 인해 세포의 팽압이 저하되는 것을 막을 수 있어 싱싱하게 저장할 수 있다.

② 냉장 저장 시 주의할 점
- 채소의 수분 유지 : 비닐봉지에 넣어서 수분을 잘 유지하도록 한다. 이때 비

실생활의 조리원리

실온에서 저장하는 것이 좋은 채소는?
단호박, 양파, 고구마, 감자, 덜 익은 토마토 등은 실온 저장하는 것이 좋다. 감자는 10℃ 이하의 냉장온도에서는 전분이 포도당으로 분해되어 질감이 물러지고, 감자튀김을 할 때 마이야르 반응이 일어나 갈색이 진해지는 것이 문제이다. 따라서 10~21℃에서 통풍이 잘 되는 상자나 바구니에 감자를 넣어 저장하는 것이 전분 함량을 잘 유지할 수 있다. 그러나 장기간 저장 시에는 싹이 나는 것을 막기 위해 7~10℃가 적당하다.

표 7-7 채소의 종류에 따른 저장법

종류		저장방법			
		실온*	냉장실 채소칸	냉장실 일반칸	냉동실
근채류	무	신문지에 쌈(잎은 잘라 버림)	신문지에 싸서 비닐봉지에 넣음. 잎은 잘라버림. 자른 단면은 랩으로 쌈		
	당근		물기를 없애고 랩으로 싸거나 비닐봉지에 넣음. 자른 단면은 랩으로 쌈		
	우엉	신문지에 쌈	랩으로 쌈		
	연근	젖은 신문지에 싸서 비닐봉지에 넣음	랩으로 싸거나 비닐봉지에 넣음		
	순무		잎과 뿌리를 각각 분리하여 잎은 물을 뿌려 비닐봉지에 넣고, 뿌리는 그대로 비닐봉지에 넣음		
	고구마	신문지에 쌈. 자른 단면부터 상하므로 되도록 모두 사용하고, 자른 단면만 랩으로 싸고 냉장하지 말 것			
	감자	신문지에 싸서 햇빛 차단하여 바구니에 넣음			
	토란	신문지에 싸서 5℃ 이상에서 보관하면 장기간 저장 가능			
	생강		표면을 건조시켜 랩으로 쌈(약 1개월 저장 가능)	식초에 절인 것(약 1개월 저장 가능)	적은 양으로 나누어 랩으로 쌈(갈아서 사용 시 해동하지 말고 갈 것)
	양파	통기성에 주의하여 매달아놓음			
	마늘	종이봉지에 넣어 건조한 곳에 매달아 놓음			껍질을 벗겨 비닐봉지에 넣음(언 상태로 갈아서 사용함)
경채류	셀러리		잎과 줄기를 따로 나누어 랩으로 쌈		
	아스파라거스		랩으로 쌈		아주 살짝 데쳐서 랩으로 쌈
	무순		뿌리째 비닐봉지에 넣음		

계속

종류		저장방법			
		실온*	냉장실 채소칸	냉장실 일반칸	냉동실
엽채류	배추	겨울에는 통째로 신문지에 싸서 뿌리부분을 아래로 하여 얼지 않는 곳에 세워둠(3~4주 저장가능)	겨울 이외에는 비닐봉지에 넣음		
	상추, 양상추		비닐봉지에 넣음		
	양배추		비닐봉지에 넣음		
	푸른잎 채소 (시금치 등)	심을 도려내고 젖은 휴지로 채워 신문지에 쌈 (겨울)	비닐봉지에 넣음	데쳐서 밀폐용기에 넣음 (2~3일 저장 가능)	아주 살짝 데쳐 랩으로 쌈
	머위잎			삶아서 비닐봉지에 넣음	
	파	젖은 신문지에 쌈	사용하다 만 것은 랩으로 싸거나 비닐봉지에 넣음(2~3일 안으로 사용할 것)		
	파슬리		씻어서 비닐봉지에 넣음		다져서 1회 분량씩 나누어 랩으로 쌈
화채류	콜리플라워		랩으로 쌈(꽃이 피기 전에 빨리 사용할 것)		아주 살짝 데쳐 랩으로 싸거나 비닐봉지나 밀폐용기에 넣음
	브로콜리		랩으로 싸서 줄기가 아래로 오도록 함(저장성이 나빠 빨리 사용해야 함)		아주 살짝 데쳐서 랩으로 싸거나, 비닐봉지나 밀폐용기에 넣음
과채류	오이		물기 없이 비닐봉지에 넣음		
	토마토	미숙한 푸른 것은 실온 저장(익으면 냉장저장)	적당히 익은 것은 비닐봉지에 넣어 냉장 저장		완숙 토마토는 그대로 냉장 또는 퓨레로 만들어 냉동저장
	가지	시들기 쉬우므로 하나씩 랩으로 쌈. 5℃ 이하에서는 수축하여 상하기 쉬우므로 냉장보관하지 말 것			
	피망		물기 없이 비닐봉지에 넣음		
	단호박	온 것(싸지 않음)	자른 것(랩으로 쌈)		살짝 쪄서 비닐봉지나 밀폐용기에 넣음
종실채류	풋강낭콩 (꼬투리 강낭콩)		비닐봉지에 넣음(되도록 빨리 사용할 것)	삶아서 랩으로 싸거나 비닐봉지에 넣음(3일 정도 저장 가능)	삶아서 비닐봉지에 넣음
	풋완두 (청대완두, 꼬투리완두)		비닐봉지에 넣음(10일 정도는 저장 가능하지만 되도록 빨리 사용할 것)		살짝 데쳐서 비닐봉지에 넣음
	풋콩			구입 즉시 삶아 비닐봉지나 밀폐용기에 넣음	살짝 데쳐서 비닐봉지에 넣음

* 실온이라 해도 되도록 서늘하고 통풍이 잘되는 곳이 좋으며 난방기 가까이나 직사광선이 닿는 곳은 피함

닐봉지는 채소의 호흡을 위해 작은 구멍이 많이 나 있는 것이 좋다. 채소는 수확한 후부터 수분이 더 이상 공급되지 않고 손실만 일어나므로 수분 함량이 감소되어 시들게 된다. 건조 방지를 위해 높은 습도를 유지하고 미세한 연무 스프레이를 하거나 식용 가능한 필름을 입히는 등의 방법도 이용되고 있다.

- 채소의 호흡 유지 : 채소가 호흡을 할 수 있도록 작은 구멍이 많은 비닐봉지에 넣어 저장하는 것이 좋다. 밀폐된 비닐봉지에 저장하면 봉지 속의 산소가 크게 감소되어 채소가 혐기성 대사로 전환해 알코올 등이 생성되고 이로 인해 조직 손상이 일어나 상하기 쉽다.
- 숙성 후 냉장 저장 : 토마토는 육질이 단단하고 녹색일 때 수확하여 유통되고 있으므로, 다른 채소와 달리 실온에서 숙성하여 향미와 질감이 적절한 상태가 되었을 때 냉장 저장하는 것이 좋다.

(2) CA 저장

식품회사에서는 채소나 과일을 저장할 때 냉장저장 이외에도 산소와 이산화탄소의 농도를 조절하여 호흡률을 낮추어 대사활동을 저하시키는 CA 저장법(controlled-atmosphere storage)을 이용하고 있다. CA 저장을 하면 채소나 과일의 신선도가 잘 유지되므로 장기간 저장이 가능하다.

대기의 가스 조성
- 질소 : 78%
- 산소 : 21%
- 이산화탄소 : 0.03%

- CA 저장의 조건 : 산소 농도는 대기보다 약 1/20~1/4 수준으로 낮추는 대신 질소를 충전하고, 이산화탄소 농도는 약 30~150배 증가시킨 조건(O_2 : 1~5%, CO_2 1~5%)에서 저온 저장한다.
- CA 저장의 이점 : 채소나 과일의 호흡을 억제하므로 노화현상이 지연되며 미생물의 증식이 억제되는 효과로 인해 장기간의 저장이 가능해진다. 양상추를 CA 저장하면 75일까지 신선도를 유지할 수 있다.

2. 과일류

과일은 식물의 씨방과 그 주변 조직이 발달하여 생긴 열매로서, 아름다운 색과 향기로운 냄새, 새콤달콤한 맛, 과즙이 풍부하고 부드럽거나 아삭아삭한 질감 등으로 인해 매력적인 식품이다. 과일마다 비타민과 무기질, 섬유소 외에도 피토케미컬(phytochemicals)을 비롯한 여러 가지 특수 성분을 함유하고 있다. 우리나라 국민들의 경제수준이 향상되고 과일이 건강에 도움을 주는 식품이라는 인식이 확산되면서 과일과 과일주스의 섭취량이 꾸준히 증가하고 있는 추세이다.

1) 과일의 성분과 조리 시의 변화

과일의 세포 구조와 함유되어 있는 색소는 채소와 유사하다(그림 7-1, 표 7-3 참조). 그러나 유기산, 펙틴물질 및 페놀화합물 등은 채소보다는 과일에 많이 함유되어 있다.

(1) 영양성분

과일은 수분 함량이 70~95%로 대부분을 차지하며 열량, 지방, 단백질 함량이 대체로 낮다.

① 탄수화물 과일 1인분(100 g 또는 200 g)의 열량은 약 50 kcal로서, 주로 포도당, 과당 및 자당 등의 탄수화물이 열량을 공급한다.

- 미숙한 과일 : 전분 함량이 성숙된 과일에 비해 상대적으로 높다.
- 성숙된 과일 : 과일이 성숙됨에 따라 전분이 당류로 가수분해되어 당도가 증가되고 맛이 향상된다.
- 건과류와 통조림 과일 : 대추의 탄수화물 함량은 약 60% 정도로 높으며, 곶감, 건포도 등의 건과류와 통조림 제품에는 당의 함량이 높다.

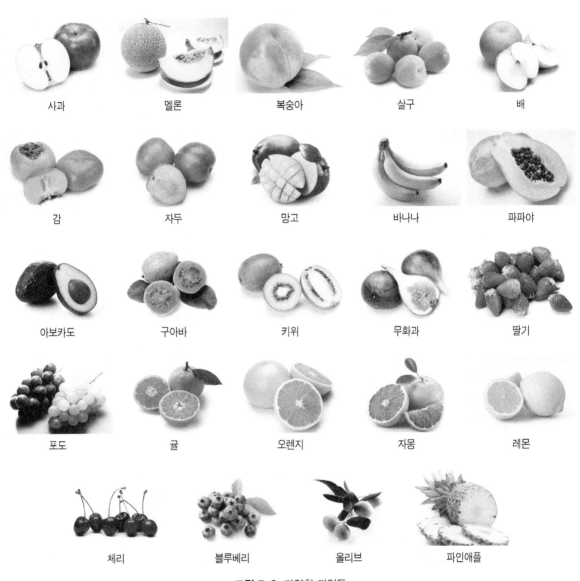

사과	멜론	복숭아	살구	배
감	자두	망고	바나나	파파야
아보카도	구아바	키위	무화과	딸기
포도	귤	오렌지	자몽	레몬
체리	블루베리	올리브	파인애플	

그림 7-9 다양한 과일들

• 섬유질 : 과일에는 난소화성 탄수화물인 펙틴과 다른 수용성 섬유질이 많아서 혈당과 혈장 콜레스테롤을 낮추어 준다.

② **지방** 과일에는 지방 함량이 낮다. 그러나 예외적으로 코코넛과 아보카도는 지방 함량이 높다(1컵당 300~400 kcal).

③ **비타민과 무기질** 과일은 비타민 C, β-카로틴, 섬유질의 함량이 높아서, 적당히 섭취하면 암 발병의 위험을 줄여주는 식품이다. 과일을 오래 가열조리하면 비타민 C가 산화되어 파괴되므로 그 함량이 감소된다.

• 비타민 : 감귤류는 비타민 C가 풍부한 식품이다. 구아바, 키위, 딸기, 파파야는 감귤류보다 비타민 C 함량이 더 높은 과일이다. 망고, 살구, 감, 캔탈롭 등은 β-카로틴 함량이 높아서 비타민 A의 좋은 급원이다.

• 무기질 : 과일에는 무기질 함량이 대체로 낮으나, 예외적으로 건포도와 건살구는 철이 풍부하며, 아보카도, 살구, 바나나, 대추, 무화과, 오렌지, 자두, 메론 및 건포도에는 칼륨이 풍부하다.

(2) 유기산

과일에는 유기산(organic acid)이 함유되어 있어서 신맛을 나타낸다. 과일이 덜 익었을 때에는 과일의 산도가 높으며 잘 성숙될수록 산도가 낮아진다. 신맛이 감소된 과일은 더 달게 느껴진다. 과일에는 휘발성 유기산과 비휘발성 유기산이 함유되어 있다.

• 구연산(citric acid) : 과일에 가장 많이 함유되어 있는 유기산으로 감귤류와 토마토에 풍부하다.

• 사과산(malic acid) : 사과, 살구, 체리, 복숭아, 배, 딸기에 풍부하다.

• 주석산(tartaric acid) : 포도에 많이 함유되어 있다.

이와 같이 과일에는 유기산이 풍부하므로 대부분 과일의 pH가 5.0 이하이며 신맛을 나타낸다. 특히 레몬, 라임, 크랜베리의 pH는 약 2~3으로 신맛이 과일의 독특한 질감은 과일을 구성하는 수분과 섬유질의 양과 특성에 의해 나타난다. 과일을 가열하면 원형질막이 변성되어 반투성을 잃게 되므로 세포 내 수분을 잃고 질감이 시들시들해지며, 과일을 가열하는 동안 섬유질이 가수분해되어 연화되므로 질감이 물러진다.

① 가열에 의해 원형질막의 단백질이 변성되어 선택적 투과성을 잃어 세포막을 통한 삼투현상이 없어진다.
② 가열조리 시 첨가되는 당과 수분은 단순 확산에 의해 이동되면서 과일의 형태에 다음과 같은 영향을 준다.
  • 잘게 썬 사과나 딸기에 설탕을 넣고 가열하면 단순 확산에 의해 설탕이 세포 안으로 들어가고, 세포 내 수분의 일부가 세포 밖의 주변으로 나오게 되므로 조리 후에도 과일의 형태가 유지된다.
  • 잘게 썬 사과나 딸기에 물을 넣고 가열하면 물이 세포 안으로 이동되면서 세포가 팽윤되어 터지므로 과일의 형태가 없어진다.

가장 강하며, 바나나와 배의 pH는 4.5 이상으로 산도가 낮은 편이다. 과일의 휘발성 유기산은 오래 가열하면 손실된다.

(3) 색소와 향기

① **과일의 색소**   과일에는 채소와 유사한 색소들이 함유되어 있다(표 7-3). 과일에는 특히 노란색-주황색을 띤 카로티노이드와 빨강-청색을 띤 안토사이아닌 색소가 널리 함유되어 있다.

◎ 안토사이아닌 색소의 변색

• 금속이온과의 결합으로 인한 변색 : 주석, 철, 알루미늄 등과 안토사이아닌이 결합하면 청색, 녹청색 등의 어두운 색으로 변해 식욕을 저하시키게 된다. 따라서 보라색을 띤 과일주스를 통조림 과일과 혼합하면 금속이온과 결합하여 보라색이 탁해질 수 있으므로 주의한다.
• 고온에서 장시간 가열로 인한 변색 : 잼을 만들 때 고온에서 장시간 가열하면 안토사이아닌을 함유하는 딸기 등의 과일은 점차 적갈색으로 변할 수 있으며,

딸기잼의 색

신선할 때에는 선명한 붉은 색이지만 실온에 보관하는 동안 색이 탁해지고 오랫동안 보관할 경우 갈색으로 바뀐다.

안토사이아닌 색소는 빛이 밝은 장소나 실온에 보관하면 퇴색하기 쉽다.

② 과일의 향기

과일의 향기는 적당하게 숙성되었을 때 가장 좋은 향기를 가진다.

◎ 과일의 향기성분

과일 향기의 주성분인 에스터 화합물
- 메틸부티르산 : 파인애플, 사과, 딸기
- 에틸부티르산 : 바나나, 파인애플, 딸기
- 이소아밀아세트산 : 배, 바나나
- 아밀아세트산 : 사과, 바나나

- 과일은 여러 가지 휘발성 방향물질에 의해서 향기가 난다. 특히 에스터 화합물이 과일 냄새의 주된 성분이며 이밖에도 테르펜, 황화합물 등도 과일의 향기성분이다. 이들 여러 가지 향기성분들이 한데 섞여서 과일 고유의 향기를 나타낸다.
- 파인애플에는 메틸부티르산이라는 에스터, 바나나에는 아밀아세테이트 등의 에스터, 감귤류에는 리모넨이라는 테르펜이 특유의 냄새를 나타내는 주된 성분이다.

◎ 가열조리에 의한 향기의 변화

과일의 주된 향기성분인 에스터는 과일을 오래 가열하면 손실되므로 너무 오랜 시간 가열하지 않아야 과일의 향기를 보유할 수 있다.

(4) 페놀화합물과 과일의 갈변

과일에는 페놀화합물 또는 폴리페놀화합물이 함유되어 과일에 약간의 쓴맛을 나타내거나 구강 안에서 수렴성을 나타낸다. 페놀화합물은 특히 덜 익은 과일에 많이 함유되어 있으며 과일이 성숙됨에 따라 그 함량이 감소된다. 이

화합물은 과일에 상처가 생기거나 껍질을 벗겼을 때 노출된 단면이 갈색으로 변하는 효소적 갈변반응을 일으킨다.

① **효소적 갈변반응(enzymatic browning reaction)**

- 과일의 페놀화합물이나 폴리페놀화합물이 공기 중의 산소와 접촉하였을 때 조직 내 효소, 즉 페놀 산화효소(phenol oxidase), 폴리페놀 산화효소(polyphenol oxidase)에 의해 산화되어 갈색 물질이 생성되는데 이 반응을 효소적 갈변반응이라 한다.
- 과일의 효소적 갈변반응은 과일을 갈변시켜서 바람직하지 않지만, 찻잎을 갈변시켜 홍차나 우롱차를 제조할 때에는 유용하게 이용된다.

효소적 갈변반응 방지법
- 묽은 소금물에 담금
- 설탕을 뿌리거나 설탕물에 담금
- 비타민 C를 첨가함(레몬즙 등)
- 가열하여 효소를 불활성화 시킴
- 냉장하여 효소의 활력을 저하시킴

② **페놀화합물(phenol compounds)과 폴리페놀화합물(polyphenol compounds)**

- 종류 : 효소적 갈변반응에서 기질로 작용하는 페놀화합물이나 폴리페놀화합물은 탄닌 성분(tannin)으로 알려져 있으며, 카테킨(catechin), 카페산(caffeic acid), 클로로젠산(chlorogenic acid) 등이 있다.
- 성질 : 페놀화합물은 미숙한 과일에 함량이 높고, 쓴맛을 나타내며 먹고 난 후 구강점막에 수렴성을 나타낸다. 페놀 화합물이 효소에 의해 산화되는 것을 억제하기 위해서는 산소, 효소, 페놀 화합물 중 한 가지를 제거하면 갈변을 어느 정도 방지할 수 있다.

과일과 채소의 효소적 갈변반응(Enzymatic browning reaction)

일반적으로 과일과 채소에는 페놀화합물이나 폴리페놀화합물(polyphenol compounds)이 함유되어 약간의 쓴맛을 나타내거나 입 안에서 수렴성을 나타낸다. 이 화합물은 과일에 상처가 생기거나 껍질을 벗겼을 때 노출된 단면이 갈색으로 변하는 효소적 갈변반응(enzymatic browning reaction)의 원인물질이다. 즉, 페놀화합물이나 폴리페놀화합물이 공기 중의 산소와 접촉할 때 조직 내에 공존하는 효소인 페놀 산화효소나 폴리페놀 산화효소(polyphenol oxidase)에 의해 산화되어 갈색물질이 생성되는데, 이러한 반응을 효소적 갈변반응이라 한다. 이러한 갈변반응은 과일에서는 바람직하지 않지만 홍차나 우롱차를 제조할 때에는 유용하게 이용된다. 효소적 갈변반응에서 기질로 작용하는 페놀화합물이나 폴리페놀화합물은 주로 탄닌류의 물질로 알려져 있으며, 카테킨, 타이로신, 카페산, 클로로젠산 등이 있다.

비효소적 갈변반응(Nonenzymatic browning reaction)

비효소적 갈변반응은 효소의 관여없이 식품의 가공 및 저장과정에서 일어나며 멜라노이딘이라는 갈색물질을 생성하는 복잡한 반응이며 다음 세 가지가 있다.

마이야르 반응(Maillard reaction, 아미노카르보닐 반응)

- 알데히드나 케톤기를 가진 환원당과 아미노기를 가진 질소화합물(아미노산, 펩티드, 단백질)이 함께 있을 때 쉽게 반응하여 멜라노이딘 색소를 형성한다.
- 거의 자발적으로 일어나며 온도가 높을수록, 반응물질의 농도가 높을수록 잘 일어나고 알칼리성 조건에서 잘 일어난다.
- 빵 껍질, 토스트한 식빵, 감자튀김, 간장, 된장, 커피 등

캐러멜 반응(Caramelization)

- 고온에서 당류를 가열할 때 일어나는 반응으로 아미노화합물이나 유기산이 존재하지 않아도 고온에서 당이 분해되어 갈색의 점조한 물질이 생긴다.
- 설탕이나 물엿을 주원료로 하는 캔디류와 당과류에 있어 캐러멜화에 의한 갈색화가 문제된다.
- 캔디류의 갈색, 잼과 젤리의 어두운 색

아스코브산의 산화(Ascorbic acid oxidation)

- 아스코브산이 중성과 알칼리 조건에서 중합 또는 축합반응을 일으키거나 질소화합물과 반응하여 갈색물질을 형성한다.
- 오렌지 주스, 분말 오렌지, 가공과일의 변색

2) 과일의 성숙과 저장 중의 변화

과일은 성숙함에 따라 색, 조직, 향기 및 각종 성분의 함량이 다음과 같이 변화된다.

(1) 수확 후의 변화와 저장

식물을 수확한 후, 뿌리나 줄기, 종자에서는 생화학적 변화가 정지된 상태이지만, 과일에서는 호흡작용과 동시에 다른 생화학 반응이 계속된다. 이러한 과일의 생리적인 변화는 호흡속도에 의해 가장 영향을 많이 받으므로, 과일을 저장할 때 호흡속도를 낮추거나 높여서 숙성속도를 조절하고 있다.

과일을 숙성시키는 식물성 호르몬 에틸렌 가스의 기능은?

과일이 숙성되는 과정에서 생성된 에틸렌 가스는 풋과일의 세포 대사를 자극하여 호흡을 촉진하므로 과일을 숙성시키는 식물 호르몬과 같은 생리작용을 나타낸다. 이로 인해 저장 과일에서 영양성분의 감소와 품질의 저하가 일어날 수 있다. 에틸렌 가스를 이용하여 미숙한 과일을 인공 숙성시키기도 하는데, 자연 숙성된 과일과 비교할 때 과일의 성분에는 큰 차이는 없으나 토마토의 경우 자연 숙성되었을 때 비타민 C 함량이 더 높았다.

(2) 호흡작용과 숙성

과일은 수확 후에 호흡률이 높으면 숙성이 빠르게 진행되고 단시일 내에 신선도가 떨어져 쉽게 부패한다. 과일을 저온에서 저장하면 효소작용이 억제되어 호흡률이 낮아져 과일의 신선도가 유지되고, 실온 저장할 때 보다 과일의 건조가 방지되고 비타민의 분해도 줄일 수 있다. 또한 과일을 저장할 때 이산화탄소 농도를 증가시켜 호흡속도를 낮추면 과일의 신선도가 더 오래 유지되는 한편, 반대로 식물 호르몬으로 작용하는 에틸렌($CH_2=CH_2$)을 이용하여 호흡속도를 높이면 과일의 숙성이 촉진된다.

일반적으로 채소는 수확 후에 호흡률이 수확할 때와 비슷한 수준이거나 서서히 저하된다. 그러나 과일은 채소와 달리 수확 후에 호흡률이 증가되는 종류가 많으며 이를 호흡급등형 과일이라 한다. 이와 대조적으로 수확 후에 호흡률이 증가되지 않는 과일을 호흡비급등형 과일이라 한다(표 7-8).

① **호흡급등형 과일(climacteric fruit)**

- 사과, 복숭아, 배, 자두, 살구, 토마토, 바나나, 아보카도, 구아바, 망고, 파파야 등 대부분의 과일은 수확 후에 호흡속도가 급속히 증가되어 숙성될 때까지 호흡률이 최대로 증가된다. 이러한 과일을 호흡급등형 과일이라고 한다. 토마토는 채소로 분류되지만 호흡급등형에 속한다.
- 잘 익은 과일은 질감이 부드러워 운반과정에서 손상되기 쉽다. 이와 같이 유통과정에서 과일이 손상되는 것을 방지하기 위하여 호흡기 과일은 덜

익은 상태에서 수확하여 유통시킨다. 그 후에 호흡급등형 과일을 실온에 저장하여 숙성(후숙)시키면 당도와 향기가 증가되고 질감이 연해져 맛이 더 좋아진다.

② 호흡비급등형 과일(nonclimacteric fruit)
- 감귤류, 딸기, 포도, 파인애플 등과 같이 수확 후에 호흡률이 증가되지 않는 과일을 호흡비급등형 과일이라 한다.
- 호흡비급등형 과일은 일단 수확하고 나면 맛의 향상을 기대하기 어렵다. 따라서 호흡비급등형 과일은 나무에 열린 상태에서 충분히 익은 후에 수확하는 것이 맛이 좋다.

(3) 과일의 성숙에 의한 변화

과일이 숙성될 때 일어나는 변화는 다음과 같다.
- 색의 변화 : 성숙함에 따라 엽록소가 분해되어 카로티노이드나 안토사이아닌 색소가 드러나게 된다.
- 조직의 연화 : 효소작용에 의해 프로토펙틴이 펙틴으로 전환됨에 따라 조직이 부드러워진다. 과일이 과숙되면 펙틴이 펙트산으로 전환되어 조직이 물러진다.
- 당도 증가 : 바나나, 사과 등은 전분이 분해되어 당류 함량이 증가됨에 따라 당도가 크게 증가된다. 그러나 전분이 전혀 들어 있지 않은 복숭아에도 당의 함량이 약간 증가된다.
- 산도 저하와 향기 증가 : 유기산이 호흡작용에 의해 소모되고, 과일 고유의 향기를 나타내는 에스터로 전환되므로 산도가 저하되고 향기로워진다. 산도가 감소되므로 과일의 단맛을 더 많이 느낄 수 있다.
- 탄닌의 감소 : 탄닌이 분해되어 떫은맛이 감소된다.

표 7-8 호흡급등형 과일과 호흡비급등형 과일

분류	호흡급등형 과일	호흡비급등형 과일
특징	수확 후에 호흡률이 증가되므로 계속적으로 숙성됨	수확 후에 호흡률이 저하되므로 충분히 숙성된 과일을 수확하는 것이 좋음
종류	사과, 멜론, 복숭아, 살구, 배, 감, 자두, 망고, 바나나, 파파야, 아보카도, 구아바, 토마토, 단감, 키위, 무화과	딸기, 포도, 감귤류(귤, 오렌지, 자몽, 레몬), 체리, 블루베리, 올리브, 파인애플

실생활의 조리원리

호흡급등형 과일과 호흡비급등형 과일을 혼합하여 저장해도 되나요?
호흡급등형 과일은 수확 후에 호흡률이 높으므로 저장 중에 이산화탄소, 식물호르몬인 에틸렌, 휘발성 가스(향기성분) 등 과실 저장에 유해한 성분을 다량 발생하므로, 호흡비급등형 과일과 함께 저장하면 비호흡기 과일은 생리적으로 좋지 않은 영향을 받게 된다. 따라서 호흡급등형 과일과 호흡비급등형 과일을 혼합 저장하는 것은 피하는 것이 좋다.

- 비타민 함량의 증가 : 성숙됨에 따라 비타민 C, 카로티노이드의 함량이 증가된다.

3) 과일의 저장

(1) 냉장

- 장점 : 과일은 일반적으로 냉장 온도에 보관하면 호흡률이 낮아져 부패가 지연되므로 마르지 않도록 비닐봉투나 뚜껑이 있는 용기에 넣어 냉장 저장하는 것이 신선도를 오래 유지할 수 있다.
- 열대과일의 저장 : 냉장 온도보다 높은 온도에서 저장하는 것이 좋다. 열대과일을 냉장 온도에서 저장하면 한랭장해를 받아 연부현상이 일어나므로 냉장 온도보다 높은 온도나 실온에서 저장하는 것이 신선도가 잘 유지되고 저장기간을 연장할 수 있다.

바나나를 시원하게 먹으려고 냉장고에 넣었는데 까맣게 변한 이유는?

열대나 아열대 원산의 과일 중에는 저온 상태로 두면 생리적 기능의 균형이 깨져서 장해를 일으키게 되어 연화되고 반점이 나타나며 내부가 변색된다. 바나나의 경우 12~13℃에서 껍질이 흑변되기 시작한다. 저온장해가 일어나는 이유는 바나나에 있는 효소 중에 저온에서 활성화되는 효소의 활성이 강해지고 반대로 고온에서 활성화되는 효소의 활성이 저조해져 물질대사의 불균형이 일어나게 되고, 미토콘드리아 내의 효소활성이 중단되면서 호기적 호흡이 저해되는 것도 저온장해의 원인으로 작용한다.

(2) CA 저장

과일도 채소와 마찬가지로 CA 저장을 하면 호흡률과 대사작용이 억제된다. 그 결과 유기산 감소, 과육의 연화, 엽록소의 분해 등과 같은 과실의 후숙 및 노화현상이 지연되므로 과실의 신선도가 장시간 유지된다. 따라서 과일을 CA 저장하면 품질이 좋은 상태로 출하시기를 조절할 수 있다.

4) 과일의 가공

종전에는 과일이 여름과 가을철에만 수확되어 이용되었지만 최근에는 계절이 반대인 남반구 국가로부터 과일이 냉장 상태로 수입되어 제철이 아닌 계절에도 다양한 과일을 이용할 수 있게 되었다. 또한 과일을 통조림하거나, 냉동 또는 건조시키면 1년 내내 이용할 수 있다.

(1) 통조림

과일을 가공하는 방법 중 통조림 가공이 가장 널리 이용되고 있다.

- 통조림 제품 : 파인애플, 복숭아, 체리, 혼합과일(fruit cocktail), 사과소스, 크랜베리 등이 통조림 제품으로 주로 이용되고 있다. 설탕의 함량이 높은 진한 시럽 제품과 설탕의 함량이 낮은 묽은 시럽 제품으로 가공되고 있으며, 이에 따라 맛과 열량에 차이가 생긴다.
- 통조림의 장·단점 : 과일 통조림은 이용에 편리하며, 과일을 통째로 가공하

거나 절반으로 썰거나 얇게 저미거나 으깬 것, 소스 또는 주스 등 다양한 형태로 가공되어 판매되고 있다. 그러나 가공과정에서 맛, 질감이 변하고 수용성 비타민이 손실된다.

- 통조림의 보관 : 과일 통조림은 건조한 곳에서 21℃ 이하에 보관하면 품질이 장시간 동안 잘 유지된다.
- 통조림 이용 시 주의할 점 : 통조림 용기가 부푼 것, 찌그러진 것, 새거나 녹슨 것은 폐기해야 한다. 통조림 용기가 부푼 것은 혐기성 세균의 번식 위험이 있으며, 치명적인 보툴리누스 중독을 가져올 수 있다.

(2) 냉동과일

- 냉동과일 제품 : 냉동과일로 가장 널리 이용되는 것은 체리, 딸기, 블루베리, 복숭아, 산딸기 등이 그대로 냉동되거나 설탕이나 다른 감미료가 첨가되어 냉동된 상태로 가공되고 있다. 우리나라에서는 냉동 딸기가 시판되고 있으며 가정에서도 냉동과일을 쉽게 만들 수 있다.
- 냉동과일의 특징 : 냉동과일은 색과 맛은 비교적 잘 유지되나 냉동과정에서 얼음 결정이 형성될 때 부피가 팽창하면서 세포막이 파괴되므로 해동과정에서 조직이 너무 무르고 뭉개져 질감이 크게 저하된다. 그러나 디저트를 조리할 때 조리법을 잘 수정하면 신선한 과일 대용으로 활용할 수 있다.
- 냉동과일의 저장과 운반 : 냉동과일은 -18℃를 유지하면서 저장 또는 운반해야 한다.

(3) 건과류

과일을 건조·가공하는 방법은 인류가 수천 년간 사용해 온 방법이다.

- 건과류 제품 : 건포도, 건자두(prunes), 건살구, 건무화과, 곶감 등은 햇볕에 말리거나 건조기를 이용해 말린 건과류로 널리 이용되고 있으며, 사과와 바나나, 서양배 말린 것도 이용되고 있다.
- 건과류의 수분 함량 : 건조과일의 수분 함량은 30% 이하이므로 미생물이 잘

번식할 수 없게 된다.

- 건과류의 특징 : 과일이 건조될 때 휘발성 성분이 손실되며, 셀룰로오스가 연화되고 당도가 증가된다. 건조과일 중량의 70%는 탄수화물이며, 맛과 영양소가 농축되어 있으므로 간식으로 이용할 수 있다.
- 건과류의 수화 : 건조과일 1컵당 물 반 컵을 넣고 전자레인지로 2분간 가열하면 어느 정도 다시 수화시킬 수 있다.

(4) 과일주스

- 주스는 신선한 그대로, 농축된 냉동제품 또는 건조되어 파우더 형태로 가공되고 있다. 농축 주스는 수분 함량이 $\frac{1}{4}$로 줄이는 과정에서 맛이 다소 변하지만, 유통비용이 크게 절감되므로 널리 이용되고 있다.
- 오렌지주스, 사과주스, 포도주스, 프룬주스, 블루베리주스, 크랜베리주스 등과 다양한 열대과일 혼합주스도 병, 통조림, 종이상자(carton) 등의 용기에 넣어 판매되고 있다.
- 주스 믹스 제품을 구입할 때에는 실제 주스의 함량이 10~100%까지 다양하므로 상표를 잘 확인하는 것이 중요하다.
- 주스에는 비타민 C, 보존제, 천연 또는 합성 방향제, 감미료 및 색소가 첨가된 제품도 많다.

5) 잼과 젤리

과일에는 복합다당류의 일종인 펙틴질이 식물의 여러 부분, 특히 껍질과 조직 내에 다량 함유되어 있으며, 세포와 세포 사이를 연결해 주고 과일의 구조를 형성해 준다.

- 펙틴 젤(pectin gel)의 형성 : 과일에 소량의 물을 넣고 가열하면 펙틴이 추출되어 졸 상태의 펙틴 교질용액(pectin sol)을 형성하며, 산성조건에서 펙틴분자의 교질용액에 설탕을 첨가하면 수화에 의해 안정되었던 펙틴 분

자가 불안정해져서 침전되면서 약 104℃에서 펙틴 젤을 형성한다. 이러한 펙틴의 젤 형성 능력을 이용하여 젤리, 잼, 마멀레이드 등의 당장 제품을 조리할 수 있다.

(1) 펙틴 젤 형성에 영향을 주는 조건

펙틴의 젤화는 펙틴의 양, 펙틴의 구조(펙틴의 분자량, 메톡실기의 양), 설탕의 양, pH, Ca^{2+} 등에 의해서 다음과 같이 영향을 받는다.

① 펙틴의 함량

- 펙틴의 함량이 높을수록 단단한 젤을 형성 : 좋은 젤리와 잼을 만들려면 적당히 성숙된 과일을 선택해야 펙틴 함량이 높으며, 과일의 껍질에 펙틴 함량이 높다. 펙틴 함량이 낮은 과일을 사용할 때에는 펙틴을 첨가해야 한다.
- 최소량의 물을 가하여 펙틴 추출 : 잘게 썬 과일에 최소량의 물을 가해야 펙틴이 희석되지 않는다.
- 잼 또는 젤리 만들기에 적당한 과일 : 사과, 포도, 딸기, 자두, 감귤류 등은 펙틴과 유기산 함량이 펙틴 젤 형성에 적당하다.

② 펙틴의 구조

- 펙틴의 분자량 : 펙틴의 분자량이 클수록 당과 산이 소량 있어도 젤을 잘 형성한다.
- 고메톡실 펙틴 : 고메톡실 펙틴이 젤을 형성하기 위해서는 높은 당 함량과 낮은 pH가 필수적이나, 고메톡실 펙틴의 구조에 메톡실기가 많을수록 당과 산이 소량 있어도 젤을 잘 형성한다.
- 저메톡실 펙틴 : 당이나 산을 첨가해도 젤이 잘 형성되지 않는다. 당과 산에 관계없이 Ca^{+2} 또는 Mg^{+2}이 존재할 때 젤을 형성하므로, 이들 이온을 첨가해서 당의 농도가 낮은 저열량 잼이나 젤리를 제조하는데 사용한다.
- 이액현상(syneresis) : 펙틴 젤의 저장과정에서 펙틴 젤에 수화되었던 물분자

메톡실기

$-O-CH_3$

고메톡실 펙틴

메톡실기가 50% 이상인 펙틴. 고메톡실 펙틴이 젤을 형성하기 위해서는 당과 산이 필수적임. 고메톡실 펙틴젤은 저메톡실 펙틴젤 보다 탄력성이 강함

저메톡실 펙틴

메톡실기가 50% 미만인 펙틴. 저메톡실 펙틴의 경우에는 당과 산이 없이 Ca^{2+}같은 다가 양이온이 있으면 젤을 형성할 수 있음

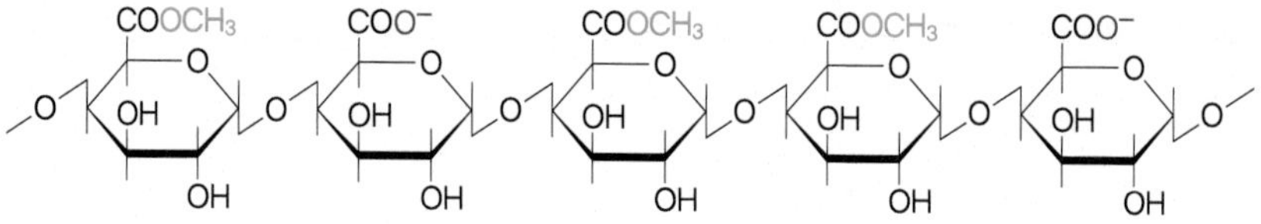

그림 7-10 펙틴의 대표적 구조

가 점차로 분리되는 현상을 이액현상이라 한다. 일반적으로 분자량이 큰 고분자 펙틴과 고메톡실 펙틴은 수화력이 크므로 이액현상이 덜 일어난다.

③ **펙틴 젤 형성조건** 고메톡실 펙틴이 젤을 형성하는데 적합한 조건은 다음과 같다.

  - 펙틴 : 1~1.5%
  - 산 : 0.3%(과일의 유기산), pH 2.8~3.4(pH 3.2 최적)
  - 당 : 60~65%

(2) 펙틴 젤의 형성 기전

펙틴 젤이 형성되는 원리는 다음과 같다.

① 고메톡실 펙틴

• 산에 의한 펙틴 분자 표면전하의 중화 : 펙틴 분자는 갈락투론산이 연결된 중합체로서(그림 7-10) 물에 추출된 펙틴 분자는 표면에 음전하($-COO^-$)를 띤 친수성 교질상태로 존재한다. 과일내 유기산의 수소이온(H^+)은 펙틴 분자 표면의 음전하를 중화시켜($-COOH$) 펙틴 분자간의 정전기적 반발을 줄여서 분자간 결합에 의해 젤이 형성되도록 돕는다.

$$-COO^- \xrightarrow{\ +H^+\ } -COOH$$

• 설탕에 의한 펙틴 분자의 탈수 : 펙틴 교질용액에 설탕을 첨가하면 펙틴 분자

를 탈수시키므로 펙틴 사슬간 접근이 용이해져 분자 간의 수소결합에 의한 망구조 형성이 촉진된다.

② **저메톡실 펙틴**   저메톡실 펙틴은 당과 산이 없어도 칼슘이온(Ca^{2+})과 같은 다가 양이온이 있으면 젤을 형성할 수 있다. 펙틴 분자의 카르복실기($-COO^-$) 사이를 양이온이 다리를 놓아 망구조의 젤을 형성한다.

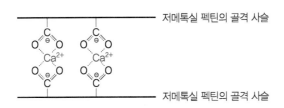

그림 7-11   저메톡실 펙틴의 형성 기전

젤리점(jelly point)

잼이나 젤리를 조리할 때 펙틴젤이 적절하게 형성되어 졸이는 것을 끝마치는 점을 젤리점이라 하는데, 다음과 같은 여러 가지 방법으로 젤리점을 결정한다.

스푼법(spoon test)
가당하여 과즙을 졸이는 동안 숟가락 또는 국자로 졸인 액을 떠서 흘러내리게 하여 그 상태를 보아 결정하는 방법이다. 조리액이 묽은 시럽 상태로 주르륵 떨어지는 것은 불충분한 상태이며 끝이 끊어지면서 떨어지게 되면 적당한 것이다.

컵법(cup test)
졸이는 동안 소량의 액을 떠서 찬물을 넣은 컵에 떨어뜨렸을 때 흩어지지 않고 컵의 밑바닥까지 침전하여 굳어지면 완성된 것이다.

온도에 의한 방법
젤리점에 이르렀을 때 끓는점이 104~105℃이므로, 온도계를 이용하여 끓고 있는 과즙의 온도를 재어 이 온도에 도달했을 때를 젤리점으로 하는 방법이다.

(3) 펙틴 젤 식품의 종류와 특징

펙틴 젤을 이용한 식품에는 여러 가지가 있으며 각각의 특징은 다음과 같다 (표 7-9).

표 7-9 펙틴 젤 식품의 종류 및 특징

종류	특징
젤리(jelly)	• 과즙으로 만든 투명한 펙틴 젤 • 그릇에서 꺼내어도 형태가 유지될 수 있을 정도로 조직이 단단함
잼(jam)	• 과일을 으깨거나 갈아서 만듦 • 젤리보다 조직이 덜 단단함
프리저브(preserve)	• 잼을 의미하는 경우가 많음 • 으깨지 않은 과일이 들어 있는 펙틴 젤 식품
컨저브(conserve)	• 감귤류 과일과 여러 가지 과일을 혼합하여 만든 잼 • 건포도와 견과류를 섞는 경우가 많음
마멀레이드(marmalade)	• 감귤이나 오렌지의 겉껍질을 잘게 썬 조각이 들어 있는 젤리

CHAPTER 8
해조류 및 버섯류

CHAPTER 8
해조류 및 버섯류

1. 해조류

1) 해조류의 종류와 특징

우리나라의 해조류는 약 400여 종 이상이 알려져 있지만 식용으로 이용하는 것은 50여 종이다. 해조류는 일반적으로 탄수화물인 난소화성 점질 다당류를 많이 포함하여 소화율이 낮으나 비타민과 무기질의 급원으로서 식용가치가 높으며, 독특한 맛과 향기가 있어 기호식품으로서 가치가 있다. 식용 이외에 식품가공 원료로 이용되며 한천 공업, 알긴산 공업 등 해조 다당류 공업의 원료로서 이용가치가 크고 가축사료, 칼륨 비료 등 용도가 다양하다.

(1) 김

김(laver)은 홍조류에 속하며 많은 양의 단백질과 탄수화물을 지니고 있으며,

표 8-1 해조류의 종류와 특징

분류	종류	함유 색소
녹조류(green algae)	파래, 클로렐라, 청각	• 클로로필이 풍부 • 소량의 카로틴, 잔토필 등의 카로티노이드 함유
갈조류(brown algae)	미역, 다시마, 톳, 모자반	• 카로티노이드 색소인 β-카로틴과 푸코잔틴(fuco-xanthin) 다량 함유 • 소량의 클로로필 함유
홍조류(red algae)	김, 우뭇가사리	• 홍색의 피코에리트린(phycoerythrin)이 풍부하며, 가열하면 피코사이아닌(phycocyanin)으로 변함 • 카로티노이드 소량 함유 • 클로로필 소량 함유

파래

김의 단백질에는 알라닌, 글루탐산, 발린, 아스파르트산, 류신, 글리신, 아르기닌 등의 아미노산이 풍부하다. 또한 비타민 A, 비타민 B$_2$ 등의 비타민이 풍부하며 생김에는 비타민 C가 많이 들어 있다. 김은 칼슘, 칼륨 및 철이 풍부한 알칼리성 식품으로서 다이메틸설파이드(dimethyl sulfide)라는 방향성 물질이 포함되어 있어 맛과 향이 좋은 식품이다.

김

다이메틸설파이드
(dimethyl sulfide)
CH$_3$-S-S-CH$_3$
이 물질은 적은 양이면 향이 좋으나 많아지면 불쾌한 향을 냄

(2) 미역과 다시마

미역과 다시마(sea tangle)는 갈조류에 속하며 세포막에 알긴산이 다량 함유되어 있다. 알긴산은 당유도체인 만뉴론산(manuronic acid)과 글루쿠론산(glucuronic acid)으로 구성된 점질다당류이다. 알긴산은 아이스크림이나 잼 등을 제조할 때 증점제로서 사용되고 있다.

미역에는 김이나 파래와 같이 비타민 A가 풍부하며 칼슘, 칼륨, 요오드 및 철도 상당량 들어 있는 알칼리성 식품이다. 다시마 역시 알칼리성이 강한 식품이며 영양분도 미역과 유사하며 요오드의 함량이 매우 높은 식품이다.

마른 다시마 표면의 흰 분말은 만니톨이며 이로 인해 단맛을 지닌다.

미역

다시마

(3) 우뭇가사리

우뭇가사리(agar-agar, ceylon moss)는 홍조류로서 우뭇가사리에 물을 넣고 푹 고아서 제조한 한천은 식용, 약용, 연구용, 공업용 등의 용도로 다양하게 활용되고 있다. 식용으로서 한천은 잼, 젤리, 양갱, 수프의 제조 첨가물로 이용되고 있으며 저열량 다이어트 식품에도 이용되고 있다.

우뭇가사리

(4) 톳(녹미채)

갈조류에 속하며 칼슘이 우유보다 매우 많아 뼈 건강에 좋고, 철분은 시금치보다 훨씬 많아 빈혈예방에 좋다. 아연이 풍부하여 면역증강이나 노화방지에도 도움을 준다. 점액질의 물질이 장의 소화운동을 높여 주고 섬유질이 풍부하여 변비에도 좋다. 봄에서 초여름에 나는 것이 가장 연하고 맛이 좋다. 크기

표 8-2 해조류의 영양성분

(가식부 100 g당)

해조류	열량 (kcal)	수분 (%)	단백질 (g)	지질 (g)	회분 (g)	탄수화물 (g)	섬유소 (g)	무기질 칼슘 (mg)	인 (mg)	철 (mg)	나트륨 (mg)	칼륨 (mg)	요오드 (mg)	비타민 A (RE)	B_1 (mg)	B_2 (mg)	니아신 (mg)	C (mg)
김(생것)	12	90.5	3.3	0.4	3.8	2.0	-	490	474	4.5	(144)	(220.8)	-	-	-	-	-	-
김(마른것)	165	11.4	38.6	1.7	8.0	40.3	-	325	762	17.6	(1294)	(3503)	-	22500	1.20	2.95	10.4	93
김(구운것)	174	4.0	43.3	0.9	10.1	41.7	-	257	570	18.3	491	2931	-	12126	0.31	5.63	4.7	106
미역(생것)	18	87.6	3.0	0.3	4.0	5.1	-	149	80	1.1	(610)	(730)	-	1890	0.06	0.14	1.3	15
미역(마른것)	126	16.0	20.0	2.9	24.8	36.3	-	959	307	9.1	(6100)	(5500)	-	3330	0.26	1.00	4.5	18
다시마(생것)	12	91.0	1.1	0.2	3.5	4.2	-	103	23	2.4	(75)	(1242)	-	774	0.03	0.13	1.1	14
다시마(마른것)	110	12.3	7.4	1.1	34.0	45.2	-	708	186	6.3	(3100)	(7500)	-	576	0.22	0.45	4.5	18
톳(생것)	14	88.1	1.9	0.4	4.6	4.0	0	157	32	3.9	-	-	-	378	0.01	0.07	1.9	4
톳(자건품)	135	15.8	6.2	0.8	17.5	59.7	-	1250	93	47.0	-	-	-	450	0.01	0.11	2.0	0
우뭇가사리 생것	46	70.3	4.2	0.2	3.8	18.5	0	183	47	3.9	-	-	-	2160	0.04	0.43	1.1	15
우뭇가사리 우무	2	99.0	0.1	0	0.1	0.8	0	10	3	0.3	-	-	-	0	0	0	0	0
우뭇가사리 한천	154	20.1	2.3	0.1	2.9	74.6	0	523	16	7.8	-	-	-	0	0	0	0	0

출처 : 농촌진흥청 국립농업과학원(2017). 국가표준식품성분표(제9개정판)
- : 수치가 애매하거나 측정되지 않음, ( ) : 타 분석자료에서 인용

에 따라 이용방법이 다른데, 막 돋은 자잘한 것은 생으로 나물로 먹고, 다 자란 것은 말려두었다가 삶아서 조리한다. 톳밥이나 무침, 샐러드, 냉국 등에 이용한다.

2) 해조류의 성분과 영양

해조류의 일반 성분은 탄수화물이 40~50%로서 가장 많으며, 단백질과 섬유질이 풍부하다. 지방의 함량은 낮으며 칼슘, 인, 철, 요오드 등의 무기질과 비타민이 풍부하며, 특히 요오드와 카로티노이드 함량이 높다(표 8-2).

클로렐라는 단백질 40~50%, 지방 10~30%, 탄수화물 10~25%의 고단백식품으로서 건강기능식품으로 각광을 받고 있다. 미역은 요오드 함량이 높으며 김은 단백질이 40% 정도로 단백질 함량이 높고 맛이 좋아서 널리 이용되고 있다.

(1) 탄수화물

해조류에 함유되어 있는 탄수화물은 대부분이 난소화성 복합다당류이므로 소화율이 낮아서 저열량 식이에 이용되고 있다.

- 녹조류(파래, 청각) : 헤미셀룰로오스가 풍부하다.
- 갈조류(미역, 다시마) : 알긴산, 푸코이딘(fucoidin), 라미나린(laminarin), 만니톨이 풍부하다.
- 홍조류(우뭇가사리, 김) : 한천(agar), 만난(mannan)이 풍부하다.

(2) 단백질

메티오닌, 이소류신, 라이신 등은 부족하나 이들을 제외한 대부분의 필수아미노산은 많아 단백가도 높은 편이며, 유리 아미노산 함량도 높아서 좋은 맛을 낸다. 다시마나 미역에 들어 있는 라미닌(laminin)은 염기성 아미노산의 일종으로 혈압강하 및 혈중 콜레스테롤을 저하시키는 효과가 있다.

(3) 비타민과 무기질

- 비타민 : β-카로틴, 비타민 $B_1 \cdot B_2$, 나이아신이 풍부하며 특히 β-카로틴 함량이 높아서 비타민 A의 좋은 급원이다.
- 무기질 : 특히 요오드가 풍부하며 칼슘, 인, 철 등의 함량이 높다.

(4) 색소

해조류에는 클로로필, 카로티노이드 등의 색소와 피코에리트린(phycoerythrin)이라는 붉은색 색소 단백질이 함유되어 있다(표 8-1).

(5) 향

해조류는 해산물 특유의 향을 갖고 있다.

- 갈조류 : 미역, 다시마 등 갈조류의 독특한 향미는 테르펜(terpene)계 물질에 의한 것이다.

알긴산(alginic acid)

갈조류에 존재하는 알긴산은 끈적끈적한 물질로서 안정제, 유화제로 사용

푸코이딘

푸코이단(fucoidan), 푸칸(fucan)이라고도 함. 혈중 콜레스테롤 저하, 혈당 상승 억제, 비만 예방, 혈액응고 방지, 면역세포 조절, 항종양, 항바이러스, 항알레르기 작용이 있음

다시마 표면의 흰가루

만니톨로 설탕의 60%의 단맛을 냄

겨울철 김의 품질

겨울철에는 김의 질소 함량이 최고에 달해 겨울에 생산되는 김이 품질이 가장 좋음(가식부 100 g 당)

테르펜(terpene)

이소프렌(isoprene, C_5H_8)을 기본 단위로 하는 유기화합물로서 식물로부터 추출되며 향료로서 중요한 화합물군

김은 구우면 왜 색깔이 변하나?

김은 붉은색 피코에리트린, 녹색 클로로필, 노란색 카로티노이드 색소를 모두 갖고 있어 검은색을 띠게 된다. 이런 김을 불에 구우면 열에 의해 피코에리트린이 많이 파괴되어 청색의 피코사이아닌이 되고 클로로필은 적게 파괴되어 상대적으로 많이 남아있는 청색과 녹색 색소가 합해져 구웠을 때 청록색의 아름다운 색을 나타낸다.

한편 햇빛과 수분이 많을 때 클로로필은 많이 파괴되지만 피코에리트린은 적게 파괴되어 오랫동안 햇빛에 노출되거나 수분이 많은 곳에 김을 보관하면 구어도 초록색이 나타나지 않고 붉은색을 더 강하게 띤다. 따라서 마른 김을 보관할 때에는 습기를 막고 어둡고 서늘한 곳에 두어야 한다.

- 녹조류와 홍조류 : 녹조류와 홍조류에는 함황 화합물이 방향을 나타내며 김의 향기성분은 다이메틸설파이드(dimethyl sulfide)이다.

(6) 감칠맛

해조류에는 감칠맛이 풍부하다.

- 김 : 글리신, 알라닌 등의 유리아미노산, 솔비톨, 둘시톨(dulcitol) 등의 당 알코올이 함유되어 단맛을 내며 글루탐산이 함유되어 구수하고 감칠맛을 낸다.
- 다시마 : 글루탐산이 풍부하여 감칠맛을 내므로 국물내기용으로 널리 사용되고 있다.

김을 구울 때에 두 장을 겹쳐서 굽는 이유는?

마른 김에는 30~35%의 단백질이 함유되어 있으며, 그 외에 칼슘, 비타민 A·B_1·B_2 등도 풍부하여 영양이 우수한 식품이나 김 한 장 무게는 2~3 g이므로 실제 영양소의 섭취량은 많지 않다. 김을 구우면 단백질이 열에 의해 변성하여 조직 전체가 수축하는데, 앞면과 뒷면이 각각 수축하는 양상이 달라 쉽게 부서지게 된다. 이 때문에 두 장을 겹쳐서 구우면 열에 의해 휘발하는 수분이나 향기성분이 반대편 김에 흡수되며, 너무 바싹하게 건조되거나 향이 날아가 버리는 것을 어느 정도 방지할 수 있다.

3) 해조류의 조리

- 데치는 과정에서 수용성 성분이 손실되기 쉬우므로 가능한 한 끓는 물에서 단시간에 데친다.
- 끓이는 조리수에 수용성 성분이 많이 유출되므로 조리된 국물을 모두 먹는 것이 좋다.

4) 한천

한천

(1) 한천의 제조
홍조류인 우뭇가사리를 삶아서 얻은 콜로이드 용액(졸 상태)을 냉각시켜 젤 상태로 엉기게 하여 제조한다.

(2) 주성분
한천은 갈락토오스로 구성된 다당류인 갈락탄으로서, 아가로오스(agarose)와 아가로펙틴(agaropectin)이 약 7 : 3으로 구성되어 있다.

(3) 성질
- 한천은 보수성이 매우 크며 32~40℃ 전후에서 유동성을 잃고 응고하기 시작하여 망상구조의 젤을 형성한다. 일단 젤화되어도 80~85℃ 이상으로 가열하면 다시 녹아 졸이 되는데, 이렇듯 한천은 열가역적인 젤을 형성한다.
- 한천은 0.2~0.3%의 저농도에서도 젤을 형성하며, 보통 0.5~3% 용액을 사용하는데 농도가 진할수록 잘 응고한다.
- 한천 젤은 시간이 지남에 따라 서서히 망상구조가 수축되면서 이액현상(이장, syneresis)이 나타날 수 있다. 그러나 한천 농도가 1% 이상이고 설탕 농도가 60% 이상이면 이액현상이 전혀 일어나지 않는다.
- 한천 젤에 설탕을 첨가하면 젤의 점성과 탄성이 증가되고 투명도도 증가

이액현상 감소 요인
- 한천 농도 높음
- 설탕 농도 높음
- 방치 시간 짧음
- 소금 사용(3~5%)

한천 젤의 투명도
한천 젤보다 젤라틴 젤의 투명도가 더 높음

> **한천에 과즙을 섞을 때 반드시 불에서 내려 섞는 까닭은?**
> 한천은 갈락토오스로 구성된 분자량이 큰 다당류로 산성 상태에서 오래 가열하면 가수분해가
> 일어나 그 결합이 끊어져 젤 형성력이 현저히 저하된다. 따라서 한천을 충분히 졸인 후 불에서
> 내려 온도를 60℃까지 식힌 후에 과즙을 넣으면 한천 젤이 잘 굳는다.

된다(예 : 양갱).

- 소금을 3~5% 첨가하면 한천 젤의 강도가 증가하고 이액현상이 덜 일어
  난다.
- 한천 용액에 과즙을 첨가하면 유기산에 의해 한천이 가수분해되므로 젤
  의 강도가 약해지며, 우유의 지방과 단백질도 한천 젤의 구조 형성을 저
  해한다.

(4) 이용

- 한천은 젤화 능력 때문에 응고제로서 다른 식품과 같이 혼합하여 사용함으
  로써 식품을 응고시켜 질감을 향상시킬 목적으로 이용된다(예 : 양갱, 빵,
  과자 등).
- 저열량식에도 이용되고 있다.
- 우무채, 우무장아찌 등의 반찬으로도 이용된다.
- 콩국에 말아 먹는 청량 음식에 이용된다.

2. 버섯류

버섯은 특유의 향과 감칠맛이 있으며 식이섬유가 풍부하고 독특한 질감을 가
지고 있어 고대부터 식용되었다. 비타민 D의 좋은 공급원이며 저열량식품이
라는 점에 더해 기능성 물질도 밝혀지고 있어 그 수요가 더욱 증가하고 있다.

1) 버섯의 분류

버섯의 종류는 매우 많아 수천 종에 이르며, 크게 식용 버섯, 약용 버섯, 독버섯으로 분류되나, 여기에서는 식용 버섯에 한해 알아보기로 한다. 식용 버섯은 300여 가지나 되며, 크게 천연 버섯과 재배 버섯으로 나눌 수 있다.

(1) 천연 버섯

현재 식용되고 있는 버섯 중에서 천연에서 얻고 있는 것의 대표격으로는 송이버섯, 석이버섯, 표고버섯, 느타리버섯, 송로버섯, 서양송로버섯(truffle) 등이 있다.

(2) 재배 버섯

표고버섯, 양송이버섯, 느타리버섯, 팽이버섯, 새송이버섯, 목이버섯 등 약 20종류가 재배되고 있다. 천연의 것보다 향이 약하지만 나름대로 맛이 좋고 연중 재배가 가능하여 조리에 많이 이용되고 있다.

표 8-3 버섯류의 영양성분 (가식부 100 g당)

성분 / 버섯	열량 (kcal)	수분 (%)	단백질 (g)	지질 (g)	회분 (g)	탄수화물 (g)	섬유소 (g)	무기질 칼슘 (mg)	인 (mg)	철 (mg)	나트륨 (mg)	칼륨 (mg)	비타민 B₁ (mg)	B₂ (mg)	니아신 (mg)	C (mg)
표고(생)	18	90.8	2.0	0.3	0.8	6.1	-	6	28	0.6	5	180	0.08	0.23	4.0	∅
양송이(생)	15	91.7	3.56	0.19	0.84	3.71	1.6	2	112	0.88	6	392	0.057	0.423	0.551	0
느타리(생)	18	90.5	2.68	0.08	0.74	6.0	3.8	0	104	0.66	1	291	0.150	0.196	5.454	0.63
팽이(생)	20	89.2	2.20	0.22	0.84	7.54	3.6	2	83	1.03	2	353	0.075	0.184	1.204	0
새송이(생)	21	89.0	3.09	0.16	0.7	7.05	2.9	2	103	0.38	6	314	0.038	0.260	4.660	0
송이(생)	21	89.0	2.05	0.15	0.68	8.12	4.6	1	33	1.85	1	317	0.016	0.402	3.758	1.18
표고(건)	178	10.6	18.1	3.1	4.5	63.7	-	19	268	3.3	25	2140	0.48	1.57	19.0	0
목이(건)	167	13.4	10.28	0.96	4.25	71.11	56.9	762	321	1.33	63	1190	0.007	0.777	-	0
석이(건)	165	12.9	11.75	0.96	5.92	68.47	60.9	47	89	222.83	6	403	0	0.284	2.277	0

출처 : 농촌진흥청 국립농업과학원(2017), 국가표준식품성분표(제9개정판)
( ) : 여자영양대학출판사(2012), 식품성분표2012
∅ : 미량 존재

2) 버섯의 특징

(1) 버섯의 구조

영양기관인 균사체와 번식기관인 자실체로 되어 있다. 식용 버섯의 외관은 대부분 우산 모양의 갓과 이것을 받들고 있는 자루로 되어 있고, 갓 밑면에 주름이 형성되어 있다.

(2) 버섯의 성분과 영양

① 수분   90% 정도 함유되어 있어 채소류와 비슷하다.

② 영양성분

트레할로오스(trehalose)

α-포도당과 α-포도당이 연결(1→1결합)되어 있는 이당류

버섯의 식이섬유 함유량(%)

(가식부 100 g당)

버섯	수용성	불용성	총량
목이(건)	0.0	57.4	57.4
표고(건)	3.0	38.0	41.0
송이	0.3	4.4	4.7
팽이	0.4	3.5	3.9
표고(생)	0.5	3.0	3.5
느타리	0.2	2.4	2.6
양송이	0.2	1.8	2.0

출처 : 여자영양대학출판사 (2012), 식품성분표2012

- 탄수화물 : 만니톨(mannitol)이 많아 건물 중 12%를 차지하며, 그 외에 포도당, 트레할로오스(trehalose) 등이 있어 단맛을 낸다. 덱스트린과 소량의 글리코겐이 있고 전분은 없다. 섬유소는 약 2~4%로 많이 함유되어 있어 식이섬유의 좋은 급원이다.
- 지질 : 지질은 0.2%로 매우 적다. 유리지방산과 불검화물의 비율이 높은 것이 특징이며, 불검화물로는 에르고스테롤(ergosterol)을 비롯한 각종 스테롤, 고급 포화알코올 등이 함유되어 있다.
- 단백질 : 약 2~3% 정도 함유되어 있으며, 절반가량은 비단백태로 존재한다.
- 비타민 및 무기질 : 비타민 D_2의 전구체인 에르고스테롤은 건물 중 0.2% 함유되어 있어 자외선 조사에 의해 비타민 D_2의 효과를 나타낸다. 비타민 B_1, B_2도 많아 비타민 B 복합체의 좋은 급원이나 비타민 A와 C는 거의 없다. 무기질은 칼륨이 많고 그 다음으로 인이 많이 함유되어 있다.

③ **색소** 안스라퀴논(anthraquinone)계가 많으며 티로시네이즈 등의 페놀산 화효소에 의해 갈변한다.

④ **향** 버섯의 종류에 따라 특유의 향을 가지고 있다.

- 마츠타케올(matsutakeol) : 송이버섯에 함유되어 있는 특유의 향으로 많은 사람들이 이 향을 좋아한다.
- 렌티오닌(lentionin) : 건표고버섯을 물에 불리면 나타나는 특유한 향이다. 생표고버섯에는 렌티오닌의 전구물질이 함유되어 있어 가열하면 렌티오닌으로 전환된다. 생표고버섯보다 건표고버섯에 렌티오닌이 더 많으므로 향기가 좋다.

⑤ **감칠맛** 버섯의 감칠맛에 관여하는 물질은 핵산과 유리아미노산이 있으며, 그 밖에 당류, 알코올류, 유기산 등이 있다.

- 핵산 : 구아닐산(5′-guanylic acid, GMP)은 표고버섯의 감칠맛 성분으로 알려져 있는데, 이것은 가열해야 생성되며 비가열 시에는 미량이다.
- 유리아미노산 : 글루탐산이 주된 감칠맛 성분이며, 아스파라긴산, 트레오닌(threonine), 세린(serine) 등의 유리 아미노산도 풍부하여 감칠맛에 관여한다.
- 당류, 알코올류, 유기산 : 트레할로오스와 같은 당류, 글리세롤과 같은 알코올, 만니톨 등의 당알코올, 사과산과 호박산 등의 유기산도 맛에 기여하고 있다.

⑥ **기능성분**

- 렌티난(lentinan) : 베타글루칸(β-1, 3-D-glucan) 성분의 일종으로 표고버섯에 함유되어 있다. 면역기능을 강화하는 의약품으로도 실용화되고 있으며, 에이즈 바이러스(HIV)의 증식 억제작용이 강하다는 것도 보고되고 있다. 베타글루칸은 갓보다 자루 부분에 더 많으므로 표고버섯 이용 시에는 자루도

불검화물
유지가 알칼리에 의해 가수분해되어 지방산과 글리세롤로 되고, 지방산의 알칼리염이 되는 것을 비누화라고 하는데, 이때 비누를 형성하지 않는 물질을 불검화물이라함.

안스라퀴논
지의류, 곰팡이, 고등식물에 있는 페놀성 화합물

독버섯의 유독성분
무스카린(muscarine)
뉴린(neurin)
알카로이드(alkaloid)
팔로이딘(phalloidin)
아마니틴(amanitin)

함께 이용하는 것이 좋다.

- 에리타데닌(eritadenine) : 혈중 콜레스테롤 농도를 조절하는 작용이 있는 물질로 표고버섯에 함유되어 있다.
- 리보핵산 : 인플루엔자 바이러스의 증식을 억제하는 물질로 표고버섯에 함유되어 있다.
- 에르고티오네인(ergothioneine) : 노랑느타리버섯이나 양송이버섯 등에 함유되어 있는 강력한 항산화성분으로 천연아미노산이며 단백질에는 포함하고 있지 않다. 맥각(ergot)에서 발견되었고 그 후 동물의 혈액, 정액, 각종 장기 속에서도 발견되었다. 노랑느타리버섯은 심혈관질환 예방을 위해 만든 기능성 버섯으로 에르고티오네인이 노루궁뎅이버섯보다 10배나 많다.

3) 버섯의 종류와 이용

버섯은 맛만이 아니라 향과 질감 등이 좋아 조리 시 그 특징들을 잘 살려 조리해야 한다. 일반적으로 향을 즐기려면 구이를 하고, 맛이나 질감을 즐기려면 전골, 찌개, 국, 덮밥, 튀김, 볶음 등의 조리법을 이용한다. 일반적으로 버섯은 갓이 많이 피지 않고 두꺼우며 싱싱한 것이 좋다.

표고버섯

(1) 표고버섯

① **생표고버섯**　향은 약하지만 질감이 우수하여 구이, 볶음, 찌개, 나물, 전, 튀김, 찜 등에 많이 사용된다. 물기가 너무 많지 않으며 갓이 적당하게 펴져 있고 갓 안쪽 주름이 뭉개지지 않고 줄기가 통통하고 짧은 것이 좋다.

② **건표고버섯**　건조과정에서 구아닐산을 생성하는 효소와 향기의 주성분이 되는 렌티오닌을 생성하는 효소가 작용하여 감칠맛이 증가하고 생표고버섯과는 다른 특유의 향기를 지니게 된다. 이러한 이유로 맛국물을 낼 때에도 건표고버섯이 사용되며, 우리나라나 중국 음식에서는 생표고버섯보다 건표고

버섯을 많이 사용하고 있다. 건표고버섯은 수확 시기와 생육환경에 따라 품질이 달라진다(표 8-4).

표 8-4 건표고버섯의 종류 및 특징

백화고

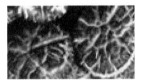

흑화고

동고

등급	종류	특징
특품	백화고	이른 봄과 늦가을에 생산된 것으로 부드럽고, 맛과 향이 제일 뛰어나 가격도 최고가임. 성장기간이 길고 귀하며, 갓은 피지 않은 상태이고 버섯 등은 연한 갈색에 흰 줄무늬가 있음
	흑화고	이른 봄과 늦가을에 생산된 것으로 자라는 과정에서 이슬을 먹은 제품. 갓은 피지 않은 상태이며, 백화고보다는 약간 검은색을 띰
1등품	동고	겨울에서 이른 봄에 걸쳐 수확한 것으로 여름에 자랄 때 습기를 흡수하여 색상이 다소 어둡고, 갓은 50% 미만으로 피어 있음. 가격이 백화고나 흑화고에 비해 저렴한 편이어서 시장에서 쉽게 구입할 수 있는 등급. 음식점에서 주로 사용되는 표고버섯은 중국산 동고가 일반적
2등품	향고	동고와 향신 중간쯤 되는 것이며 갓이 다소 피어 크고 두꺼움
3등품	향신	갓 부분이 동그랗게 오므라져 있을 때 수확해야 품질이 우수한데, 그 시기를 놓쳐 갓이 90% 이상 피어버린 것으로 주로 채 썰어 사용함
4등품	등 외	갓이 만개해버린 것으로 모양은 옆으로 퍼지고 일정한 형태가 없고 두께가 가장 얇음

실생활의 조리원리

건표고버섯을 급하게 불리려면?

건표고버섯은 충분한 시간을 들여서 불리는 것이 좋으나, 급하게 불려야 할 때에는 미지근한 물에 설탕을 약간 넣어 30~60분간 불리면 된다. 불린 물에는 감칠맛 성분이 녹아 있으므로 버리지 말고 이용하도록 한다.

(2) 송이버섯

송이는 살아 있는 소나무의 뿌리에서 기생하는 독특한 버섯으로 글루탐산, 아스파르트산과 구아닐산이 있어 감칠맛이 있고 질감과 향이 우수하다. 좋은 송이를 고르려면 향기가 진하고 색깔이 선명하며 갓의 피막이 터지지 않고 자루

송이버섯

가 굵고 짧으면서 살이 두껍고 탄력성이 큰 것이 좋다.

가을이 시작되는 9월 초순부터 10월 중순까지 채취하여 생으로 유통되어 가을의 별미로 구이, 산적, 탕, 덮밥 등에 이용된다. 송이는 향이 생명이므로 고유의 향이 살아나도록 양념을 강하게 하지 않는 것이 좋으며, 너무 가열하지 말고 살짝만 가열하여 향이 날아가기 전에 즉시 먹도록 한다. 일부는 냉동, 염장, 통조림 형태로 저장하여 이용된다.

(3) 양송이버섯

양송이버섯

양송이버섯은 세계적으로 가장 많이 재배되고 있는 버섯으로, 단백질 함량이 높고 항돌연변이 효과와 항산화 효과가 우수하다. 갓이 부드럽고 자루가 짧으며 색은 백색이거나 크림색이다. 갓과 자루가 단단하게 딱 붙어있는 것이 좋고 갓 표면이 매끈한 것이 좋다. 샐러드, 수프, 구이, 찜 외에도 버터에 볶거나 하여 각종 음식에 많이 사용된다.

실생활의 조리원리

양송이버섯을 생으로 사용할 때 갈변을 방지하려면?
양송이버섯은 상처가 나거나 잘랐을 때 산화효소에 의해 갈변이 되므로 샐러드 등에 생으로 사용할 때에는 레몬즙 등을 뿌려 갈변을 방지하도록 한다.

(4) 느타리버섯

느타리버섯

느타리버섯은 참나무나 미루나무, 오리나무 등의 뿌리에서 자라며 거의 세계적으로 분포한다. 인공 재배도 많이 하며, 우리나라에서는 표고버섯 다음으로 많이 생산되는 버섯이다. 맛이나 향은 약한 편이나, 전골이나 찌개, 버터구이, 잡채, 나물로 많이 이용된다.

(5) 팽이버섯

팽이버섯

우리가 시중에서 구입하는 팽이버섯은 모두 인공 재배한 것으로, 빛을 차단하여 재배하므로 자연산과는 모습이 다르게 콩나물처럼 가늘게 자란다. 물에 살짝 씻어 날것 그대로 사용하거나 버터구이, 찌개, 튀김 등에 이용하는데, 너무 오래 가열하면 질겨지므로 조리할 때는 마지막에 넣어 조리한다. 병조림이나 통조림으로 가공되기도 한다. 식이섬유, 셀레늄, 필수아미노산이 풍부하지만, 잘 씹지 않으면 소화흡수율이 50% 밖에 되지 않는다. 팽이버섯을 잘게 잘라 물을 넣고 분쇄기로 갈아 끓인 후에 냉동해 두었다가 각종 음식에 이용하면 세포막이 파괴되어 소화흡수율이 높아진다.

(6) 새송이버섯(큰느타리버섯)

우리나라에서는 느타리버섯 다음으로 생산량이 많으며, 인공재배로 생산된다. 육질이 뛰어나고 맛도 좋은 편이며, 다른 버섯보다 수분 함량이 낮아 저장 기간이 길어서 유통기한이 다른 버섯에 비해 긴 것이 장점이다.

새송이버섯

비타민 C는 느타리버섯의 7배, 팽이버섯의 10배나 많고, 다른 버섯에는 거의 없는 비타민 B_6도 많이 함유되어 있으며, 비타민 B_{12}도 미량 함유되어 있다. 필수아미노산도 9가지나 함유되어 있고, 칼슘과 철 등의 무기질 함량도 다른 버섯에 비하여 매우 높다. 촉촉하면서 조금 단단하며 갓의 밑 부분이 노랗게 변색되지 않은 것이 좋은 상품이다. 전골, 찌개, 버터구이, 전 등에 이용한다.

(7) 목이버섯

생산지에서는 생것으로 식용되나 일반적으로 건조품이 유통되고 있어 미지근한 물에 불려 사용하는데, 불리면 약 5배가량 부피가 증가한다. 부드러우면서도 오도독한 독특한 질감으로 인해 촉각적인 즐거움만 아니라 검은 색깔로 인해 음식에 시각적인 즐거움까지 준다. 잡채에 넣거나 무침, 볶음, 수프 등 주로 중국 음식에 많이 이용한다.

목이버섯

(8) 석이버섯

석이버섯은 다른 버섯과는 달리 지의류에 속한다. 미지근한 물에 불렸다가 까

석이버섯

만 물이 나오지 않을 때까지 손으로 비비면서 흐르는 물에 씻어 안쪽의 껍질을 벗겨 사용하며, 볶을 때에는 참기름을 소량 사용하여 저온에서 볶는다. 석이버섯은 가루로 만들어 저장해 두고 음식의 색을 검게 하고 싶을 때에 가루를 혼합하여 사용한다. 석이버섯은 검은색 고명으로 사용되는 대표적인 식품으로 음식에 장식효과를 준다.

9) 알버섯(송로버섯)

주로 봄과 가을에 모래땅의 소나무 숲, 특히 해변의 땅속에 나는 식용 버섯의 하나이다. 맛있고 향기로우며 우리나라와 일본을 비롯한 북반구에 널리 분포하고, 모양은 고구마와 같이 길쭉하거나 감자알과 같이 둥글게 생겼다. 표면은 매끄럽고 백색이지만 땅 위로 파내면 황갈색에서 적갈색으로 변하고, 속살은 처음에는 백색이지만 점차 황색에서 암갈색으로 변한다.

(10) 서양송로버섯

서양송로버섯

알버섯(송로버섯)과는 전혀 다른 버섯인 서양송로버섯(truffle)은 우리나라에서 는 아직 발견되지 않고 있다. 크기와 모양은 도토리 크기에서 주먹만한 감자 크기와 모양이며 땅 속에서만 자라기 때문에 돼지나 훈련된 개의 후각을 이용해서만 찾을 수 있다. 인공 재배가 안 되므로 가격은 아주 비싸지만 최근에는 값싼 중국산도 나오고 있다.

프랑스에서는 흑송로(black truffle), 이탈리아에서는 백송로(white truffle)가 인기가 있어 고급 요리에 사용되며, 음식 속의 다이아몬드라고 불리고 있다. 매우 강한 향을 지녀서 다른 재료와 섞어 놓으면 그 재료에 향을 옮기므로, 서양송로버섯의 잘라낸 조각들도 버리지 않고 올리브유에 담가 충분히 향이 옮겨지면 그 기름을 음식에 사용한다. 서양송로버섯은 생으로도 먹고 익혀서도 먹는데, 향을 살려야 하므로 너무 강한 열을 사용하지 않는 간단한 조리법이 좋다. 서양송로버섯은 상하기 쉽기 때문에 신선한 겨울을 제외하고는 병조림, 통조림으로 만든다.

서양송로버섯은 세계 3대 진미 중의 하나

캐비어(caviar, 철갑상어알), 푸와그라(foie gras, 거위간)와 함께 세계 3대 진미에 속하는 서양송로 버섯(truffle)은 향기가 짙고 풍미가 강해, 서부 유럽에서는 옛날부터 진귀하고 고가의 버섯으로 알려져 있다. 푸와그라에 서양송로버섯을 넣으면 그야말로 진가를 발휘하여 좋은 향이 푸와그라를 한층 더 맛있게 한다.

CHAPTER 9
유지류

CHAPTER 9
유지류

유지류는 식물의 열매, 동물의 지방조직 등에 널리 분포되어 있으며, 에너지원이 되며, 세포막 구성과 생리조절물질인 프로스타글란딘의 전구체 등의 역할을 하는 필수지방산의 공급원 및 지용성 비타민의 용매로 작용한다. 또한 유지는 조리 시 부드러운 맛과 향미를 부여하며 열 전도체로서 작용한다.

1. 유지의 구조와 일반적 특성

1) 구조

중성지질(triglyceride; TG)
한 분자의 글리세롤(glycerol)에 3분자의 지방산(fatty acid)이 에스터(ester) 결합한 물질

지방산
카르복실기(–COOH)를 갖고 있는 유기산

ester 결합

단일불포화지방산 (monounsaturated fatty acid; MUFA)
1개의 이중결합을 갖는 지방산

다가불포화지방산 (polyunsaturated fatty acid; PUFA)
2개 이상의 이중결합을 갖는 지방산

우리가 먹는 유지류는 대부분 중성지질(triglyceride)이며, 상온에서 액체인 기름(oil, 油)과 고체나 반고체인 지방(fat, 脂)으로 나누어진다.

자연 중에 존재하는 지방산은 거의 대부분 짝수의 탄소를 가지며, 분자 중에 이중결합의 유무에 따라 포화지방산과 불포화지방산으로 나눈다. 불포화지방산 중 이중결합이 2개 이상인 지방산을 다가불포화지방산(polyunsaturated fatty acid; PUFA)이라 한다.

또한, 이중결합의 형태에 따라 시스(cis)형과 트랜스(trans)형으로 나눌 수 있다. 자연 중에 있는 불포화지방산의 형태는 주로 시스형이다. 동물성 지방에는 포화지방산인 팔미트산(palmitic acid), 스테아르산(stearic acid)이 많으며, 식물성 기름에는 불포화지방산인 올레산(oleic acid), 리놀레산(linoleic acid)이 많다(표 9-1).

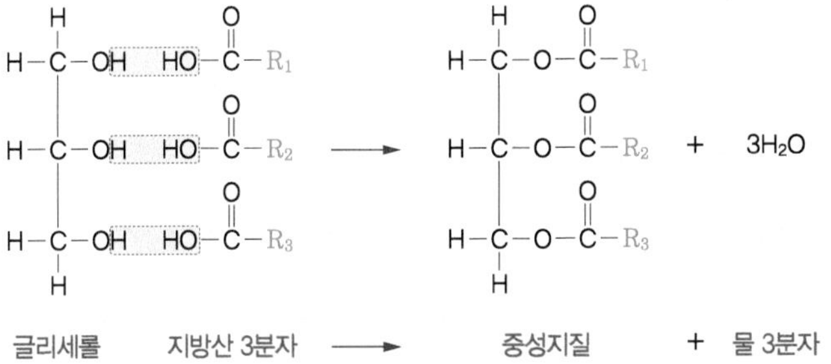

글리세롤   지방산 3분자   ⟶   중성지질   +   물 3분자

그림 9-1 중성지질의 구조

표 9-1 지방산 종류와 명칭

일반명	탄소수	이중결합수
butyric acid	4	0
caproic acid	6	0
caprylic acid	8	0
capric acid	10	0
lauric acid	12	0
myristic acid	14	0
palmitic acid	16	0
stearic acid	18	0
oleic acid	18	1
linoleic acid	18	2
linolenic acid	18	3
arachidonic acid	20	4
eicosapentaenoic acid(EPA)	20	5
docosahexaenoic acid(DHA)	22	6

cis형

이중결합이 존재하는 탄소에 붙어 있는 수소가 같은 방향에 있는 경우

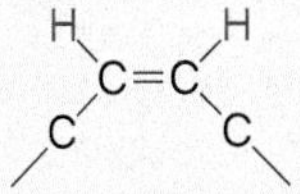

시스형

trans형

이중결합이 존재하는 탄소에 붙어 있는 수소가 반대 방향에 있는 경우

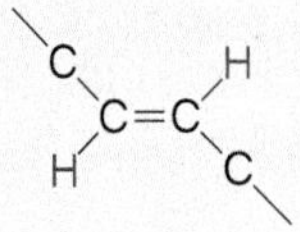

트랜스형

이중결합의 위치표시 방법

예) ω-3지방산(n-3) : 카르복실기의 반대쪽 끝에 있는 메틸기를 ω (n) 위치로 하여 ω(n)로부터 세 번째와 네 번째 탄소 사이에 이중결합 존재

2) 일반적 특성

(1) 용해성

유지는 극성용매인 물에는 녹지 않으며, 비극성 유기용매인 에테르, 벤젠, 클로로포름 등에 녹는다.

(2) 비중

대부분 유지의 평균 비중은 0.92~0.94로 물보다 낮아 물과 있으면 물 위에 뜨게 되며, 이 현상은 기름과 식초를 이용한 프렌치드레싱에서 흔히 볼 수 있다.

(3) 비열

유지의 비열은 0.47 cal/g℃로 작아 온도가 쉽게 변한다. 이로 인해 튀김 시 냉동식품을 한꺼번에 많이 넣으면 온도가 많이 내려갈 수 있으므로 튀김기름의 양을 많이 사용해야 한다.

(4) 융점

융점은 고체가 액체로 되는 온도로서 자연 중에 존재하는 유지류는 여러 종류의 지방이 혼합되어 있으므로 융점이 모두 다르다. 융점은 지방산의 탄소수 크기, 포화도, 이중결합의 형태 등에 영향을 받는다.

- 탄소수가 많을수록 분자간의 인력이 커져 융점은 높아진다.
- 포화도가 높을수록(즉, 이중결합이 적을수록) 융점은 높아진다.
- 같은 불포화지방산이더라도 트랜스지방산이 시스지방산보다 직선상 구조를 하여 분자간의 인력이 커 융점이 높다.

일반적으로 동물성 지방은 포화지방산의 함량이 많아 융점이 높으므로 상온에서 고체를 이루고, 식물성 유지는 불포화지방산의 함량이 높아 융점이 낮으므로 상온에서 액체 상태이다. 그러나 어유는 동물성이지만 다가불포화지방산을 많이 함유하고 있어 액체이며, 코코아버터(cocoa butter)는 식물성이지만 포화지방산을 많이 함유하고 있어 상온에서 고체로 존재한다.

코코아버터
카카오콩에서 추출하는 식물성 지방으로 초콜릿의 원료로 사용

(5) 결정구조

식품 유지 중 상온에서 고체형태로 존재하는 것을 자세히 보면 실제로는 액체 속에 지방의 결정체가 혼합된 형태로 존재한다. 지방을 녹였다 온도가 낮아지면 분자들이 서로 반데르발스 힘에 의해 결합되어 결정체가 형성된다.

지방 결정체는 α, β', β형으로 존재한다. α형은 투명한 판상크기의 작은 결정형이고, β'형은 결정 크기는 α형보다 크나 α형보다 안정적이다. β결정형은 가장 안정적이나 큰 결정으로 거친 질감을 준다. 그러므로 β' 결정형은 안정적이면서도 결정의 크기가 비교적 작아 부드러운 질감을 주므로 쇼트닝 제조 시 바람직한 형태가 된다. 일반적으로 중성지방을 구성하는 지방산의 종류가 다양할수록 β' 형을 이룬다.

결정의 크기
$\alpha < \beta' < \beta$

결정의 안정성
$\alpha < \beta' < \beta$

융점
$\alpha < \beta' < \beta$

(6) 발연점

유지를 가열하여 어느 온도에 도달하면 지방이 지방산과 글리세롤로 분해되며, 글리세롤은 다시 아크롤레인으로 분해되어 푸른 연기를 내기 시작하는데 이 온도를 발연점이라 한다(그림 9-2). 연기의 주성분인 아크롤레인은 자극성이 강한 냄새와 맛으로 몸에 해로운 성분이다.

- 지방의 종류에 따라 발연점이 다른데 튀김 기름으로는 발연점이 높은 것을 택해야 한다.
- 기름의 표면적이 넓으면 발연점이 낮아지므로 튀김용 기구는 되도록 좁은 것을 사용해야 한다.
- 유리지방산의 함량이 높을수록 발연점이 낮아지므로 가열시간이 길어질수록 발연점이 낮아지게 된다.
- 기름 속에 이물질이 많을수록 발연점이 낮아지므로 기름의 사용횟수가 많을수록 발연점이 낮아지므로 다시 기름을 사용하려면 이물질을 제거해야 한다.

발연점이 낮아지는 요인
- 기름의 표면적이 넓을수록 (입구가 넓은 냄비나 팬에서 조리)
- 유리지방산 함량이 높을수록 (가열시간이 길수록)
- 이물질이 많을수록

유리지방산
(free fatty acid; FFA)
글리세롤과 에스터 결합을 하지 않은 지방산

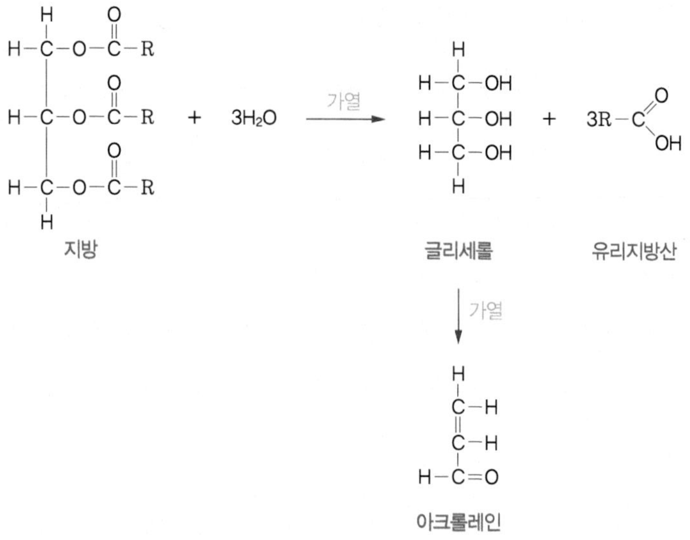

그림 9-2 지방질의 가열분해 및 아크롤레인 생성

3) 유지의 가공처리

(1) 수소화(경화처리)

금속촉매하에서 불포화지방산의 이중결합에 수소를 첨가하는 과정을 수소화(hydrogenation)라 한다. 수소화를 시키면 포화도가 증가하게 되어 융점이 높아져 상온에서 고체로 존재하게 되는데, 이를 이용한 것이 마가린, 쇼트닝이다. 이러한 과정 중 자연 중에 액체기름에 존재하는 시스 형태의 불포화지방산이 트랜스형으로 전환되기도 하므로 건강상 문제가 될 수 있다.

트랜스지방산은 무엇이 문제인가?

트랜스지방산은 자연적으로는 거의 존재하지 않는 형태로 수소화과정이나 고온처리에서 생길 수 있다. 그러므로 마가린, 쇼트닝을 사용하여 만드는 케이크, 과자와 프렌치프라이, 팝콘 등 튀김류에 다량 함유되어 있다. 트랜스지방은 관상동맥경화증, 심장병 등을 유발시킬 수 있다는 많은 결과가 나오고 있어 우리나라에서도 모든 가공식품에 이의 함량을 의무적으로 표시하게 되어 있다. 이때 트랜스지방이 0.5 g 이하이면 트랜스지방이 없다고 표시할 수 있으므로 이를 주의해야 한다.

(2) 에스터교환반응

유지류에 금속염이나 라이페이스(lipase)를 반응시키면 글리세롤에서 지방산이 분리되어 지방산을 서로 교환하여 새로운 중성지방을 형성하게 되는데, 이 과정을 에스터교환반응(interesterification)이라 한다. 이외에 아세트산(acetic acid)을 첨가시켜 지방산을 대체하는 아세틸화(acetylation)를 이용하기도 한다. 이 반응은 융점을 높이고 다양한 지방산을 함유하게 되어 다양한 융점을 가지므로 퍼짐성이 좋고, 안정적이며 부드러운 질감을 갖는 β' 결정형의 마가린이나 쇼트닝을 만드는 데 이용되고 있다.

라이페이스(lipase)
에스터결합은 가수분해하는 효소로 유리지방산과 글리세롤을 생성

마가린이나 쇼트닝 제조시의 가공처리
· 수소화
· 에스터화

(3) 윈터리제이션

식물성 기름을 보관할 때 온도가 내려가게 되면 융점이 높은 포화지방산이 고체가 되면서 기름이 뿌옇게 되는 현상이 발생하는데, 이러한 고체 지방을 제거하는 과정을 윈터리제이션(winterization)라 한다. 그러므로 윈터리제이션를 한 식물성 기름은 냉장고에서도 맑게 유지된다.

2. 유지의 조리

1) 향미의 증가

튀김과 볶음요리에서 기름은 음식물의 휘발성 성분과 지용성 성분을 녹여 내어 음식의 향미를 증진시킨다. 중국요리가 전 세계에서 널리 사랑을 받고 있는 것도 이같은 원리를 이용한 것이다. 또한 기름 자체 특유의 향미를 이용하는 것으로는 참기름, 들기름, 버터, 올리브유 등이 있다. 나물을 무칠 때 참기름을 넣으면 향미를 돋우게 되는데, 향기성분은 휘발성이므로 마지막 조리단계에서 넣는 것이 바람직하다.

2) 열전달 매체

물은 대기압에서 100℃에 끓기 시작하여 계속 가열해도 온도는 올라가지 않고 물만 증발하는 데 비해, 기름은 끓는 점이 높아 대부분 180~200℃까지 올라가고 비열이 낮아 음식이 빨리 익는다. 이를 이용한 방법이 튀김이나 볶음이다.

(1) 튀김 과정

튀김은 150~180℃의 고온에서 단시간 조리하므로 튀김 재료의 수분이 급격히 증발하고 기름이 흡수되어 바삭바삭한 질감과 함께 휘발성 향기성분이 생성되며 영양소나 맛의 손실이 적다. 튀김조리 시 다음의 세 단계를 거쳐 식품이 가열조리된다(그림 9-3).

> **튀김의 세 단계**
> · 수분의 외부 이동과 함께 내부의 수분이 식품표면으로 이동
> · 껍질 형성
> · 내부가 익음

- 제1단계 : 식품이 뜨거운 기름에 들어가면 식품 표면의 수분이 수증기로 달아나며 이로 인해 식품 내부의 수분이 식품 표면으로 이동하게 된다. 이 때 형성된 식품 표면의 수증기면은 고온의 기름온도에서 식품을 타지 않게 보호하며 기름이 흡수되는 것을 막아 주지만, 일부의 기름은 이 수분이 달아나는 기공을 통하여 흡수된다.

- 제2단계 : 튀김 열에 의해 마이야르 반응이 일어나 식품의 표면이 갈색이 되며, 수분이 달아나는 기공이 커지고 많아지게 된다.

그림 9-3 튀김에서의 수분증발과 기름흡수 작용

출처 : Amy Brown, 2004, Understanding Food Principles and Preparation, Wadsworth

- 제3단계 : 식품의 내부가 익게 되는데 이것은 직접적인 기름의 접촉보다 내부로 열이 전달되어 익게 된다.

그러므로 탈수를 시켜야 하는 감자칩은 재료에 튀김옷을 씌우지 않거나 전분을 약간 발라 튀겨야 하며, 한편 수분의 증발을 원하지 않을 때는 수분이 많은 튀김옷을 입혀 튀김옷의 수분만을 증발되게 하면서 열이 내부로 전달되어 재료가 익도록 해야 한다.

(2) 튀김옷

튀김이 잘 된 것은 튀김옷이 질기지 않고 기름이 적게 흡수되어 바삭한 것이다. 글루텐은 물을 흡수하여 글루텐 망상구조 안에 가두어 튀김 시 물의 증발을 어렵게 하므로 튀김옷이 두껍고 질겨진다.

- 튀김옷의 밀가루는 글루텐 함량이 적은 박력분을 사용하는 것이 바람직하며, 튀김옷을 반죽할 때 밀가루에 물을 붓고 젓가락으로 저어 글루텐이 최소로 생기도록 한다.
- 튀김옷 제조 시 사용하는 물의 $\frac{1}{4} \sim \frac{1}{3}$을 달걀로 대체하면 글루텐 형성이 덜되며 달걀 단백질이 열에 응고하면서 수분을 방출시켜 튀김이 단단하며 바삭해진다.
- 튀김옷에 설탕을 넣으면 마이야르 반응이 일어나 갈색이 증진되며, 글루

튀김을 바삭하게 하는 법

- 박력분 이용
- 가볍게 저음
- 달걀단백질 이용
- 설탕 이용
- 식소다 이용
- 15℃ 수온의 물 이용

실생활의 조리원리

박력분이 없는데 튀김옷을 어떻게 만들까?
다목적용 밀가루인 중력분의 10~15%를 전분으로 대치시키면 박력분의 글루텐 함량과 같아진다.

바삭한 튀김을 만들 때 왜 얼음물을 사용할까?
물의 온도가 실온에서 보통 20℃ 정도이므로 수온을 낮추는 방법으로 얼음을 첨가한다. 그러나 수온이 너무 낮으면 튀김온도가 낮아져 기름에 넣어 수분의 증발이 시작될 때까지 시간이 길어져 밀가루의 수화가 많이 일어나 바삭거리지 않게 된다. 또한 첫 번째 튀김 시 튀김옷의 변성 등으로 인해 기름의 열전달이 충분치 않아 수분이 남아 있을 수 있으므로 두 번 튀기는 것이 바람직하다.

텐을 연화시켜 수분의 증발이 쉬워져 튀김옷이 연해지고 바삭해진다.

* 튀김옷에 식소다를 0.2% 정도 첨가하면 가열에 의해 탄산가스(CO_2)가 발생하면서 동시에 수분도 증발되어 바삭해진다.
* 반죽의 물의 온도는 15℃ 정도가 적당하다. 이 온도에서 글루텐이 수화가 적게 되고 형성이 덜 되 유리수가 많아 수분의 증발이 잘 되어 바삭해진다.

(3) 튀김기름

튀김 시 사용되는 기름은 발연점이 높고, 식품의 향기에 영향을 덜 주도록 향을 갖고 있지 않은 식물성 기름을 사용해야 한다. 이런 면에서 정제하지 않은 올리브기름, 참기름은 튀김용으로 적당치 않다. 또한, monoglyceride(MG)나 diglyceride(DG) 같은 유화제를 갖고 있는 쇼트닝은 발연점이 낮아 적당치 않으며, 물과 유화제가 들어있는 버터나 마가린도 튀김 용도로 사용 불가능하다. 그러므로 튀김에 적합한 기름은 정제가 잘된 대두유, 옥수수기름, 면실유 등이다(표 9-2).

표 9-2 유지의 발연점

유지 종류	발연점(℃)	유지 종류	발연점(℃)
정제 대두유	256	비정제 대두유	210
정제 면실유	233	사용한 라드	190
정제 낙화생유	230	유화제 함유 쇼트닝	177
정제 옥수수유	227	비정제 참기름	175
버진 올리브유	190	비정제 올리브유	175
코코넛유	175	비정제 낙화생유	162

(4) 튀김에 적당한 온도와 시간

튀김에 적당한 온도와 시간은 일반적으로 180℃ 정도에서 2~3분이지만, 식품의 종류와 크기, 튀김옷의 수분 함량 및 두께에 따라 달라진다(표 9-3). 기름의 온도가 너무 낮거나 시간이 길수록 당과 레시틴 같은 유화제가 함유된

표 9-3 튀김에 적당한 온도와 시간

튀김의 종류	튀김온도(℃)	튀김시간(분)	비고
프렌치프라이(감자)	185~195	2~3	냉동 프렌치프라이를 튀길 때
크로켓, 양파, 기타 채소	190~200	1	속이 이미 익어 있어 겉만 색이 나면 되거나 빨리 익는 재료이므로 고온에서 단시간 조리
닭튀김	1차 : 165	8~10	속까지 충분히 익어야 하므로 비교적 저온에서 오래 조리
	2차 : 190~200	1~2	남은 수분을 제거하여 바삭해지도록 2번 튀김
각종 어패류 튀김	175~180	1~2	
근채류 튀김	165~175	2~3	속까지 충분히 익어야 하므로 비교적 저온에서 오래 조리
프리터	160~170	1~2	달걀 튀김옷이 타지 않도록 비교적 저온에서 조리
도넛	160	3	당분이 많아 온도가 높으면 타기 쉬우므로 저온에서 조리

식품의 경우 수분의 증발이 일어나지 않아 기름이 재료로 많이 흡수되어 튀긴 음식이 질척해지고 기름의 흡유량도 많아지며, 반대로 기름의 온도가 너무 높으면 속이 익기 전에 겉이 타게 된다.

(5) 튀김기름의 적정 온도 유지를 위한 사항

① **튀김기름의 양과 재료의 양** 튀김 재료의 10배 이상의 충분한 양의 기름을 준비한다. 한 번에 넣고 튀기는 재료의 양은 일반적으로 튀김 냄비 기름 표면적의 $\frac{1}{3}$~$\frac{1}{2}$ 이내이어야 비열이 낮은 기름의 온도의 변화가 적어 맛있는 튀김이 된다. 재료를 넣으면 재료의 온도가 낮아지고 동시에 재료에 존재하는 수분이 증발하여 기화열을 빼앗기므로 기름의 온도가 일단 저하된다.

수분 함량이 많은 식품은 기름 온도를 저하시키므로 미리 어느 정도의 수분을 제거시킨다. 냉동식품을 튀길 경우, 튀김옷을 입힌 식품은 냉동상태에서

프리터(fritters)

고기, 채소, 생선, 과일 등에 걸쭉한 반죽을 입혀 튀겨내어 달콤하거나 짭짤한 맛을 내는 케이크로 사과, 옥수수, 게는 프리터를 만드는 데 사용되는 인기 있는 재료임

온도계가 없을 때 튀김 온도를 측정하는 방법은?

튀김 시 적당한 온도를 알기 위해 온도계를 사용하는 것이 정확하지만 온도계가 준비되지 않았을 경우는 튀김옷을 기름에 조금 넣어 떠오르는 상태로 온도를 파악할 수 있다. 기름의 온도가 150~160℃일 경우는 튀김옷이 냄비 밑까지 일단 가라앉았다가 떠오르고, 170~180℃일 경우는 냄비의 중간까지 가라앉았다 떠오르며, 190~200℃ 정도에서는 바로 떠오르게 된다.

가열하고, 옷을 입히지 않은 식품은 반 해동상태에서 튀기는 것이 좋다.

② **튀김 냄비**　튀김할 때 온도의 변화를 막기 위해서 두꺼운 금속용기로 직경이 작은 팬을 사용하며 많은 양의 기름을 넣어서 튀길 때 기름온도의 변화가 적다.

(6) 튀김기름의 가열에 의한 변화

- 열로 인해 가수분해적 산패와 산화적 산패가 촉진된다.
- 유리지방산과 이물질의 증가로 발연점이 점점 낮아진다.
- 지방의 중합현상이 일어나 점도가 증가한다.
- 튀기는 동안 식품에 존재하는 단백질이 열에 의해 분해되어 생긴 아미노산과 당이 마이야르 반응에 의해 갈색 색소를 형성하여 색이 짙어진다. 특히 생선이나 육류같이 단백질이 다량 함유된 식품의 경우 이 현상이 크게 나타난다.
- 튀김기름의 경우 거품이 생성되는 현상이 나타나는데, 처음에는 비교적 큰 거품이 생성되며 쉽게 사라지나 여러 번 사용할수록 작은 거품이 생성되며 쉽게 사라지지 않는다.

3) 연화작용

유지는 밀가루의 글루텐 형성을 조절하거나, 글루텐의 형성과 발달을 방해하여 글루텐을 끊어 주는 역할을 해 제품을 부드럽게 한다. 이는 유지가 소수성 성질을 가지므로, 밀가루의 단백질인 글리아딘과 글루테닌이 물과 결합하는 것을 방해하며 글루텐 표면을 둘러싸서 글루텐 형성과 발달을 막기 때문이다. 이러한 지방의 성질을 글루텐을 짧게 만든다는 뜻으로 쇼트닝성(shortening power)이라 한다. 이러한 쇼트닝성은 지방의 가소성(plasticity)과 관계가 있다.

(1) 쇼트닝성에 영향을 미치는 요인

① **가소성** 가소성이 클수록 쇼트닝성이 크다. 상온에서 70~85% 액체 유지와 15~30% 고체 유지가 섞여 있는 반고체일 때 가소성이 좋다. 그러므로 지방산의 조성과 온도에 영향을 받는다. 불포화지방산이 많이 함유된 유지는 이중결합에 의해 탄소사슬이 구부러지면서 넓은 표면적을 덮을 수 있어 효과적이다. 그러나 상온에서 완전한 액체인 유지는 유동성이 좋아서 전분입자 표면에 고정되어 글루텐이 물과 접촉하는 것을 효과적으로 차단하지 못한다. 반대로 냉장고에서 갓 꺼낸 버터 같은 고체 유지는 반죽 내에서 뭉쳐져 있기 때문에 넓은 범위의 글루텐을 차단하지 못한다. 그러므로 부드러운 쿠키나 촉촉한 파운드케이크를 만들려면 녹인 버터를 사용하며, 이와는 달리 바삭바삭한 켜가 생겨야 하는 패스트리 반죽을 할 때는 지방을 냉장고에 보관해 눌러서 얇고 큰 막을 형성하여 위와 아래를 분리시켜 켜가 생기게 해야 한다.

 라드 같이 부드럽고 쉽게 퍼지는 고체 지방은 가소성이 있어 연화작용은 좋으나 특유한 냄새가 있어 이를 대체한 것이 쇼트닝이다.

② **유화제** 난황 등 유화제가 많으면 지방을 유화시켜 반죽이 묽어지고 쇼트닝성이 감소한다.

③ **유지의 양** 유지의 양이 많을수록 쇼트닝성이 크다. 그러나 도넛이나 약과 반죽에 기름을 너무 많이 넣으면 글루텐 형성이 잘 되지 않아 튀길 때 풀어지게 된다.

쇼트닝성
(shortening power)
글루텐 표면을 둘러싸서 글루텐의 형성과 발달을 막아 밀가루 제품을 부드럽게 하는 성질

가소성(plasticity)
외력에 의해 변형된 물체가 외력을 제거해도 원래의 상태로 돌아오지 않고 영구변형을 남기는 성질

4) 크리밍 작용

버터, 마가린, 쇼트닝 같은 고체지방을 교반해 주면 속에 공기가 혼입되면서 색이 옅어지고 부드러운 크림상태가 된다. 공기를 많이 품을수록 크리밍 작용이 큰것인데 이 작용은 쇼트닝>마가린>버터의 순으로 나타난다. 그러므로 공기를 함유하여 부드러운 질감을 가지는 빵이나 케이크 만들 때 쇼트닝, 마가린, 버터 등과 같이 β'형으로 결정화된 유지를 사용하여 크리밍하면 많은 양의 공기가 작은 기포의 형태로 포집되어 우수한 제품을 만들 수 있다. 크리밍 작용은 온도에도 영향을 받는데 쇼트닝은 25℃, 버터는 20℃에서 가장 좋은 크리밍 작용을 보인다.

5) 유화작용

유화제
한 분자 안에 물과 결합할 수 있는 친수성기와 기름과 결합할 수 있는 친유성기(소수성)를 함께 갖고 있는 물질

유지는 물에 녹지 않지만 혼합하면서 저어 주거나, 친수성기와 소수성기를 갖고 있는 유화제와 함께 하여 유화액을 이룬다. 천연유화제는 대두 및 달걀노른자에서 추출하는 레시틴과 대두 등에서 추출하는 사포닌이 있으며, 합성유화제로는 글리세린지방산에스테르, 소르비탄지방산에스테르, 자당지방산에스테르, 프로필렌글리콜에스테르 등이 있다. 식품에 존재하는 모노글리세리드, 다이글리세리드, 단백질 등도 우유, 크림, 버터 등에서 유화제의 역할을 한다.

(1) 마요네즈

마요네즈는 식물성유, 식초, 난황으로 만들어진 수중유적형 유화액 식품으로 난황이 유화제로 작용하고 있다. 이에 겨자와 후추, 소금이 첨가되는데 이들은 맛 이외에 유화액을 안정시키는 데 도움이 된다. 이때 낮은 온도의 기름은 유화가 더디나 일단 유화액을 이루면 점성이 높아 안정한 유화액이 된다. 난백이나 전란도 유화제로 작용할 수 있으나, 난황보다 능력이 떨어지며 신선한

난황일수록 좋다. 마요네즈를 만들 때 처음에 기름을 조금씩 떨어뜨려 혼합한 후 서서히 기름의 양을 증가시키며 저어 주어야 안정한 유화액을 이룬다. 또한 혼합이 잘 이루어지도록 둥그런 보울을 사용하는 것이 바람직하다.

① 마요네즈가 분리되는 경우
- 초기에 기름을 너무 빨리 많은 양을 넣었을 때
- 유화제(난황)에 비해 기름이 많았을 때
- 기름의 온도가 너무 낮아 유화액 형성이 불완전했을 때
- 젓는 속도와 방법이 부적당했을 때
- 냉동 저장하여 지방구를 둘러싸고 있는 유화제 막이 터졌을 때
- 고온에 저장하여 물과 기름의 팽창계수가 다를 때

새로운 난황이나 잘 형성된 마요네즈에 분리된 마요네즈를 조금씩 넣어 계속 저어 주면 재생시킬 수 있다.

(2) 프렌치드레싱

프렌치드레싱의 주재료는 기름과 식초로, 보통 3 : 1의 비율로 식성에 따라 비율을 조절할 수 있다. 이는 유화제가 없어 분리되므로 사용하기 전에 흔들어서 혼합하여 사용해야 하는 일시적 유화액이다. 프렌치드레싱에는 소금과 후추를 사용하는데, 소금은 기름에 용해되지 않으므로 식초에 먼저 소금과 후추를 넣고 소금이 다 녹으면 기름을 넣어 잘 흔들어 주어야 간이 골고루 배며, 매번 사용하기 전에 다시 흔들어 유화액을 유지시켜야 한다.

실생활의 조리원리

마요네즈나 프렌치드레싱 만들 때에 철제 금속으로 만든 보울(bowl)을 사용하지 않아야 하는 이유는?
이들을 만들 때 저어 섞게 되는데, 이때 공기와 접촉이 많으므로 튀김만큼은 아니지만 지방이 산화되기 쉬우므로 지방산화를 촉진시키는 철 같은 금속용기는 피하는 것이 좋다.

3. 유지의 산패와 저장

유지의 산패는 열을 가하거나, 장기간 저장하여 일어나는 불쾌한 냄새, 맛의 저하, 영양가 저하 등 품질 저하 현상을 말하며, 원인에 따라 가수분해에 의한 산패와 산화에 의한 산패로 분류할 수 있다.

1) 가수분해에 의한 산패

지방이 물과 반응하여 가수분해되거나, 효소인 라이페이스(lipase)에 의해 가수 분해되는 산패이다. 이러한 가수분해로 글리세롤과 에스터결합이 되어 있지 않은 유리지방산이 생성되어 산가(acid value)가 증가하며 산화가 촉진된다.

이 때 끓는점이 낮은 저급지방산인 butyric acid(C_4), caproic acid(C_6), caprylic acid(C_8) 등의 유리지방산이 생성되면 휘발성으로 나쁜 냄새가 나게 되는데 이는 우유의 지방에서 나타난다. 그러므로 가수분해를 일으키는 라이페이스는 식품과 미생물에 의해 제공되므로, 식품 저장에는 저온 저장하거나, 열을 처리하여 변성시켜 효소를 억제시키는 것이 바람직하다.

산가(acid value)
유지 1 g 중에 함유된 유리지방산을 중화하는 데 필요한 KOH의 mg수로, 산가가 높을수록 품질이 저하되었음을 나타냄

저급지방산(단쇄지방산)
butyric acid, caproic acid, caprylic acid 등 C_8 이하의 탄소수가 짧은 지방산

가수분해 : TG(중성지방) + 3 H_2O → glycerol + 3 FFA(유리지방산)

2) 산화에 의한 산패

유지는 공기 중에 노출되면 산소와 반응하여 산화하게 되어 불쾌한 냄새와 맛을 주며 영양가도 저하되고 결국에는 독성을 나타내게 된다. 이는 자연 발생적으로 일어나게 되므로 자동산화(autoxidation)라고 한다. 이때 불포화지방산을 많이 가질수록 산화는 쉽게 일어난다. 그러므로 불포화도가 높은 식물성 유지나 어유가 쉽게 산화한다.

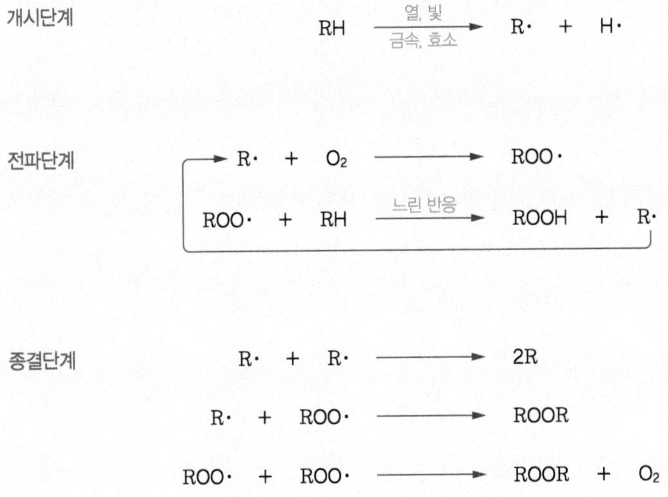

개시단계 $\qquad$ RH $\xrightarrow[\text{금속, 효소}]{\text{열, 빛}}$ R· + H·

전파단계

$\qquad$ R· + O_2 $\longrightarrow$ ROO·

ROO· + RH $\xrightarrow{\text{느린 반응}}$ ROOH + R·

종결단계 $\qquad$ R· + R· $\longrightarrow$ 2R

R· + ROO· $\longrightarrow$ ROOR

ROO· + ROO· $\longrightarrow$ ROOR + O_2

그림 9-4 산화적 산패단계

자동산화는 개시단계, 전파단계, 종결단계의 세 단계로 이루어진다(그림 9-4).

① **개시단계** 유리라디칼이 생성되는 단계로 산소, 열, 빛, 금속, 리폭시게네이스(lipoxygenase) 같은 효소에 의해 촉진된다. 리폭시게네이스는 이중결합이 두 개 이상으로 cis, cis-1,4-pentadiene 구조를 갖고 있는 리놀레산(linoleic acid)이나 리놀렌산(lino-lenic acid), 아라키돈산(arachidonic acid) 등에 작용하여 산화를 촉진시킨다. 이 효소는 두류에 많이 있다.

② **전파단계** 생성된 유리라디칼은 반응성이 커 산소를 흡수한 후 다른 지방산을 공격하여 과산화물을 만들고, 이로 인해 새로운 유리라디칼을 형성하는 것이 계속 일어나게 된다. 이때 생성된 과산화물은 독성이 있으며, 시간이 경과함에 따라 알코올, 알데히드, 산, 케톤 등으로 분해되어 불쾌한 냄새가 나게 한다.

유리라디칼(free radical)
짝이 없는 전자, 즉 홀수의 전자를 가지고 있는 분자로 반응성이 큼

Pentadiene

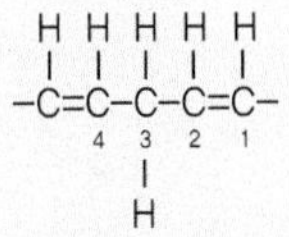

과산화물
지방산화의 중간산물인 ROOH 형태로 산화가 진행됨에 따라 분해와 중합이 일어나 알코올, 알데하이드, 케톤류 등으로 분해

③ **종결단계** 생성된 유리라디칼끼리 서로 반응하여 안정된 카르보닐 화합물을 형성하게 되는 단계로 유지의 연쇄반응이 중지된다.

항산화제는 유리라디칼에게 전자를 주어 종결반응을 일으키게 하여 자신은 안정한 화합물로 변하는 물질이거나, 금속을 차단하는 작용을 한다. 천연 항산화제로는 토코페롤(비타민 E)류, 아스코브산, 일부 플라보노이드 물질, 참깨의 세사몰(sesamol) 등이 있으며, 인공 항산화제로는 BHA(butylated hydroxyanisole), BHT(butylated hydroxytoluene), PG(propyl gallate) 등이 포함된다.

3) 유지류의 저장

- 빛이 지방산화를 촉진시키므로 착색 병을 사용하는 등 빛을 차단시켜야 한다.
- 온도가 높을수록 모든 반응은 속도가 증가하므로 낮은 온도에서 보관한다.
- 산소를 차단시키기 위해 뚜껑을 닫고 적당한 탈산소제나 포장재를 이용한다.
- 사용했던 기름은 이물질을 제거한 후 보관한다.
- 구리, 철 같은 금속이 지방산화를 촉진시키므로 조리도구로 금속을 피하여 스테인리스 스틸을 이용하는 것이 바람직하며, 철을 많이 함유하는 육류, 붉은살 생선 등을 튀긴 기름은 재사용하지 않는 것이 좋다.
- 리폭시게네이스 같은 지방산화촉진효소를 많이 함유한 두류 등은 오래 저장하려면 가열처리하여 효소를 불활성시킨 것이 좋다.
- 가공식품의 경우 유지의 산패를 방지시키기 위해 항산화제를 첨가할 수 있다.

4. 유지 식품

1) 식물성 유지

식물성 유지를 요오드가에 따라 건성유, 반건성유, 불건성유로 나눌 수 있다.

- 건성유 : 요오드가 130 이상으로 공기 중에 두면 쉽게 굳어지는 것으로 들기름, 겨자유가 이에 속한다.
- 반건성유 : 요오드가 100~130으로 건성유와 불건성유의 중간적 성질을 갖으며 콩기름, 면실유, 참기름, 옥수수유, 해바라기유가 이에 속한다.
- 불건성유 : 요오드가 100 이하로 공기 중에 두어도 굳어지지 않는 것으로 올리브유, 피마자유, 낙화생유가 이에 속한다.

요오드가
유지 100 g에 흡수되는 요오드의 g수로 나타냄. 요오드는 유지의 불포화 결합 부분에 부가되므로 불포화도가 높을수록 요오드가가 높음

유지의 건조성
유지가 공기중에서 산소를 흡수하여 산화·중합·축합을 일으킴으로써 차차 점성이 증가하여 마침내 고화(固化)하는 성질로 유지의 이중결합의 수에 비례함

(1) 대두유
세계에서 많이 사용되고 있는 기름으로 천연 항산화제인 비타민 E를 상당량 함유한다. 혈액 내 중성지방과 콜레스테롤 함량을 낮추는 효과가 있는 것으로 알려진 불포화지방산인 올레산(oleic acid)과 리놀레산(linoleic acid)을 많이 함유하며, 또한 리놀렌산(linolenic acid)도 상당량 함유하므로 지방산화에 주의해야 한다. 샐러드, 조리용 등 다양한 용도로 사용 가능하며 정제된 대두유는 향미가 약하고 발연점이 높아 튀김용으로 특히 좋다.

(2) 옥수수유
옥수수의 배아로부터 분리한 후 윈터리제이션하여 샐러드유로 많이 사용되고 있다. 지방산의 조성은 대두유와 비슷하여 용도도 튀김, 샐러드, 조리용으로 사용되고 있으며 마가린, 쇼트닝, 마요네즈의 원료로 이용되고 있다.

(3) 면실유
목화를 섬유용으로 사용하고 부산물로 얻어지는 종실을 이용하여 튀김용과

윈터리제이션 후 샐러드용으로 사용되고 있다. 쇼트닝, 마가린의 원료로 이용하고 있으며, 항산화력이 있으나 독성이 강한 고시폴(gossypol)을 함유하므로 정제하여 사용하여야 한다.

(4) 유채유(카놀라유)
심혈관계에 부정적인 영향을 줄 수 있는 에루스산(erucic acid, $C_{22:1}$)의 함량이 높아 문제가 될 수 있는데, 유채꽃의 품종을 개발하여 5% 이하로 만든 카놀라유를 생산하고 있다. 샐러드유, 쇼트닝, 마가린 재료에 사용하고 있다.

(5) 참기름
참깨를 볶은 후에 압착법을 사용하여 짜낸 기름으로 특유의 고소한 향미를 주며, 우리나라 요리에서 무침용으로 사용하고 있다. 불포화지방산이 80%이며, 이 중 올레산(oleic aid)과 리놀레산(linoleic acid)이 대부분을 차지한다. 참기름은 천연항산화제인 토코페롤과 세사몰(sesamol)을 함유하고 있다.

(6) 올리브유

압착법
오래전부터 사용한 방법으로 식물성 유지 원료에 압력을 가하여 채유하는 것으로, 향을 중요시하는 기름을 추출할 때 주로 사용

올리브유의 산도
(acidity)
올레산의 %함량으로 나타내며, 값이 높을수록 산패가 많이 진행된 것

올리브유는 참기름, 들기름처럼 독특한 향을 갖고 있으며, 클로로필 때문에 연한 녹색을 갖고 있으며 지중해 지역에서 많이 이용되고 있다. 그러므로 질이 좋은 올리브유는 향을 잃지 않는 압착법을 사용한다. 혈액 내에서 중성지방과 콜레스테롤 함량을 낮춰 주는 작용을 갖고 있다고 알려진 올레산(oleic acid)을 다량 함유하고 있다. 요즈음 우리나라에서도 올리브유의 장점이 알려짐에 따라 이용이 증가하고 있다. 독특한 향과 색으로 이탈리아요리, 샐러드유나 빵에 찍어 먹는 등 널리 사용되고 있으나, 정제하지 않은 올리브유는 발연점이 낮아 튀김용으로 적당하지 않다.

(7) 들기름
들깨를 압착법을 이용하여 독특한 향이 살아있는 유지로 다른 식물성 기름과

올리브유에는 어떤 종류가 있나요?

올리브유를 많이 사용하는 이탈리아에서는 산도에 따라 질을 평가하여 올리브유를 분류한다.

엑스트라 버진(extra virgin)

산도 0.8% 이하의 최상급으로 낮은 온도에서 압착법에 의해 기름을 추출하므로 특유의 향과 색을 갖고 있다.

버진(virgin)

산도 2% 미만으로 엑스트라 버진처럼 압착법에 의해 기름을 추출하므로 향이 좋다.

퓨어(pure) 올리브유 또는 포마스(pomace)

압착법에 의한 버진 올리브유와 추출법으로 정제한 올리브유를 혼합한 기름으로 경제적이지만 향이 덜 강하다.

표 9-4 유지의 지방, 지방산 및 콜레스테롤의 % 함량

급원		지방(%)	지방산(%)			콜레스테롤 (mg/100g)
			포화	단일불포화	다가불포화	
식물성 급원	홍화유	100	9.1	12.1	74.5	0
	해바라기유	100	10.1	45.4	40.1	0
	옥수수유	100	12.7	24.2	58.7	0
	올리브유	100	13.5	73.7	8.4	0
	참기름	100	14.2	39.7	41.7	0
	대두유	100	14.4	23.3	57.9	0
	낙화생유	100	16.9	46.2	32.0	0
	면실유	100	25.9	17.8	51.9	0
	팜유	100	49.3	37.0	9.3	0
	코코넛유	100	86.5	5.8	1.8	0
동물성 급원	라드	100	39.2	45.1	11.2	95
	쇠기름	100	49.8	41.8	4.0	109
	버터	81	50.5	23.4	3.0	219
막대마가린 (옥수수유)		80.5	13.2	45.8	18.0	0
소프트마가린 (옥수수유)		80.4	12.1	31.6	31.2	0

출처 : Composition of Food, U.S. Department of Agriculture

달리 *ω*-3 지방산인 리놀렌산(linolenic acid)이 약 50~60%로 많이 들어 있으며, 참기름과 달리 천연 항산화제 함량이 낮아 쉽게 산화되므로 저장성이 떨어져 냉장고에 보관하고 되도록 빨리 소비하는 것이 좋다.

(8) 코코넛유 · 팜유

코코넛유(coconut oil)와 팜유(palm oil)는 식물성 유지이지만 포화지방산의 함량이 많아 상온에서 반고체를 이루며 산화에 비교적 안정하며 장기간 보존이 가능하므로 식품산업에서 많이 이용되고 있다. 그러나 혈액의 중성지방과 콜레스테롤 농도가 높아지는 건강상 문제를 일으킬 수 있다.

(9) 코코아버터

카카오콩을 볶아 특이한 방향을 나게 한 다음 과육을 압착하여 얻은 지방으로 팔미트산(26%)과 스테아르산(34%) 등 포화지방산의 함량이 높아 녹는점이 30~36℃로 체온에 쉽게 용해되는 점이 특징으로 초콜릿의 원료로 이용된다.

2) 동물성 유지

(1) 버터

우유에서 분리된 유지방의 크림(cream)을 가열하여 살균과 라이페이스를 불활성화시킨 후 교반과정을 거쳐 유장을 제거한 지방 80%, 수분 16%, 우유 고형질 4%로 구성된 유화액이다. 이때 교반과정을 통하여 수중유적형 유화액인 크림이 유중수적형 유화액인 버터로 바뀌게 된다. 이 교반과정은 지방구를 둘러싸고 있는 인지질막을 깨지게 하여, 우유의 지방이 서로 엉겨 붙게 된다.
　버터의 특유한 풍미는 다이아세틸(diacetyl), 프로피온산(propionic acid), 아세트산(acetic acid) 등 저급지방산에 의한 것이다. 노란색은 우유 지방에 함유된 카로틴(carotene)에 의한 것이다. 버터는 발효를 시킨 버터와 발효시키지 않은 버터, 향을 첨가하여 만든 버터 등 여러 종류가 나오고 있다. 우리나라에 시판되고 있는 대부분의 버터는 당류를 첨가시킨 발효시키지 않은 버터이다.

(2) 라드

돼지지방을 수증기나 건열로 추출하여 정제시킨 지방이다. 질이 좋은 라드는 색이 희고 냄새가 나지 않는 것으로 복부 부위에서 얻어진 지방이 이에 속한다.

라드를 구성하는 지방은 주로 포화지방산이나, 우지보다는 포화도가 낮아 융점이 우지보다 낮고, 쇼트닝작용이 크나 크리밍성은 약하여 케이크 등에서는 문제가 될 수 있다. 또한 발연점이 높지 않아 튀김용으로는 부적합하다. 요즘에는 식물성 기름으로 만든 라드의 대용품인 쇼트닝이 더 많이 사용되고 있다.

(3) 어유

어종에 따라 지방산이 상당히 차이가 있으나 대부분 불포화지방산을 많이 함유하여 상온에서 액체를 이룬다. 특히 EPA나 DHA같은 ω-3계열 다가불포화지방산을 많이 함유하고 있어 관상심장질환을 감소시키며 뇌세포 구성물질로 관심을 받고 있다. 그러나 이러한 다가불포화지방산은 이중결합이 많아 공기 중에서 쉽게 산화하므로 저장에 주의를 해야 한다.

3) 가공유지

(1) 마가린

나폴레옹 전쟁 시 버터 대용으로 사용하기 시작한 것으로, 버터와 비슷하게 약 85%의 지방과 약 15%의 수분으로 구성된 유중수적형 유화액이다. 마가린(margarine)은 대두유, 옥수수유 등 식물성 유지를 원료로 하여 탈취 정제한 후 원하는 정도 만큼 수소화시켜 경화를 이룬 다음, 유화제, 비타민 A, 비타민 D, 버터향을 위한 다이아세틸(diacetyl), 탈지고형분, 색소, 소금을 혼합하여 교반시켜 만든다.

필수지방산인 리놀레산(linoleic acid), 아라키돈산(arachidonic acid)의 함

마가린과 쇼트닝의 차이는 무엇인가?

마가린은 버터, 쇼트닝은 라드의 대용품이다. 따라서 마가린은 수분을 함유하는 유중수적형 유화액을 이루는데 비해, 쇼트닝은 100% 지방으로 구성되어 있어 마가린은 튀김용으로 사용 못하지만 쇼트닝은 아주 좋은 것은 아니나 튀김용으로 가능하다. 또한 쇼트닝은 마가린보다 크리밍성과 쇼트닝성이 뛰어나다.

량이 높은 옥수수, 해바라기씨유 등을 이용하여 다가불포화지방산 함량이 보통 마가린보다 많이 들어 있도록 만들게 되면 상온에서 보다 액체상으로 있는 비율이 높아 소프트 마가린이 된다.

마가린은 가격이 저렴하며 식물성 유지로부터 만들어져 콜레스테롤 함량이 낮아 건강상 좋은 면도 있으나, 수소화 과정에서 생성되는 트랜스지방산이 문제로 제기되고 있다. 보통의 마가린보다 물의 함량을 약 2배로 늘려 지방 함량을 약 40% 함유한 다이어트 마가린과 공기를 투여하여 부피를 증가시켜 만든 지방 함량 약 60%인 휩트(whipped) 마가린이 새로 만들어져 사용되고 있다.

(2) 쇼트닝

쇼트닝은 라드의 대용품으로 초기에는 동물성 유지와 수소처리한 식물성 유지를 혼합하여 만들었으나, 지금은 식물성 유지만 이용하여 원하는 경도를 이룰 수 있게 수소화시키며, 질소나 공기를 혼입시켜 크리밍성과 가소성(plasticity)을 증진시키며 색을 더 희게 만든다. 수소화로 인해 불포화도가 낮아져 산화에 대해 보다 안정하므로 식품업계에서는 이를 튀김용으로도 널리 사용하고 있으나, 트랜스지방산이 생성되므로 주의가 필요하다.

쇼트닝의 특징은 무색, 무미, 무취이며, 작용은 쇼트닝성, 크리밍성이 뛰어나고, 보통 모노글리세리드(MG)와 다이글리세리드(DG)를 첨가시켜 반죽 시 유화제 작용을 하므로 빵, 쿠키, 케이크 등 제빵과 제과에 널리 이용되고 있다.

(3) 지방대체제

최근에는 지방대체제에 대해 연구가 활발히 진행되고 있으며 여러 가지 대체품이 상품으로 나오고 있다. 지방대체제는 탄수화물, 단백질 또는 다른 형태의 지방으로 만들어진다.

① **탄수화물** 점증제 작용이 있는 식이섬유 물질인 펙틴, 셀룰로오스, 검물질 등으로 물에 팽창하여 지방과 같은 부드러운 질감, 촉감을 갖는다.

② **단백질** 콩단백질을 이용하여 소시지 등에 사용하며, 지방을 줄이면서 같은 질의 제품을 만드는 데 사용될 수 있다.

③ **지방** 자연에 흔히 있는 지방산보다 탄소수가 짧은 뷰티르산(butyric acid, C_4), 카프로산(caproic acid, C_6) 등 저급 및 중급 지방산을 사용하여 만든 지방대체제로 열량을 감소시키며 체지방을 덜 축적시키므로 우리나라에서도 이를 이용한 유지를 시판하고 있다. 또한 글리세롤 대신 자당(sucrose)에 지방산을 결합시킨 sucrose fatty acid ester와 같이 소화효소가 잘 작용하지 못하여 열량을 감소시키는 제품도 있다.

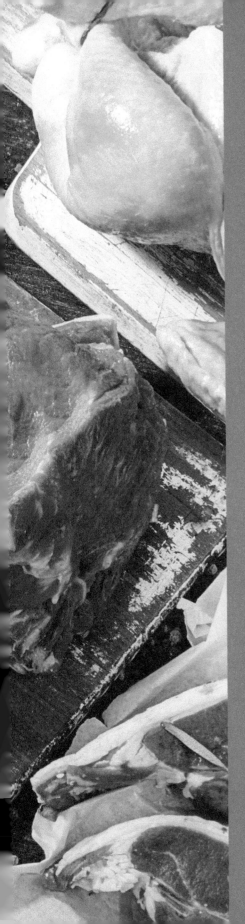

CHAPTER 10
육류

CHAPTER 10
육류

우리가 먹는 육류에는 쇠고기(beef), 돼지고기(pork), 양고기(lamb/mutton) 등의 수육류(meat)와 닭고기(chicken), 오리고기(duck), 칠면조고기(turkey), 꿩고기(pheasant) 등의 가금류(poultry)가 포함된다. 그 외에도 지역에 따라 토끼, 개, 고래고기 등을 식육으로 이용하기도 한다. 나라마다 육류에 대한 선호도가 다르며, 우리나라에서는 쇠고기를 가장 좋아하는 동시에 가격도 가장 비싸다. 중국에서는 돼지고기, 인도에서는 염소고기, 이슬람국가에서는 양고기가 인기가 높다.

고기는 약 9,000년 전 인간의 식탁에 들어왔다. 주로 중동지방 사람들이 야생동물을 길들여 키우기 시작했는데, 개로부터 시작하여 염소와 양, 그리고 돼지와 소, 말 등의 순으로 이루어졌다고 한다.

1. 육류의 종류

1) 쇠고기
쇠고기(beef)의 식용 역사는 B.C. 10000년 무렵 고대 그리스와 터키에서 야생 소를 기르기 시작하였으며, 나이와 성별에 따라 분류하기 시작했다(표 10-1).

표 10-1 소의 나이 및 성별에 따른 쇠고기의 명칭(미국)

명칭	나이 및 성별	특징
steers	어려서 거세한 수소	체중의 증가가 빠르다.
stag meat	거세하지 않은 수소	질긴 고기로서 가공육이나 애완동물의 사료용으로 이용된다.
heifers	송아지를 낳지 않은 암소	식육으로 사용된다.
baby beef	3~8개월의 송아지	육질이 부드럽다.
veal	3주~3개월의 송아지	육질이 부드럽고 색깔이 옅으며 우유 냄새가 난다.

출처 : Amy Brown(2004). Understanding Food Principles and Preparation. Wadsworth

2) 돼지고기

일반적으로 돼지고기(pork)는 암수 구별 없이 7개월 내지 1년의 어린 돼지의 고기를 이용한다. 최근에는 보다 기름기가 적고 연한 육질의 돼지로 키우고자 노력하고 있다. 생산된 돼지고기의 1/3 정도는 생육으로 소비되고, 나머지는 햄이나 소시지 등의 육가공품 생산에 이용된다.

3) 양고기

양고기는 나이에 따라 육질이 달라 12개월 이하의 어린 양고기는 램(lamb), 그 이상의 나이든 양고기는 호겟(hogget) 또는 머튼(mutton)이라 구분한다. 램, 호겟, 머튼을 구분하는 엄밀한 정의는 나라마다 다르며, 뉴질랜드에서는 다음과 같이 구분한다.

- 램 : 생후 12개월 이하로 영구치가 없는 암컷 또는 수컷 양
- 호겟 : 영구치가 1개 내지 2개인 암컷 또는 거세한 수컷 양
- 머튼 : 영구치가 2개보다 많은 암컷 또는 거세한 수컷 양

종교적인 이유로 힌두교에서는 쇠고기, 이슬람교에서는 돼지고기를 기피하

원산지로 구분

- 국내산 고기 : 한우고기, 젖소고기, 육우고기
- 수입산 고기 : 검육계류장 도착 후 6개월 미만 국내 사육된 수입 생우 및 냉동육

품종별 구분

- 한우고기 : 우리 고유 품종인 토종소 한우에서 생산된 고기
- 젖소고기 : 송아지를 낳은 경험이 있는 젖소 암소에서 생산된 고기
- 육우고기 : 육용종, 교잡종, 젖소수소 및 출산 경험 없는 젖소암소 및 수입생우로부터 생산된 고기

고 또는 경제적인 이유로 이러한 육류를 이용하지 못하는 지역에서는 양고기를 많이 이용한다. 지역적으로 지중해 · 아프리카 · 중동 · 남아시아 · 중국 등에서 양고기 음식을 자주 볼 수 있다.

4) 가금류의 고기

가금류(poultry) 가운데 가장 널리 이용되고 있는 것이 닭고기이며, 서양에서는 칠면조고기, 중국에서는 오리고기 등도 식용으로 즐긴다. 가금류는 비타민 B 복합체의 좋은 급원이며, 지방이 비교적 적고 분리가 쉬우며, 양질의 단백질을 함유하므로 저지방식이용으로 적합하다. 가금류의 연한 정도는 월령이나 성별에 따라 많이 다르고, 서양에서는 이에 따라 다른 명칭으로 불리며, 적당한 조리법이 따로 있다.

2. 육류의 성분과 영양

1) 육류의 조직

육류는 근육조직(muscle tissue), 결합조직(connective tissue), 지방조직(adipose tissue)의 세 가지 조직으로 구성되며 뼈와 연결되어 있다.

그림 10-1 근육조직의 구조

(1) 근육조직

동물의 근육에는 횡문근, 평활근, 심근 등 세 종류가 있다(그림 10-1). 근육조직(musle tissue)은 식육 또는 고기라 불리는 가식부위를 일컬으며, 대부분 가로무늬가 있는 횡문근으로 구성되어 있다. 근육조직에서는 근육 미세섬유(myofilament)인 미오신과 액틴을 기본으로 하는 단백질 분자들이 모여서 근원섬유(myofibril)를 만들고, 약 2,000개의 근원섬유가 모여 원통모양의 근섬유(muscle fiber)를 형성하고, 이것이 더 커져서 근속이 되며, 더욱 커져서 근

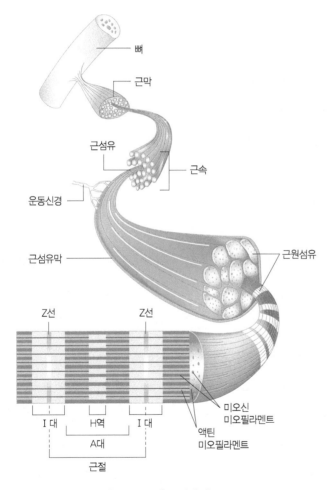

그림 10-2 근육조직의 세부구조

육이 된다(그림 10-2). 근육은 신경, 혈관, 지방과 함께 결합조직의 덮개에 쌓여 있다.

전자현미경으로 근원섬유를 관찰하면 어두운 A대와 밝은 I대로 된 가로무늬를 갖고 있다(그림 10-2). A대는 주로 미오신으로 이루어진 굵은 필라멘트로 이루어져 있으며, I대는 액틴으로 이루어진 가는 필라멘트로 이루어진 영역이다. 각 I대의 중앙에는 어두운 색의 얇은 Z선이 있으며 A대의 중앙에는 밝은 색의 H역이 있다. Z선과 Z선 사이는 근절(sarcomere)이라 하며 근육수축의 소단위이다. 근육이 수축할 때 A대의 양쪽에 있는 I대의 가는 필라멘트가 A대의 굵은 필라멘트 사이로 미끄러져 들어가면서 근절의 길이가 짧아진다.

(2) 결합조직

근섬유와 지방조직을 둘러싸고 있는 결합조직은 근육이나 장기를 다른 조직과 결합하는 힘줄 등을 일컬으며, 다량의 콜라겐(collagen)과 엘라스틴(elastin), 그리고 소량의 레티큘린(reticulin)이 함유되어 있다. 운동을 많이 하거나 나이가 많이 들면 결합조직이 발달하게 되며, 암컷보다 수컷, 돼지고기와 닭고기보다 쇠고기에 많다.

콜라겐(collagen)
동물의 결합조직, 뼈, 힘줄, 피부, 연골, 혈관 등을 구성하는 섬유상 구조단백질이며 교원질이라고도 함

교원질섬유
결합조직의 세포간질 속에서 볼 수 있는 섬유이며 교질섬유, 교원섬유라고도 함. 신장성이 부족하고 잘 끊어지지 않음

① **콜라겐**　백색의 교원질섬유(collagenous fiber)로서 비결정체의 기질에 파묻혀 있다. 콜라겐 단백질은 주로 비필수 아미노산인 프롤린(proline)과 하이드록시 프롤린(hydroxy proline) 함량이 상대적으로 많아 영양적으로 우수한 단백질은 아니다.

- 콜라겐의 구조 : 콜라겐의 구성단위는 트로포콜라겐(tropocollagen)으로 3개의 폴리펩티드로 이루어진 삼중나선구조를 갖고 있다(그림 10-3). 이

그림 10-3　트로포콜라겐의 3중 나선구조

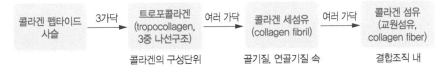

그림 10-4 콜라겐의 구조

트로포콜라겐이 약간씩 어긋나게 많이 모여 더 굵고 긴 섬유를 만드는 경우가 있는데 이것을 콜라겐 세섬유(collagen fibril)라고 한다. 뼈나 연골 속의 콜라겐은 이 콜라겐 세섬유이며 골기질이나 연골기질을 채우고 있다. 콜라겐 세섬유가 더 많이 모여 결합조직 내에 큰 섬유를 형성하는 경우가 있는데, 이것이 콜라겐 섬유(교원섬유, collagen fiber)이다. 콜라겐 섬유는 피부의 진피나 건 등의 결합조직 안을 채우고 있다(그림 10-4). 근육에 있는 콜라겐은 근섬유와 근섬유 다발을 둘러싸고 있다가 근육의 끝에 가서 한데 모여 뼈에 붙어 있다.

- 콜라겐의 성질 : 콜라겐은 물과 함께 가열하면 65℃ 부근에서 수용성의 젤라틴이 되며, 다시 온도가 내려가면 식으면서 굳어져 젤화된다. 족편은 이러한 원리를 이용한 것이다. 젤라틴은 수용성이며 약산과 약알칼리에 용해된다.

② **엘라스틴** 황색의 탄력성 섬유로 혈관과 인대에 들어 있고, 가열해도 변하지 않으므로 조리해도 먹을 수가 없다.

③ **레티큘린** 근섬유막의 주성분을 이루는 제3형 콜라겐으로 콜라겐처럼 조리 시 물러질 수 있다.

(3) 지방조직

육류의 지방은 작은 입자 또는 큰 덩어리로서 산재하고 있으며, 조직에 따라 5~80%에 이르기까지 매우 다양하다. 쇠고기는 돼지고기나 닭고기에 비해 불

마블링(marbling)

근육 내 미세한 지방조직이 고르게 분포된 상태. 마블링이 잘된 육류를 상강육이라고 함

포화지방산이 매우 적고 포화지방산이 많기 때문에 고기를 구워 뜨거울 때는 부드러우나 식으면 뻣뻣해져서 맛이 없어진다.

사료가 좋고 비육한 가축의 근육에는 대리석과 같은 얼룩무늬 지방(marbling)이 산재하고 있어, 육질이 연하고 품질이 좋다. 특히 근육의 사이에 축적된 지방은 고기의 맛과 질을 높여 준다. 갈비 주위의 살, 안심, 또는 등심 등 마블링이 잘 되어 있는 부위는 구울 때 기름이 빠져 나오면서 조직이 부드러워지므로 건열조리법인 구이용으로 적합하다.

지방의 양은 동물의 성별, 나이, 식이, 운동량 및 부위에 따라 다르다. 암컷이나 운동량이 적은 부위의 고기에 지방 함량이 많은 편이다.

(4) 뼈

어린 동물의 뼈는 연하고 분홍색을 띠며, 성숙한 동물의 뼈는 굳고 희다.

뼈를 이용하여 국을 끓일 때는 찬물에 담가서 핏물을 충분히 우려 내고 다시 뜨거운 물로 한 번 데쳐 낸 후 끓이는 것이 맛이나 색깔이 좋다. 성숙한 동물의 뼈나 앞다리뼈가 어린 동물이나 뒷다리뼈에 비해 운동량이 많고 골격의 조직이 치밀하며 인지질이 많아 진하고 맛있는 국물이 우러난다.

2) 육류의 영양성분

육류는 주로 수분, 단백질, 지질과 소량의 무기질과 비타민 B로 이루어졌다 (표 10-2). 탄수화물은 간 조직을 제외하고는 극히 미량이 함유되어 있으며, 섬유소나 비타민 C는 거의 함유되어 있지 않다.

(1) 단백질

육류는 약 20%가 단백질로 이루어져 있는 아주 우수한 단백질 급원식품이다. 육단백질에는 근원섬유 단백질인 미오신과 액틴, 트로포닌 등과 결합조직 단백질인 콜라겐과 엘라스틴, 레티큘린 등이 있다. 또한 근형질 단백질인 미오

겐과 단백질 분해효소 등도 있다.

(2) 탄수화물

글리코겐은 주로 간 조직에 많고 미량이나마 일부는 근육에 들어 있으며 시간이 경과함에 따라 해당작용에 의해 분해된다. 글리코겐은 동물의 종류, 고기의 부위, 도살 당시의 동물의 환경, 사후시간의 경과 등에 따라 함량이 달라지며, 이러한 글리코겐은 고기의 pH, 사후경직 및 숙성과 밀접한 관련이 있다.

도살 당시에 스트레스를 너무 많이 받아 근육내 글리코겐이 감소하면 젖산의 생성량이 너무 적어지고, 따라서 pH가 6.3 정도로 정상치보다 높게 되면서 고기의 색이 검어지며, 후에 숙성도 잘 되지 않아, 질기고 건조해져 육질이 떨어진다(DFD 고기; dark, firm, dry).

표 10-2 육류의 영양성분

(가식부 100 g당)

성분		수분 (%)	열량 (kcal)	단백질 (g)	지질 (g)	당질 (g)	회분 (g)	무기질					비타민				
								칼슘 (mg)	인 (mg)	철 (mg)	나트륨 (mg)	칼륨 (mg)	A (RE)	B_1 (mg)	B_2 (mg)	니아신 (mg)	C (mg)
쇠고기	등심	55.3	298	15.61	26.30	-	0.69	11	147	2.24	56	241	26	0.019	0.345	1.754	0.80
	사태	71.2	137	24.04	4.86	0	1.02	5	204	2.84	57	338	1	0.060	0.187	0.911	0.70
	안심	66.6	193	19.17	13.14	0	0.98	5	197	2.78	45	337	5	0.070	0.215	2.122	0.38
	양지	61.0	240	18.58	18.59	0	0.83	5	163	1.92	55	265	12	0.009	0.245	2.301	0.93
	우둔	69.0	155	23.08	7.29	0	0.96	48	189	-	48	325	6	0.05	0.36	1.9	-
돼지고기	갈비	65.0	223	17.77	17.06	0	0.88	9	185	0.73	64	287	4	0.610	0.176	3.092	0.87
	뒷다리	73.4	113	21.30	3.34	0	1.11	3	216	0.74	57	374	2	0.377	0.349	3.411	0.31
	삼겹살	50.3	373	13.27	35.70	0	0.69	6	143	0.42	55	231	19	0.489	0.163	1.192	0.44
	안심	74.4	114	22.21	3.15	0	1.17	3	211	0.78	46	373	3	0.868	0.298	3.954	0.26
닭고기		74.0	109	22.0	2.6	0.2	1.2	11	169	1.0	63	59	21	0.21	0.17	3.2	0
오리고기		63.3	251	14.4	21.6	0.2	0.5	15	111	1.8	48	289	—	0.21	0.23	3.8	0

출처 : 농촌진흥청 국립농업과학원(2017), 국가표준식품성분표(제9개정판)

(3) 지질

육류는 5~30%의 지질을 함유하며 대부분 중성지방으로 이루어져 있다. 일반적으로 암컷이 수컷보다 지질 함량이 높으며, 육류의 종류나 등급, 부위 등에 따라 상당한 차이를 보인다. 야생동물의 경우 사육된 동물에 비해 지방 함량이 적으며, 일반적으로 가금류가 쇠고기보다 지방 함량이 적다. 육류의 지방은 주로 융점이 높은 포화지방산의 함량이 높다. 따라서 고기는 지방의 융점 이상의 뜨거운 온도로 먹어야 맛이 좋다. 그러므로 양고기나 쇠고기는 지방의 융점이 높아 상당히 뜨겁게 조리해야 맛이 좋다. 육류를 구성하는 주요 지방산으로는 팔미트산(palmitic acid), 스테아르산(stearic acid), 올레산(oleic acid) 등이 있다.

일반적으로 지방 함량이 많은 부위에는 수분 함량이 적다. 어린 동물의 고기에는 수분 함량이 많고 지방 함량이 적으며 결합조직이 적어 부드러우나 고기 특유의 맛이 부족하다.

육류의 지질은 근육세포의 막을 구성하고 있는 조직지질과 에너지의 저장원인 저장지질로 구분할 수 있다. 조직지질은 인지질, 당지질과 스테롤류 등으로 이루어져 있으며, 저장지질에 비해 인지질과 불포화지방산 함량이 높아 산패되기 쉽다. 이는 가열한 육류의 풍미를 저하시키는 주요한 원인이다. 불포화지방산의 함량이 많을수록 융점이 낮아진다. 불포화지방산의 함량은 쇠기름＜돼지기름＜닭기름＜오리기름의 순서이며, 그러므로 융점은 이와는 반대 양상으로 쇠기름이 가장 높다.

실생활의 조리원리

고기전을 만들 때 고기를 미리 잘 치대어 주물러 주는 것은 왜일까?

생고기 중의 미오신과 액틴이라는 단백질은 결합되면 점착력이 강해지는 성질이 있다. 그러나 열을 가하면 단백질이 응고하여 점착력을 상실한다. 갈은 고기를 미리 충분히 치대어 주물러 육류 조직을 파괴하여 세포 안의 단백질이 서로 결합한 상태로 해주면 뭉쳐서 가열해도 전체가 하나로 덩어리지게 되고 흩어지지 않는다.

햄버거 스테이크나 완자탕 등 갈은 고기를 뭉쳐서 만드는 음식에는 대개 파나 양파를 섞는데, 이것은 육류의 냄새를 제거하여 맛을 좋게 하기 위한 것으로 육류를 뭉치는 데에는 좋지 않다.

(4) 무기질

육류의 조직에는 약 1% 정도의 무기질이 들어 있으며, 주로 인, 철과 약간의 칼륨이 있다. 나트륨은 심장, 신장, 간 등의 부위에 많으며, 칼슘은 주로 뼈에 함유되어 있으며, 근육에는 거의 없다.

칼슘, 마그네슘, 아연 등의 2가 금속이온은 전하를 띠어 물과 결합하므로 고기의 보수성과 밀접한 관계가 있다.

(5) 비타민

육류에는 비타민 B_2, 나이아신 등 비타민 B 복합체가 주로 들어 있다. 비타민 B_1은 돼지고기에 특별히 많이 함유되어 있다. 비타민 A는 주로 간에 많고 심장, 신장 등의 내장에 함유되어 있다.

3) 육류의 색소

일반적으로 근육의 색은 미오글로빈(myoglobin)이란 색소단백질에 의해 적색을 띠며, 동물의 종류와 고기의 부위에 따라 다르다. 운동을 많이 한 근육일수록 붉은 색이 진하다.

미오글로빈은 붉은색을 내는 헴 1분자와 글로빈 단백질 1분자가 결합된 것이다. 이는 헤모글로빈이 운반해 온 산소를 받아 선홍색의 옥시미오글로빈(oxymyoglobin)이 되었다가 포도당이 연소할 때 산소를 필요로 하면 넘겨 주고 자신은 다시 미오글로빈으로 돌아간다.

산소의 공급이 부족하면 산소와 미오글로빈의 복합체에서 산소가 분리되고 철은 2가에서 3가로 산화되어 적갈색의 메트미오글로빈(metmyoglobin)이 된다. 고기를 장기간 저장하면 표면이 어두워지는 것은 이 때문이다.

육류를 계속 가열하면 글로빈 단백질은 변성되고, 철은 2가에서 3가로 산화되어 변성글로빈과 회갈색의 헤마틴(hematin)으로 되어, 고기의 색은 회갈색으로 변한다.

미오글로빈(myoglobin)
근육세포에 들어있는 붉은 색소 단백질로서, 철을 함유한 헴(heme)에 의해 산소를 운반하는 기능을 가진 포르피린 고리(porphyrin ring)를 가진 피롤계 색소

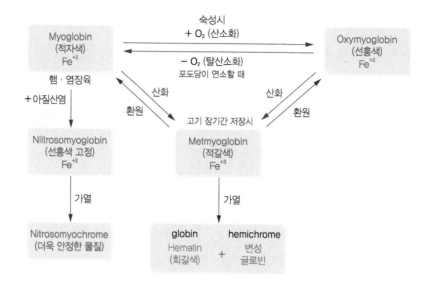

아질산염(KNO₃)

· 육색고정과 세균억제를 위해 육가공품 제조시 첨가하는 물질
· 육류의 아민과 결합하여 독성이 있는 니트로자민 생성 우려가 있으므로 비타민 C 등을 함께 넣어 첨가량을 낮추는 추세임

그림 10-5 육류의 색 변화

돼지고기로 햄이나 베이컨과 같은 염장육을 만들때 일어나는 현상은 미오글로빈이 아질산염과 반응하여 산화질소미오글로빈(nitrosomyoglobin)으로 변화하는데, 이는 선명한 빨간색을 띤다. 이를 가열하면 산화질소미오크롬(nitroso-myochrome)이라는 더욱 안정한 물질이 된다(그림 10-5).

4) 육류의 추출물

근육에서 추출된 액체의 유기화합물을 육류 추출물(meat extractives)이라 한다. 주로 단맛을 내는 글리신, 감칠맛을 내는 글루타민산 등의 아미노산 이외에도 근육의 숙성 시에 ATP의 분해로 인해 생성된 AMP, IMP, 이노신(inosine) 등의 핵산계 물질이 고기의 향미에 영향을 주며 크레아틴(creatine), 요소, 요산 등의 비단백계 질소화합물이 또한 영향을 미친다. 늙은 동물의 고기가 어린 동물의 고기에 비해 결합조직과 수용성의 육류 추출물이 많이 들어 있어서 국물 맛을 내는데 적합하므로 국이나 수프, 그레이비 소스를 만들 때 유용하다.

3. 육류의 사후경직과 숙성

1) 사후경직

동물은 도살된 후 시간이 지나면 근육이 단단하게 굳어지는데, 이것을 사후경직(rigor mortis)이라고 한다.

근육의 수축·이완과정에서 새로운 ATP가 미오신 머리에 결합해야 액틴이 미오신으로부터 분리되어 근육이 이완된다. 그러나 도살 후 혈액순환이 중지되어 근육이 혐기적 상태가 되면 ATP 생성이 급격히 저하된다. ATP가 결핍된 상태에서는 ADP가 미오신 머리에 결합한 상태로 미오신과 액틴 사이에 분리할 수 없는 강직복합체(rigor complex)가 형성되어 근육이 경직상태가 된다. 이를 사후경직이라 하며 근육이 수축되어 질기고 단단해진다. 또한 도살 직후 근육의 pH는 중성(pH 7.0~7.4)이지만 혐기적 해당작용으로 생성된 젖산과 ATP 분해효소의 작용으로 생성된 인산으로 인해 근육의 pH가 6.3 이하로 저하되면 근섬유의 보수성이 크게 낮아져 액즙의 분리가 일어나며 육류의 질이 저하된다. 이 상태에서는 조리하여도 연해지지 않으므로, 시간이 더 경과하여 사후경직이 풀리고 숙성되어 연해질 때 조리해야 한다.

육류의 사후경직과 숙성 시간 (4℃)

종류	경직 시작	최대 경직 (냉장)	숙성 (냉장)
	시간	시간	일
쇠고기	12	24	10
돼지 고기	12	24	3~5
닭고기	6	12	2

2) 숙성

근육은 pH 5.5 정도에서 최대 사후경직에 이르며, 근육 내 젖산생성이 정지되고, 그 이후 숙성(aging)이 일어난다. 내부에서 분비된 자체 단백질 분해효소인 카텝신(cathepsin)에 의해 액토미오신이 분해되고, 또한 외부의 세균에 의해 부패가 일어날 수 있다.

그러나 고기를 냉장실에 저온 저장하면 세균에 의한 부패는 일어나지 않고 내부의 효소에 의해 분해과정만 일어나서 연하고 감칠맛 성분이 많이 생겨 먹기에 좋은 상태가 되는데 이를 숙성이라고 한다. 쇠고기는 4~7℃에서 7~10

육류의 사후경직으로 인한 육질저하를 예방하기 위해 도살 직전, 단백질 가수분해효소(papain)를 혈관주사하기도 함

일, 2℃에서 2주가 숙성에 적당하며, 돼지고기는 2~4℃에서 3~5일, 닭고기는 2일이 적당하다. 최근에는 세균 번식을 억제하면서 숙성시간을 단축하기 위해 자외선을 쬐면서 저장온도를 높여 주는 고온숙성(hot aging) 방식을 이용하기도 한다.

숙성이 되면서 근육 내에 있던 ATP는 그림 10-6과 같이 분해되면서 핵산계 맛 성분도 증가되므로 숙성시킨 고기가 맛도 더 좋다.

드라이 에이징 (dry aging)
일정 온도, 습도, 통풍이 유지되는 곳에서 고기를 공기 중에 2~4주간 노출시켜 숙성시키는 건식 숙성 방법으로서, 진공 포장 안에 넣어 습식 숙성하는 에이징(wet aging)에 비해 고기 근육에서 수분이 증발되어 진한 풍미가 더해지고, 천연 효소가 근육을 분해해 고기가 부드러워지는 효과를 얻을 수 있다. 그러나 수분의 빠져나와 중량이 줄고, 겉 부분을 잘라내야 하기 때문에 더 비싸다는 단점도 있다.

그림 10-6 숙성에 따른 근육 내 ATP의 분해와 맛 성분의 증가

4. 육류의 검사 및 품질

쇠고기의 등급은 육질등급과 육량등급으로 구분하여 판정한다. 육질의 등급은 고기의 질을 근내지방도, 육색, 지방색, 조직감, 성숙도에 따라 다섯 개의 등급과 등외로 판정하며, 이는 소비자가 고기를 선택하는 기준이 된다. 또한 육량등급은 도체에서 얻을 수 있는 고기량을 도체중량, 등지방두께, 등심단면적을 종합하여 산정한 육량지수에 따라 A, B, C등급과 등외등급인 D등급으로 판정한다(표 10-3).

표 10-3 소도체 등급표시

육량등급 \ 육질등급	1⁺⁺등급	1⁺등급	1등급	2등급	3등급	등외
A등급(67.50 이상)	1⁺⁺A	1⁺A	1A	2A	3A	
B등급(62.00~67.50 미만)	1⁺⁺B	1⁺B	1B	2B	3B	
C등급(62.00 미만)	1⁺⁺C	1⁺C	1C	2C	3C	
D등급(등외)						

육량지수 산정 방법(소숫점 셋째자리 이하 절사)
육량지수 = 68.184-[0.625×등지방두께(mm)]+[0.130×배최장근단면적(cm2)]-[0.024×도체 중량(kg)]
출처 : 축산물품질평가원 www.ekape.or.kr

5. 육류의 조리

1) 육류의 부위에 따른 조리

쇠고기와 돼지고기 및 닭고기의 부위별 명칭은 우리나라, 서양, 일본 등 나라
마다 다르다(그림 10-7~9). 육류의 조직과 성분 및 맛은 부위에 따라서 각각
특수성이 있으므로 조리의 용도에 따라 알맞게 선택해야 한다(표 10-4~7).

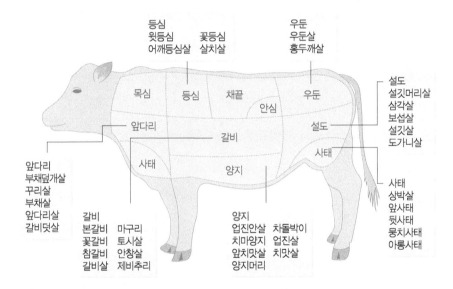

그림 10-7 쇠고기의 부위에 따른 명칭

출처 : 축산물품질평가원 www.ekape.or.kr

표 10-4 쇠고기의 부위별 특징 및 조리법

부위명		특징	조리법
한국	미국		
목심	Chuck	결합조직이 많아 육질이 질기고 지방이 적다.	조림, 편육, 미트볼, 햄버거, 스튜, 수프 스톡
등심	Loin	살이 두껍고 근내지방이 있으며 풍미가 좋다.	구이, 전골, 찜, 탕, 로스트, 스테이크, 바베큐
갈비	Rib		

계속

부위명		특징	조리법
한국	미국		
안심	Tenderloin	운동량이 적어 조직이 연하다.	구이, 찜, 전골, 스테이크, 바베큐, 브로일
갈비	Rib		
채끝	Striploin	조직이 연하고 풍미가 좋다.	구이, 전골, 스테이크, 로스트, 바베큐
우둔	Round	지방층이 있으나 질기다.	편육, 탕, 조림, 구이, 스튜, 브레이즈
사태	Fore Shank	골질이 많고 지방이 적다.	조림, 탕, 스튜, 수프 스톡, 찜
양지	Brisket Flank	결합조직이 많아 육질이 질기고 지방이 적다.	편육, 탕, 스튜, 햄버거, 수프 스톡

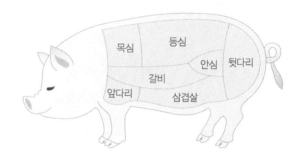

그림 10-8 돼지고기의 부위에 따른 명칭

표 10-5 돼지고기의 부위별 특징 및 조리법

부위명		특징	조리법
한국	미국		
목심	Boston Butt	등에서 목으로 이어지는 부위로 지방이 근육막 사이에 끼어 있어 풍미가 좋다.	구이, 수육용
등심	Loin	등쪽의 두터운 지방층에 덮여 있고 고기의 결이 곱다.	폭찹, 스테이크, 구이
안심	Tenderloin	갈비 안쪽에 붙어 있으며 지방이 약간 있고 고기가 연하다.	구이, 스테이크, 탕수육
앞다리	Shoulder	앞다리 위쪽 부위로 어깨부위에 해당한다.	불고기, 찌개, 수육
갈비	Rib	근육 내에 지방이 함유되어 풍미가 좋다.	바베큐, 숯불구이, 찜
삼겹살	Belly or Bacon	복부에 근육과 지방이 삼겹으로된 것이고 풍미가 좋다.	구이, 베이컨
뒷다리	Ham	볼기 부위로 지방이 적고 살이 두텁다.	튀김, 불고기, 장조림, 햄(가공육)

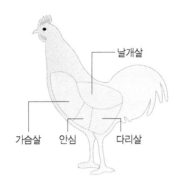

그림 10-9 닭고기의 부위에 따른 명칭

표 10-6 닭고기 부위별 특징 및 조리법

부위명	특징	조리법
가슴살	지방이 적어 열량이 낮고 맛이 담백하다.	구이, 카레, 커틀릿, 샐러드
다리살	색과 맛이 진하고 씹힘성이 좋다.	구이, 튀김, 훈제, 조림
날개살	지방, 콜라겐 함량이 많고 맛이 부드럽다.	구이, 튀김, 조림

표 10-7 닭의 나이에 따른 분류 및 조리법

명칭	무게(kg)	특징	조리법
Broiler 9~12주(영계)	0.9~1.2	지방이 적고 살이 연하다.	구이, 튀김, 백숙
Roaster 5~10개월	1.4~2.3	피하지방이 약간 형성되어 있다.	구이, 튀김, 찜
Capon 8개월 이하의 거세한 수탉	1.8	통닭으로 이용하기에 좋다.	구이, 찜
Stag 9~10개월 수탉	2.0	약간 질기다.	국, 조림, 찜
Hen 10개월 이상 암탉(씨암탉)	1.8~2.5	지방과 살이 많다.	국, 조림
Cock 1년 이상된 수탉	1.8~3.2	껍질이 거칠고 고기가 질기다.	습열 조리

냉동닭뼈 주위의 살이 갈색으로 변하는 이유는?

냉동한 닭으로 조리할 때 뼈나 뼈 주위의 근육이 짙은 갈색으로 변하는데, 이는 냉동과정중에 적혈구가 파괴된 것을 그대로 가열했기 때문이다. 냉동된 닭을 완전 해동하지 않고 조리하면 변색을 막을 수 있다. 또 굽는 과정에서 살이 분홍색이 되는 경우가 있는데, 이는 근육성분에서 일어나는 화학반응으로 맛에는 영향이 없다. 닭의 크기가 작을수록, 피하지방이 적을수록 색의 변화가 잘 일어난다.

2) 가열조리에 의한 육류의 성분과 질감의 변화

육류의 단백질은 가열에 의해 변성되므로 고기의 질긴 정도에 영향을 준다. 50℃ 내외에서 응고하기 시작하여 온도가 높아짐에 따라 용해성이 떨어지고 고기는 더욱 굳어진다. 그러나 결합조직 중 콜라겐은 물과 함께 가열하면 65℃ 이상에서 트로포콜라겐의 수소결합이 파괴되어 3중 나선구조(그림 10-3)가 폴리펩티드 사슬이 한 가닥씩 풀어져 수용성의 젤라틴이 되므로 연해진다. 즉 육류를 가열할수록 근육조직은 수축되어 질겨지고, 결합조직은 부드러워진다.

돼지고기는 쇠고기보다 연하므로 가열에 의한 질감의 변화는 크게 고려할 필요가 없으나, 선모충과 유구촌충이라는 기생충의 감염을 우려하여 고기의

돼지고기는 반드시 속까지 익혀 먹어야하는 이유는?

돼지고기에 감염되는 촌충은 선모충과 유구촌충(유구조충, 갈고리촌충)이 있는데, 유구촌충의 경우는 미성숙 충(낭미충)이 감염된 돼지고기를 섭취한 경우에는 신경손상이 일어나 실명·시각장애·마비·발열·두통·발작 등의 증세가 나타나는 낭미충증을 일으켜 심하면 사망할 수도 있다. 유구촌충은 선모충보다 사멸온도가 높아서 중심온도가 77℃ 이상이 되어야 사멸한다. 이에 비해 쇠고기에 감염되는 촌충은 무구촌충(무구조충, 민촌충)인데, 무구촌충은 낭미충증의 원인이 되지는 않아 유구촌충만큼 치명적이지 않지만 소화장애·복통·설사·구토·불안·체중감소 등을 일으키므로 쇠고기도 날로 먹는 것은 되도록 피하는 것이 좋다. 쇠고기의 무구촌충은 중심온도가 66℃ 이상이 되면 사멸한다.

기계적 방법

만육기(meat chopper)로 두드리거나, 칼등으로 두드림으로써 결합조직과 근섬유를 끊어 준다. 또는 칼로 썰 때 고기결의 직각방향으로 썬다.

설탕의 첨가

설탕은 단백질의 열응고를 지연시키므로 단백질의 연화작용을 가진다. 그러나 역시 너무 많이 첨가하면 탈수작용으로 인해 고기의 질이 좋지 않다.

염의 첨가

식염용액(1.2~1.5%), 인산염용액(0.2 M)의 수화작용에 의해 근육단백질이 연해진다. 그러나 지나치게 많이 첨가할 경우 탈수작용을 일으켜 오히려 질겨진다.

pH 조절

근육 단백질의 등전점인 pH 5~6보다 낮거나 높게 한다. 등전점에서는 단백질의 용해도가 가장 낮기 때문이다. 고기를 숙성시키기 위해 젖산 생성을 촉진시키거나, 그와 비슷한 효과를 얻기 위해 인위적으로 산을 첨가하기도 한다. 토마토는 유기산이 많아 육류요리에 이용하면 육질을 부드럽게 해 준다.

단백질 가수분해효소 첨가(연육제)

파파야의 파파인(papain), 파인애플의 브로멜린(bromelin), 무화과열매의 피신(ficin), 키위의 액티니딘(actinidine)과 배 또는 생강에 들어 있는 단백질 분해효소(protease)가 고기를 연화시키기 위한 목적으로 첨가된다.

고기가 연하려면
- 어린 동물일수록
- 결합조직의 양이 적을수록
- 운동량이 적은 부위일수록
- 근육단백질의 보수성이 높을수록
- 마블링이 잘 될수록

단백질분해효소활성 비교

파인애플 > 키위 > 파파야 > 무화과 > 배

내부온도를 77℃ 이상으로 조리하도록 권장하고 있다.

3) 건열조리

물 없이 공기, 기름 등으로 150~200℃에서 조리하는 방법으로서 결합조직이 적고 지방이 고루 산재된, 즉 마블링이 잘 된 안심, 등심, 채끝 등의 조리에 적합하다.

월령이 어린 조육류를 이용한 튀김, 로스팅 요리에 적합하다.

불고기 조리 시 양념을 넣는 순서

· 설탕 → 단백질 분해효소가 함유된 과일즙 → 간장과 마늘, 파 등의 양념·· → 참기름
· 이유 : 설탕과 배즙 등을 먼저 넣어 고기를 연하게 한 후 간장과 양념을 넣어 잘 배게 하고 마지막으로 참기름을 넣는다. 분자량이 큰 설탕은 분자량이 적은 소금(또는 간장)보다 먼저 넣는다. 참기름을 먼저 넣으면 연화효소의 작용이 억제되며, 막을 형성해서 양념이 잘 스며들지 않는다.

(1) 불고기

불고기는 본래 너비아니로 불리던 것으로 기름기가 적고 연한 부위의 고기를 약간 두툼하게 썰어 앞뒤로 잔 칼질을 한 후 갖은 양념을 하여 석쇠에 물을 적신 창호지를 깔고 그 위에서 구웠다. 그러나 요즘의 불고기 조리법은 변형되어 불고기판을 불 위에 올려 놓고 굽거나 프라이팬에서 구워 먹는다.

(2) 적과 전

· 적 : 양념한 육류를 꼬챙이에 꿰어 굽거나 기름에 지진 음식이다. 섭산적 등은 꼬챙이에 꿰지 않고 구워 낸다.

· 전 : 썰거나 다져 모양을 만들어 밀가루를 묻힌 후 달걀물을 묻혀 꼬챙이에 꿰지 않고 기름에 지진 음식이다.

(3) 로스팅(roasting)

고기를 덩어리째 오븐에 넣고 굽는 방법으로서, 로스팅용 고기는 질이 좋은 것을 사용해야 한다. 고기는 미리 해동하여 안팎의 온도가 균일하게 된 것을 사용해야 골고루 익는다. 로스팅할 때 쇠고기와 양고기는 오븐온도 150~160℃ 정도에서 기호에 따라 rare, medium, well-done 등으로 굽고(표 10-8), 돼지고기는 164~177℃에서 well-done으로 굽는다.

표 10-8 스테이크의 익은 정도에 따른 내부온도 및 관능특성

익은 정도	내부 온도	관능특성		
		내부색	표면색	질감 및 육즙의 양
rare	60℃	선명한 붉은색	엷은 회갈색	부드럽고 육즙이 풍만
medium	71℃	연분홍색	회갈색	육즙이 많으나 풍만하지 않음
well-done	77℃	회갈색	회갈색	육즙이 적고 퍽퍽함

(4) 브로일링(broiling and pan-broiling)

- 브로일링 : 고기를 직접 불에 노출시켜 굽는 방법을 말한다. 우리나라에서는 숯불이나 가스불 위에서 고기를 굽는데, 서양조리에서는 오븐의 상부에 열원이 있는 브로일러나 야외에 있는 바베큐 시설에 놓고 불꽃 가까이에서 굽는다. 대표적인 음식으로는 스테이크와 바베큐가 있다. 이 방법은 고기 표면의 단백질이 응고되어 내부 성분의 유출을 막기 때문에 맛이 좋다. 또한 표면 단백질이 미량 존재하는 당과 반응을 일으켜 맛있는 향기를 낸다.

- 팬 브로일링 : 가열된 두꺼운 냄비나 프라이팬에서 굽는 방법으로, 고기가 타지 않도록 기름을 살짝 두르고 굽는다. 처음에는 강한 불로 고기의 표면이 눌어 붙게 한 후 불을 약하게 하여 속으로 열이 전달되도록 한다. 이 방법의 장점은 시간이 절약되는 것이다.

(5) 튀김(frying)

기름을 열전달 매체로 하여 180℃ 정도로 조리하는 방법으로서, 고온 단시간 조리하므로 영양성분의 용출이 안 되고 고기의 누린내를 감소시킨다.

4) 습열조리

양지머리, 사태, 우둔, 목심, 갈비(뼈 붙은 것) 등은 결합조직이 많기 때문에 물

과 함께 장시간 가열하는 습열조리법이 적합하다. 액체와 함께 가열 혹은 수증기로 찌는 방법으로서 국, 탕, 조림, 찜, 편육, 장조림 등이 이에 해당된다.

월령이 오래된 조육류를 이용한 국, 스프, 스톡, 중국요리용 육수를 만들 때 적합하다.

(1) 편육

편육은 고기의 구수한 맛이 빠져 나가지 않고 고기에 배어 있도록 처음부터 끓는 물에 고기를 넣어 표면의 단백질을 응고 변성시킨 다음, 불의 세기를 살짝 줄인 후 삶아 낸다. 액체상태의 젤라틴은 식으면 묵과 같이 굳으므로 고기가 뜨거운 상태일 때 면포로 감싸 실로 묶어 두면 고기가 흩어지지 않고 일정한 모양을 유지할 수 있다. 양지머리, 사태, 쇠머리 등 지방이 적고 결체조직과 근육조직이 층 진것이 편육용으로 적합하다. 편육을 썰 때 고기결과 직각 방향으로 썰면 연하게 먹을 수 있어 좋다.

(2) 장조림

우둔육이나 홍두깨살, 사태 등이 근섬유조직이 길어서 잘 찢어지므로 장조림에 적합하다. 찬물에 먼저 고기를 넣고 삶아 결합조직을 용해시킴으로써 연하게 한 후 고기가 거의 익었을 때 간장과 설탕을 넣는다. 처음부터 간장을 넣으면 삼투압에 의해 고기 속의 수분이 빠져 나와 단단해진다.

(3) 탕(국)

운동량이 많은 부위인 양지와 사태, 꼬리와 곱창, 양, 내장이 아미노산, 유기산, 핵산 같은 맛 성분이 많이 들어 있어 탕이나 국거리에 적합하다. 국물에 맛 성분이 많이 우러나야 되므로 핏물을 뺀 고기를 찬물에 넣고 끓이기 시작하여 끓으면 불의 세기를 줄여 콜라겐이 젤라틴으로 최대한 변할 수 있도록 오랫동안 충분히 끓인다. 육수를 낼 때 소금을 약간 넣으면 염용성 단백질의 용출이 늘어나서 육수의 맛이 좋아진다.

(4) 찜

결합조직이 많아 질긴 부위인 사태, 꼬리 등에 소량의 물을 넣고 뚜껑을 닫고 중간 불에서 가열한다. 일단 고기를 푹 익힌 다음에 각종 양념과 채소를 넣고 다시 끓여 맛이 잘 배도록 한다. 갈비살 자체는 결합조직이 많지는 않으나, 뼈째로 조리할 때는 뼈와의 사이에 결합조직이 많아 자주 찜에 이용되는 부위이다.

(5) 스톡 : 수프용 육수

- 브라운 스톡(brown veal stock) : 송아지 뼈를 쓰는데, 뼈 사이에 콜라겐이 많아 끓였을 때 젤라틴으로 되어 국물이 걸쭉하게 된다. 또한 고기의 1/3쯤은 볶은 후 나머지와 같이 3시간쯤 고아 내며, 국물이 갈색을 띠게 된다.
- 화이트 스톡(white beef stock) : 다 자란 소의 뼈를 사용해야 국물이 탁해지는 것을 막을 수 있다. 85℃ 정도에서 고기를 삶으면 국물을 맑게 얻을 수 있다.

5) 복합조리

일반적으로 육류를 복합조리할 때에는 우선 육류 표면의 단백질을 응고시켜 육즙이 빠져나오는 것을 방지하기 위해 건열조리한 후 습열조리를 하여 조리를 마무리한다.

(1) 브레이징(braising)

서양조리에서 건열조리와 습열조리를 복합적으로 이용하는 대표적인 조리방법이다. 일반적으로 덩어리가 큰 육류를 먼저 건열로 높은 온도에서 표면에 갈색이 나도록 구워 내부의 육즙이 빠져나오지 않게 한 후, 채소나 소스 등과 함께 적당한 열로 습열조리한다. 브레이징할 때 생긴 육즙은 따로 모아 소스로 사용한다.

스테이크를 굽거나 커틀릿을 튀기기 전에 육류에 칼집을 넣은 후 가열하는 이유는 무엇일까?

육류를 가열하면 근육단백질이 열변성을 일으켜 근섬유가 수축하여 모양과 크기가 달라진다. 스테이크나 커틀릿처럼 크고 두껍게 썬 육류를 사용하는 조리에는 변형이 특히 매우 심하여 커틀릿의 튀김옷이 벗겨지기 쉬워 곤란해진다. 그래서 미리 육류에 칼집을 넣어 근섬유를 조금이라도 짧게 해두려는 것이다. 특히 단시간에 튀겨 내야 하는 커틀릿의 경우에는 칼집을 넣으면 내부까지 빨리 익도록 하는 데에도 도움이 된다.

(2) 스튜잉(stewing)

브레이징이 큰 덩어리의 육류를 사용하였다면, 스튜잉은 육류를 작게 썰어 높은 건열로 표면에 색을 낸 다음 습식열로 조리한다. 스튜잉은 재료가 잠길 정도로 소스를 충분히 넣어 조리가 끝날 때까지 건조되지 않도록 걸쭉하게 끓인다. 브레이징보다 육류 덩어리가 작아서 조리시간이 비교적 짧다. 육류를 사용하여 스튜잉한 음식으로는 커리, 스튜 등이 있다.

토마토 소스를 사용할 경우에는 육류가 거의 익을 때 토마토 퓨레(또는 생토마토)를 넣도록 한다. 처음부터 토마토를 넣으면 토마토의 색소인 라이코펜(lycopen)과 육류의 단백질이 결합하여 색이 좋지 않으며, 육류의 비타민 B$_1$의 파괴가 너무 많이 일어나기 때문이다. 토마토는 육류 근육조직의 pH를 산성으로 만들어 근육의 수화능력을 커지게 하므로 고기가 더욱 연해진다.

6) 젤라틴을 이용한 조리

젤라틴은 동물의 뼈, 가죽, 힘줄, 연골 등에 들어 있는 콜라겐을 산 또는 알칼리로 분해시킨후 정제하여 만든 것으로, 동물성 단백질이지만 필수아미노산인 트립토판과 이소류신의 함량이 적어 영양가가 낮은 불완전단백질이다.

젤라틴은 분말상, 판상, 입상 등으로 판매되며 뜨거운 물이나 미지근한 물에 녹이면 졸 상태의 콜로이드 용액이 되고 이를 냉각하면 응고한다. 이는 단독으로 사용하기보다는 다른 식품과 같이 혼합하여 사용한다. 주로 응고제,

유화제 등으로 과일젤리나 무스케이크 등에 사용하면 좋은 질감을 주며 부피도 늘릴 수 있어 비만방지용 저열량 식품개발에 적합하다(표 10-9).

표 10-9 젤라틴 젤과 한천 젤의 특성 차이

특성	젤라틴 젤	한천 젤
재료 및 제조법	동물의 뼈, 연골, 진피, 힘줄, 인대 등에 들어있는 콜라겐을 산 또는 알칼리로 분해한 후 정제한 동물성 식품	우뭇가사리를 삶아 얻은 콜로이드 용액을 냉각하여 젤화 시킨 식물성 식품
주성분	변성된 콜라겐 단백질(소화 가능)	아가로스(70%)와 아가로펙틴(30%)으로 구성된 불용성 식이섬유
영양적 가치	불완전 단백질이므로 우유, 육류, 달걀과 함께 사용하면 좋음	정장작용에 도움이 됨
응고온도(℃)	3~15	30 전후
융해온도(℃)	40~60	80~100
투명도	과일의 펙틴 젤처럼 투명함	젤라틴 젤보다 불투명함
질감	하늘하늘한 촉감을 가짐	예리하게 갈라지며 매우 단단함
사용농도(%)	3~4	0.5~3.0
작용	응고제, 유화제, 결정방해물질	응고제
이용 예	족편, 아스픽젤리, 마시멜로, 과일 젤리, 바바리안 크림, 무스 케이크, 저열량 식이, 미생물 배지, 약용 캡슐	양갱, 양장피, 과일 젤리, 과일 케이크, 저열량 식이, 미생물 배지

실생활의 조리원리

젤라틴 젤리에 파인애플을 생으로 넣으면 잘 굳지 않는 것은 왜일까?

젤라틴은 한천과 달리 동물의 가죽, 힘줄, 뼈 등에 함유된 콜라겐이라고 하는 단백질을 물속에서 가열하여 얻어진 것으로서, 국내에서는 돼지가죽을 원료로 해서 만든다. 생 파인애플에는 브로멜린이라는 단백질 분해효소가 함유되어 있다. 이 때문에 파인애플 생것을 젤라틴 젤리에 넣으면 젤라틴이 브로멜린으로 인해 가수분해되어 펩티드나 아미노산과 같은 분자량이 작아져 점성을 상실하여 젤을 형성하지 않는다. 따라서 파인애플 젤라틴 젤리를 만들 때에는 통조림 파인애플을 사용한다. 생파인애플을 사용할 경우에는 한 번 가열하여 단백질 분해효소의 활성을 없앤 후에 사용해야 한다.

6. 육류의 저장

육류는 수분과 단백질의 함량이 높기 때문에 미생물의 성장에 좋은 조건이므로 상하기 쉽다. 따라서 항상 냉장 또는 냉동 보관하여야 하며, 저장기간을 늘리기 위해 염장이나 훈연, 또는 통조림 등의 가공식품의 형태로 많이 이용된다.

1) 냉장

육류는 냉장고에 저장할 때 가장 차가운 위치에 저장하여 2℃ 정도를 유지하는 것이 가장 좋다. 대부분의 냉장고에는 육류저장용 칸이 따로 마련되어 있다. 육류를 구입할 때의 포장상태인 랩이나 비닐, 알루미늄 호일에 쌓인 상태로는 이틀 이상 두지 않도록 한다. 이틀이 지나면 축축한 육류의 표면에서 세균이 증식하여 부패하기 시작한다. 염장식품인 햄 등은 처음에 포장된 상태로 두는 것이 산소에 의한 지방의 산화를 방지하므로 그대로 냉장 보관하는 것이 좋다. 또한 햄 등 염장식품은 소금으로 인해 지방의 산화가 촉진되므로 장기간 보관방법인 냉동 저장은 바람직하지 않다. 조리된 육류음식은 3~4일 정도 냉장 보관하고 그 이상 보관할 필요가 있을 경우는 냉동실에 보관하는 것이 좋다.

2) 냉동

육류를 냉동 보관할 때는 플라스틱 백 또는 냉동용 포장지에 잘 밀봉하여 -18℃ 정도에 보관하여야 한다. 급속동결해야 얼음결정이 작게 생겨 육질의 저하가 덜 일어난다. 처음에 일회용 분량만큼 나누어 보관하는 것이 이상적이다. 육류는 해동했다 다시 얼리게 되면 위생적으로도 안 좋고, 질감과 향미에도 손상이 초래되기 때문이다. 해동할 때는 냉장고에서 서서히 해야 육즙이 덜 나오고 미생물의 번식도 덜 일어난다.

대부분의 쇠고기는 6개월~1년 보관이 가능하지만 갈은 고기(ground beef)는 3개월을 넘기지 말아야 한다. 조육류는 살모넬라균의 감염 우려가 하루 이상 저장할 경우 냉동보관하는 것이 좋다.

육류를 냉동 보관할 때는 포장 상태에서 구입날짜를 볼 수 있도록 기록함으로써 먼저 구입한 것을 먼저 사용할 수 있도록 한다. 너무 오래 보관할 경우 고기 표면이 탈수되어 질감이 손상되어 질겨지고, 색깔도 변하는 냉동화상(freezer burn) 현상이 일어날 수 있다(p.55 실생활의 조리원리 참조).

육류를 -15℃ 정도에서 20일 정도 보관하면 선모충(*Trichinella spiralis*)이 사멸한다. 만일 이 조건을 지키지 않은 돼지고기의 경우 조리할 때 선모충의 사멸온도인 70℃ 이상의 내부온도에 이르도록 완전 가열해야 한다. 그러나 유구촌충까지도 염두에 두어 내부온도가 77℃ 이상이 되도록 완전히 가열하는 것이 좋다.

CHAPTER 11
어패류

CHAPTER 11
어패류

어패류는 육류와 더불어 동물성 단백질의 주된 급원식품이다. 전 세계적으로 약 19,000종이 있으며, 그 중에서 200여 종이 식용으로 이용된다. 어패류는 육류에 비해 지질의 조성이 우수하나 불포화지방산 함량이 높아서 쉽게 산패하며, 조직이 연하고 세균의 오염을 받기 쉬워 신선도를 유지하는 데 어려움이 있으므로 유통과정에 특히 주의를 기울여야 한다.

1. 어패류의 분류

어패류는 척추동물인 어류와 부드러운 연체류, 딱딱한 껍질을 가진 조개류와 갑각류 등으로 분류된다.

1) 어류

표 11-1 서식 장소에 따른 어류의 분류

분류	종류
해수어(바닷고기)	가오리, 가자미, 갈치, 고등어, 꽁치, 농어, 다랑어, 대구, 도미, 도루묵, 멸치, 명태, 민어, 방어, 병어, 복어, 붕장어, 삼치, 사어, 서대, 숭어, 아귀, 양태, 연어, 옥돔, 이면수, 전갱이, 전어, 조기, 준치, 쥐치, 청어, 홍어
담수어(민물고기)	가물치, 메기, 미꾸라지, 붕어, 뱀장어, 빙어, 쏘가리, 잉어, 은어, 피라미

표 11-2 지방과 단백질 함량에 따른 어류의 분류

지방 함량	단백질 함량	어류의 종류
저지방(5% 이하)	고단백(15~20%)	대구, 농어, 민어, 숭어, 참돔
	고단백(20% 이상)	다랑어, 넙치
중지방(5~15%)	고단백(15~20%)	방어, 빙어, 까나리, 꽁치, 고등어
고지방(15% 이상)	저단백(15% 이하)	송어

바지락

대합

꼬막

2) 연체류

세계적으로 6만여 종이 있으나, 식용하는 것은 문어, 오징어, 꼴뚜기, 낙지 등
10여 종에 불과하다. 몸이 부드럽고 마디가 없는 것이 특징이다.

3) 패류(조개류)

바지락, 백합, 재치, 대합, 꼬막, 우렁이 등이 이에 속하며, 딱딱한 껍질이나
가장자리가 붙어 있는 딱딱한 두 개의 껍질 안에 근육조직을 가지고 있다.

우렁이

털게

4) 갑각류

새우, 꽃게, 대게, 털게, 왕게, 가재 등이 이에 속하며, 절족동물의 일종으로서
키틴질의 딱딱한 껍질에 자기 몸을 보호하며 껍질은 여러 조각으로 마디마디
구분되어 있는 것이 특징이다. 주로 바다에 서식하고 있으나 바다와 만나는
강의 하구 또는 담수에서도 산다.

가재

2. 어패류의 구조

어류는 머리, 동체, 꼬리의 세 부분으로 나누며, 몇 개의 지느러미가 있다. 어류의 피부는 표피와 진피로 구성된다. 표피에는 점액을 분비하는 점액선이 있고 진피의 일부분이 석회질화되어 비늘을 만들어 표면을 덮고 있다.

어류는 붉은살 생선과 흰살 생선이 있는데, 보통 활동성이 있는 표층고기는 붉은살 생선이 많고, 운동성이 적은 심층고기에 흰살 생선이 많으며, 민물고기는 거의 흰살 생선이 많다. 모든 근육조직에는 미오글로빈이 있는데, 이 미오글로빈의 함량에 따라 어류의 살 색깔에 차이가 발생한다.

근육은 근섬유가 모인 다발로 구성되어 있으며 식용으로 이용되는 것은 몸통에 이르는 측근(側筋)이다. 등뼈 양쪽에 대칭적으로 결합되어 있고 근절(sarcomere)들로 이루어지며, 근절은 얇은 막으로 연결되어 있다.

패류는 두 개의 단단한 껍질이 마주 닫히고, 그 내부에 가식부의 근육이 있는 것과, 한 개의 껍질만 있어 껍질이 없는 부분은 바위에 붙어서 가식부를 보호하고 있는 것이 있다.

갑각류에 속하는 새우와 게는 머리, 가슴, 배의 세 부분으로 구별된다.

근절(sarcomere)
근원섬유의 두 제트선 사이에 있는 가로무늬근 부분으로 근수축이 일어나게 하는 최소단위

3. 어패류의 성분

어패류는 수분 66~84%, 단백질 15~24%, 지질 0.1~22%, 탄수화물 0.5~1%, 무기질 0.8~2%로 구성된다. 어류의 성분 조성은 종류, 연령, 성별, 부위, 계절, 서식장소 등에 따라 다르다. 특히 지방 함량과 수분 함량은 계절에 따라 차이가 크다. 지방 등의 주요 영양소의 함량은 산란 전에 가장 많아 이 시기에 맛과 영양이 가장 좋다. 어패류는 에너지의 저장형태로서 소량의 글리코겐을 함유하며, 이는 어패류 요리의 국물 맛에 좋은 영향을 준다.

표 11-3 어패류의 영양성분 (가식부 100 g당)

어류	수분 (%)	열량 (kcal)	단백질 (g)	지질 (g)	당질 (g)	회분 (g)	무기질					비타민				
							칼슘 (mg)	인 (mg)	철 (mg)	나트륨 (mg)	칼륨 (mg)	A (RE)	B₁ (mg)	B₂ (mg)	니아신 (mg)	C (mg)
고등어	68.1	172	22.2	8.4	Ø	1.1	26	232	1.6	(75)	(310)	23	0.18	0.46	8.2	1
꽁치	70.9	132	22.7	4.7	0.4	1.3	42	241	1.7	(80)	(150)	21	0.02	0.28	6.4	1
갈치	72.7	140	18.5	7.5	0.1	1.2	46	191	1.0	(100)	(260)	20	0.13	0.11	2.3	1
가자미	72.3	120	22.1	3.7	0.3	1.6	40	196	0.7	230	377	8	0.18	0.26	4.3	2
연어	75.8	98	20.6	1.9	0.2	1.5	24	243	1.1	(95)	(330)	18	0.19	0.15	7.5	1
명태	80.3	74	17.5	0.7	0.0	1.5	109	202	1.5	132	293	17	0.04	0.13	2.3	Ø

패류	수분 (%)	열량 (kcal)	단백질 (g)	지질 (g)	당질 (g)	회분 (g)	무기질					비타민				
							칼슘 (mg)	인 (mg)	철 (mg)	나트륨 (mg)	칼륨 (mg)	A (RE)	B₁ (mg)	B₂ (mg)	니아신 (mg)	C (mg)
꼬막	82.9	58	12.6	0.3	1.6	2.6	83	136	6.8	-	-	39	0.03	0.24	3.4	3
백합	79.9	70	11.7	1.0	3.6	3.8	161	133	11.9	-	-	0	0.03	0.22	3.4	3
홍합	79.7	77	13.8	1.2	3.1	2.2	43	249	6.1	-	-	30	0.02	0.33	2.5	4
모시조개	79.9	72	14.1	0.6	2.8	2.6	54	197	2.4	-	-	9	0.05	0.26	1.8	2
굴	84.6	61	8.9	1.2	3.7	1.6	43	125	3.9	232	259	12	0.220	0.124	-	-

연체류 / 갑각류	수분 (%)	열량 (kcal)	단백질 (g)	지질 (g)	당질 (g)	회분 (g)	무기질					비타민				
							칼슘 (mg)	인 (mg)	철 (mg)	나트륨 (mg)	칼륨 (mg)	A (RE)	B₁ (mg)	B₂ (mg)	니아신 (mg)	C (mg)
오징어	78.3	87	18.84	1.44	0.16	1.26	11	270	0.18	199	351	-	0.050	0.020	-	0
보리새우	82.8	65	15.1	0.7	0.1	1.3	87	240	1.1	140	450	0	0.07	0.08	2.3	1
낙지	82.3	54	12.99	0.43	-	2.19	26	166	1.48	479	237	-	0.030	0	-	-
주꾸미	86.8	48	10.8	0.5	0.5	1.4	19	129	1.4	-	-	0	0.03	0.18	1.6	Ø

출처 : 농촌진흥청 국립농업과학원(2017). 국가표준식품성분표(제9개정판)

1) 영양성분

(1) 수분
어패류는 수조육류보다 수분 함량이 높으며 일반 어류는 75% 내외, 오징어, 문어, 새우, 굴, 바지락 등은 85% 내외의 수분을 함유한다.

(2) 단백질
어류는 17~25%, 패류는 7~14%, 오징어와 낙지는 11~20%의 단백질을 함유한다. 어피단백질은 대부분 콜라겐이고 소량의 엘라스틴과 당단백질이 들어있다. 어육단백질에는 약 75%를 차지하는 근원섬유 단백질인 액틴과 미오신, 그리고 결합조직 단백질인 콜라겐과 엘라스틴 등이 있으며, 단백질 분해효소 등을 구성하는 근형질 단백질이 있다. 어육은 육류에 비하여 근원섬유 단백질이 많고 결합조직 단백질 함량은 적다. 따라서 어육은 연하고 소화가 잘된다. 또한 염용성 단백질인 미오신과 액틴은 약 3%의 소금용액에서 용출되어 나와 서로 결합하여 액토미오신을 형성한 후 굳어져 젤을 형성하는데, 이는 어육을 이용한 어묵의 제조를 가능하게 한다.

또한 어패류는 필수아미노산인 라이신을 다량 함유하므로, 라이신이 부족한 곡류와 함께 먹으면 영양적으로 상호보완 효과가 있다.

실생활의 조리원리

어묵의 제조원리(어육 단백질의 젤화)
어묵이나 인조 게맛살을 만들기 위해서는 대구나 명태 등의 흰살 생선의 껍질을 벗기고 뼈를 발라 낸 후 3% 정도의 소금물을 이용하여 염용성 단백질인 미오신과 액틴이 용출시켜 액토미오신을 형성한다. 액토미오신은 복잡한 구조를 가진 실 모양의 분자로서 그 표면에 수분이 흡착하여 서로 엉김으로써 점도가 높은 졸이 된다. 이것이 입체적 망상구조를 형성하여 단백질 젤이 된다. 소금과 설탕, 달걀 흰자 또는 전분 등을 넣으면 결합력과 향미가 향상되고 보다 안정된다. 이것을 스리미(surimi)라고 하는데 이를 일정한 모양을 만든 후 찌거나 기름에 튀긴 것이 어묵이다. 인조 게맛살을 만들기 위해서는 붉은 색소를 첨가하기도 한다.

(3) 지질

생선의 맛에 크게 영향을 주는 지방 함량은 어류의 종류, 연령, 성별 및 산란
기와 부위 등에 따라 다르다. 지방은 배 부위와 피하층에 특히 많으며 산란기
에 더 많아진다. 지방 자체가 고소한 맛을 가지고 있을 뿐 아니라 가열하면 지
방이 용해되어 근육에 스며들어 살을 부드럽게 해주기 때문이다.

어패류의 지질은 대부분 중성지방이고, 불포화지방산의 함량이 높아 어유
라고 해도 좋을 정도로 대부분이 상온에서 액체 상태이다. 어유에 함유되어
있는 포화지방산은 주로 팔미트산이며, 불포화지방산은 올레산, 리놀레산,
리놀렌산 등으로 구성되어 있다. 또한 정어리, 고등어, 꽁치, 참치 같이 등푸
른생선에는 고도불포화지방산인 에이코사펜타엔산(EPA)과 도코사헥사엔산
(DHA)이 많이 함유되어 있다. 이들은 동맥경화, 심근경색, 고혈압, 뇌졸중 등
의 만성 퇴행성 질환의 예방효과가 있는 것으로 알려져 있다.

어류의 지방은 불포화도가 높기 때문에 가공 또는 저장하는 동안에 산화되
기 쉽다. 어유에 들어 있는 스테롤은 대부분 콜레스테롤이며, 그 전구체인 스
쿠알렌도 상어의 간유 등에 상당히 많이 들어 있다.

도코사헥사엔산(DHA)
탄소수 22, 이중결합 6개인
고도불포화지방산으로 오메
가-3 지방산

에이코사펜타엔산(EPA)
탄소수 20, 이중결합 5개인
고도불포화지방산으로 오메
가-3 지방산

(4) 탄수화물

어육은 0.2~1.0%의 글리코겐을 함유하고 있으나 포획된 직후부터 분해되기
시작하여 판매될 때는 거의 남아 있지 않다. 조개류는 글리코겐을 3~5% 함
유하며, 글리코겐이 효소작용에 의해 포도당으로 전환되므로 단맛이 있다. 또
한 어패류에는 숙신산(succinic acid, 호박산)이 함유되어 감칠맛을 내며, 특
히 조개류의 근육에 많이 들어 있다.

(5) 무기질

어패류의 무기질 함량은 1~2%이다. 나트륨, 칼륨, 마그네슘, 인이 많고 칼슘,
알루미늄, 철, 구리 등도 들어 있다. 해수어에는 요오드와 인의 함량이 높지만
철의 함량은 비교적 낮다. 일반적으로 조개류는 어류에 비하여 철, 구리, 칼슘

의 함량이 높다.

(6) 비타민

비타민 A와 D는 지방 함량이 많을수록, 산란기에 가까울수록 많아진다.

비타민 A는 주로 간에 많이 들어 있으며, 연어, 고등어, 뱀장어 등에 많이 함유되어 있다. 비타민 D는 정어리, 숭어, 삼치, 꽁치, 뱀장어 등에 많이 들어 있으며, 어육보다는 간에 많다. 비타민 B_1은 눈알을 제외하고는 함량이 적으며, 가열하지 않은 담수어와 조개류에는 비타민 B_1의 효력을 저하시키는 효소인 티아미네이즈(thiaminase)가 들어 있는 것으로 알려져 있으나 가끔 회를 먹는 정도로는 우려할 수준은 아니다. 비타민 B_2는 눈알, 난소 등에 많이 함유되어 있다.

2) 맛 성분

근육에서 단백질과 색소 등 고분자화합물을 제외한 성분들을 추출물이라고 한다. 어패류의 종류에 따라 추출물의 성분과 함량에 큰 차이가 있는데, 어육은 2~5%, 연체동물은 5~7%, 갑각류는 10~12% 함유한다. 추출물 중에는 질소를 함유하는 성분들, 근육세포의 대사와 관계 있는 여러 가지 유기 및 무기화합물들이 함유되어 있다. 특히, 글루탐산이나 베타인 등과 같은 각종 아미노산, 뉴클레오티드, 유기산은 맛 성분으로 매우 중요하다.

(1) 유리 아미노산

추출물의 주요 질소함유화합물은 유리 아미노산과 저분자 펩티드들이다. 낙지, 오징어와 같은 연체동물과 새우나 게 등의 갑각류는 유리 아미노산의 함량이 높은데, 특히 글리신, 알라닌, 프롤린, 아르기닌, 글루탐산, 히스티딘 등을 많이 함유하며 타우린도 들어 있다.

흰살 생선에 비해 붉은살 생선의 히스티딘 함량은 750~1,200 mg/100 g으로 매우 많다.

(2) 베타인

베타인(betaine)은 동물체의 대사물질로 단맛과 감칠맛을 가지고 있다. 오징어나 새우 같은 연체동물과 갑각류의 조직에는 베타인이 많이 함유되어 있다. 어육의 베타인 함량은 0.1%이나 오징어와 낙지, 새우에 더 많다. 새우류의 베타인 함량은 추출물의 5~11%를 차지하며, 글리신과 함께 새우의 단맛에 기여한다.

(3) 뉴클레오티드

어육에 들어 있는 뉴클레오티드의 90% 이상이 아데닌뉴클레오티드이다. ATP가 아데닌뉴클레오티드의 주 형태이고 그 양은 5~8 μmol/g이다. 어류가 죽으면 시간이 지남에 따라 근육 내의 ATP가 ADP, AMP, IMP, 이노신(inosine), 하이포잔틴(hypoxanthine)의 순서로 분해된다(그림 10-6). IMP는 감칠맛을, 하이포잔틴은 쓴맛을 낸다. 유리아미노산인 글루탐산과 함께 IMP가 존재하면 감칠맛이 상승된다.

(4) 유기산

어육의 맛에 관여하는 유기산으로는 숙신산(호박산, succinic acid)과 젖산(lactic acid) 등이 있다. 숙신산은 특히 조개류의 감칠맛 성분으로서 계절에 따라 함량이 달라진다.

홍어

3) 냄새 성분

어류의 비린내는 생선의 종류와 선도에 따라 다르다. 어류가 신선할 때 해수어는 비린내가 약하지만 담수어는 강하다. 트리메틸아민(trimethyl amine; TMA)은 원래는 약한 단맛을 가진 트리메틸아민옥사이드(trimethyl amine

가오리

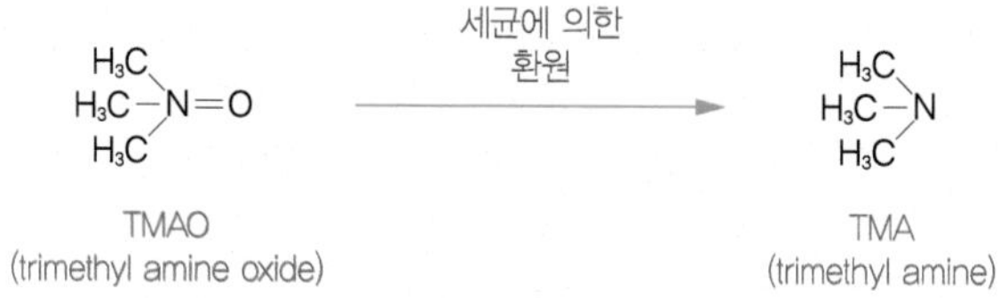

그림 11-1 생선 비린내의 생성과정

oxide; TMAO)가 세균에 의해 환원되면서 생성된 화합물로 비린내의 원인물질이다(그림 11-1). 생선 100 g 중 TMA 함량이 3 mg이면 냄새가 나기 시작하고, 30 mg이면 강한 비린내가 난다. 담수어의 냄새는 라이신(lysine)으로부터 생성된 피페리딘(piperidine)과 아세트알데히드(acetaldehyde)가 축합된 것이다. 특히 홍어, 가오리, 상어 등은 체내에 다량의 요소(urea)를 갖고 있어서, 신선도가 떨어지면 요소가 효소에 의해 분해되어 암모니아를 생성하기 때문에 강한 암모니아 냄새를 풍기게 된다.

4) 색소 성분

가다랭이나 참치의 살은 미오글로빈과 헤모글로빈으로 인해 붉은색을 띤다. 선도가 떨어지면 미오글로빈이 산화되어 메트미오글로빈이 되므로 어육의 색이 변한다.

멜라닌은 어류의 표피나 오징어의 먹물주머니에 존재하는 색소로 타이로신으로부터 합성된다. 오징어와 낙지의 표피색소는 트립토판으로부터 합성되는 오모크롬(ommochrome)이다. 살아 있는 오징어의 표피에는 갈색의 색소포가 존재하나 죽으면 색소포가 수축되어 흰색이 된다. 죽은 다음 선도가 떨어지면 체액이 약알카리성으로 변하기 때문에 오모크롬이 붉게 변한다. 갈치는 구아닌과 요산이 섞인 침전물이 빛을 반사하여 은색으로 빛난다.

카로티노이드의 일종인 아스타잔틴(astaxanthin)과 아스타신(astacin)은 가재, 게, 새우의 껍질에 존재하는 색소이다.

아스타잔틴(astaxanthin)
새우나 게 등의 갑각류의 껍질에 들어 있는 잔토필계의 붉은색소. 생체에서는 단백질과 결합하여 파란색과 노란색을 띠나, 가열하면 녹색의 카로티노이드-단백질 복합체에서 붉은 아스타잔틴이 유리됨. 더 산화되면 선홍색의 아스타신이 됨

헤모시아닌(hemocyanin)은 전복이나 조개류의 청색 색소로서 구리를 함유하고 있다.

5) 생리활성 성분

ω 3-지방산의 함량이 높은 생선류를 일주일에 2회 이상 섭취할 경우 심장병의 위험을 낮출 수 있다고 한다. 또한 꽁치, 상어, 뱀장어 등 몇 종류를 제외하고는 대부분의 생선은 1인 1회 분량(약 80 g)당 160 kcal 이하의 에너지를 내는 저열량 식품이며, 다음의 여러 가지 생리활성성분을 포함하고 있다.

- EPA : 등푸른생선에 다량 함유되어 있으며 장어, 가자미, 넙치와 같은 백색육의 어류와 잉어, 은어 등 담수 어류에도 소량 함유되어 있다.
- DHA : DHA는 EPA와 마찬가지로 등푸른생선에 다량 함유되어 있다.
- 타우린 : 연체류(문어, 오징어), 어류(참치, 고등어, 도미), 갑각류(새우, 게), 어패류(소라, 바지락, 굴) 등의 수산물에 함유되어 있다.
- 키틴질 : 게, 새우 등 갑각류의 외골격을 형성하는 다당류이며 키토산은 키틴의 탈아세틸화물이다.

표 11-4 EPA, DHA, 타우린, 키토산의 생리활성

성분	생리활성
EPA	고지혈증 · 심혈관계 개선, 혈중 콜레스테롤 저하, 암(유방암, 대장암, 전립선암) 억제, 혈소판 응집 억제, 혈압 저해, 면역 증강작용
DHA	고지혈증 · 중추신경계 개선, 세포막 유동성 개선, 혈소판 응집 억제, 항암, 노인성치매증 개선작용
타우린	혈중 콜레스테롤 저하, 혈압 강하, 항경련 · 항동맥경화 작용
키토산	항균, 종양 억제, 감염 방어작용

6) 독성물질

천연독성물질을 함유한 동물성 식품으로는 어패류가 대부분을 차지한다. 일부 조개류, 특히 이매패(껍질이 두 개인 조개류)는 유독 플랑크톤을 섭취하여 축적하므로 독을 함유하게 된다. 조개류의 독성화는 계절에 따라 영향을 받으며 특정 지역에서 발생한다. 우리나라에서는 남해안뿐 아니라 동해안에서도 조개독이 문제되고 있다. 따라서 조개독 발생예보가 발표되면 조개류는 섭취하지 말아야 한다.

한편 어류는 근육, 간, 내장, 생식기관과 같은 특정기관에 독성분이 농축되어 있다. 어류독으로는 복어의 테트로도톡신(tetrodotoxin), 조개류의 삭시톡신(saxitoxin) 등이 잘 알려져 있다.

복어

4. 어패류의 사후변화

어패류의 사후변화는 육류의 경우와 기본적으로 차이가 없다. 어류는 포유동물에 비하여 몸체가 작아 저장된 글리코겐의 양이 적으므로 사후경직의 시작과 지속시간이 짧다. 결합조직이 적고 수분을 많이 함유하며, 근섬유가 부드러우므로 회로 먹을 수 있다.

1) 사후경직

어패류의 사후경직은 죽은 뒤 1~7시간에 시작되어 5~22시간 동안 지속되며 어패류의 종류, 어패류가 죽기 전의 상태, 죽은 후의 방치온도, 내장의 유무 등에 따라 크게 차이가 생긴다.

- 붉은살 생선은 흰살 생선보다 사후경직이 빨리 시작되며 지속시간도 짧다.
- 죽기 전에 오랫동안 격렬하게 운동한 어류는 저장한 글리코겐을 사용하

므로 사후경직이 빨리 시작되고 경직의 지속시간도 짧다.

- 회유성이고 운동량이 많은 어종과 포획 시에 힘을 많이 빼서 근육 속의 해당작용에 의해 젖산 생성이 빨라져 산화가 빠른 생선은 사후경직이 빠르다.
- 어획 후에 바로 냉동하지 않고 실온에 오래 방치할수록 사후경직이 빠르다.

어육의 pH는 죽은 직후에는 7.0~7.5이지만 경직이 일어나면 6.0~6.6으로 낮아진다.

2) 자기소화

사후경직이 끝나면 자기소화에 이어 부패가 바로 일어나는데, 어육은 수육에 비해 자기소화과정이 빠르다. 자기소화는 여러 가지 영향을 받지만 어종, 온도, pH에 의해 가장 크게 영향을 받는다. 자기소화가 진행된 생선은 조직이 연해지고 풍미도 떨어져서 우리의 식습관으로는 회로 먹기는 좋지 않으며 열을 가해 조리하는 것이 좋다. 한편 일본에서는 적당히 자기소화가 되어, 조직이 연하고 감칠맛 성분이 생성되어 풍미도 더 좋아진 상태의 생선을 회로 이용한다.

자기소화는 효소가 관여하는 반응이므로 냉장에 의하여 억제할 수는 있으나 완전히 정지시킬 수는 없다. 그러나 어류를 잡은 즉시 얼음에 저장하거나 동결시키면 조직의 글리코겐이 보존되고 사후경직의 개시시점이 연장되므로 어류의 저장수명이 길어진다.

3) 부패

자기소화가 끝나면 pH가 중성으로 되어 세균이 번식하기에 알맞은 환경이 된다. 트리메틸아민옥사이드(TMAO)가 세균에 의해 트리메틸아민(TMA)으로 환원되는데 이것이 좋지 못한 비린내의 주요성분이다(그림 11-1). 그 밖에 세균과 효소의 작용 및 지방 산화 등으로 인해 각종 아민류, 유리지방산 및 암모니아 등을 생성해서 비린내와 부패취의 원인이 되며, 유독성 아민류인 히스타민이 생성되어 알러지나 두드러기 등의 식중독을 일으킨다.

5. 어패류의 신선도 감별

1) 관능검사

- 아가미 : 빛깔이 선홍색으로 단단하며 꼭 닫혀 있는 것이 좋다. 선도가 떨어지면 점차 회색으로 변한다.
- 안구 : 맑고 외부로 약간 돌출되어 있는 것이 신선한 것이며, 오래된 것은 흐리고 속으로 들어가 있다.
- 근육 : 살이 단단하고 탄력이 있으며 살빛이 선명하고 광택이 있어야 한다. 고기를 잘게 썰면 표피가 활 모양으로 말리고 살이 뼈와 잘 떨어지지 않는다. 신선도가 떨어지면 근육의 광택이 없어지고 혼탁해지며 살이 물러지고 뼈와도 쉽게 분리된다.
- 표피 : 광택이 선명하고 어종 특유의 색을 지니며 비늘이 단단하고 배열이 고른 것이 신선하다. 선도가 떨어지면 비늘이 떨어지거나 벗겨지고 색이 변색하며 광채를 잃는다. 또한 표피에 점액 물질이 분비되어 미끈거리며 악취와 비린내가 심하게 난다.
- 복부 : 손으로 눌러 보아 단단하고 팽팽한 것이 신선하다. 선도가 떨어지면 손자국이 그대로 남아 있고 탄력을 잃으며, 내장이 밀려 나온다.
- 냄새 : 신선한 것은 바닷물 냄새가 나지만, 신선도가 떨어지면 비린내가 나고 더 심해지면 시큼한 냄새와 암모니아 냄새가 나게 된다.

2) 생물학적 · 화학적 검사

- 세균학적 검사 : 세균의 양은 어패류의 오염지표로서 활용된다.
- 화학적 검사 : 암모니아, 트리메틸아민, 휘발성 염기질소의 양, 이에 따른 pH의 증가로 보아 생선의 부패의 진행 정도를 알 수 있다.

6. 어패류의 조리

1) 어패류의 손질

생선을 손질할 때 한 번 물로 씻어 불순물과 비린내 성분을 없애고, 비늘, 아가미, 내장 순으로 제거한 후 소금물로 깨끗이 씻는다. 소금물로 씻는 이유는 단백질의 일부를 응고시켜 수용성인 맛 성분의 용출을 방지하기 위해서이므로 씻은 후 물에 오래 담가 놓지 않도록 한다.

생선은 우리나라, 일본, 서양 요리에 따라, 또 조리법에 따라 손질하는 방법이 다르다(그림 11-2). 우리나라와 일본에서는 조림용의 통썰기나 지지기용의 포뜨기를 많이 하는 반면, 서양에서는 굽거나 튀김조리를 많이 하므로 얇

단체급식 시 어패류 씻기

어패류의 장염비브리오균은 소금물에서 더 잘 자라므로 일시에 다량의 어패류를 손질해야 하는 단체급식에서는 소금물이 아닌 맹물에 씻는 것이 식중독 예방에 유리

실생활의 조리원리

생선을 활어회로 썰 때에는 재빨리 얇게 자르는 이유는 무엇일까요?
활어회는 살아 있는 생선을 그 자리에서 잡아 근육이 수축하여 탄력이 있는 상태(사후경직)를 맛보는 것이다. 생선은 경직이 매우 빨라 그대로 두면 점점 경직된 후 연화되어 신선한 촉감을 상실하게 된다. 경직상태를 유지할 수 있도록 재빨리 얇게 잘라 얼음물에 넣어 식혀서 체에 건져 얼음 위에 얹어서 낸다. 그러나 숙성시킨 후 먹는 일본식 회뜨기는 좀 두껍게 써는 것이 먹음직하다.

- 숙성회 : 결합조직이 많은 생선을 저온숙성시킨 상태에서 먹는 것으로 일본식
- 활어회 : 잡은 상태에서 바로 회를 떠서 먹는 것으로 한국식

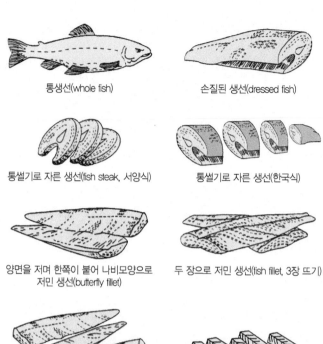

통생선(whole fish)

손질된 생선(dressed fish)

통썰기로 자른 생선(fish steak, 서양식)

통썰기로 자른 생선(한국식)

양면을 저며 한쪽이 붙어 나비모양으로
저민 생선(butterfly fillet)

두 장으로 저민 생선(fish fillet, 3장 뜨기)

네 장으로 저민 생선(fish fillet, 5장 뜨기)

막대모양으로 자른 생선(fish sticks)

그림 11-2 생선 손질하는 법

게 저미거나 막대모양으로 썰기를 주로 한다.

　조개류는 그대로 조리하면 입 안에서 모래가 씹히므로 반드시 해감을 뺀다. 즉 조개류를 2% 농도의 소금물에 3~4시간 정도 담가 어두운 곳에 두면 입을 벌리고 모래를 토해낸다.

2) 어패류의 비린내 제거방법

(1) 물로 씻기

어취의 주성분인 트리메틸아민(TMA)이나 암모니아는 수용성 성분이기 때문에 물로 씻으면 어느 정도 비린내를 제거할 수 있다. 비린내 성분은 체표면의 점액에 많이 들어 있으므로 씻을 때 점액을 잘 제거하도록 한다.

(2) 향신성 조미료 첨가

파, 마늘, 양파 등 황 함유 채소류는 비린내를 약화시키며, 생강의 매운맛 성분인 진저론(zingeron)과 쇼가올(shogaol)은 혀의 미뢰세포의 감각을 둔화시킨다. 파, 마늘, 양파, 생강 등은 생선이 익은 후에 넣는 것이 효과적이다.

겨자에 함유된 시니그린(sinigrin)은 효소의 작용으로 가수분해되어 자극성의 머스타드 오일(mustard oil)이 되면서 미뢰를 둔화시키고 비린내를 약화시킨다. 고추냉이에는 시니그린 배당체에서 미로시네이스(myrosinase)에 의해 생긴 알릴이소티오시아네이트(allylisothiocyanate)라는 매운맛 성분이 있어 생선의 비린내를 감소시킨다.

고추에는 캡사이신(capsaicin)이란 성분이 들어 있어 자극성이 있는 향기와 매운맛을 내며, 후추에는 피페린(piperine)의 입체이성체인 채비신(chavicine)이 매운맛을 내므로 비린내를 잘 느끼지 못하게 한다.

(3) 산의 첨가

비린내 성분인 트리메틸아민이나 암모니아 등은 산과 결합하면 중화되어 냄새가 약화된다. 또한 산은 부패세균의 살균효과도 있을 뿐 아니라 상큼한 신맛으로 생선의 맛을 좋게 한다. 그러한 이유로 생선요리용 타르타르소스에 레몬 조각을 곁들인다.

또한 산성물질은 단백질을 응고시켜 단단하게 하는 성질이 있다. 홍어회에 식초를 넣어 어육의 질을 단단하게 하여 오톨도톨한 맛을 즐기는 것은 이러한 원리를 이용한 조리법이다.

(4) 알코올의 첨가

알코올이 조리과정에서 휘발될 때 비린내 성분도 함께 휘발하므로 비린내 제거가 가능하며, 그 예가 생선요리에 청주나 맛술을 넣는 것이다. 생선요리를 먹을 때 백포도주를 함께 마시면 더욱 맛이 좋게 느껴진다.

(5) 함황 채소 및 향미 채소 사용

무, 파, 양파 등에 함유된 함황 물질과 쑥갓, 미나리, 고수 등의 향미성분은 비린내를 감소시켜 준다. 따라서 무를 크게 잘라 넣거나 향미 채소를 넣으면 비린내가 훨씬 덜한 것은 이 때문이다.

(6) 단백질 용액 사용

단백질입자는 강한 흡착력으로 비린내를 흡착함으로써 비린내가 제거된다. 생선을 우유에 담가 두면 우유단백질인 카세인입자가 비린내를 흡착하여 제거되는 것이 그 예이다. 또한 된장, 고추장을 사용하는 국이나 찌개에서도 단백질입자가 생선의 비린내를 흡착하여 제거해 준다.

3) 어패류의 조리

(1) 조림

생선을 조릴 때는 처음부터 양념을 넣어야 재료의 맛이 용출되고 형태를 유지할 수 있다. 먼저 양념국물이 끓기 시작할 때 생선을 넣고 국물의 양이 처음의 반 정도로 졸았을 때 불을 끄는 방법이 많이 이용된다. 이렇게 하면 생선 표면의 단백질이 먼저 응고하여 생선의 모양이 그대로 유지되며 양념이 골고루 배어 맛이 좋다. 그러나 너무 오래 끓이면 간장의 삼투압에 의해 탈수가 일어나 생선살이 단단해지고 비린내가 나고 맛이 떨어진다.

생선의 단백질 가운데 콜라겐은 가열에 의해 수용성인 젤라틴으로 변형되는데, 생선을 조리하면 생선살이 잘 부스러지는 것도 이 때문이다. 즉 콜라겐은 껍질과 근섬유를 둘러싸고 있는 기질 단백질로서 물에 용해되지 않으나 물에 넣고 가열하면 흡수, 팽윤되어 수용성의 젤라틴으로 용해된다. 생선조림의

생선 종류에 따른 조리방법

붉은살 생선은 흰살 생선에 비해 비린내가 강하고 살이 단단하므로 양념이 깊이 밸 수 있도록 처음에는 간을 약하게 하여 생선살의 중심부까지 열이 전달되게 비교적 오래 조리는 것이 좋다. 특히 가시가 많은 준치 등의 생선은 조림을 할 때 양념국물에 식초를 약간 넣은 후 약한 불에 오랜 시간 조려서 뼈째 먹기도 한다. 이는 뼈의 주성분인 칼슘이 산에 의해 녹는 성질을 이용한 조리법이다.

국물은 식으면 젤라틴이 젤화되어 굳는데, 가역적 젤이므로 다시 가열하면 녹는다.

(2) 구이

구이는 생선 자체의 맛을 살리는 조리법으로서 지방 함량이 높은 생선에 더욱 적합하다. 굽는 동안 수분은 비린내 성분과 함께 휘발하고, 단백질은 응고되며, 지방은 용해되어 생선 자체의 맛이 진하고 고소해진다.

생선구이는 소금구이와 양념구이로 나눌 수 있다. 도미와 조기 등의 생선은 모양이 좋고 크기가 자그마하게 알맞기 때문에 통째로 소금구이를 한다. 굽기 전에 2%의 소금을 배 속과 표면에 고르게 뿌리고 20분쯤 후 물로 씻은 뒤 물기를 없애고 뜨겁게 달군 석쇠나 프라이팬에 얹어 굽는다.

오징어나 생선 등을 구울 때 껍질이 찢어지고 오그라드는 것을 볼 수 있다. 이는 이들의 진피층을 구성하는 콜라겐이 근육섬유와 직각으로 교차하여 근육을 고정시키고 있다가 가열에 의해 수축됨으로써 일어나는 현상이다. 오징어가 동그랗게 말리게 하려면 안쪽에 칼집을 넣고, 반대로 말리지 않기를 원하면 바깥쪽에 칼집을 넣는다.

(3) 찌개

비린내가 덜하고 살이 단단한 흰살 생선인 대구, 우럭, 생태, 민어, 조기 등은 찌개 요리에 적합하다. 그 밖에도 조개류, 꽃게, 낙지, 오징어 등의 글리코겐

함량이 높은 해물들도 찌개의 국물 맛을 좋게 하는 좋은 재료이다.

생선찌개는 국물이 끓을 때 생선을 넣고 10분 정도 더 끓여야 국물이 맑고 생선살이 단단하게 흩어지지 않고 익으며, 국물의 맛도 좋다.

(4) 튀김

튀김요리는 우리나라보다는 일본, 중국, 서양음식에 주로 많다. 지방 함량이 높은 생선은 튀기는 과정에서 기름이 용출되어 튀김기름의 질을 떨어뜨려 느끼하고 좋지 않은 맛이 나기 쉬우므로, 지방 함량이 적은 흰살 생선이 튀김요리에 적합하다.

어패류를 튀기는 방법으로는 그냥 튀기는 방법과 튀김옷을 입혀 튀기는 방법이 있다. 튀김옷의 종류에는 녹말가루나 밀가루 등의 마른 가루를 묻히는 방법, 마른 가루와 달걀을 순서대로 씌운 후 빵가루를 묻히는 방법, 달걀 흰자를 거품내어 밀가루와 소금을 섞은 튀김옷을 만들어 생선이나 새우에 씌운 후 튀기는 프리터(fritter) 등이 있다.

(5) 전유어

전유어는 재료를 얇게 저며서 포를 뜬 생선, 손질한 새우와 굴 등에 소금과 후춧가루로 밑간을 한 후 밀가루를 얇게 묻혀 달걀 푼 물에 담갔다가 달구어 놓은 팬에 기름을 두르고 지진다. 민어, 광어, 대구, 동태 등의 흰살 생선을 주로 사용한다.

(6) 생선회

생선회는 생회와 숙회가 있다. 생회는 익히지 않고 먹는 요리이므로 특별히 신선하고 위생적인 상태의 민어, 광어, 도미 등의 생선과 굴, 해삼, 조개 등의 패류가 주로 이용된다. 어패류를 숙회로 이용할 때는 가열할 때 일어나는 껍질의 수축과 색 변화를 고려해야 한다. 숙회의 재료로는 오징어, 낙지, 문어, 새우 등과 조개류 등이 있다. 그 밖에도 어채라 하여 민어, 광어, 도미 같은 생

세꼬시에 대해서

세꼬시는 어린 물고기나 뼈가 연한 물고기를 얇게 썰어 뼈째로 먹는 회를 의미하는데, 광어나 도다리 같은 물고기의 새끼를 머리와 꼬리, 내장을 발라 낸 후 얇게 썰어 뼈째로 먹는 것을 말한다. 세꼬시란 말 자체는 일본말 'せごし'에 그 어원을 두고 있으나 가늘게 썰어 꼬치고기처럼 먹는다 해서 '세꼬치'가 세꼬시로 변했다라는 주장도 있다.

선을 끓는 물에 살짝 익힌 것도 있다.

7. 어패류의 저장 및 이용

어패류는 신선한 것을 구입하는 것이 중요하며 하루나 이틀 내에 먹는 것이 가장 좋다. 구매 시 포장해 준 상태로 먹을 때까지 보관하지 말고, 가정에서 랩에 다시 싸서 냉장 또는 냉동 보관한다. 필요에 따라 내장을 꺼낸 후 소금물로 전체를 깨끗이 씻어 물기를 없애 보관한다. 그러나 가공식품의 형태로 위생 포장된 경우는 그대로 보관해도 좋다. 생선을 얼려서 보관할 때는 -18℃ 이하에서 보관해야 하며, 한번 해동한 후 다시 얼리지 않도록 한다. 신선한 조개류는 조리할 때까지 살아 있는 것이 좋다.

생선통조림은 12개월까지 상온에서 보관이 가능하다. 그러나 남은 통조림은 반드시 유리나 플라스틱 용기에 옮겨 담아 냉장 보관하며 사흘 내에 먹도록 한다.

건어물 조리방법

건어물은 조리하기 전에 불려야 하는데, 이때 쌀뜨물에 담가 놓았다가 조리하면, 쌀뜨물 속에 남아 있던 무기질이나 기타 영양성분 등이 건어물과의 삼투압 차이를 줄여 줌으로써 맛 성분의 유출을 감소시키는 효과가 있다.

어패류를 건조시켜 이용하는 건어물에는 굴비, 북어, 건오징어, 쥐치포, 멸치, 뱅어포, 홍합, 조개, 문어 등 많은 종류가 있다. 뜨거운 소금물에서 살짝 데치거나 그대로 일광 건조한다. 황태는 추운 겨울에 수분의 결빙과 해빙을 여러 차례 반복함으로써 스폰지와 같은 특유의 질감이 생긴다.

실생활의 조리원리

어패류와 갑각류가 쉽게 상하는 이유
낮은 온도에서 액상을 유지하는 고도 불포화지방산이 쉽게 산화하여 퀴퀴한 냄새와 판지냄새가 나는 저분자물질로 분해되며, 또한 저온에서도 활성을 갖는 부패세균의 효소 때문이다.

CHAPTER 12
달걀

달걀의 종류

달걀의 구조

달걀의 성분과 영양

달걀의 품질평가

달걀의 저장 중 변화

달걀의 저장 및 가공

달걀의 조리특성

달걀의 조리

CHAPTER 12

달걀

달걀은 양질의 단백질과 인, 철 등의 무기질, 비타민 A, B 복합체 및 D 등의 비타민 함량이 높은 영양적으로 우수한 식품이다. 또한 달걀은 가격이 저렴하고 조리에 관련된 다양한 기능성을 가지고 있어서 넓은 용도로 음식에 사용된다.

1. 달걀의 종류

달걀과 메추리알

달걀은 닭의 알로 일반란, 영양란, 가공란 등이 있다. 알류에는 달걀 외에도 오리알, 메추리알, 청둥오리알이 식용으로 이용되고 있다.

- 일반란 : 무정란, 유정란
- 영양란 : 비타민, 요오드, 셀레늄 등의 특정 영양소가 강화된 달걀
- 가공란 : 껍질을 제거한 액란, 동결건조란, 훈제란, 피단

무정란
암탉의 난소에서 스스로 난황이 만들어지고 난관을 통해 껍질이 생겨 질을 통해 생산된 달걀

유정란
수탉과의 교미를 통해 병아리로 부화될 수 있는 배반이 형성된 달걀

2. 달걀의 구조

달걀의 모양은 그림 12-1과 같이 모양은 타원형이나 한쪽은 뾰족(첨단부)하

실생활의 조리원리

유정란과 무정란의 차이는?
영양성분의 차이는 크지 않으나 유정란이 비타민 함량이 조금 많고 난황과 난백의 점도가 높으며 껍질이 단단하고 비린 맛이 적다.

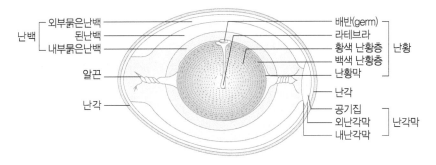

그림 12-1 달걀의 구조

고 한쪽은 약간 넓적(둔단부)하다. 달걀은 난각 10~11%, 난백 55~60%, 난황 30~33%로 구성되어 있다.

1) 난각

난각(egg shell)은 두께가 약 0.3 mm의 다공질로서 약 94%가 탄산칼슘 ($CaCO_3$)으로 구성되어 있으며, 기공을 통하여 수분의 증발, 탄산가스의 배출, 세균의 침입이 일어난다. 난각의 색은 갈색과 흰색이 있으며 영양가의 차이는 없다.

2) 난각막

난각 내부에 존재하는 두 겹의 속껍질(shell membrane)로, 신선한 달걀은 외부의 것은 겉껍질에 단단하게 부착되어 있으나, 저장하는 동안 수분과 이산화 탄소의 증발로 내용물이 줄어들면서 외난각막과 내난각막 사이가 벌어져 둔

> **달걀식중독 원인균은?**
>
> 난각에 묻은 분변 등에서 오염된 살모넬라균이다. 60℃ 5분 이상 또는 70℃ 1분 이상 가열해야 살 균된다.

단부에 공기집이 생긴다. 구성성분은 주로 케라틴(keratin)과 뮤신(mucin) 단
백질이다.

3) 난백

알끈을 가열하면 단단해지므
로 깔끔한 음식엔 알끈을 제
거해야 함

난백(egg white, albumen)은 유동성을 가진 투명한 액체로 점도에 따라, 묽
은 난백, 된 난백, 알끈으로 이루어졌다. 난각에 가까운 쪽부터 묽은 난백-된
난백-묽은 난백의 순으로 존재한다. 오래된 달걀일수록 된 난백의 점도가 낮
아져 묽은 난백으로 되어 3층의 구분이 어려워진다.

4) 난황

난황(egg yolk)은 한가운데 백색 난황을 중심으로 황색 난황층이 명암의
동심원을 그리며 분포되어 있다. 난황은 탄력성 있는 비텔린막(vitelline
membrane)으로 둘러싸여 있고, 알끈으로 고정되어 달걀의 중앙에 위치한다.
그러나 오래된 난황은 알끈이 약해져 중앙에 위치하지 못할 뿐 아니라 막이
약해져 터지기 쉽다. 난황의 색은 카로티노이드(carotenoid) 색소의 일종인
잔토필(xanthophyll)에 기인된 것이며, 그 함량은 닭의 먹이에 의해서 영향을
받는다.

3. 달걀의 성분과 영양

난백과 난황의 영양성분은 표 12-1과 같다. 난황이 난백보다 수분 함량은 낮
고 단백질과 지질 함량이 높아 에너지 함량이 높다. 또한 난황은 철의 좋은
급원이다. 달걀단백질은 완전단백질로 어떤 식품보다도 질이 높다.

표 12-1 달걀의 영양성분

(가식부 100 g당)

| 성분 | 수분 (%) | 열량 (kcal) | 단백질 (g) | 지질 (g) | 당질 (g) | 회분 (g) | 무기질 | | | 비타민 | | | 콜레스테롤 (mg) |
							칼슘 (mg)	인 (mg)	철 (mg)	A (RE)	B_1 (mg)	B_2 (mg)	
전란	75.9	13.0	12.44	7.37	3.41	0.88	52	191	1.80	0	0.078	0.469	328.83
난백	87.5	45	10.87	0.02	1.03	0.58	5	11	0	0	0	0.410	0
난황	50.9	315	14.70	23.45	9.32	1.63	151	508	5.24	12	0.22	0.475	629.30

출처 : 농촌진흥청 국립농업과학원(2017). 국가표준식품성분표(제9개정판)

1) 수분

전란의 수분 함량은 75.9%이다. 난백은 87.5%로 난황 50.9%에 비해 높다.

2) 단백질

단백가가 100인 완전 단백질로, 메티오닌을 비롯한 필수아미노산과 함황아미노산인 시스틴의 함량이 높다.

(1) 난백

난백의 단백질은 10%로 수분(88%)을 제외하면 주성분이다. 난백의 단백질은 오브알부민(ovalbumin)이 대부분을 차지하며, 콘알부민(conalbumin), 오보뮤코이드(ovomucoid), 오보글로불린(ovoglobulin), 오보뮤신(ovomucin), 아비딘(avidin), 라이소자임(lysozyme) 등이 함유되어 있다 (표 12-2).

표 12-2 난백의 주요 단백질과 특성

종류	특성
오브알부민	난백의 대부분(54%)을 차지하는 당단백질로 소화가 용이하다. 64~67℃의 열에 쉽게 응고된다.
콘알부민 (오브트렌스 페린)	약 1/10을 차지하며 철, 구리와 같은 금속 이온과 강하게 결합하는 수용성의 당단백질이다. 단독으로는 열(55~60℃)에 쉽게 응고되나 금속과 결합하면 안정화되어 열, 효소등에 대한 저항성이 커진다. 특히, 철과 결합하면 미생물에 대한 저항성이 커진다. 난백의 단백질 중 열에 가장 불안정하여 변성이 쉽게 일어나 난백의 기포성을 약화시킨다.
오보뮤코이드	당단백으로 만노오스, 글루코사민(glucosamine)등의 당을 함유하고 있으며, 1/10 이상을 차지한다. 열에 응고되지 않으며, 트립신 저해물질(trypsin inhibitor)이다.
오보글로불린	난백의 거품형성에 기여하는 단백질로 3종류(G_1, G_2, G_3)가 있다. 열 (65℃)에 의해 응고된다.
라이소자임	항균성을 지닌 열에 안정한 글로불린 단백질로 난백기포안정화에 기여한다. 신선한 달걀의 난백에서는 리소자임이 오보뮤신과 결합하여 된 난백의 고점도의 특수 망상 구조를 형성하는 골격 구실을 한다.
오보뮤신	물에 대한 용해도가 아주 낮은 당단백질로서 난백에 물을 넣어 희석하면 쉽게 침전한다. 리소자임과 함께 된 단백을 형성한다. 난백 기포의 안정화에 기여한다. 내열성이 강하다.
아비딘	비타민 B 복합체의 일종인 비오틴(biotin)과 결합하여 비오틴을 불활성화시킨다. 열에 쉽게 변성되므로 달걀을 85℃에서 5분간 가열하면 완전히 소실된다.

(2) 난황

단백질은 인단백질로 비텔린(vitellin), 비텔리닌(vitellinin)에 지질이 결합한 리포비텔린(lipovitellin), 리포비텔리닌(lipovitellinin)과 리베틴(livetin), 포스비틴(phosvitin)으로 구성되어 있다.

3) 지질

난백에는 지방이 거의 없어 열량은 49 kcal로 낮다. 난황은 반 정도가 수분이고 나머지 반 중에 약 1/3이 단백질이고 2/3가 지질이다. 난황이 난백보다 지

표 12-3 난황 단백질의 구성성분

종류		함량	특징
비텔린	리포비텔린	43~44% (17~18% 지질 함유)	인지질인 레시틴과 결합된 인단백질로 유화성을 나타낸다.
	리포비텔리닌	30~31% (36~41% 지질 함유)	
리베틴		10%	글로불린에 속하는 수용성 단백질로, 95℃ 이상으로 가열하면 거의 완전히 응고된다. 난황 효소의 대부분은 리베틴에 속한다.
포스비틴		14~15%	인단백질로서 약 10%의 인을 함유하고 있다. 철분을 운반하는 기능이 있다.

방과 단백질이 많고, 수분이 적어 열량이 높다. 지질은 중성지질 62.3%, 인지질 32.8%, 콜레스테롤 4.9%로 구성되어 있다. 지방산은 올레산이 약 50%로 가장 많고, 팔미트산 27%, 리놀레산 11%, 스테아르산 6%이다. 인지질은 레시틴(lecithin)과 세팔린(cephalin)으로 구성되어 있으며 인지질은 유화성이 매우 커서 유화제로 작용하고 수중유적형(O/W)의 유화액을 만든다.

4) 무기질

난황은 철분의 좋은 급원이며, 칼슘도 들어있다.

5) 비타민

난황에는 비타민 A · B_1 · B_2 · D · E 가 풍부하다. 난백에는 비타민 B_1 · B_2, 판토텐산이 있으며 비타민 B_2가 풍부하여 형광빛을 낸다. 그러나 비타민 C는 부족한 편이다.

삶은 달걀의 난황이 쉽게 부스러지는 이유는?
삶은 달걀이 부스러지기 쉬운 것은 난황이 구상의 알갱이 내지 미립자로 구성되어 있기 때문이
다. 미립자의 중심은 지방이고, 이 주위를 인지질이 둘러싸고 있으며 그 외부를 단백질이 둘러싸
고 있다. 난황에 있는 지방의 약 90%가 미립자에 존재한다.

6) 색소

난황의 색은 카로티노이드
(carotenoid) 색소의 일종인 잔
토필(xantho-phyll)에 속하는
루테인, 제아잔틴에 의한 것이
며, 그 함량은 닭의 사료에 의
해서 영향을 받음. 잔토필은 비
타민 A로 전환되지 않음

난황 노란색은 루테인과 제아잔틴 색소로 노인성 황반변성 및 백내장에 도움
이 된다.

4. 달걀의 품질평가

1) 껍질째 보았을 때의 평가

① **크기에 의한 분류** 우리나라의 경우 달걀은 중량에 따라 분류하여 판매되고
있다. 왕란(68 g 이상), 특란(60~67g), 대란(52~59 g), 중란(44~51 g), 소란
(44 g 미만)으로 분류한다.

② **외관판정법** 껍질의 광택의 정도, 달걀의 생김새, 균열의 유무 등
에 의하여도 평가한다. 달걀은 낳을 때 내부를 보호하기 위하여 점
액을 씌워서 낳으므로 신선한 달걀은 껍질이 꺼칠꺼칠하다.

③ **투광판정법** 일명 '캔들링'(candling)이라고도 하는데, 어두운
방에서 강한 광선을 달걀의 뒤에서 비치고 달걀을 돌리면서 관찰
하여 달걀의 공기집의 크기와 위치, 난백의 맑은 정도, 난황의 위
치와 움직이는 정도, 껍질의 상태 등을 평가하여 A, B, C, D의 등급

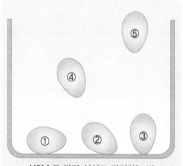

식염수로 달걀 신선도 판정하는 법
① 산란 직후의 신선한 것
② 1주일 경과된 것   ③ 보통 상태
④ 오랜 된 것   ⑤ 부패한 것

으로 판정한다.

④ **비중에 의한 방법**   신선한 전란은 비중이 1.08~1.09인데, 시일이 흐르면 수분의 증발로 인하여 비중이 가벼워진다.

2) 내용물에 의한 평가

달걀을 깨뜨려 난백과 난황의 상태를 평가하며, 할란판정법이라고도 한다.

① **난백계수(albumen index)**   달걀을 편평한 판 위에 깨뜨린 후 난백의 가장 높은 부분의 높이를 평균 직경으로 나눈 것이 난백계수이다. 신선한 전란의 난백계수는 0.14~0.17이다.

난백계수

$$= \frac{\text{난백의 가장 높은 부분의 높이}}{\text{난백의 평균 직경}}$$

② **호 단위(haugh unit, HU)**   난백의 높이(mm)를 H, 달걀의 무게(g)를 W로 했을 때

$$HU = 100 \log(H - 1.7W^{0.37} + 7.6)$$

의 수치를 말한다. 신선한 전란의 이 수치는 86~90이다.

③ **된 난백의 비**   전 난백의 무게에 대한 된 난백의 무게의 백분율이다. 신선한 전란의 된 난백은 전 난백 무게의 약 60%이다.

된 난백의 비

$$= \frac{\text{된 난백의 무게}}{\text{전 난백의 무게}} \times 100$$

④ **된 난백의 직경과 묽은 난백의 직경과의 비**   두 가지 난백을 모두 두 번씩 직각 방향으로 측정하여 평균치를 낸다.

⑤ **난황계수(yolk index)**   편평한 판 위에 달걀을 깨뜨렸을 때 난황의 높이를 직경으로 나눈 값을 말한다. 신선한 전란의 값은 0.36~0.44이다. 37℃에서 3일

난황계수

$$= \frac{\text{난황의 가장 높은 부분의 높이}}{\text{난황의 평균 직경}}$$

간, 25℃에서 8일간, 그리고 2℃에 100일간 경과했을 때의 난황계수는 0.3 이하가 된다. 난황 계수가 0.25 이하인 것은 달걀을 깨뜨렸을 때 난황이 터지기 쉽다.

표 12-4 우리나라 축산물 등급에 의한 달걀의 등급 판정법

판정항목		품질기준			
		A급	B급	C급	D급
외관판정	난각	청결하며 상처가 없고 달걀의 모양과 난각의 조직에 이상이 없는 것	청결하며 상처가 없고 달걀의 모양에 이상이 없으며 난각의 조직에 약간의 이상이 있는 것	약간 오염되거나 상처가 없으며 달걀의 모양과 난각의 조직에 이상이 있는 것	오염되어 있는 것, 달걀의 모양과 난각의 조직이 현저하게 불량한 것
투광판정	공기집	깊이 4mm 이내	깊이 8mm 이내	깊이 12mm 이내	깊이 12mm 이상
	난황	중심에 위치하며 윤곽이 흐리나 퍼져 보이지 않는 것	거의 중심에 위치하며 윤곽이 뚜렷하고 약간 퍼져 보이는 것	중심에서 상당히 벗어나 있으며 현저하게 퍼져 보이는 것	중심에서 상당히 벗어나 있으며 완전히 퍼져 보이는 것
	난백	맑고 결착력이 강한 것	맑고 결착력이 약간 떨어진 것	맑고 결착력이 거의 없는 것	맑고 결착력이 전혀 없는 것
할란판정	난황	위로 솟음	약간 평평함	평평함	중심에서 완전히 벗어나 있는 것
	농후난백	많은 양의 난백이 난황을 에워싸고 있음	소량의 난백이 난황 주위에 퍼져 있음	거의 보이지 않음	이취가 나거나 변색되어 있는 것
	수양난백	약간 나타남	많이 나타남	아주 많이 나타남	
	이물질	크기가 3mm 미만	크기가 5mm 미만	크기가 7mm 미만	크기가 7mm 이상
	호우단위 (HU)	72 이상	60 이상~72 미만	40 이상~60 미만	40 미만

출처: 축산물품질평가원, http://www.ekape.or.kr/view/user/institution/standard_egg_01.asp

표 12-5 달걀을 깨뜨렸을 때의 등급별 모양과 특징

구분	A등급	B등급	C등급
생달걀			
수란			
이용	모든 요리에 가능하며, 특히 달걀프라이와 삶은 달걀에 이용		달걀찜, 스크램블드 에그, 푸딩, 오믈렛, 액상란, 분말란, 제과용

달걀의 등급표시

난각의 표시사항 예

← 둔부

판정 0100102
AA110325

← 첨부

출처: 축산물품질평가원

범례	
판정	등급판정 확인 표시
01	생산자 시·도(숫자 2자리)
001	생산자번호(숫자 3자리)
02	계군번호(숫자 2자리)
AA	집하장 코드(영문 2자리)
110325	등급판정일(년월일)

5. 달걀의 저장 중 변화

달걀을 저장하면 미생물의 작용을 받지 않더라도 달걀 내부의 질이 변화된다.

1) 외관상의 변화

(1) 된 난백의 묽은 난백화

산란 직후 된 난백과 묽은 난백의 비율은 대개 6:4이다. 그러나 달걀을 저장해 두면 된 난백의 점도가 저하되면서 묽어져 된 난백의 양이 그림 12-2에서 보는 바와 같이 감소한다.

(2) 난황계수의 감소

달걀의 저장 중 수분이 난황막을 통해 난백에서 난황으로 이동하여 난황계수는 저하된다. 난황으로 수분이 이동하면 난황막은 늘어나 약해지므로 깨뜨릴 때 터지기 쉽다.

(3) 공기집의 확대

공기집

산란 직후에는 공기집이 없던 것이 시일이 경과함에 따라 공기집이 점차 커지고 비중이 가벼워진다. 그 이유는 겉껍질에 있는 작은 구멍을 통하여 수분과 이산화탄소가 증발하기 때문이다.

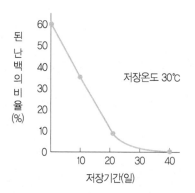

그림 12-2 저장온도 30℃에서 저장기간에 따른 된 난백의 비율 변화

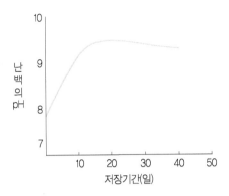

그림 12-3 저장온도 30℃에서 저장기간에 따른 된 난백의 pH 변화

(4) 겉껍질

신선한 달걀은 겉껍질이 거칠며 투명하면서 붉은 기운이 돌지만 오래된 달걀은 매끄럽고 희다.

2) 화학적 변화

(1) pH

신선한 난백의 pH는 7.6이다. 그러나 시일이 경과함에 따라 이산화탄소가 기공을 통하여 증발하여 그림 12-3에서와 같이 2~3일 내에 pH 9.0 내지 9.7이 된다. 난백의 pH가 알칼리로 기울어지면 된 난백이 묽어지고 색은 담황색을 띠게 된다. 신선한 난황의 pH는 5.9~6.1인데 시일이 경과하면 증가하여 pH 6.8로 된다.

(2) 성분

단백질이 분해하여 유리 아미노산과 비단백질소의 함량이 증가한다. 또한 난황의 지질이 난백으로 이동하는데, 중성지질이 대부분이다. 비타민도 시일이 경과하면 감소된다.

6. 달걀의 저장 및 가공

1) 저장

달걀의 저장은 5~6℃에서 1일간 냉각시킨 뒤 0.5~1℃에서 냉장하면 6개월 정도 보관할 수 있다. 가정에서는 냉장고(5~6℃)에서 1개월 정도 보관할 수 있다.

실생활의 조리원리

달걀 보관시 첨단부를 아래로 하는 이유는?
달걀 보관 시 달걀 케이스에 첨단부를 아래로, 둔단부가 위를 향하도록 넣고 보관한다. 그 이유는 둔단부에 작은 기공이 많으므로 기공을 통해 호흡과 탄산가스 배출이 원활하도록 하여 신선도가 유지되기 때문이다.

2) 가공

달걀은 신선한 상태로 유통되나, 다량 소비되는 경우에는 액란, 동결란, 건조란 등으로 1차 가공하여 마요네즈, 제과제빵 등의 원료로 이용되고, 피단, 훈제란 등으로도 가공된다.

(1) 액상란
액상전란(liquid egg)은 제과제빵 및 단체급식의 원료로, 액상 난백은 제과, 어묵, 소시지 및 음료제조용 원료로, 액상난황은 마요네즈, 제과, 면류, 이유식 등에 사용된다.

(2) 냉동란
냉동란(frozen egg)은 냉동전란, 냉동난황, 냉동난백이 있다. 냉동 전에 반드시 살균처리한 후 신속하게 냉동(-30~-20℃)시킨다. 냉동시 난백은 변화가 거의 없으나, 난황은 변성되어 점도가 증가하므로, 5~10%의 소금, 설탕, 글리세린 등을 첨가시켜 냉동한다. 냉동란은 제과제빵용으로 이용된다.

(3) 분말란

분말란(dried egg powder)은 전란, 난백, 난황을 저온 살균하여 분무건조시킨다. 분말란은 수분함량이 5% 이하로 저장성이 좋고, 가벼워 운반시 편리하나, 갈변현상과 산패취가 나고, 용해도, 응고성, 기포성이 저하되는 것이 단점이다. 건조 전에 당 제거 또는 산성화처리로 방지할 수 있다. 제과원료, 케이크믹스, 제면원료로 사용된다.

(4) 훈제란

훈제란(smoked egg)은 삶은 달걀의 난각을 제거하고 조미액에 담구었다가 훈연시킨다. 특유의 향이 있고 저장성이 좋다.

(5) 피단

피단(皮蛋)은 오리알을 껍질째로 찰흙, 소금, 왕겨, 석회를 혼합한 강한 알칼리 반죽 속에 파묻어 두고 두세 달 삭혀서 만드는 중국 전통의 가공법으로 달걀로도 만든다. 시간이 지나면 난백이 알카리에 의해 응고되어 흑색의 반투명한 젤이 되고, 단백질의 분해로 생성된 암모니아와 지방의 분해물질 등에 의해 특유한 향이 난다. 난백은 갈색, 난황은 암록색으로 중심부는 황색 또는 흑색으로 되면서 생긴 담황색 꽃무늬가 소나무꽃과 같다고 하여 쑹화(松花)라고도 한다.

오리알

피단

(6) 달걀 조리 완제품

최근 식품회사에서는 지단, 달걀말이, 알찜, 오믈렛과 같은 숙련된 조리기술을 필요로하는 제품들을 대량 생산하여 판매하고 있으며 주로 단체급식소나 외식업소에서 많이 이용된다.

시중에서 판매되는 풍림푸드 제품   급식소에 납품되는 풍림푸드 제품

7. 달걀의 조리특성

달걀은 응고성, 점착성, 기포성, 유화성, 색과 향미 부여 등 다양한 조리 가공
시에 필요로 하는 중요한 특성을 모두 제공하여 합성첨가물로 대체하기 어려
운 매우 유용하면서도 영양적으로도 우수한 천연의 식품 재료다.

실생활의 조리원리

반숙란이 날달걀보다 소화가 잘 되는 이유는?

달걀단백질은 펩티드사슬이 수소결합, $-S-S-$ 결합에 의해 단단히 결합한 실타래 같은 구상의
형태이나 가열하면 일부 결합이 깨지면서 소화효소가 접근하기 쉬운 헐거운 구상이나 구부러진
사슬형태로 되기 때문에 소화가 잘 된다. 그러나 과도하게 가열하면 오히려 새로운 $-S-S-$ 결합
이 증가되어 더 단단해지므로 오히려 소화성은 감소된다.

1) 열 응고성

달걀이 열에 의하여 응고되는 것은 달걀을 구성하고 있는 단백질의 변성에 의해 일어나는 현상으로 응고란 유동성을 가진 졸(sol) 상태가 반고체의 흐르지 않는 젤(gel)상으로 되는 것이다. 달걀의 열 응고성은 달걀의 부위에 따라 다르다.

난백은 60℃ 전후에서 응고하기 시작하여 63℃에서 응고되고 65℃에서 완전히 응고된다. 난황은 난백보다 높은 온도인 65℃에서 응고하기 시작하여 68℃에서 응고되고 70℃에서 완전히 응고된다. 달걀을 물에 삶을 때와 수비드로 삶을 때의 온도는 그림 12-4와 같다.

응고 온도

난백: 60~65℃ (63℃)
난황: 65~70℃ (68℃)

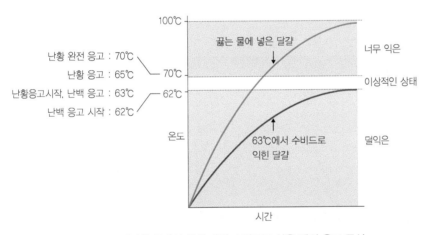

그림 12-4 달걀을 물에서 삶을 때와 수비드로 삶을 때의 온도 곡선
출처: http://www.seehint.com/h.asp?no=11831

실생활의 조리원리

달걀찜을 만들 때 달걀에 섞는 다시 국물의 적정량은?

달걀찜은 달걀의 농도가 다시 국물에 대하여 20~25%(달걀 1개 약 50 g에 대해 다시 국물 150~200 g) 정도이다. 찌는 시간은 15~20분 정도로 내부 온도가 80℃가 되어 불을 끄면 된다. 다시 국물이 이 분량보다 많을 경우에는 단백질 농도가 낮아져 응고되기 어렵고, 응고물의 힘이 너무 약해 잘 허물어진다. 반대로 다시 국물이 적으면, 달걀의 농도가 높아져 응고온도가 내려가 응고되기 쉬워지고 단단하게 된다.

(1) 열응고성에 영향을 미치는 요인

① **달걀의 희석 정도**   단백질 농도가 높을수록 응고온도가 낮고 단단해 진다. 달걀에 물을 넣어 희석하면 응고성이 감소하여 응고 온도는 높아지고 질감은 부드러워진다.

익힌 정도

② **가열온도와 시간**   낮은 온도에서 서서히 가열하면 부드럽고 연하나 응고에 소요되는 시간은 길다. 고온에서 빨리 가열하면 수축하여 단단하고 질겨지며 기공이 생기기 쉬우나 가열시간은 단축된다. 달걀을 물에서 조리 시 완숙란에 요하는 온도와 시간은 표 12-6과 같다. 알찜, 커스터드, 푸딩은 가열온도가 높으면 기공이 생긴다. 따라서 부드럽고 기공이 없는 매끈한 응고물이 되려면 온도를 서서히 상승시킨다.

표 12-6 달걀(전란)의 응고 온도와 시간

응고온도(℃)	시간(분)
98~100	12
85~90	25~35
70	90

실생활의 조리원리

맥반석 달걀이 황갈색이며 조직감이 탄력있고 단단한 이유는?
소금을 약간 넣고 오랜 시간 가열하면 응고물이 단단해지고 난백의 포도당과 단백질이 마이얄 반응에 의해 갈변되기 때문이다.

③ **염**   염은 물 속에서 해리되어 반대의 이온을 흡착하여 전기적으로 중화시 킴으로써 응고를 쉽게 해준다. 소금을 비롯한 염류는 달걀 응고물을 단단하게 해주며 염류의 원자가가 클수록 이 같은 경향은 커진다. 수란을 만들 때 물에 소금을 첨가하면 모양유지가 잘된다. 또 커스터드를 만들 때 우유의 칼슘이 달걀의 열응고성에 중요한 역할을 한다.

표 12-7 소금농도에 따른 달걀열응고물의 경도

NaCl(%)	달걀(%)	물(%)	경도(dyne/cm² × 10⁴)
0	30	70	0.15
0.5	30	69.5	1.46
1.0	30	69.1	1.47
3.0	30	67	1.82

출처: 박영선, 대한가정학회지 39(4), 1979.

실생활의 조리원리

달걀찜이나 달걀말이를 할 때 설탕을 넣어 주는 이유는?

달걀찜이나 달걀말이를 할 때 달걀물에 소금을 섞은 후 설탕이나 우유를 조금 첨가하여 살짝 거품을 내어 조리하면 보드랍고 고운 노란색을 내며, 맛도 좋아지고, 식은 후에도 부드럽고 폭신하며 질겨지지 않는다. 단백질 용액에 설탕을 넣어 두면 열에 의해 단백질 분자가 펼쳐진 후 설탕이 결합하여 이것이 단백질 분자의 재결합을 방해하기 때문에 단백질의 응고가 지연된다. 이 때문에 응고한 것은 부드럽고 폭신하게 탄력성을 가진다.

④ **설탕** 설탕은 단백질을 연화시켜 응고성을 감소시킨다. 설탕은 단백질의 수분을 빼앗아 응고온도를 높여 주며, 응고물은 부드럽고 기공이 적으며 매끄럽다. 커스터드 만들때 설탕을 30% 이상 첨가하면 응고가 잘 되지 않는다.

⑤ **pH**

산을 첨가하면 낮은 온도에서 응고된다. 달걀단백질의 등전점 부근의 pH에서 열응고성이 최대로 된다. 난백의 주요 단백질인 오브알부민의 열 응고온도는 등전점인 pH 4.8에서는 60℃ 전후인데, 등전점에서 멀어질수록 응고온도가 높아져 pH 4.39에서는 80℃이며, pH 4 이하에서는 잘 응고되지 않는다. 수란시 식초를 넣으면 응고가 잘되어 모양을 유지하기 쉽다.

냉장고에서 바로 꺼낸 달걀을 삶으면 깨지기 쉬운 이유는?

물체는 모두 차게 하면 용적이 감소하고 가열하면 팽창하는 성질이 있다. 달걀의 껍질은 대단히 약할 뿐 아니라 두께가 고르지 못하여 차가운 상태에서 급격히 가열하면 부분적으로 고르게 팽창되지 않아 제일 약한 부분에서 균열이 생겨 깨지기 쉬워진다. 껍질이 얇은 곳은 내부도 빨리 가열되어 그로 인해 팽창 압력이 가해지는 것도 깨지기 쉬운 원인이다.

달걀 껍질을 잘 벗기려면?

난백의 pH가 8.9 이하, 즉 달걀이 신선할수록 난각막이 난백에 잘 달라붙어 껍질을 벗기기가 힘들다. 그러나 달걀을 삶은 즉시 냉수에 담그면 난백과 난황의 부피가 수축하면서 난각막과의 사이에 미세한 공간이 생겨 껍질이 잘 벗겨진다.

(2) 가열에 의한 황화제1철의 형성

삶은 달걀의 난황 표면에 생긴 암록색은 황화제1철에 기인된다. 난황 100 g 중의 철 함량은 5.4 mg으로 난백 0.3 mg에 비해 대단히 많으나 유황의 함량은 211~214 mg으로 비슷하다. 유황은 시스테인과 메티오닌에 함유되어 있는데, 난백의 유황은 난황보다 열에 대하여 불안정하다. 달걀을 껍질째 가열하면 외부에서 열이 가해지므로 외부의 압력은 높고 중심부의 압력은 낮아져 난백에서 생성된 황화수소(H_2S)가 난황 쪽으로 이동하여 난황 중의 풍부한 철과 결합하여 불용성인 황화제1철(FeS)을 생성하여 난황의 표면이 암녹색으로 된다. 70℃에서 1시간, 85℃에서 30분 가열 시 녹변이 안 생기나 100℃에서 15분 이상 가열 시에는 녹변이 생긴다. 가열하는 동안 형성된 황화수소의 양은 달걀의 pH가 높을수록 가열온도가 높을수록, 가열시간이 길수록 많이 생긴다. 오래된 달걀은 pH가 높으므로 녹변이 더 잘 일어난다.

녹변된 달걀

녹변을 방지하려면?

- 신선한 달걀을 사용하고 너무 오래 가열하지 않는다.
- 삶은 달걀을 찬물에 즉시 담그면 외부 쪽의 압력이 저하되므로 생성된 황화수소가 외부로 이동하여 황화제1철(FeS)은 거의 형성되지 않는다. 이때 내부 부피도 수축되면서 외부로 향한 압력이 내난각막의 껍질을 잘 벗겨지게 하는 일석이조의 효과가 있다.

2) 난백의 기포성

난백의 기포성은 음식을 팽창시켜 조직감을 가볍게 해준다. 난백의 기포는 난
백과 공기의 접촉면에서 교반에 의해 변성된 난백 단백질이 그림 12-5에서와
같이 막을 형성하여 기포를 둘러싸 안정화된 콜로이드 분산이다. 교반을 오래
할수록 기포막이 두꺼워지고 탄력성이 있어 안정한 상태가 유지된다. 그러나
지나친 교반은 다이설파이드결합(-S-S-)이 증가되어 기포막이 너무 두꺼워
져 탄력성이 없어지고 단단해져서 오히려 팽창성이 저하된다.

난백의 기포성에 크게 기여하는 단백질은 오보글로불린, 오보뮤신, 라이소
자임, 콘알부민이다. 오보글로불린은 표면장력을 효과적으로 낮추어 주므로
기포 형성능력이 크다. 오보뮤신은 단독으로 달걀용액의 점도를 높여 기포막
을 형성하여 거품을 안정화시키다. 라이소자임은 오보뮤신 존재 시 거품의 부
피를 증가시킨다. 콘알부민 자체는 열에 불안정하여 저온 살균 온도에서도 영

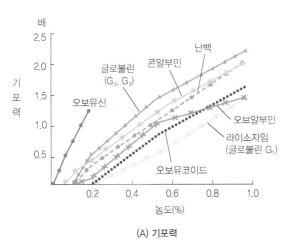

(A) 기포력

출처: 조리과학. 김기숙 외 3인, 수학사 1998.
원자료: 調理科學研究會, 調理科學, 光生館 1984.

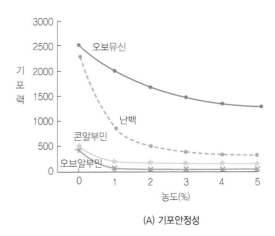

(A) 기포안정성

출처: KOTO A., TAKAHASHI A., MATSUDOMI N.,
KOBAYASHI K. (1983): Determination of foaming
properties of proteins by conductivity measurements,
Journal of Food Science, 48: 62-65

그림 12-5 난백 및 난백 구성 단백질의 기포력(A)과 기포안정성(B)

기포   교반 →   기포

난백단백질   변성된 난백단백질

그림 12-6 난백 기포의 안정화

향을 받아 거품성이 약화된다. 그러나 금속과 결합한 상태에서는 열에 안정하여 변성이 억제될 뿐 아니라, 콘알부민에 다량 함유된 디설파이드 결합(S-S)이 SH기로 되어 거품형성이 용이해진다. 과거에는 거품용기로 구리볼을 사용하였다.

(1) 난백의 기포성에 영향을 미치는 요인

① **달걀의 신선도** 묽은 난백은 점도가 낮아 기포 형성능력이 좋아 거품의 양은 많으나 안정성이 떨어진다. 반면, 된 난백은 점도가 높아 기포 형성능력은 좋지 않으나 안정성이 좋다. 또한 리소자임의 양이 많을수록 거품의 부피가 증가한다. 난백의 점도는 오보뮤신의 영향을 받으므로 난백을 희석하거나 오보뮤신을 제거하면 난백의 점도가 저하하여 거품의 안정성이 저하된다.

신선한 달걀보다 오래된 달걀은 묽은 난백이 많으므로 거품이 쉽게 일어난다. 그러나 된 난백은 거품이 일기 시작하기는 어려우나 일단 거품이 일고 나면 안정성은 높다.

② **pH** 난백의 기포성은 난백 단백질의 등전점인 pH 4.8 근처에서 가장 크다. 이것은 등전점에서 난백의 점도가 낮아져 거품이 쉽게 일어나며 단백질의 정전기적 반발력 감소로 거품표면에 단백질의 흡착이 용이하여ㄴ 비교적 안정한 기포막을 만들기 때문이다.

난백을 거품낼 때 레몬즙이나 주석산염을 가해 주면 난백의 pH가 저하되어 난백단백질의 등전점에 가까워지기 때문에 난백의 점도가 저하하여 기포성이 좋아지고, 단백질 분자가 표면막을 만들기 쉬워지므로 기포의 안정성이 좋아진다. 주석산염(cream of tartar)이 초산이나 구연산보다 안정성이 더 좋으며 첨가시기는 1단계 기포형성 단계가 좋다.

③ **온도** 난백의 온도가 높을수록 쉽게 거품이 일고 질이 고우며 기포의 부피도 크다. 온도가 높아지면 점도가 떨어지기 때문에 기포 형성능력은 증진되나 표면이 마르기 쉽고 안정성이 낮아 액체가 분리되기 쉽다. 온도가 낮으면 점도가 높아 거품을 일으키기 어려우나 안정되고 탄력있는 거품이 형성된다.

난백의 온도가 30℃ 전후에서 기포성이 좋으므로 냉장고에 보관했던 달걀은 실온에 놔둔 후에 거품을 내는 것이 좋다. 얼렸다 녹인 난백은 거품이 더 잘 인다. 건조시켜 가루로 만든 난백을 물에 섞어 다시 액체 난백으로 만든 것은 거품을 일으키는 데 시간이 오래 걸리지만, 일단 거품이 일면 안정성은 크다.

④ **첨가물**

- 설탕 : 난백에 설탕을 첨가하면 기포 형성능력은 감소하지만 광택이 있는 안정된 거품으로 된다. 설탕은 난백의 점성을 증가시키고 단백질의 변성을 억제하는 작용이 있으므로 기포 형성능력을 감소시킨다. 그러나 형성된 거품의 표면에서 수분 증발을 감소시켜 기포막을 부드럽게 하는 동시에 기포를 미세하게 해주므로 안정성이 높다. 설탕을 미리 첨가하면 거품형성 시간은 2배 이상이 요구되므로 먼저 난백을 교반하여 거품을 형성시킨 후에 서서히 첨가해야 부드럽고 광택이 있으며 안정성도 높다.
- 소금 : 소금은 기포형성을 저해하고 안정성을 저하시킨다. 실제의 조리에서는 소금의 농도가 1% 미만으로 영향이 적다.
- 기름 : 기름은 소량이라도 기포형성을 방해하고 안정성을 저하시킨다. 난백에서 난황을 분리할 때, 소량의 난황이 들어가면 기포성이 저하되는데

이는 난황중의 지질에 의한 것이다.

- 물 : 물을 40% 첨가해 주면 거품의 부피는 증가하나 안정성은 저하된다.

⑤ **거품기의 종류**   난백단백질을 끊어 주어 거품을 일으키기 위해서 거품기가 사용되며 수동교반기와 전동교반기의 2종이 있다.

- 수동 : 로터리 비터(rotary beater), 와이어 휩(wire whip)
- 전동 : 전동교반기(electric egg beater)

수동교반기를 사용하면 부피는 크게 일지만 약간 묽어진다. 전동교반기를 사용하면 수동교반보다 거품이 더 많이 일어난다. 된 난백이 많은 신선한 달걀은 전동교반기를 사용하는 것이 좋다.

(2) 기포 형성 정도와 난백 기포의 용도

① **기포 형성 정도**   난백의 기포성은 혼입된 공기의 양과 변성된 난백의 탄력성에 따라 달라진다.

② **기포 형성 단계**   그림 12-7에서와 같이 4단계로 나눌 수 있다. 기포 형성 조건에 따라서 각 단계에 달하기까지의 거품형성시간이 다르고 거품상태에도 차이가 있다. 난백 기포 형성의 단계별로 조리용도가 다르다.

- 1단계(foamy)의 기포 : 청징제(淸澄劑)로 쓰기에 적합
- 2단계(soft peaks)의 기포 : 소프트머랭(soft meringue)
- 3단계(stiff peaks)의 기포 : 수플레(soufflés), 오믈렛(omelets), 엔젤케이크, 머랭, 스펀지 케이크
- 4단계(dry peaks)의 기포 : 단백질이 과도하게 변성되어 탄력성이 적고 질기며 건조하고 잘 부스러지므로 조리에 부적당, 분말달걀의 경우, 가열처리 과정에서 오보뮤신-라이소자임 복합체가 열에 의해 변성되어 거품형성시간이 오래 걸리므로 4단계까지 거품을 낸다.

청징제(fining agent, 淸澄劑)
현탁액과 유탁액의 부유물 또는 콜로이드 입자 등을 응집 침강시켜서 청징한 액체를 얻는 물질

1단계(foamy)

약하게 저으면 거품의 수가 적고 기포는 좀 크지만 거의 균일하고 약간 부피가 커져 있는 상태이다. 투명하고 유동성이 커서 줄줄 흐른다. 산, 소금, 바닐라는 이 단계에서 첨가한다.

2단계(soft peaks)

약간 거친 기포들이 있지만 기포는 작아지고 더 희어지며 윤기가 있고, 약간의 단단함과 탄성이 있다. 기울이면 천천히 흐른다. 교반기를 꺼내면 난백이 따라오고 둥근 봉우리를 만든다. 안정도는 약간 모자라지만 기포력이 최고의 상태이다. 설탕을 서서히 조금씩 첨가한다.

3단계(stiff peaks)

기포가 아주 미세하고, 흰색으로 탄력성이 크고 단단하다. 기포는 똑바로 서는 봉우리를 만들고, 안정도가 높아 거꾸로 해도 흐르지 않는다. 교반기를 들어 올렸을 때 끝이 뾰족하게 유지되며 윤기가 있다.

4단계(dry peaks)

단단하지만 탄성이 없고, 교반기를 들어 올렸을 때 끝이 뾰족하게 유지되나 기포의 광택도 부족하며 건조한 느낌의 백색으로 된다. 일부에 난백의 응고에 의한 백색 반점이 나타나고 지나치게 기포가 형성된 상태로서 조리에 적합하지 않다. 분말달걀을 이용할 경우 이 단계까지 기포를 낸 후 사용한다.

그림 12-7 난백의 기포 형성 단계

3) 유화성

난황에 있는 인지질인 레시틴과 세팔린은 친수기와 소수기를 동시에 지닌 양쪽성 물질이므로 천연의 유화제일 뿐 아니라, 난황자체가 수중유적형(oil-in-water, O/W) 유화식품이다.

난백단백질의 유화성은 난황의 약 $\frac{1}{4}$ 정도이다. 따라서 유화성은 난황 > 전란 > 난백의 순이다. 난황의 유화성을 이용한 음식은 마요네즈, 샐러드 드레싱, 크림퍼프, 케이크 반죽 등이며 전란이 들어가는 케이크도 유화음식이다.

실생활의 조리원리

콘소메 수프에 난백을 섞어 주면 맑아지는 이유는?
고기나 채소를 잘게 잘라 이것을 난백으로 잘 버무려 수프스톡이나 물을 넣고 서서히 가열해가면, 냄비 속에서 대류가 일어나 탁한 성분과 부유물들이 위쪽으로 올라가면서 난백에 의해 흡착되어 서서히 열 응고가 되므로 국물 위에 고기나 채소를 감싸안은 응고된 달걀 덩어리가 된다. 이때 남은 국물은 부유물이 덩어리 쪽으로 흡착되어 맑은 상태가 된다.

표 12-8 달걀의 기능성과 그 기능성을 이용한 음식의 예

기능성	용도	음식의 예
열 응고성	결착제 농후제 청징제	삶은달걀, 알찜, 커스터드, 전, 만두속, 크로켓, 햄버거패티, 어묵, 달걀찜, 푸딩, 콘소메, 맑은 국
알칼리 응고성	응고제	피단
난백의 기포성	팽창제	스폰지 케이크, 머랭, 마시멜로
난황의 유화성	유화제	마요네즈, 케이크 반죽
색	고명	지단
탄력성	글루텐 형성을 도움	면류

8. 달걀의 조리

달걀은 조리에서 주재료 또는 부재료로 다양하게 이용된다.

1) 삶은 달걀

달걀이 잠길 정도로 찬물을 넣고 물이 끓기 시작하면 즉시 불을 줄여 시머링 온도(80℃)에서 반숙란은 3~5분, 완숙란은 12분간 가열한다. 15분 이상 가열 하면 녹변 현상이 나타난다. 달걀을 갑자기 뜨거운 물속에 넣고 삶으면 껍질 이 팽창하여 잘 깨진다. 삶는 도중 난백이 흘러나오면 약 1%의 소금과 식초를 넣고 약한 불에서 익힌다.

2) 알찜 · 커스터드

알찜과 커스터드는 달걀의 열응고성을 이용한 대표적인 음식이다. 희석정도, 첨가물의 종류와 양에 따라 응고온도, 응고시간, 조직감이 달라진다. 대개 달 걀 1개에 물은 달걀의 반정도 넣는다. 달걀찜에 소금만 넣은 경우에는 조직감 이 단단해진다. 알찜, 커스터드푸딩은 찜기의 뚜껑을 비껴 놓거나 불을 약하 게 해서 증기의 온도가 85~90℃ 이상으로 되지 않도록 주의해야 한다. 재료 배합에 따라 응고온도는 다르나 중심온도는 74~80℃ 정도이다.

알찜

3) 수란/포치드 에그

수란은 작은 국자에 기름을 칠한후 달걀을 깨뜨려 담고 끓는물 위에서 국자 밑만 물에 잠기게 하여 밑이 약간 익어 희어지면 국자를 끓는 물속에 푹담가 달걀위가 희게 익으면 꺼낸다. 물 500 mL당 식초 2 작은술과 소금 1/2 작은 술을 가하면 난백의 응고를 돕는다. 신선한 달걀을 사용해야하며 오래된 달걀은 묽은 난백이 많아 물에 분산되므로 수란에 적당하지 않다.

포치드에그는 넓은 냄비에 물을 5cm 정도 붓고 소금을 약간 넣어 끓을때, 넓은 접시에 깨뜨려 담은 신선한 달걀을 살짝 미끄러뜨려 물에 넣고 불을 줄여 뚜껑을 덮고 5분후에 꺼낸다.

4) 달걀 프라이

달걀 프라이(fried egg)는 기름 두른 팬에 신선한 달걀을 깨서 익힌 것으로 뒤집지 않고 한쪽만 익히는 써니사이드 업(sunny side up)과 뒤집는 오버(over)가 있으며, 익히는 정도에 따라 라이트, 미디움, 하드가 있다. 기름온도는 120℃가 적당하다.

5) 스크램블드 에그

스크램블드 에그

스크램블드 에그(scrambled egg)는 난백과 난황 또는 전란을 우유나 크림과 같은 액체를 소량(1개당 1TS) 섞어 잘 혼합하여 철판에 부어 저어 주며 익힌다. 적당히 익혀진 스크램블드 에그는 습기가 있고, 부드러우며 가벼운 질감을 지녀야 한다.

6) 오믈렛

오믈렛

오믈렛(omelet)에는 플레인 오믈렛(plain omelet)과 포미 오믈렛(foamy omelet)의 두 종류가 있다.

(1) 플레인 오믈렛

달걀을 깨뜨려 난황과 난백을 잘 섞고 우유나 더운물 1TS을 가한 후 소금, 후추로 조미한다. 이 혼합물을 버터(1TS 이상)를 넣은 철판에 붓고 약한 불로 익히면서 밑이 익으면 뒤집개로 오믈렛을 들어 위의 덜익은 달걀이 밑으로 흘러내려가게 한다. 윗부분이 흐르지 않을 정도로 익으면 잠시 불을 강하게 하여 밑을 익힌후 반으로 접어 접시에 담는다.

(2) 포미 오믈렛

난백과 난황을 분리하여 각기 거품기를 사용하여 거품을 낸다. 일반적으로는 물이나 기타 액체는 난황을 거품 낼 때 가하게 된다. 거품이 잘 일은 난황은 거품낸 난백에 폴딩동작으로 잘 섞어 준다. 프라이팬에 기름을 두르고 준비된 달걀을 부었을 때 곧 응고될 정도로 가열한 프라이팬에 달걀 혼합물을 붓고 노란 갈색이 될 때까지 조리한다. 플레인 오믈렛에 비해서 기포가 많아 스펀지상의 질감을 지닌다.

머랭

7) 머랭

머랭(meringue)은 거품낸 난백에 설탕과 바닐라향을 혼합한 것으로 파이나 쿠키위에 장식하여 오븐에 살짝 구워낸다. 설탕을 많이 첨가할수록 바디가 좋아지고 구웠을 때 더 아삭하다. 설탕은 50%에서 최대용해도인 67%까지 첨가할 수 있다. 과립형 설탕은 모래알 같은 질감이 나기도 하므로 분말형을 사용한다. 높은 온도에서 구우면 단백질이 빨리 응고되어 증발하지 못한 물이 밖으로 빠져나와 시럽방울이 보일수가 있다.

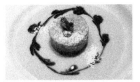

오렌지소스를 곁들인
초코릿 수플레

8) 수플레와 퐁뒤

- 수플레(soufflé) : 난백을 거품내고 난황과 부재료로 화이트소스, 치즈, 채소, 육류, 초콜릿 등을 사용하여 오븐에 구운 음식으로 매우 가볍고 포미오믈렛과 유사한 조직감을 가진다.
- 퐁뒤(fondue) : 와인을 넣어 녹인 치즈에 빵을 찍어 먹는 스위스 음식으로,

퐁듀는 퐁뒤(fondue)로 프랑스어로 녹이다"라는 뜻의 '퐁드르(fondre)'에서 유래했다. 1699년 취리히에서 발간된 책 『와인과 함께 조리한 치즈』에 처음 소개된 '치즈 퐁뒤'는 달걀과 치즈로 조리한 음식을 지칭했으며, 치즈를 넣은 스크램블 에그와 치즈 수플레 사이의 중간성격을 띤 음식으로 설명되었다.

우리에게 일반적으로 알려진 퐁뒤는 현대적인 스위스 스타일의 퐁뒤로 달걀 없이 치즈와 와인만으로 만드는 '치즈 퐁뒤'라는 이름으로 1875년에 등장하였다. 그후 초콜릿을 따뜻하게 녹여 말린 과일, 케이크, 빵과 함께 먹는 초콜릿 퐁듀가 소개되어 대중화되었다

딱딱해진 빵이나 바게트 조각을 긴 꼬챙이에 끼우고 퐁뒤냄비에 넣어 돌리면서 녹인 치즈를 빵에 감아 먹는다. 스위스와 가까운 프랑스에서는 에멘탈(emmental) 치즈, 콩테(comté) 치즈, 보포르(beaufort) 치즈를 사용하고, 이탈리아 북서부에서는 폰티나(fontina) 치즈, 버터, 계란 노른자, 우유, 화이트 트러플을 섞어 치즈 퐁뒤를 만든다.

9) 달걀 음료

달걀에 물, 우유, 술 등을 넣어 섞은 후 다량의 당분과 유기산류나 색소, 향료 등을 첨가해서 만든다. 또 발효에 의해서 단백질을 분해하는 방법도 있다.

에그노그

- 에그노그(eggnog) : 미국의 대표적인 달걀 음료로 달걀·우유·럼주가 주재료이다. 달걀의 비린내를 막기 위해 중탕으로 살짝 데워 준다.
- 커피 에그노그(coffee eggnog) : 커피를 첨가한 것으로 온도를 너무 올려 달걀 노른자가 익어 굳지 않도록 주의를 해야 한다.

CHAPTER 13
우유와 유제품

CHAPTER 13
우유와 유제품

인류는 수천 년 동안 동물의 젖을 사용해 왔으며 우리나라의 기록으로는 삼국유사에서 한우 젖을 이용하였다는 기록이 있으며, 고려시대에는 유우소가 설치되었다는 보고도 있다. 식용으로 이용되고 있는 동물 젖은 우유, 산양유, 양유, 낙타유, 마유 등이 있으나 이 중 우유가 가장 많이 이용되며, 성분은 동물의 종류에 따라 서로 차이가 있다. 우유는 달걀과 함께 영양상 우수하며 완전식품에 가까우나 철, 비타민 C, 식이섬유는 부족하다.

우유와 모유의 차이

우유의 지방구는 보통 3~4 μm로, 0.03 μm인 모유에 비해 커서 모유보다는 소화가 떨어진다. 우유의 단백질은 모유보다 많고 약 80%가 카세인의 형태인데 비해, 모유는 약 50%가 카세인이며 50%는 알부민과 글로불린의 형태로 존재한다.
　또한 우유에는 유당이 모유보다 적고, 무기질은 우유가 모유보다 많으며 특히 칼슘과 인이 많고, 철은 모유보다 적다. 또한 우유는 비타민 B_2, 비타민 D가 많으나, 비타민 A와 비타민 C는 모유보다 적다.

1. 우유의 성분과 조직

1) 우유의 성분

우유의 성분은 소의 종류, 사료, 계절, 수유의 단계에 따라 성분의 차이를 나타낸다. 초유는 황색으로 농도가 진하고 단백질, 무기질 등의 고형분이 많으며 유당이 적고 면역에 관계가 있는 γ-글로불린이라는 단백질이 많으며 비타

표 13-1 우유 및 유제품의 영양성분

| 식품명 | 열량 (kcal) | 수분 (g) | 단백질 (g) | 지질 (g) | 탄수화물 (g) | 회분 (g) | 무기질 | | | 비타민 | | | | | 폐기율 (%) |
							칼슘 (mg)	인 (mg)	철 (mg)	A (RE)	B_1 (mg)	B_2 (mg)	나이아신 (mg)	C (mg)	
우유(보통우유)	66	87.4	3.08	3.32	5.53	0.67	113	84	0.05	55	0.021	0.162	0.301	0.79	0
인유(모유)	65	88.0	1.1	3.5	7.2	0.2	27	14	0.0	45	0.01	0.03	0.2	5	0
산양유(염소유)	62	88.4	3.16	3.62	4.03	0.79	149	134	0.03	67	-	0.034	0.125	0.33	0
요구르트(액상)	69	33.2	1.29	0.02	15.23	0.26	45	33	0.02	0	0.015	0.046	0.020	0.46	0
전지분유	514	2.7	25.46	27.32	39.07	5.45	977	770	0.13	418	0.168	1.064	0.913	8.41	0
탈지분유	364	4.3	33.88	0.97	53.16	7.69	1414	1068	0.15	0	0.158	1.314	1.266	10.10	0
가당연유	382	16.3	7.76	7.84	66.30	1.8	273	238	0	95	0.051	0.453	0.177	2.19	0
무가당연유	129	74.5	5.56	5.73	13.12	1.09	165	158	0.28	169	0.026	0.317	0.126	0	0
크림 (38%유지방)	380	55.3	2.0	39.2	3.1	0.4	64	48	0.4	266	0.13	0.11	0.6	0	0
아이스크림 (12%유지방)	212	61.3	3.5	12.0	22.4	0.8	130	110	0.1	100	0.06	0.18	0.1	∅	0
치즈(체다)	294	49.3	18.76	21.30	6.17	4.47	626	857	0.09	57	0.059	0.170	0.079	0.07	0
치즈(브릭)	371	44.11	23.24	29.68	2.79	3.18	674	451	0.43	286	0.014	0.351	0.118	0	0

출처 : 농촌진흥청 국립농업과학원(2017). 국가표준식품성분표(제9개정판)
∅ : 식품 성분 함량이 미량 존재

민 A의 양도 많다. 인유의 초유도 같은 특징을 갖고 있으므로 초유를 먹임으로써 여러 가지 병원균에 대한 저항성을 높일 수 있다.

우유의 가장 많은 성분은 수분으로 87~88%이며, 고형성분은 12~13%이다. 고형성분 중 지방은 3~4%이며, 고형분에서 지방을 제거한 탈지고형분(MSNF)은 8.5~9%로, 이는 단백질 약 3~4%, 유당 4~5%, 무기질 1%로 구성되어 있다.

탈지고형분
(milk solid non fat; MSNF)
지방을 제거한 우유의 고형분

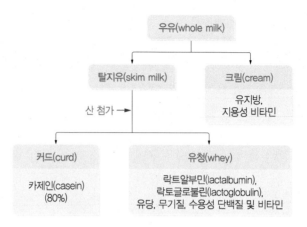

그림 13-1 우유의 성분

(1) 단백질

우유의 단백질은 거의 완전한 단백질로 성장과 유지에 필요한 적절한 양의 필수아미노산을 함유하고 있다. 우유의 단백질은 약 80%가 카세인(casein) 형태이며, 그 외의 단백질은 유청 단백질(whey protein)로 크게 나누어진다.

표 13-2 우유단백질의 종류와 등전점

단백질	비율(%)	등전점
카세인	78	4.6
α_{s1}-카세인	42.9	5.1
β-카세인	19.5	5.3
κ-카세인	11.7	3.70~4.2
γ-카세인	3.9	5.8
유청단백질	17	
β-락토글로불린	8.5	5.3
α-락트알부민	5.1	5.1
면역 글로불린	1.7	4~6
혈청 알부민	1.7	4.7

출처 : Zapasalis, C. and Beck, R. A.(1985). Food Chemistry and Nutritional Biochemistry. Wiley

① **카세인** 카세인은 신선한 우유의 정상적인 pH(약 6.6)에서는 칼슘과 인이 결합된 복합체인 칼슘 포스포카제이네이트(calcium phosphocaseinate)로서 안정한 콜로이드형태인 20~600 nm 크기의 미셀(micelle)을 이루고 있다. 카세인은 α_s, β, κ, γ로 분류되며 약 54%가 α_s형태이며 약 25%가 β형태로 존재한다. 카세인은 열에 안정하여 열에 잘 응고하지 않으나 산, 효소, 폴리페놀 화합물에 의해 응고된다.

◎ 카세인이 안정한 미셀을 이룰 수 있는 구조적 특징

• 소수성을 띠는 α_s-카세인과 β-카세인은 내부에, 친수성을 띠는 κ-카세인은 물과 가까이 있는 외부에 위치하여 안정적인 미셀 구조를 이룬다.

• 카세인은 칼슘 포스포카제이네이트로 존재하는데, 칼슘은 양전하인 Ca^{2+}로 존재하며, 카세인은 인과 함께 포스포카세인으로 음전하를 띠게 되어 같은 전하끼리 서로 반발하여 큰 덩어리를 형성하지 않는다.

산에 의한 카세인의 응고

카세인의 등전점은 pH 4.6이다. 미생물에 의해 자연적으로 산이 생성되거나 산을 첨가하면 수소이온에 의해 칼슘 포스포카제이네이트의 칼슘(Ca2+)이온 대신에 수소이온이 카세인과 결합하여 전하를 띠지 않아 응유된다. 칼슘은 유청에 남게 되어 이 원리를 이용하여 만든 커티지 치즈와 크림 치즈, 모짜렐라 치즈는 칼슘의 함량이 낮다.

이 현상은 오래된 우유나 동물의 위산에 의해서도 나타난다. 그러므로 토마토, 레몬 등 산을 가지고 있는 식품은 우유와 함께 조리할 때 응유되지 않도록 조심해야 하며 우유와 산을 섞은 후 고온을 피해야 한다.

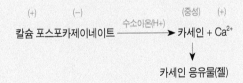

토마토수프를 만들 때 덩어리가 생기지 않게 하는 방법은?

소수성 콜로이드인 우유의 분산질인 카세인이 산에 의하여 안정성이 깨져 덩어리가 생겨 응유된다. 이때 밀가루의 친수성 전분과 단백질을 첨가하게 되면 카세인을 안정화시켜 응유를 막을 수 있다. 그러므로 토마토수프를 만들 때 먼저 버터에 밀가루를 볶아 식혀 우유를 넣어 화이트소스를 만든 후, 토마토를 첨가하게 되면 덩어리가 생기는 것을 방지할 수 있다.

또한 토마토퓨레를 가열하여 산을 휘발시키고 조리 마지막 단계에 넣어 가열시간을 짧게 하면 도움이 된다.

효소에 의한 카세인 응고

위에서 분비되는 펩신, 곰팡이의 프로테이스(protease) 같은 효소들은 우유의 카세인을 응고시킨다. 이 중 가장 흔히 이용되는 것은 레닌(rennin)으로 치즈를 만들 때 이용되고 있다.

친수성의 성질로 칼슘포스포카제이네이트의 미셀구조를 안정화시키는 κ-카세인에 레닌이 작용하여, 펩타이드결합을 분해한다. 이 결과 소수성인 파라-κ-카세인과 산성인 가용성 글라이코펩타이드로 분해되어 미셀 구조가 불안정해진다.

이때 생성된 소수성인 파라-κ-카세인이 서로 결합하여 응고하게 된다.

레닌(rennin)
송아지 위에서 분비되는 효소로 상업적으로 rennet이라고 시판됨

$$\kappa\text{-카세인} \xrightarrow{\text{rennin}} \text{파라-}\kappa\text{-카세인} + \text{글라이코펩타이드}$$
$$\text{(소수성)} \qquad \text{(친수성)}$$
$$\downarrow$$
$$\text{파라-}\kappa\text{-카세인을 함유하는 카세인 침전물(젤)}$$

레닌에 의한 응고는 산에 의한 응고와 달리 카세인과 결합되어 있는 칼슘을 제거하지 않으므로 응고물이 칼슘을 더 많이 함유하며 단단하고 질기다. 레닌 효소는 약 40℃에서 잘 작용하며, 15℃ 이하이거나 60℃ 이상에서는 잘 작용하지 못한다.

페놀화합물과 염에 의한 카세인의 응고

폴리페놀을 가지고 있는 과일이나 채소, 차, 커피는 우유의 단백질을 응고시키는 작용이 있다. 이런 현상은 감자수프나 아스파라거스수프를 끓일 때 나타난다.

또한 훈제한 햄에 들어 있는 염들이 우유를 응고시키므로 햄과 우유를 함께 이용할 때에는 너무 높은 열에서 조리하지 않는 것이 바람직하다.

② 유청단백질

- 우유단백질의 약 20%를 차지하며 베타 락토글로불린(lactoglobulin, 50%), 알파 락트알부민(lactalbumin, 25%), 혈청 알부민(serum albumin), 면역 글로불린(immunoglobulin), 효소, 펩톤 등이 포함된다.

- 유청단백질(whey protein)은 카세인과 달리 산과 레닌에 의해 응고되지 않으나 약 65℃ 이상의 가열에 의해 응고하며, 가열 시 피막을 형성하고 냄비 밑바닥에 침전물이 생기게 된다.

- 식품산업에서는 유청단백질을 분리하여 유화제, 젤형성제, 거품형성제 등으로 사용하며, 식품에 우유단백질을 첨가하면 일반적으로 텍스처, 입 안 촉감, 보수성, 풍미 등이 증진된다.

- 효소는 적은 양이지만 식품의 질에 커다란 영향을 미친다. 우유는 알칼리 포스파테이스(alkaline phosphatase), 라이페이스(lipase), 프로테이스(pro-tease) 등 많은 효소가 함유되어 있다. 가열에 의한 변성은 효소마다 다르며, 예로 프로테이스는 열에 비교적 안정적이다. 라이페이스는 유지방을 가수분해하여 유리지방산을 생성시켜 이취미를 발생시키므로 불활성시켜야 한다.

(2) 지질

- 지질 함량 및 조성 : 우유의 지질은 3~4%를 함유하며 우유나 유제품의 풍미나 입안의 촉감, 우유의 안정성에 기여한다. 밀크 초콜릿에서 첨가된 우유는 이러한 역할을 볼 수 있는 예가 된다. 우유의 지방은 대부분 중성지질이며 지방을 이루는 지방산은 탄소수 4~22개의 지방산으로 66%의 포화지방산, 30%의 단일불포화지방산(MUFA), 4%의 다가불포화지방산(PUFA)로 구성되어 있다.

- 우유 지방산의 특징 : 우유의 지방산의 특징은 다른 식품에는 아주 적은 탄소수가 짧은 저급지방산인 뷰티르산(butyric acid, C_4), 카프로산(caproic acid, C_6), 카프릴산(caprylic acid, C_8), 카프르산(capric acid, C_{10})의 함량

이 높은 것이다. 저급지방산은 융점이 낮아 소화, 흡수가 잘되며 우유와 유제품의 독특한 풍미를 주나, 라이페이스 작용으로 융점이 낮은 유리지 방산(free fatty acid; FFA)이 생성되면 이취미(off-flavor)를 일으켜 품질을 떨어뜨리는 원인이 된다.

우유는 포화지방산이 많고 콜레스테롤(0.22~0.41%)을 함유하므로, 비 만인과 노년층은 저지방우유나 탈지유가 바람직하다.

- 존재 상태 : 0.1~22 μm의 지방구로 존재하며, 우유의 가장 많은 성분인 수 분과 수중유적형 유화액의 상태로 존재한다. 즉, 지방구의 제일 안쪽은 가장 소수성인 중성지질이 존재하며, 그 위를 친수성과 소수성 성질을 갖 고 있는 인지질, 단백질, 유당이 둘러싸고 있어 유화액을 이루게 되는데 장시간 방치하면 유화액이 분리되면서 크림층을 형성하게 된다. 이러한 분리를 방지하기 위해 균질화 과정을 거치게 된다.

(3) 탄수화물

- 탄수화물의 함량과 종류 : 우유에는 약 4.5%의 탄수화물이 함유되어 있고, 그 중 99%가 유당(lactose)이며, 그 외에 포도당과 갈락토오스 등이 존재한다.
- 유당의 감미도 : 과당(fructose)의 약 1/5로 단맛이 적으며, 물에 용해도가 낮아 결정화가 잘 되어 모래 같은 질감을 갖게 되는데, 이는 아이스크림 이나 가당연유 제조 시 문제가 될 수 있다. 또한 분유의 경우 저장 시 결 정화하여 덩어리지게 된다.

유당불내증
(lactose intolerance)
유당분해효소인 락테이스(lactase)가 부족하여 유당이 분해되지 못하며 장내세균에 의해 일부 분해되어 가스를 형성하고 설사를 하는 현상으로 요구르트나 치즈 같은 발효식품을 먹거나, 한 번에 우유의 양을 적게 마셔야 함

- 유당의 캐러멜화 : 150~160℃ 에서 캐러멜화가 시작되어 갈변하게 되므로 조리 시 주의해야 한다.
- 유당의 역할 : 유당은 장에서 장내세균에 의해 젖산(lactic acid)을 형성시켜 병원균의 감염 위험을 낮추며 칼슘의 흡수도 증진시킨다. 그러나 유당불 내증을 갖고 있는 사람은 유당이 문제가 되기도 한다.

(4) 무기질과 비타민

① 무기질

- 우유는 칼슘, 마그네슘, 칼륨, 나트륨 등 무기질이 비교적 골고루 분포되어 있으나 철과 구리가 적게 들어 있다.
- 무기질은 염화물, 인산 등과 함께 염의 형태로 수용액에 잘 녹아 있어 소화흡수가 잘되며, 카세인의 교질용액을 안정하게 한다.
- 우유의 칼슘과 인의 비율은 약 1.2:1로 거의 1:1에 가까워 이상적이며 칼슘과 칼륨, 마그네슘과 나트륨의 비도 이상적이다. 이같이 우유는 칼슘이 잘 용해된 형태이며, 인과의 비율도 이상적이므로 가장 좋은 칼슘 공급원이 된다.

② 비타민

- 지용성 비타민은 지방구에 용해되어 있으며, 수용성 비타민은 유청에 용해되어 있다.
- 비타민 A · D, 리보플래빈, 나이아신 등 대부분의 비타민이 존재하나, 비타민 C · E가 부족하다.
- 비타민 A는 카로틴(carotene) 형태로 존재하며, 소의 사료에 영향을 받으며 우유의 색에 기여한다.
- 리보플래빈이 상당량 존재하며 이는 옅은 황색을 띠며 자외선에 산화하므로 포장 시 빛을 차단시켜야 한다.
- 비타민 D는 우유의 지방에 존재하고 칼슘의 흡수를 위하여 대부분의 우유에 강화시키고 있지만 꼭 그럴 필요는 없다. 하지만 저지방우유나 탈지우유에서는 비타민 D 강화가 필요하다.

(5) 우유의 색

우유의 유백색은 칼슘 포스포카제이네이트의 교질용액이 빛에 반사되어 생성된 것이다. 이외에 지용성 색소인 카로티노이드 색소 때문에 황색을 띠며 또한 수용성 물질인 리보플래빈에 의해 담황색의 색깔을 띤다.

(6) 우유의 질감과 향미성분

- 질감 : 유지방은 우유의 질감에 영향을 주어 유지방이 많을수록 부드러운 질감을 준다.
- 맛 : 우유는 유당에 의해 약간의 단맛과 염화염(Cl^-)에 의한 짠맛도 갖는다.
- 향 : 신선한 우유의 향은 아세톤, 아세트알데히드, 다이메틸설파이드(dimethyl sulfide), 저급지방산 같은 끓는점이 낮은 저분자량 물질에 의한다.
- 산패로 인한 불쾌취 : 우유를 오래 보관하면 불쾌한 냄새가 생성되는데 이는 유지방의 산패에 의한 것이 주요 원인이 된다. 산패는 가수분해적 산패와 산화적 산패 모두 일어날 수 있다.
  - 가수분해적 산패 : 라이페이스(lipase)의 작용으로 유리지방산이 생성되는데, 우유는 저급지방산이 많아 냄새가 나게 되므로 반드시 라이페이스는 살균 시 불활성화시켜야 한다.
  - 산화적 산패 : 유지방의 인지질에는 불포화도가 높은 지방산이 많은데, 이는 공기 중에 자동산화하여 저분자물질 등을 생성시켜 산패취를 생성시킨다. 이때 햇빛이나 금속이 있다면 더욱 이를 촉진시키므로 주의해야 한다. 또한 햇빛은 리보플래빈을 산화시켜 영양가를 저하시킨다.

2) 우유의 조직

식품의 조직은 한 상태로 일정한 것이 아니라 성분에 따라 상태가 다양하게 존재하게 된다. 우유는 수분이 용매이며 유당, 단백질, 지방, 무기질, 비타민이 용질로 되어 있는 용액으로, 용질에 따라 일부는 진용액의 형태로, 일부는 교질용액으로, 일부는 유화액 상태로 산포되어 있다.

- 진용액 상태 : 유당, 리보플래빈 등 수용성 비타민과 Na, Cl과 같은 무기질은 분자량이 작으므로 진용액의 상태를 이룬다.

- 교질용액 상태 : 단백질은 칼슘과 인산과 결합되어 분자량이 크므로 교질상 태를 이룬다.
- 유화액 상태 : 지방은 무기질, 단백질, 유당이 유화제로 작용하여 물과 수중 유적형 유화액을 이룬다.

2. 우유의 가공

1) 살균

우유는 영양분이 골고루 함유되어 있어 박테리아, 이스트, 곰팡이 등의 미생물이 번식하기 쉬운 식품이며, 사람이나 소로부터 결핵, 성홍열 등의 균이 오염될 수 있으므로 반드시 살균(pasteurization)하여 판매하여야 한다.

살균의 방법은 온도와 시간에 따라 여러 방법이 가능하다(표 13-3).

표 13-3 우유 살균법의 종류와 특징

살균법	살균시간	특징
저온장시간살균법 (low temperature long time pasteurization; LTLT)	62~65℃에서 30분	가장 오래되고 비용이 적게 드는 간편한 방법으로, 모든 병원성 미생물과 대장균군의 세균을 비롯하여 유산발효에 중요한 연쇄상 구균도 사멸되나 다른 방법보다 비병원성 세균이 가장 많이 남아있다.
고온순간살균법 (high temperature short time pasteurization; HTST)	72~75℃에서 15~20초	저온 장시간 살균법보다 고온으로 시간을 단축하여 살균하는 방법으로, 대량의 우유를 연속적으로 처리할 수 있고 저온살균법보다 생균수가 상당히 감소하며 내열성 균도 거의 죽는다.
초고온순간살균법 (ultra high temperature; UHT)	130~150℃에서 2~6초	우유 중의 영양소 파괴와 화학적 변화를 최소화하고 살균효과를 극대화시킨 방법으로 국내에서 가장 널리 사용되며 병원성세균의 완전살균도 가능하다.

우유 살균 확인법
- 알카린 포스포테이스 활성 측정
- 이 효소는 우유의 살균조건에서 불활성화되므로 효소의 활성이 남아 있을 경우 살균이 제대로 되지 않았다는 것을 표시함

살균에 의해 병원성 미생물은 모두 파괴되나, 살균방법에 따라 비병원성 미생물은 95~100% 파괴된다. 또한 우유의 불쾌취를 줄 수 있는 라이페이스 등의 효소들도 모두 열에 의해 불활성화시켜야 한다. 이때 살균이 충분히 일어났는지를 확인하기 위해 알칼리 포스파테이스(alkaline phosphatase)의 활성도를 측정한다. 살균방법에 따라 비병원성 세균이 남게 되므로 우유는 7℃ 이하로 저장하는 것이 바람직하다.

저장성을 높이는 방법으로 초고온순간살균법(UHT)과 무균포장 기술을 동시에 사용하는데, 위생용기에 밀봉되면 상온에서 두 달 정도 저장이 가능하다. 그러나 개봉하면 냉장고에 보관하여야 한다. 이 방법을 사용한 우유가 상온에 보관·판매되고 있다.

무균포장
(ascepting canning)
전체의 공정을 무균상태에서 제조하는 방법으로 포장 재료를 증기, 열 등을 이용하여 멸균한 후 무균상태의 환경하에 무균의 내용물을 충전하여 만드는 것

2) 균질화

유화상태가 깨지면 지방은 물보다 비중이 낮아 위에 뜨게 되어 크림층을 형성하게 되는데, 이를 방지하는 것이 균질화(homogenization) 과정이다.

크림(cream)
우유 유화액을 분리시켜 지방층만 모은 것

(1) 균질화 과정
140~170 kg/cm^{2}의 고압하에서 우유를 미세한 구멍에 통과시켜 큰 지방구를 작은 지방구(0.1~2.2 μm)로 만든다.

(2) 균질화의 장점
- 지방층 분리 억제 : 미세한 지방구는 유화제인 인지질과 단백질의 막으로 둘러싸여 지방구가 서로 결합되고 지방이 분리되는 것을 방지한다.
- 색·향미·질감 향상 : 영양성분의 변화는 없으나 우유의 촉감이 부드러워지며 색은 더욱 하얗고 부드러운 맛을 증진시킨다. 그러므로 아이스크림 제조 시 균질화시킨 우유를 사용하여야 관능적 품질 증가와 안정제, 유화제의 사용량을 줄일 수 있다.

- 응고성 향상 : 균질화 우유는 쉽게 응고하므로 푸딩이나 소스를 만드는 데 유리하다.
- 소화·흡수 증진 : 지방구가 작아져 지방의 소화와 흡수를 증진시킨다.

(3) 균질화의 단점

균질화시킨 우유의 지방구는 표면적이 증가하여 불포화지방산의 산화가 쉽게 일어나 산패취가 더 잘 발생할 수 있으므로 균질화 전에 살균처리를 하여 라이페이스 등의 효소를 불활성화시켜야 한다.

3. 우유의 조리

우유에는 다음과 같은 다양한 조리적 기능이 있다(표 13-4).

1) 우유의 가열에 의한 변화

(1) 유청단백질의 응고

카세인은 보통의 조리온도에서는 변화가 없으나, 약 65℃ 전후하여 유청단백질인 락트알부민, 락토글로불린은 응고하기 시작한다.

(2) 피막의 형성

약 40℃ 이상으로 가열하면 얇은 막이 생기기 시작하여 점점 두꺼워진다. 이 현상은 온도의 증가로 인해 표면장력이 감소하여 단백질이 응고하고 지방과 소량의 유당, 무기질이 흡착된 것이다. 그러므로 피막을 제거하면 영양상 손실이 일어난다.

표 13-4 우유의 조리적 기능

조리적 기능		내용	조리 예
질감 및 향미 증진		부드러운 질감, 맛, 향을 줌	수프, 소스 등
향미 증진		당과 아미노산의 마이야르 반응에 의한 향미 생성	빵, 케이크, 쿠키
색감 부여	흰색	칼슘 포스포카제이네이트 콜로이드액으로 흰색 부여	크림 수프
	갈색	당과 아미노산의 마이야르 반응에 의한 갈색 부여	빵, 케이크, 쿠키
탈취작용		미세한 지방구와 카세인 단백질 입자의 흡착성으로 탈취작용	생선, 간 등을 우유에 담가 비린내 제거
젤 강도 증가		우유의 칼슘과 염류에 의해 젤 강도 증가	푸딩(달걀 + 우유)
재료 혼합		수분 함량이 높아 다른 액체나 고체와의 혼합이 잘됨	우유를 이용한 조리

(3) 거품 발생

가열에 의해 온도가 상승하면 표면장력이 저하되어 피막 생성과 함께 거품을 발생시키며, 피막 형성이 수분을 증발하는 것을 막아 우유가 끓어 넘치게 된다.

(4) 갈변 현상과 향미의 변화

우유를 75℃ 이상 가열하면 락토글로불린이 열에 의해 단백질 변성이 되어 3차 구조가 풀리면서 활성화한 −SH기와 황화수소(H_2S)가 생성되어 익은 맛(가열취)을 내게 된다. 또한 이보다 높은 고온, 즉 120℃에서 5분 이상 가열하

실생활의 조리원리

우유를 가열할 때 어떻게 해야 할까?
우유의 유청단백질이 열에 의해 변성, 피막 형성과 함께 수분의 증발로 인해 용액 내의 카세인, 지방, 무기질의 농도가 증가하게 되어 팬의 바닥이나 옆에 쉽게 눌어 붙게 된다. 또한 피막이 수분을 증발하는 것을 방해하여 우유가 끓으면서 넘치게 된다. 이를 방지하려면 계속 저어 주어 피막 형성을 막으며, 중탕기를 사용하여 서서히 온도를 높이고 조리 시 높은 온도가 되지 않게 해야 한다.

면 단백질의 아미노산과 유당 사이에서 아미노–카르보닐 반응에 의한 마이야르 반응(maillard reaction)과 유당의 캐러멜화(caramelization)에 의해 갈색과 향이 생성된다. 이 현상은 가당연유에서 더 쉽게 일어나며, 음용 시에는 향의 변화와 영양가의 저하를 일으켜서 좋지 않으나, 빵이나 쿠키 제조 시에는 독특한 향과 색을 증진시키게 된다.

4. 유제품

1) 저지방우유와 탈지우유

부분적으로 탈지하여 유지방의 함량을 낮춘 우유로 미국에서는 지방 2%와 지방 1%인 저지방우유(low fat milk)가 있으나, 우리나라에서 시판되고 있는 저지방 우유는 대부분 1%의 유지방을 함유하고 있다.

탈지우유(nonfat milk, skim milk)는 유지방이 0.5% 이하를 말하며, 저지방우유와 탈지우유의 탈지고형분은 약 8.25%이고, 지방이 제거되어 대부분 비타민 A, D, E를 강화시킨 탈지우유가 시판되고 있다.

2) 무당연유

부피를 줄이고 저장성을 증진시키는 방법의 하나로 약 60%의 수분을 증발시킨 것으로 7.5% 이상의 유지방과 25.5% 이상 탈지고형분을 가지고 있으며, 분리를 막기 위해 대부분 안정제가 첨가되어 있다. 실온에서 장기간 보관 가능하나 개봉 후에는 냉장고에 보관하고 빨리 소비해야 한다. 수분의 증발과 고온의 살균 처리에 의해 익은 맛, 갈변, 비타민 C 파괴, 단백질의 영양가 저하 등의 단점이 있다. 요즘 이러한 고온에 의한 단점을 극복하기 위해 감압하에 저온을 사용하여 탈수하며 무균포장(aseptic canning)을 사용하기도 한다.

감압하면 왜 낮은 온도에서 탈수가 가능한가?

이 현상은 보일−샤를의 법칙에서 생각해 볼 수 있다.

$$\frac{P(압력) \times V(부피)}{T(온도)} = 일정$$

부피가 일정하고 압력이 낮아지면 끓는 온도도 낮아진다. 즉 물이 100℃에서 끓는 것이 아니라 이보다 훨씬 낮은 온도에서 증발하게 된다. 이의 반대현상은 압력솥의 원리에서 나타난다.

3) 가당연유

우유에 약 15% 당을 첨가하고 수분을 제거시켜 원액의 2/5 또는 1/3로 농축시킨 것이다. 당으로는 설탕, 덱스트로스, 콘시럽 등을 사용하며, 당의 첨가로 수분활성도가 낮아져 살균할 필요가 줄고 저장성이 높아진다. 고온을 오랫동안 사용하지 않으나, 병원성 미생물 살균과 라이페이스 불활성화를 위해 일단 가열한다. 높은 함량의 당으로 인해 칼로리가 높아 유아에게 모유대용으로는 적합하지 않으나, 쿠키나 케이크에 사용하면 마이야르 반응의 증가로 색과 향이 증진된다.

4) 혼합우유

초콜릿, 딸기, 바나나, 커피, 기타 향료를 우유에 넣어 맛과 향기를 낸 우유로 대부분 설탕을 첨가하기때문에 칼로리가 높다. 특히 초콜릿 우유는 초콜릿에 의한 지방과 설탕의 첨가로 한 컵당 약 58 kcal가 상승한다.

5) 분유

우유의 수분을 건조시켜 수분을 5% 이하의 분말로 만든 것으로 건조하는 과정에서 병균이 모두 죽지 않으므로 건조 전에 저온살균해야 한다. 분무식 건조방법을 이용하면 비타민 C 손실 외에 영양가의 큰 변화는 없으나 건조하는 동안 고온을 사용하면 익은 맛이 나고 마이야르 반응이 일어나 갈변이 일어나기도 한다. 수분의 함량이 낮으므로 뚜껑을 열면 습기를 흡수하여 덩어리지고 부패하기 쉽다.

유지방의 유무에 따라 전지분유와 탈지분유로 나누어진다. 전지분유는 유지방의 존재로 인하여 공기 중에 쉽게 산화되어 산패취를 주기 때문에 제빵, 수프 등 가공식품에서는 탈지분유를 많이 이용하고 있다.

조제분유는 수분을 제거하고 우유 성분 중 부족 부분을 강화하여 유아 발육에 알맞게 모유와 비슷한 성분으로 조제한 분유이다.

6) 크림

우유의 유화액을 깨뜨려 지방구가 분리되어 위로 떠오른 것을 분리한 것이 크림이다. 그러므로 주로 균질화하지 않는 우유로부터 분리한다. 지방의 함량에 따라 커피 크림(coffee cream)과 휘핑 크림(whipping cream), 플라스틱 크림으로 나누어지며, 지방의 함량이 많을수록 크림의 농도가 높다(표 13-5). 크림은 수중유적형의 유화액이나, 온도가 높거나 너무 교반이 지나치면 유중수적형으로 바뀌면서 지방과 유청이 분리되는데, 이 때 분리되어 나온 지방으로 버터를 만든다.

그림 13-2
거품생성의 최적온도
출처 : Amy Brown(2004).
Understanding Food Principles and Preparation.
Wadsworth

표 13-5 크림의 종류

종류	유지방 함량(%)	이용
하프 앤 하프	10~18	커피용 (점도가 약간있음/씨리얼과 음료에 첨가)
커피 크림 (라이트 크림, 테이블 크림)	18~30	커피용 (온화한 풍미와 엷은 색부어)
휘핑 크림	묽은 농도 : 30~36 진한 농도 : 36 이상	디저트용 (생크림 케이크의 장식이나 과일과 함께)
플라스틱 크림	79~81	아이스크림이나 버터의 원료

하프 앤 하프(half and half)
우유와 크림을 동량으로 섞은 것.

실생활의 조리원리

크림의 거품은 어떻게 해야 잘 날까?
지방이 많을수록 거품이 안정하여 지방 함량이 높은 크림이 좋으며, 냉장온도(5~10℃)에서 지방 입자가 안정하므로 크림 및 모든 용기를 냉장고에 적어도 2시간 전에 넣어 미리 온도를 낮추는 것이 바람직하며, 12시간 이상 숙성시키는 것이 이상적이다. 크림은 하루 정도 지난 것이 점도가 증가하여 거품 형성 능력이 크다. 또한 균질화한 크림이 지방 방울이 작고 좀 더 섬세한 질감의 거품을 형성한다.
　설탕은 거품의 안정성을 증가시키나 조금씩 넣어 주어야 하며 콘스타치가 들어 있는 고운 입자의 분설탕이 바람직하다. 너무 과도하게 오래 젓지 않아야 하며, 비터(거품기)를 멈추고 들었을 때 광택이 있는 soft peak가 형성될 때가 적당하다.

7) 발효유

미생물을 이용한 발효유는 몇 천 년 전부터 중동아시아에서 이용되어 왔으며 재료가 되는 동물의 젖의 종류, 발효에 이용하는 미생물, 발효 온도에 따라 여러 종류가 존재한다.

(1) 요구르트

우유나 탈지우유에 유당을 이용하는 유산균을 넣어 발효시킨 것으로, 생성된 유기산에 의해 카세인이 응고한 반고형 우유이나, 응고물을 부수어 만든 액상형도 가능하다. 스타터로 사용하는 미생물에 따라 향과 산의 농도가 달라지며

발효유는 왜 몸에 좋다고 할까?
발효유의 유용한 박테리아가 비타민 B 복합체와 비타민 K를 생성시키며, 병원성 박테리아를 잘 자라지 못하게 하므로 유익하다. 그러나 위의 산도에서 얼마나 남아있느냐 하는 것도 같이 고려해야 할 문제가 된다. 요사이는 미생물을 캡슐로 싸서 이러한 문제를 해결하고 있다. 유당불내증 환자는 유당이 미생물에 의해 분해되었으므로 이용에 문제가 없다.

배양온도도 달라지게 된다. 보통은 *Lactobacillus bulgaricus*와 *Streptococcus thermophilus*가 많이 사용되며, 이 미생물을 스타터로 사용 시 배양온도는 보통 42~46℃를 사용한다. 발효하는 동안 젖산이 증가하여 카세인의 응고로 알맞은 정도의 응고물을 이루면, 온도를 낮추거나 열을 가해서 발효를 막아야 한다. 이때 열을 가하면 미생물은 죽으나, 온도를 낮추면 미생물이 살아 있어 사람의 장내 유용한 박테리아의 성장에 도움이 된다는 연구가 나와 있다. 점도를 높이기 위해 젤라틴이나 탈지우유를 넣는다. 또한 요구르트에 여러 가지 과일맛 향료, 당을 첨가하기도 한다.

스타터(starter)
발효유, 된장 등을 만들 때 발효를 위해 첨가하여 사용하는 미생물

(2) 케피르

러시아에서 유래된 발효유로 *Lactobacillus caucasius*, yeast, *Saccharomyces kefir* 등의 미생물을 이용하여 발효시킨 것으로 젖산과 함께 1% 알코올, 약간의 CO_2를 함유한다.

(3) 사워크림

라이트 크림이나 하프 앤 하프(half and half)에 *Streptococcus lactis*나 또는 다른 산성 박테리아를 이용하여 발효시킨 것으로, 약간 신맛이 있으며 찐 감자와 러시아 요리 등에 자주 사용한다.

8) 치즈

우유에 산이나 레닌을 가하여 카세인과 지방을 응고시켜 유청을 제거시킨 응고물이거나 이를 미생물에 의해 발효(숙성)시킨 것이 치즈이다. 치즈에 따라 카세인을 응고시키는 방법(산이나 레닌)과 응고물 생성 후 숙성의 유무가 다르다. 산을 이용하여 응고시킬 때 이 산은 스타터인 박테리아를 이용하여 유당을 젖산으로 생성시키거나, 산을 직접 첨가하기도 한다. 보통 산으로 응고물을 만드는 치즈는 숙성시키지 않으며 수분이 50~80% 정도이다(그림 13-3). 이러한 치즈는 맛이 부드럽고 색, 향이 온화하며, 커티지 치즈, 크림치즈, 모짜렐라 치즈가 그 예이다.

숙성은 박테리아나 곰팡이를 응고물에 첨가하여 미생물의 종류에 따라 적당한 숙성온도, 습도를 유지하여 독특한 향, 맛, 색, 질감을 생성시키는 과정

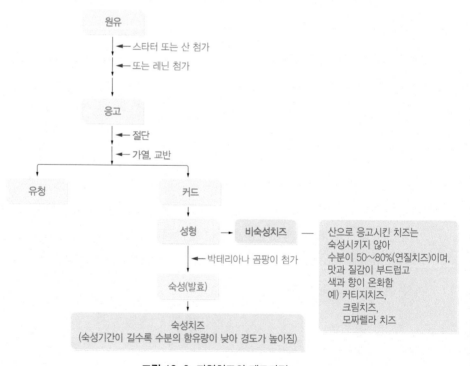

그림 13-3 자연치즈의 제조과정

치즈 숙성 시 일어나는 영양소의 변화
• 단백질 → 펩타이드 → 아미노산
• 유당 → 젖산 등 유기산
• 지방 → 지방산 → 알데하이드, 케톤 등 저분자물질

으로, 숙성기간이 길어질수록 수분의 함유량이 낮아지며 경도가 높아진다. 치즈는 숙성하는 동안 미생물의 효소에 의해 영양소의 분해가 일어나 소화되기 쉬워지며 단백질(20~30%), 지방(27~34%), 칼슘, 비타민 A, 리보플래빈이 풍부한 영양의 밀도가 높은 식품이다.

(1) 치즈의 종류

치즈의 종류는 약 800종이 있는데 많은 이름은 원산지에 유래하였으며 가공의 유무에 따라, 또한 경도(수분 함량)와 숙성 방법에 따라 다음과 같이 분류할 수 있다.

① **경도(수분함량) 및 숙성 방법에 따른 분류**　치즈는 수분함량에 따라 경도가 달라지는데, 경도에 따라 임의로 연질(soft), 반경질(semisoft), 경질(hard), 초경질로 분류하며, 이를 다시 숙성 방법에 따라 분류하면 다음과 같다(표 13-6). 이 중 에담 치즈, 고다 치즈, 체다치즈는 수분함량이 40% 전후여서 분류할 때에 반경질과 경질의 경계면에 있어 때로는 반경질 치즈, 때로는 경질 치즈로 분류되기도 하는데, 이 때문에 반경질/경질 치즈로 표기하기도 한다.

② **가공 유무에 따른 분류**　가공의 유무에 따라 가공을 하지 않은 것을 자연치즈, 가공한 것을 가공치즈로 분류한다.
- 자연치즈(natural cheese) : 가열처리하지 않아 보관 시에도 계속 발효 숙성이 일어나고 있어 다양한 맛을 즐길 수 있으며, 원료, 숙성 방법, 완성 상태 등에 따라 여러 가지가 있다(표 13-6). 숙성시키지 않은 치즈(fresh

cheese)는 상온에서 보존할 수 없다.

- 가공치즈(processed cheese) : 20세기 초에 미국이나 스위스에서 만들어지기 시작하여 아메리칸 치즈라고도 한다. 한 종류 또는 여러 종류의 자연치즈를 가열·용해하는 과정에서 살균이 되고 효소가 파괴되어 더 이상 발효숙성이 진행되지 않아 저장기간 중에 맛이 거의 변하지 않고 부드러운 맛을 가지며 장기간 보존에 적합한 상태가 된 치즈로 우리나라에서 가장 많이 이용되는 치즈 중 하나이다. 가열할 때 치즈에 소디움 포스페이트(sodium phosphate) 같은 유화제를 첨가하면 가열해도 쉽게 지방이 분리되지 않는다.

가공치즈에 가장 많이 사용되는 자연치즈는 체다치즈와 고다 치즈이다.

세계 3대 블루치즈

프랑스의 로크폴 치즈, 이탈리아의 고르곤 졸라 치즈, 영국의 스틸턴 치즈를 세계 3대 블루치즈라 함. 로크폴 치즈는 양젖이 원료이지만 나머지 둘은 우유를 원료로 하는 점이 다름

체더링(cheddaring)

치즈 제조법의 하나로 명칭은 체더치즈에서 유래함. 우유에서 유청(whey)을 제거하여 얻은 커드(curd)를 네모로 잘라 쌓아 약 15분마다 몇 번이나 뒤집는 작업을 말함. 이 때문에 조직이 부서지기 쉽고 무름

표 13-6 경도(수분 함량) 및 숙성 방법에 따른 자연치즈의 분류, 특징 및 용도

분류		대표적인 치즈 종류	특징			기타 특징 및 용도
경도	숙성방법		외관	내부	향미	
연질 치즈 수분 함량 50~80%	비숙성 (fresh cheese)	커티지 치즈 (cottage cheese)	수분함량이 많아(80% 정도) 껍질이 없이 빛깔이 희고 멍울이 있으며 부드럽고 촉촉함	담백하며 극히 약한 신맛과 상쾌한 풍미가 있음		네덜란드가 원산인 치즈로 지방 함량이 낮아 저칼로리이며 샐러드, 드레싱, 샌드위치, 제과에 이용
		크림 치즈 (cream cheese)	희고 수분함량이 55% 정도로 버터처럼 매끄러운 질감을 가짐	부드러운 신맛이 나고 끝맛이 고소함		미국이 원산인 치즈로 지방함량(33% 이상)이 높아 칼로리가 높음. 발라 먹는 치즈로 샌드위치, 카나페, 샐러드드레싱, 훈제 연어, 치즈케이크에 이용
		모짜렐라 치즈 (mozzarella cheese)	흰색 또는 상아색이며 결이 곱고 부드러우며, 탄력이 있고 쫄깃하며 말랑말랑함	가벼운 단맛과 신맛이 나며 숙성을 하지 않아 숙성 특유의 향미가 없음		이탈리아의 치즈로 물소 젖이 원료인 것이 양질임. 피자, 파스타, 샐러드, 그라탱, 전채요리, 스낵에 이용

계속

분류		대표적인 치즈 종류	특징			기타 특징 및 용도
경도	숙성방법		외관	내부	향미	
연질 치즈 수분 함량 50~80%	세균	림버거 치즈 (limburger cheese)	모양은 직육면체로 외피는 매끈하며 옅은 백색 또는 갈색이고 끈적끈적함	노랗고 부드러우며 매끈하고 작은 기공들이 있음	사용하는 세균에 따라 표면의 향이 달라지며, 코를 찌르는 악취로 유명하며 약간 가벼운 맛이 남	벨기에가 원산인 치즈로 현재는 미국과 독일에서 만들어짐. 호밀빵 사이에 양파와 넣어 먹으면 잘 어울리며, 흑맥주에 곁들이기도 함
	흰곰팡이	브리 치즈 (brie cheese)	원반형이며 솜털처럼 하얀 곰팡이로 뒤덮여 있음	크림색의 매우 부드러운 질감을 가짐	약한 신맛과 톡 쏘는 맛이 나며 나무 향이 남	프랑스가 원산인 치즈이며 1,000년 이상 전부터 만들어졌다고 함. 포도주와 어울리며 테이블 치즈로도 사용됨
		까망베르 치즈 (camembert cheese)	원반형이며 표면은 흰곰팡이로 뒤덮여 있고 붉은 반점들이 보임	흰색 내지 아이보리색 크림 형태의 매우 부드러운 질감을 가짐	깊은 감칠맛이 있음	프랑스가 원산이며 치즈의 여왕이라 불림. 브리 치즈의 제조법이 까망베르 지방에 전해져 만들어지게 되었음. 사과주, 적포도주와 잘 어울리며 요리에도 많이 사용됨
반경질 치즈 수분 함량 40~50%	세균	브릭 치즈 (brick cheese)	벽돌모양이며 외피는 적갈색(오렌지색)임	단단한 편으로 작은 구멍들이 흩어져 있음	맛과 향은 약간 자극적임	주로 미국에서 생산되는 치즈로 적포도주와 어울리며, 테이블치즈나 크래커, 샌드위치 등에 이용
	푸른 곰팡이	로크포르 치즈 (roquefort cheese)	원반형(또는 반원반형)이며 외피는 없고 표면은 촉촉함. 푸른곰팡이로 얼룩져 있으며 빡빡하지만 입안에서 쉽게 부서짐		짠맛이 강하고 톡 쏘는 향과 함께 강한 감칠맛이 있음	프랑스가 원산인 블루치즈로 양젖을 원료로 만듦
		스틸턴 치즈 (stilton cheese)	원반형이며 외피는 갈색에서 회색이며 두껍고 단단하며 약간 촉촉함	아이보리 색으로 푸른곰팡이의 결이 외피까지 퍼짐	톡 쏘는 자극적인 풍미와 짠맛, 노린내 같은 고약한 향미가 있음	영국이 원산인 블루치즈로 우유를 원료로 하여 만듦. 셀러리와 함께 먹거나 크래커나 비스킷, 백포도주와 어울림
경질 치즈 수분 함량 30~40%	세균 (기공이 없는 것)	에담 치즈 (edam cheese)	위아래가 평평한 구형으로 천연의 노란색 외피가 있음. 왁스껍질이 검은 색은 17주 정도 더 숙성된 것임	담황색이며 조직이 촘촘함	감칠맛은 강하지 않고 버터 같은 풍미가 나며 어렴풋이 신맛이 남	네덜란드의 대표적인 치즈로 수출용은 빨간색 왁스로 도포됨. 그대로 썰어 아침식사나 스낵치즈로 이용하거나, 잘 녹아서 조리에도 가루 치즈형태로 많이 사용됨

계속

분류		대표적인 치즈 종류	특징			기타 특징 및 용도
경도	숙성방법		외관	내부	향미	
경질 치즈 수분 함량 30~40%	세균 (기공이 없는 것)	고다 치즈 (gouda cheese)	원반형이며 외피는 노란색이 도는 밤색인데 숙성된 것 중에는 표면이 검은 것도 있음	흰색에서 노란색이나 숙성과 함께 조직, 색과 맛이 달라지며 오래 숙성하면 단단해짐	맛이 부드러워 비교적 친근한 치즈	네덜란드 치즈 생산량의 60%를 차지하는 대표적인 치즈로, 가열하면 잘 늘어나 조리에도 많이 사용함. 체다 치즈와 함께 가공 치즈의 주된 원료로 사용됨
		체다치즈 (cheddar cheese)	공장에서 만든 것은 사각형, 농가에서 만든 것은 원반형임. 외피는 갈색이며 딱딱하고 거침. 적색이나 녹색의 왁스로 도포되어 있음	무색소인 아이보리색인 것은 화이트체더, 색소를 사용하여 오렌지색인 것은 레드체더라고 함. 매끄럽고 조밀하여 단단하며 쉽게 잘라짐	달착지근한 방향과 부드러운 신맛 등 묵직하게 느껴지는 풍미들이 조화를 이룸	영국이 원산이지만 현재는 세계 각국에서 만들어짐. 크래커, 셀러리, 디저트와인과 함께 먹거나 쉽게 녹아 조리에도 많이 사용됨. 고다 치즈와 함께 가공 치즈의 주된 원료로 사용
초경질 치즈 수분 함량 30% 미만	세균 (기공이 있는 것)	에멘탈 치즈 (emmental cheese)	외피는 황색이며 단단함	큰 기공이 있는 것이 특징임. 담황색이고 결이 촘촘하며 부드러워 입안에서 쉽게 녹음	견과류와 비슷한 향기로운 독특한 방향이 있으며, 아주 약한 단맛이 남	스위스 치즈라고도 하며, 샌드위치, 소스, 그라탱 등 조리에 두루 사용함. 과일향의 백포도주와 잘 어울리며, 치즈 퐁듀에는 필수임
		파르메산치즈 (parmesan cheese)	원반형이며 수분 증발과 잡균의 번식을 막기 위해 파라핀을 입혀 숙성시킴	조직이 매우 단단하여 보통 분말치즈로 만들어 사용함	독특한 짙은 향이 있음	이탈리아의 대표적인 치즈로 보존성이 높고, 갈아서 스프나 파스타 등의 음식에 사용하면 음식의 맛이 한층 좋아진다 하여 '부엌의 남편'이란 별명이 있음

커티지 치즈	크림 치즈	모짜렐라 치즈
림버거 치즈	브리 치즈	까망베르 치즈
브릭 치즈	로크포르 치즈	스틸턴 치즈
에담 치즈	고다 치즈	체다치즈
에멘탈 치즈(스위스 치즈)	파르메산치즈	

그림 13-4 다양한 치즈들(자연치즈)

(2) 치즈의 조리

치즈는 그대로 잘라서 먹거나 샌드위치, 샐러드를 만들 때 이용된다. 이때는 향을 잘 느낄 수 있도록 냉장고에서 꺼내 상온에 두었다가 먹는 것이 좋다. 그러나 크림 치즈나 커티지 치즈는 수분 함량이 높아 냉장고에서 꺼내 바로 섭취하여야 한다.

또한 치즈는 육류, 어류, 난류와 같이 가열하여 섭취하기도 하는데 단백질과 지방의 함량이 높아 열에 예민하게 반응한다. 온도가 높아지면 지방이 녹으면서 부드러워지나 가열시간이 길어지고, 온도가 너무 높으면 지방이 녹으면서 유화액이 깨지고 단백질이 응고, 수축하여 겉이 지방으로 번들거리며, 껌 같이 질긴 응고물이 생기게 된다. 그러므로 치즈를 이용하여 가열조리하는 경우 저온에서 단시간 조리하는 것이 중요하다. 또한 치즈는 조리하기 전에 다지거나 잘게 썰어 넣으며 조리의 마지막 단계에 넣어서 가열시간을 짧게 한다. 피자의 모짜렐라 치즈는 기름이 녹아 표면이 번들거리는 것을 막기 위해 탈지우유를 사용한다. 가공치즈는 유화제를 함유하고 있어 지방이 유화액이 깨지는 것을 막을 수 있으므로 가열조리에 유리하다.

실생활의 조리원리

치즈 퐁듀(cheese fondue)에 사용하는 치즈는?

일반적으로 경질 치즈이며 기공이 있는 에멘탈 치즈와 그루이에르(gruye´re) 치즈가 가장 많이 사용되나, 이 외에는 바슈랑(vacherin) 치즈와 까망베르 치즈를 사용하기도 한다.

치즈 퐁듀를 많이 먹으면 취하는 이유는?

치즈 퐁듀를 만들 때 백포도주를 다량 사용하므로 가열했다고는 하나 꽤 많은 양의 알코올이 남아있는 경우가 있다. 따라서 외식 때 치즈 퐁듀를 많이 먹었을 경우에는 운전을 조심해야 하며, 미성년자는 치즈 퐁듀를 먹지 않는 것이 좋다.

곰팡이가 생긴 치즈는 사용가능한가?

치즈를 냉장고에 보관할 때 원래 포장지에는 왁스로 코팅되어 있어 곰팡이가 자라는 것을 막을 수 있으나 시간이 지나면 곰팡이가 생성되기도 한다. 저장 시 표면에 기름을 칠하면 미생물을 일부 방지할 수 있다. 만약 원래 포장지가 찢어졌다면 알루미늄 호일에 포장하여 밀폐용기에 넣어 보관하는 것이 바람직하다. 치즈에 생기는 대부분의 곰팡이는 무해하여 그 부분을 잘라 내고 먹을 수 있으나 그들이 생성하는 독소가 문제가 될 수 있으므로 버리는 것이 바람직하다.

(3) 치즈의 보관

수분의 함량이 높고 비숙성치즈인 커티지 치즈와 크림 치즈, 모짜렐라 치즈는 반드시 냉장하며 저장기간이 짧다. 숙성치즈도 수분의 함량에 따라 저장기간이 달라지는데, 수분함량이 높을수록 수분활성도가 높아 부패 미생물도 잘 자랄 수 있으므로 저장기간이 짧아지게 된다. 가공치즈나 수분이 적은 경질의 자연치즈는 냉동고에 보관 가능하나 질감이나 향이 조금 변하게 된다. 이때 냉동을 빨리 하도록 하며, 해동은 서서히 하는 것이 중요하다. 만약 질감이 너무 건조해지거나 뭉치는 현상이 일어난 치즈는 갈아서 이용할 수 있다. 개봉한 치즈는 원래의 포장지에 되도록 밀폐 보관하여 건조되지 않도록 하고, 다른 음식으로부터 냄새가 흡수되는 것을 방지해야 한다.

비숙성치즈
- 커티지 치즈
- 크림 치즈
- 모짜렐라 치즈

9) 버터

우유를 원심분리하여 수중유적형 유화액 상태를 깨뜨려 유지방을 분리시켜 모으면 유중수적형인 버터의 재료인 크림이 된다. 크림은 유지방이 80% 이상이며 수분이 16%, 탈지고형분이 4%인 유중수적형의 유화액이다. 이때 버터 재료로 사용할 크림층을 걷어 낸 후 남은 탈지유로 버터밀크를 만든다(그림 13-5). 버터는 크림의 발효여부에 따라 발효버터(ripend, sour butter)와 발효되지 않은 버터(sweet cream butter)로 나눌 수 있으며, 소금 첨가유무에 따라 가염버터와 무염버터로 나눌 수 있는데 소금을 첨가하면 풍미와 보존성이 증가한다. 우리나라에서 주로 이용되는 것은 발효시키지 않은 가염 버터이다.

- 버터의 독특한 맛과 향기 성분은 다이아세틸-δ-락톤(diacetyl-δ-lactone)과 4-시스-헵타날(4-cis-heptanal) 등에 의해 기여된 것이다.
- 지방의 함량이 높아 저장 시 가수분해에 의한 산패와 산화적 산패가 일어나므로, 저온에 저장하며 포장지를 버터 표면에 밀착하고 밀폐용기를 사용하며 공기를 되도록 차단하고 빛을 피해야 한다.
- 다른 식품으로부터 쉽게 향을 흡수하여 변질되므로 밀폐용기를 이용하는

쓰고 남은 버터의 올바른 보관방법은?

버터의 지방이 산화되지 않도록 밀봉해서 공기를 차단시켜야 하며 알루미늄호일 보다는 원래 포장되어 있던 종이호일이 좋다. 특히 가염버터의 경우, 소금이 지방산화를 촉진시키며 알루미늄호일의 재료인 금속과 직접 접촉하면 지방 산화가 더욱 촉진되기 때문이다.

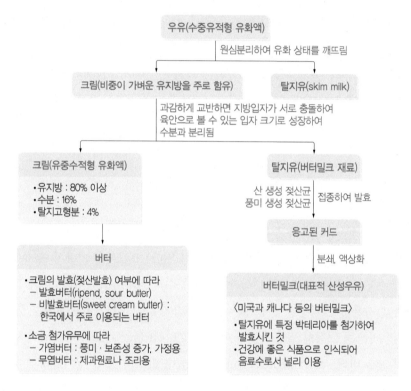

그림 13-5 버터와 버터밀크 제조 과정

것이 좋다. 이 원리를 적용하여 냉장고에도 뚜껑이 있는 버터칸을 만들게 되었다.

10) 빙과류

빙과류에는 아이스크림, 얼린 요구르트, 셔벗, 아이스캔디 등이 있다.

(1) 아이스크림

아이스크림은 유지방이 모인 크림에 우유 또는 탈지분유, 당류, 안정제, 유화제 및 향료 등을 첨가하여 혼합한 후 공기를 균일하게 분산시켜 동결시킨 부분적으로 얼어 있는 유화액이다. 보통의 플레인 아이스크림은 약 10% 유지방과 20% 탈지고형분(MNSF : milk solid nonfat)을 함유하고 있다. 아이스크림은 기포와 얼음결정이 그물구조 형태를 이루는데, 기포는 단백질막으로 유화되어 있는 지방구에 의해 둘러싸여 있다(그림 13-6). 지방의 함량과 얼음결정의 크기가 아이스크림의 질에 가장 많은 영향을 준다.

① 아이스크림의 성분과 역할

- 지방 : 맛을 좌우하는 가장 중요한 인자로 풍미와 조직이 부드러우면서 매끄러운 질감을 준다. 프리미엄이나 고급 아이스크림의 지방 함량은 보통 아이스크림(10%)보다 높은 14%로 더 농후하고 매끄러운 질감을 가지며 열량도 높다. 그러나 지방의 함량이 너무 높으면 용액의 점성이 높아져 공기의 혼입이 어려워져 단단해지기 쉽다.

- 탈지고형분 : 탈지고형분(MSNF) 중 유단백질은 수분을 흡수해서 팽창하므로 부피를 증가시키며, 유화제 역할을 하여 공기방울을 작고 고르게 하여 부드러운 질감을 이루게 한다. 그러나 탈지고형분이 많아지면 유당도 많아져 유당의 용해도가 낮은 성질로 인하여 결정이 생겨 깔깔한 질감의 아이스크림이 된다.

- 당류 : 당류는 단맛을 주며 빙점을 낮추어 아이스크림이 단단한 고체가 되지않아 부드럽게 한다. 보통은 약 15%의 설탕을 사용하나 설탕 이외에 콘시럽, 꿀, 포도당, 과당 등을 사용할 수 있다. 이 중 일부를 콘시럽으로 넣으면 점성과 부피를 증가시키는 효과가 있다.

- 안정제 : 아이스크림을 저장하는 동안 일정한 크기의 얼음결정을 유지하고 농도와 점성을 증가시켜 부드러운 질감을 갖도록 도와준다. 운송과 저장 시에 일어나는 온도의 변화는 얼음결정의 일부가 녹아 이웃의 결정에

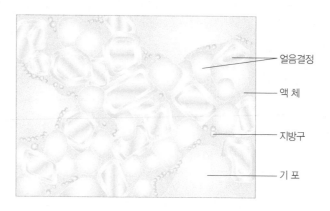

얼음결정

액 체

지방구

기 포

그림 13-6 아이스크림의 구조

출처 : Amy Brown(2004). Understanding Food Principles and Preparation. Wadsworth

부착되어 결정이 커져(heat shock) 거친 질감을 만들게 되는데, 안정제 (stabilizer)는 녹은 액체를 자신이 흡수하여 결정이 커지는 것을 막는다. 안정제로는 보통 탄수화물의 복합체로서 검 물질인 젤라틴, 구아 검, 카라기난 검, 펙틴, 아가, CMC(carboxy methyl cellulose) 등이 사용된다.

- 유화제 : 유단백질이 유화제 역할을 하나, 보통은 인공유화제인 모노글리세리드(monoglyceride) 등을 첨가한다. 유화제는 지방구를 고정시켜 지방구와 얼음결정체가 커지는 것을 방지하며, 기포의 크기를 작게 하여 질을 부드럽게 한다. 이외에도 종류에 따라 달걀을 첨가하는데, 달걀은 점성의 증가와 공기를 혼입하는 데 기여하여 부피를 증가시킨다.
- 기타 : 기호성을 높일 목적으로 방향물질과 색소를 첨가하기도 한다.

실생활의 조리원리

아이스크림과 셔벗과 아이스캔디의 어는 온도는 왜 다를까?
우유의 단백질과 지방은 크기가 커 교질용액을 이루어 빙점 강하의 성질은 없으나, 설탕은 크기가 작아 진용액을 이루어 빙점 강하를 이룬다. 셔벗과 아이스캔디는 유지방이 적은 대신 설탕이 많이 들어 있어 빙점 강하가 많이 일어나 어는 온도가 낮다. 그러므로 셔벗과 아이스캔디의 어는 온도는 아이스크림보다 낮으며 입안에서 녹는 온도도 낮아 더 차갑게 느껴진다.

② **아이스크림의 제조방법**　아이스크림의 재료들을 잘 혼합하여 저온 살균하고 균질화시킨 다음, 냉장 상태로 2시간 이상 두는 숙성(aging)과정을 거친다. 숙성 동안 지방구가 고체화하며 우유의 단백질, 안정제가 팽화하고 점도가 증가하여 좀 더 부드러운 질감과 녹는데 대한 저항도 증가한다.

아이스크림 제조기에서 교반하면서 급속 냉동하여 동결시킨다. 냉동하는 동안 급격히 온도를 내려 많은 핵을 형성하여 작은 얼음의 결정이 생겨야 질이 좋다. 교반하는 동안 공기를 투여하여 부피를 증가시키며 재료를 잘 혼합하여 냉동온도를 고르게 하여야 한다. 이때 공기의 혼입으로 인한 부피의 증가율을 오버런(overrun)이라 한다.

바람직한 오버런은 70~100%가 적당하며 너무 낮으면 조직이 단단하고, 너무 높으면 공기가 많아 가벼운 느낌이 난다.

$$\text{오버런} = \frac{\text{아이스크림의 부피} - \text{원래 부피}}{\text{원래 부피}} \times 100$$

(2) 얼린 요구르트

아이스크림 제조 원리와 같으며 요구르트를 얼린 것으로 보통의 아이스크림과 거의 비슷한 열량을 갖는다. 대부분의 얼린 요구르트는 살아 있는 미생물은 거의 없다.

(3) 셔벗

우유나 유제품은 조금만 넣고 당과 과즙, 달걀 흰자, 향료 등을 넣어서 얼린 것으로 산뜻한 맛을 가진다.

(4) 아이스캔디

지방과 탈지고형분은 거의 없으며 당을 함유한 물이나 과즙을 이용하여 얼린 것으로 젤라틴, 식물성 검류, 난백, 인공향이나 색소를 함유한다.

CHAPTER 14
조미료 및 향신료

CHAPTER 14
조미료 및 향신료

1. 조미료

1) 조미료의 역할

조미료(seasoning)는 아주 적은 양으로도 식품 본래의 맛을 강하게 하거나 바람직하지 않은 맛은 가려 준다. 또, 식품의 재료가 지닌 맛과 어우러져 음식의 맛을 더욱 좋게 해 주거나 새로운 맛을 내기도 한다. 맛뿐 아니라 윤기, 점성, 경도, 부패 방지 등의 역할도 한다.

2) 조미료의 종류

조미료가 내는 맛에 따라 짠맛, 단맛, 신맛, 감칠맛, 매운맛을 내는 조미료로 분류할 수 있다(표 14-1). 조미료는 다양한 천연 식품으로부터 조미성분을 추

표 14-1 조미료의 종류

종류		예
단순 조미료	짠맛 조미료	소금, 간장, 된장
	단맛 조미료	설탕, 물엿, 꿀, 올리고당
	신맛 조미료	식초, 유기산
	감칠맛 조미료	아미노산계 조미료(MSG), 핵산계조미료(IMP, GMP), 천연조미료(표고버섯, 멸치, 다시마, 조개류 등)
매운맛 조미료		고추, 고추장
복합 조미료	양념	육류 추출물, 각종 소스

출, 농축하여 사용하거나 발효 등에 의하여 만들기도 한다.

(1) 소금
소금(salt)은 짠맛을 내는 대표적인 조미료이다.

① **소금의 성분** 소금의 주성분은 염화나트륨($NaCl$)이나 그 외에 황산칼슘($CaSO_4$), 염화마그네슘($MgCl_2$), 염화칼륨(KCl) 등이 소량 들어 있어 약간 쓴맛을 낸다. 그러나 최근 성인병 예방을 위해 염화나트륨을 염화칼륨으로 일부 대체한 저염 소금을 사용하기도 한다.

② **소금의 종류** 소금을 얻는 장소에 따라 천일염과 암염 등이 있으며 정제한 정도에 따라 꽃소금과 정제염, 그리고 정제염을 가공한 식탁소금, 가공소금 등이 있다(표 14-2).

③ **소금의 역할** 음식은 간이 맞아야 맛이 있게 느껴지기 때문에 소금은 음식의 맛을 내는 가장 기본적인 조미료이다. 조리 용도에 따른 소금 사용량은 표 14-3과 같다. 소금은 짠맛 외에 방부, 탈수 등 다양한 역할을 한다(표 14-4).
그 외에도 소금은 다른 맛과 상호작용하는데, 단맛을 강하게 하고, 신맛을 약화시킨다(표 16-11 참조).

(2) 당류
음식에 단맛을 내는 데 사용하는 당류로는 설탕, 꿀, 조청 등이 있다. 설탕이 대표적인 감미료지만 설탕을 사용하기 전에는 꿀을 사용하였다. 조청은 우리나라에서 예부터 단맛을 내는 재료로 사용되어 왔다.

① **설탕**
  • 성분 : 설탕은 사탕수수나 사탕무에서 액을 채취하여 농축, 원심분리하

굵은 소금

꽃소금

정제염

표 14-2 소금의 종류

	천일염(호염)	꽃소금(재제염)	정제염	식탁소금	맛소금
제조법	바닷물을 햇볕에 건조시켜 소금결정체로 얻은 것	천일염을 다시 물에 녹여 재결정시킨 것	재제염을 재결정하여 염화나트륨의 순도를 99% 이상으로 높인 것	정제염에 방습제인 콜로이드성 탄산칼슘 0.6%, 염화마그네슘 0.4%를 첨가한 것	정제염에 MSG를 첨가한 것
특징	• 굵은 입자 • 반투명한 검은색 • 염화마그네슘 등 불순물 함유 • 쓴맛	• 천일염보다는 입자가 작음 • 흰색	• 백색 • 흡습성이 적음	정제염보다 약간 거칠지만 입자가 고움	• 흰색 • 고운 입자
염도	80%	90% 이상	99% 이상		
용도	김장배추절임, 오이지 등 채소절임, 생선절임 등	가정에서 채소 소금절임, 장담기, 간 맞추기 등	음식의 맛을 내는 데 사용	식탁 위에서 완성된 요리에 뿌림	김구이, 각종 요리

표 14-3 조리 용도별 소금 사용량

용도	재료에 대한 소금 비율(%)	용도	재료에 대한 소금 비율(%)
채소 소금 절임(즉석)	3	조림	1~1.5
생선 소금구이	2	갈변 방지	약 1% 소금물
데치기	1~2	찌개	0.7~0.9
채소 숨죽이기	1~2	수프, 국	0.6~0.8

표 14-4 소금의 역할

역할	대표적인 예
방부작용	각종 염장식품(젓갈, 절인 생선)
탈수작용	침채류(김치, 장아찌, 피클)
경도 유지	침채류(김치, 장아찌, 피클)
갈변 방지	깎은 사과 소금물에 담그기
녹색의 보존	시금치 데치기
단백질 열 응고 촉진	달걀찜, 생선 소금구이
글루텐 점탄성 증가	국수, 식빵

여 결정체의 원당을 만든 후 이것을 정제하여 만든 것으로 주성분은 자당 (sucrose)이다.

- 설탕의 종류 : 당밀 함유 여부에 따라 함밀당과 분밀당으로 나뉘며, 분밀당을 원료(원료당, 원당)로 정제하여 백설탕이나 갈색설탕(황설탕)을 만든다. 정제정도에 따라 또한, 정제당을 다시 가공함에 따라 여러 가지 설탕이 있다(표 15-1).

백설탕

  - 원당 : 사탕수수나 사탕무를 압착하여 얻은 액을 농축하여 원심분리로 당밀을 제거하여 얻은 갈색의 굵은 결정체로 각종 유기산의 에스터가 함유되어 독특한 향기가 있다.

황설탕

  - 정제당 : 원당을 물에 용해시킨 후 다시 농축시켜 원심분리하는 과정을 여러번 되풀이하여 밑에 가라앉은 결정체로 정제 정도에 따라 황설탕, 백설탕이 있다. 약식이나 수정과에는 황설탕이나 흑설탕을 넣어 갈색과 향을 낸다.

  - 당밀 : 원심분리 후 위에 뜬 엷은 갈색의 액체이다. 함밀당은 당밀이 함유되어 있어 함밀당으로 만든 설탕은 색이 어두워 흑설탕이 된다.

흑설탕
원래 함밀당으로 만들어야 하지만 편의상 정제당에 캐러멜색소를 섞어 만든 것도 흑설탕이라 하여 시판됨. 그러나 독특한 향미는 원래의 흑설탕에 따라가지 못함

  - 파우더슈가 : 백설탕을 곱게 갈아 옥수수전분과 혼합한 것으로 케이크 프로스팅(frosting)처럼 케이크 표면을 하얗게 장식할 때나 도넛 글레이징(glazing)처럼 표면에 윤기를 낼 때 사용한다.

흑설탕

- 설탕의 역할 : 설탕은 음식에 단맛을 낼 뿐 아니라 용해성이 커서 광범위하게 이용되는 데 특히 보습, 방부, 색 부여 등 다양하다(표 14-6). 설탕은 소금보다 분자량이 커서 확산속도가 느리기 때문에 고기를 연하게 재우기 위해서는 설탕을 소금이나 간장보다 먼저 넣어야 한다.

② 꿀 꿀은 과당(fructose)의 함량이 많아 설탕보다 단맛이 강하고 흡습성이 커서 케이크에 사용하면 촉촉함이 오래 유지된다.

③ **물엿과 조청** 각종 전분질 식품에 엿기름을 넣고 은근하게 고아 만들며, 요

표 14-5 설탕 종류별 영양성분

(100 g 당)

구분	에너지(kcal)	수분(%)	당질(g)	단백질(g)	철(mg)	칼슘(mg)	나트륨(mg)	칼륨(mg)	아연(mg)
백설탕	400	0	99.96	0.0	0.13	4	1	1	0
황설탕	399	0.10	99.81	0	0.16	9	1	8	0
흑설탕	392	1.7	97.88	0.12	0.69	60	4	94	0

출처 : 농촌진흥청 국립농업과학원(2017). 국가표준식품성분표(제9개정판)

표 14-6 설탕의 역할

역할	대표적인 예
방부작용	잼, 젤리, 양갱, 각종 당절임
노화 방지(보습)	빵, 케이크 등
젤리 형성	펙틴 젤, 마멀레이드
갈변 방지	깎은 사과 설탕시럽에 담그기
발효 촉진	빵 발효 촉진
단백질 열 응고 억제	푸딩
색과 향 부여(갈변반응)	빵의 갈색 껍질, 캐러멜 소스
난백 거품 안정	머랭
연화작용	너비아니구이, 파이크러스트

엿기름(맥아)

보리에 물을 부어 싹이 트게 한 다음에 말린 것으로, 전분을 맥아당으로 분해하는 효소(amylase)를 함유하고 있어 식혜나 엿을 만드는 데 사용

엿기름 가루

즙은 주로 쌀로 만든다. 표백이나 정제과정을 거치지 않아 진한 갈색이 돌며 각종 영양성분이 다량 함유되어 있다. 조청은 음식에 부드러운 단맛과 향미, 윤기를 더해 준다. 잘 굳고 끈기가 심해 계량하기 힘들며, 색이 어두워지는 단점도 있지만, 과자나 조림에 많이 이용된다. 음식 만들 때 처음에 넣고 뭉근히 조리는 각종 조림에 넣으면 맛과 향미가 좋다.

물엿은 조청의 전 단계로 더 조리면 조청이 된다. 조청의 단점을 보완하여 표백이나 정제과정을 거쳐 색이 투명하고 농도가 묽다. 조청보다 사용하기 편리하며 음식 본래의 색을 변화시키지 않는 것이 특징이다. 각종 볶음이나 구이, 무침을 할 때 마지막에 넣으면 단맛과 함께 광택을 낼 수 있다.

④ **올리고당** 난소화성 프럭토올리고당을 50% 이상 함유하여 칼로리가 낮은 것이 특징이며, 정제과정을 거친다. 70℃ 이상에서 오랫동안 가열하면 단맛이 없어지기 때문에 높은 온도로 가열하는 볶음이나 구이에는 적합하지 않다. 장아찌나 나물을 무칠 때 넣어 음식에 윤기를 더한다.

올리고당 아가베시럽

⑤ **요리당** 물엿과 조청의 장점은 살리고 단점은 보완하여 만든 맑은 갈색인 농도가 묽은 요리용 당류이다. 물엿과 조청보다 단맛은 강하나 농도가 묽어 식어도 굳지 않아 음식에 사용하기 편한 것이 특징이다. 원당을 주원료로 하여 포도당, 과당, 설탕, 프럭토올리고당 등으로 만들어진다. 올리고당이나 물엿에 비해 단맛이 강해 뒷맛이 깨끗하지 않고 음식에 윤기를 주는 정도는 적다. 색이 진하기 때문에 간장이 들어가 색이 진한 조림에 넣으면 좋고, 단맛이 강해 설탕 대용으로 냉커피나 미숫가루 같은 음료에 단맛을 낼 때 사용한다.

⑥ **맛술** 찐 찹쌀에 소주와 누룩을 넣어 발효시킨 양조 조미료로, 전분이 분해된 포도당을 주로 한 당류(25~38%), 단백질이 분해된 아미노산 등의 질소화합물, 알코올(13~14%)이 함유되어 있다. 음식에 단맛과 점성, 광택을 부여하고, 이취도 제거하여 육질을 쫄깃하게 해준다. 또한 가열 시 마이야르 반응(아미노−카르보닐 반응)에 의해 향기를 생성하며, 이 향기는 알코올처럼 이취를 감소시키는 효과도 있다.

실생활의 조리원리

조림요리 시 조미료를 넣는 순서는?
조미료의 맛을 식품 내부까지 스며들게 하려면 설탕 → 소금 → 식초 → 간장의 순으로 한다. 소금은 설탕에 비해 분자량이 작아 침투속도가 빠르므로 수분이 빠져나오면서 조직이 수축되어 분자량이 큰 설탕이 스며들기 어렵게 만든다. 따라서 단맛과 짠맛이 잘 어우러지려면 분자량이 큰 설탕을 소금보다 먼저 넣는다. 식초와 간장은 가열하면 휘발하는 성분이 많으므로 조리가 거의 끝날 무렵에 넣는다.

음식의 표면에 맛을 내기 위한 요리에서는 조미료를 언제 넣는가?
조미료를 처음부터 함께 혼합하여 가열조리한다.

식초

(3) 식초

① **식초의 성분**   식초(vinegar)는 식품 규격상 산도 4% 이상을 함유하여야 하며 주로 초산이 주성분이다.

② **식초의 종류**   식초는 양조식초와 합성식초가 있다.

- 양조식초
  - 곡류, 과실, 알코올 등을 원료로 초산균에 의해 발효시킨 것으로, 초산 외에 유기산류, 당, 아미노산, 에스터 등이 함유되어 있어 감칠맛과 향기가 있다.
  - 현재 시판되고 있는 식초는 대부분 양조식초로서 초산이 주성분이다.
  - 원료에 따라 맛과 향기가 다르며, 청주, 탁주 등의 주류, 쌀, 술 찌기, 포도주, 포도즙, 사과주, 맥아, 보리, 옥수수 등이 사용된다.
- 합성식초 : 빙초산을 초산 함량이 3~5%가 되도록 희석한 식초이다.

③ **식초의 역할**   식초는 음식에 신맛과 동시에 상쾌한 맛을 주어 식욕을 촉진한다. 또한 방부작용이 있으며 식품의 색과 조직감에 영향을 준다(표 14-7).

표 14-7 식초의 역할

역할	예
살균 및 방부	장아찌, 피클, 초절임, 초밥, 냉면 육수
색에 영향	엽록소 + 산 → 녹황색
	안토사이아닌 색소 + 산 → 붉은색
	안토잔틴 색소 + 산 → 백색 유지, 갈변 방지
단백질 응고 촉진	달걀, 생선, 조직을 단단하게 함
비린내 억제	생선류
탈수	초절임, 피클
갈변 억제	백색채소와 과일의 효소적 갈변 억제

다시마를 물에 담글 때에 식초를 넣는 것은 왜일까?

다시마의 감칠맛 성분이 손실되는 것을 방지하기 위해서는 물에 오래 담가 놓지 말고 되도록 재
빨리 씻어 단시간에 불려야 한다. 그러나 건조 다시마는 너무 단시간 불리면 충분히 부드러워지
지 않는다.

　다시마 조직을 이루고 있는 주요 탄수화물의 중심인 알긴산이라는 물질은 산을 가하면 팽윤
하여 부드러워져 물을 잘 흡수하는 성질이 있다. 그래서 불리는 물에 20% 정도의 식초를 넣어
단시간에 속까지 부드러워지도록 한다.

(4) 장류

① **간장**　간장은 우리나라의 음식에 간을 맞추는 중요한 조미식품으로, 염도
는 16~26%이다. 삶은 콩을 국균(麴菌, koji균)으로 발효시킨 메주를 이용하
여 만들며, 독특한 냄새와 구수한 맛과 색을 낸다.

- 간장의 성분 : 간장은 짠맛 외에 구수한 맛, 단맛이 어우러진 맛과 향기를
  가지고 있으며, 약 16~26%의 소금을 함유하고 있다(표 14-8). 발효숙성
  과정에서 당화작용, 단백질 가수분해, 알코올 발효, 마이야르 반응 등에서
  생긴 당, 아미노산 등에 의해 구수한 맛과 감칠맛이 날 뿐 아니라 알코올
  류, 카르보닐 화합물, 에스터 화합물 등에 의해 간장 특유의 향이 생성된
  다. 그리고 간장의 검은색은 아미노산과 당이 반응하여 생긴 마이야르 반
  응 생성물에 의한다.

표 14-8 간장의 성분과 함량

성분	함량(%)
총질소	0.65~0.96
조단백	0.03~0.06
아미노산	0.74~2.94
당분	0.26~8.75
소금	16~26.35
총 산	0.27~0.51

표 14-9 시판 간장의 나트륨 함량

간장의 종류	나트륨 함량(mg/100mL)
양조간장	5,819
혼합간장	6,279
한식간장(국간장)	8,585
염도낮춘 양조간장	4,502

출처 : http://sports.chosun.com/news/ntype.htm?id=2016090501000288100001886&serviceda
te=20160904. 2016년 소비자원조사

재래식 간장

개량식 간장

- 간장의 종류 : 간장은 제조방법과 조리용도에 따라 여러 종류가 있으며, 제조방법에 따라 양조간장, 산분해간장, 혼합간장이 있다(표 6-10).
  - 양조간장 : 발효에 의해 만드는 간장으로 재래식과 개량식이 있다. 재래식 간장(한식간장)은 콩으로 메주를 자연 발효시키며 발효에 의한 깊고 구수한 맛과 향이 있다. 개량식 간장은 탈지대두를 국균으로 가수분해시켜 감칠맛과 구수한 맛, 향이 있다.
  - 산분해간장 : 탈지대두를 산으로 가수분해시킨 것으로 감칠맛은 있으나 향이 좋지 않다.
  - 혼합간장 : 양조간장과 산분해간장을 일정비율로 혼합한 간장이다.
  - 저염 간장 : 최근 나트륨 저감화 정책의 일환으로 나트륨을 줄인 간장을 시판하고 있다 (표 14-9).

또한 재래식 간장은 조리용도에 따라 국간장(청장), 중간장, 진간장이 있다.
- 국간장(청장) : 담근 지 1~2년 된 간장으로 맑고 연하고 구수한 맛이 약하며 짠맛은 강하다. 국, 전골에 사용한다.
- 중간장 : 담근 지 3~4년 숙성시킨 간장으로 맛과 향이 좋으며 찌개나 나물 무치는 데 사용한다.
- 진간장 : 담근 지 5년 이상 숙성시킨 간장으로 국간장에 비해 단맛은 더 강하지만 짠맛이 약하고 색이 진하며 특유의 향이 있다. 개량식 양조

간장이나 화학간장은 주로 진간장으로 만든다. 조림, 볶음, 육포, 초, 약식, 장과 등 음식의 색을 내는 데 사용한다.

② **된장** 찌개나 된장국의 간을 맞추고 구수한 맛을 내는 데 사용되는 콩 발효 식품으로 염도는 10~15%이다.

된장

- 성분 : 10~13%의 소금을 함유하고 있다. 된장에는 단백질이 12~13%, 지방이 3~8% 정도 함유되어 있으며 아미노산 중에는 글루탐산(glutamic acid)의 함량이 특히 높아 구수한 맛이 난다.

재래식 된장

- 종류 : 된장은 재래식 된장, 개량식 된장, 절충식 된장, 속성식 된장(별미 장)으로 크게 나눌 수 있다(표 6-8). 재래식 된장은 간장을 걸러내고 남은 건더기를 발효시킨 것이고, 개량식 된장은 콩에 전분질을 넣고 발효시킨 것으로 재래식 된장에 비해 단맛, 감칠맛이 크다.

개량식 된장

- 특징
  - 된장은 펩타이드, 아미노산, 당 등으로 이루어진 콜로이드상 식품이다.
  - 염도가 높으나 단백질 분해산물인 아미노산과 저분자량의 펩타이드에 의하여 짠맛을 덜 느끼게 된다.
  - 육류 및 어패류의 바람직하지 않은 냄새를 가려 준다.
  - 신맛, 쓴맛, 떫은맛을 약화시키는 완충작용을 한다.
  - 오래 가열하면 향미 성분이 휘발하고 쓴맛이 강해진다. 특히 일본된장 인 미소는 오래 가열하지 않는다.

죽염된장

③ **고추장**

- 성분 : 메주를 가루로 만들어 밀가루, 찹쌀가루, 멥쌀가루, 보릿가루 등에 엿기름을 섞어 소금과 고춧가루를 넣고 잘 버무려 발효시켜 만든 것으로 매운맛과 구수한 맛을 내며 색이 빨갛고 선명한 것이 좋다. 개량식은 물엿 이나 올리고당을 넣어 단맛이 더 강하다.

고추장

- 종류
  - 사용하는 곡류에 따라 찹쌀고추장, 보리고추장, 멥쌀고추장, 밀고추장, 팥고추장, 수수고추장, 떡고추장 등이 있는데, 이 중 제일로 꼽는 것은 찹쌀고추장이다(표 6-11).
  - 고추장은 생채, 나물, 조림, 구이, 찌개 등에 구수하면서도 매운맛과 붉은색을 낸다.
  - 조리용도에 따라 초고추장, 막고추장, 볶은고추장, 장아찌고추장 등이 있다.

(5) 감칠맛 조미료

감칠맛 조미료

단맛, 짠맛, 쓴맛, 신맛 등의 맛과 조화를 이루어 음식의 맛을 증가시키는 효과를 나타내는 조미료로서 감칠맛은 맛난 맛, 구수한 맛, 지미 또는 우마미 (umami)라고도 한다.

① **종류** 감칠맛을 내는 조미료에는 글루탐산나트륨(MSG), 핵산계 조미료, 복합 조미료, 천연 조미료가 있다(표 14-10).

② **식품 중의 분포**
- MSG : 다시마에 다량 함유되어 있으며 간장, 된장의 구수한 맛에도 기여한다.
- IMP : 조개, 멸치, 가쓰오부시 또는 각종 육류에 다량 함유되어 있다.
- GMP : 느타리, 표고, 송이버섯과 같은 말린 버섯에 다량 함유되어 있다.

③ **특징**
- 감칠맛 조미료는 그 자체가 감칠맛을 가지고 있을 뿐 아니라 다른 맛 성분에 작용하여 짠맛과 신맛을 부드럽게 하고 쓴맛은 약하게 하며 단맛은 강하게 하는 작용이 있다.

표 14-10 감칠맛 조미료의 종류

종류	특징	제조법
글루탐산나트륨 (monosodium Lglutamate; MSG)	• 글루탐산에 나트륨이 결합된 염으로 수용성 • 적정사용량 : 식품 중의 소금량에 대하여 1/10~1/5 정도가 경제적	• 다시마의 열수 추출액으로부터 분리하여 얻음 • 가수분해법, 발효법, 합성법 등으로 대량 생산함
핵산계 조미료	inosine-5′-monophosphate(IMP)와 guanine-5′-monophosphate(GMP)를 동량 혼합한 것	리보핵산(ribonucleic acid)을 분해하여 얻거나 purine nucleotide의 생합성균을 발효시켜 얻음
복합 조미료	MSG와 핵산계조미료를 혼합한 것	• 과립형 : MSG와 IMP, GMP를 곱게 가루로 분쇄하여 섞은 후 작은 알갱이로 만들어 건조시킨 것 • 결정형 : MSG의 표면에 핵산계 조미료의 농축된 수용액을 분무하여 씌운 것
천연 조미료	천연식품으로부터 정미성분을 추출하거나 가수분해시킨 것	• 가수분해형 : 식물성단백질이나 동물성 단백질을 가수분해하여 얻음 • 추출효소분해형 : 육류, 어패류, 채소·과일 등을 추출한 후 효소로 가수분해하여 얻음

- MSG와 핵산계 조미료를 혼합했을 때에는 상승작용으로 인하여 미량으로 강한 감칠맛을 나타내는 동시에 MSG만으로는 낼 수 없는 복잡하고 특수한 감칠맛을 낼 수 있기 때문에 복합조미료로 제조한다.
- MSG는 중성에서 감칠맛이 가장 강하고 산성이나 알칼리성에서는 약해지므로 식초, 레몬 등 산성식품과 함께 사용할 때는 오래 가열하지 않는다.

2. 향신료

강한 향기나 자극성의 맛을 지니고 있어서 음식의 맛을 향상시키거나 음식

향신료는 조리의 어느 단계에서 사용할까?

스파이스는 일단 건조 등의 가공단계를 거친 것이어서 조리 시 향이 스며드는 데 다소 시간이 걸린다. 이 때문에 가루가 아닌 것은 조리의 초기 단계부터 넣어 충분히 향미를 우려내고, 가루로 된 것은 조리의 나중 단계에 넣는다. 허브는 줄기나 두꺼운 잎과 같이 장시간의 조리에 견딜 수 있는 것은 초기 단계에 넣고, 조직이 연한 잎은 조리의 마지막 단계에 넣는 것이 일반적이다.

의 향미에 변화를 주어 식욕을 증진시키는 데 사용하는 재료를 총칭하여 향신료(spice & herb)라고 한다. 주로 열대·아열대 지방에서 생산되는 스파이스(spice)와 온대 지방에서 생육하는 허브(herb, 향료식물)의 총칭이며 100여 종이 있다.

향신료는 대부분 식물의 일부나 전부를 건조시켜 사용하나 허브는 생것으로 사용하기도 한다.

1) 향신료의 분류

(1) 사용형태에 따른 분류

* 천연향신료 : 원재료를 그대로 사용한 것

스파이스와 허브의 차이

스파이스(spice)

주로 양념(seasoning) 목적을 위해 사용되는 건조된 식물로, 어원은 후기 라틴어로 '약품'이라는 뜻에서 유래하였다. 맵고 자극적인 맛, 향기, 색을 지녀서 식욕 증진, 소화촉진, 음식의 맛과 향을 내기 위하여 사용한다. 스파이스는 허브에 비해 향이 강하며 씨, 줄기, 껍질, 과실의 핵 등 비교적 딱딱한 부분이다.

허브(herb)

어원은 푸른 풀을 의미하는 라틴어 'herba'에서 유래하였으며, 고대에는 향과 약초라는 뜻으로 사용되기도 하였다. 허브 역시 약초로서, 유럽에서는 의학적인 목적으로 사용하거나 음식의 맛과 향을 내기 위하여 사용하였다. 식물의 잎 또는 꽃봉오리 등 비교적 부드러운 부분이며, 생것 그대로 사용하기도 한다.

- 가공향신료 : 건조물 또는 분말로부터 정유(essential oil)를 분리, 추출한 것
- 혼합향신료 : 몇 가지 향신료를 혼합한 것

(2) 특징에 따른 분류

향신료는 향기, 맛, 색 등 특징이 있어 음식에 향기를 부여하고, 불쾌한 냄새를 제거해 주고 아름다운 색을 내므로 식욕을 돋우는 역할을 한다(표 14-11).

표 14-11 향신료의 특징과 조리용도

신선 향신료		특징				용도
		매운맛	향	쓴맛	색	
매운맛	고추냉이	◎				생선요리
	호스래디시	◎				소스, 육류요리
	생강	◎	△	□		육류요리, 음료, 카레가루
	고추	◎	△		◎	양념, 고명
향	마늘	□	◎			육류요리, 생선요리(탕, 양념구이), 김치류
	양파	□	□			수프, 소스
	바질	◎	□			토마토요리, 소스
	파슬리		◎	□	□	부케가르니(줄기), 수프의 고명(잎), 소스, 샐러드
	셀러리		◎	□		오래 끓이는 음식, 부케가르니
	고수		◎	□	□	생선탕, 광동식 요리
	박		◎			과자, 음료, 리큐르
	유자 껍질		◎		□	맑은 국의 고명, 일본요리 전반
	레몬		◎		□	홍차, 생선회
	자소		◎	□	□	양념, 고명
	파	□	◎		□	양념, 고명
	타라곤		◎	△		드레싱, 생선요리

계속

건조 향신료		특징				용도
		매운맛	향	쓴맛	색	
매운맛	후추	◎				요리 전반
	겨자	◎	□		□	육류요리, 드레싱, 어묵
	고추	◎	□		◎	육류요리, 생선요리, 소스, 김치류
	산초	◎	□			장어구이, 오향분, 추어탕
향	정향	□	◎			육류요리, 수프, 햄
	넛멕	□	◎	□		육류요리, 과자, 소스, 케이크
	올스파이스		◎	□		육류요리, 생선요리, 과자, 피클
	계피	△	◎			육류요리, 과자, 음료
	캐러웨이		◎	□		빵, 치즈, 과자
	바닐라		◎			과자 전반, 아이스크림
	월계수		□			오래 끓이는 음식, 피클
	타임		□	□		육류요리, 생선요리, 부케가르니
	팔각		□			육류요리(중국), 오향분
색	샤프란			□	◎	쌀요리, 생선요리
	강황	□	□	□	◎	카레가루, 단무지
	파프리카	□*			◎	드레싱, 케첩, 생선요리, 스튜
	치자				◎	고구마요리(일본), 밤조림(일본)

◎ : 특히 현저함, ○ : 있음(장식 효과도 있을 경우 색을 있음으로 표시함), △ : 약간 있음
* : 재배지역에 따라 매운맛이 없는 것도 있음

또한 항균·항산화 작용이 뛰어나 오래 전부터 식품의 산패방지, 보존성 증대 등의 목적으로 널리 이용되어 왔으며 질병의 예방과 치료에도 이용되어 왔다.

2) 향신료의 종류와 성분

향신료가 요리에 미치는 영향은 매우 크다. 특히 서양요리에 있어 향신료의 사용은 요리의 맛을 좌우하는 중요한 요소이다. 요리를 하는 데에 향신료를 이용하는 것은 국가별로 다양하며, 향신료의 사용은 각 나라의 전통이자 문화

표 14-12 국가별 향신료의 특색

국가	특색
한국	• 사용하는 종류는 적지만 사용량은 많음 • 자극적이지만 갖은 양념의 어우러진 맛을 이용함 • 주로 파·마늘·생강·참깨·들깨·후추·미나리·계피·고추·겨자 등
중국	후추, 생강, 계피, 정향, 팔각, 회향 등 향기 있는 향신료를 많이 사용
일본	• 생선요리에 주로 생강, 고추냉이 등을 많이 사용 • 유자나 자소 등 향이 나는 것을 이용
영국	돼지고기요리, 치즈요리 등에 세이지를 흔히 사용
이탈리아	• 전통적으로 바질, 아니스를 함께 사용 • 양고기에는 로즈마리를 사용 • 토마토요리에는 바질이 들어감
독일/프랑스	독일인은 콩에 세이보리를, 프랑스인은 닭고기에 타라곤을 즐기는 것으로 널리 알려져 있음
중동/그리스	• 오레가노, 서양박하, 딜을 양고기 요리에 다량 사용 • 레몬그라스가 차를 비롯하여 생선요리, 닭고기 요리 등에 사용

이기도 하다(표 14-12).

(1) 스파이스

스파이스는 라틴어로 '특별한 종류'란 뜻이며 향미가 강한 열대식물의 꽃봉오리, 열매, 줄기, 뿌리 등을 건조시켜 사용한다.

마늘

① **마늘(garlic)** 마늘의 매운맛과 냄새는 함황성분인 알리인(alliin)이 알리네이스라는 효소의 작용에 의해 생성된 알리신에 기인된다(p.168 그림 7-7 참조). 효소는 가열하면 불활성화되므로 가열하면 마늘 특유의 향이 약해지는데, 주로 고기 누린내, 생선 비린내를 없애는 데 사용된다. 한국음식의 필수 양념이다.

고추

② **고추(hot pepper)** 대표적인 매운맛 향신료이며 매운맛 성분인 캡사이신과 다이하이드로캡사이신이 0.2% 정도 함유되어 있다. 붉은색은 카로티노이드

겨자잎

마늘을 편리하게 사용하려면?
마늘을 다질 때 소금을 넣으면 냉동 보관해도 얼지 않는다. 또한 다진 마늘을 얇게 펴서 칼등으로 등분하여 냉동하면 꺼내서 사용하기 편하다.

같은 양의 고춧가루라도 입자가 고울수록 더 맵게 느껴지는 이유는?
고춧가루는 통각이나 온도감각을 자극하여 맵게 느껴지므로 단면적이 커서 접촉 면적이 클수록 맵게 느껴진다. 따라서 같은 양의 고춧가루라면 입자가 고울수록 더 맵게 느껴진다.

계의 캡잔틴이다.

③ **겨자(mustard)** 황색인 백겨자와 적갈색인 흑겨자 두 종류의 종자가 있다. 흑겨자에는 시니그린, 백겨자에는 시날빈이라는 티오글루코사이드가 함유되어 있는데, 미로시네이스에 의해 가수분해되면 자극성 있는 이소티오시아네이트를 생성한다. 겨자가루 형태로 사용하기도 하며, 여기에 터메릭, 식초, 포도당, 소금 등을 넣어 순한 맛을 만들어 겨자소스나 겨자페이스트 등의 형태로 이용할 수 있다.

고추냉이

④ **고추냉이(wasabi)** 흑겨자와 같은 시니그린이 들어 있어 미로시네이스에 의해 가수분해되면 자극성 있는 이소티오시아네이트를 생성하며, 은근하게 깊은 매운맛을 지닌 고추와는 달리 눈물이 날 정도로 순간적인 매운맛을 낸다. 신선한 뿌리는 갈아서 사용하고, 말려서 가루로 만든 것은 물로 개어서 생선회, 초밥 등에 널리 사용된다.

생강

⑤ **생강(ginger)** 특유의 향과 매운맛이 나는 뿌리를 이용하는데 10개월 정도 자란 어린 뿌리가 가장 좋다. 생강의 매운 맛은 진저롤, 쇼가올 등에 의해서이고, 가열해도 분해되지 않는다. 진게론(zingerone)은 생강의 주요한 향기성분이며 매운 맛은 없다.

⑥ **후추(pepper)**

검은 후추와 흰 후추 두 가지 종류가 있다.

- **검은 후추** : 덜 익은 열매로 만들며 미국에서 많이 사용한다.
- **흰 후추** : 완전히 익은 열매의 껍질을 벗겨 만들고 깔끔한 요리에 사용한다.

후추의 매운맛 성분인 채비신은 껍질에 많기 때문에 일반적으로 색이 짙은 검은 후추가 흰 후추에 비해 매운맛이 강하다.

검은 후추

흰 후추

⑦ **계피(cinnamon)** 계피나무 껍질을 건조시켜 그대로 또는 가루로 만들어 사용하며 주 향미성분은 시남알데하이드로서 단맛이 나는 동시에 매운맛을 준다.

계피

⑧ **산초(chinese pepper)** 운향과의 어린 열매는 그대로, 익은 열매는 말려서 가루로 사용하는데 상쾌한 향과 매운맛을 낸다. 산초의 매운맛 성분은 산시올로 생선의 비린내를 없애 주고, 음식의 맛을 깔끔하게 해준다.

산초

⑨ **강황(turmeric)**

생강과 식물의 뿌리로 노란색을 띠며 쓴맛이 있다. 카레가루 재료로 사용되거나 겨자를 이용한 식품의 색깔을 내는 데 이용된다. 울금은 강황과 기능성분이 유사하여, 우리나라에서는 울금을 강황 대신에 사용해왔다.

강황

⑩ **파프리카(paprika)** 피망의 일종으로 붉은색을 띠며 약한 단맛과 매운맛을 낸다. 닭고기, 생선, 고기요리, 샐러드 드레싱, 채소요리 등에 사용되며 장식용으로도 이용된다.

파프리카

⑪ **바닐라(vanilla)** 바닐라 종자를 끓는 물에 담갔다가 건조시킨 후 가루로 만들어 이용하고, 디저트, 케이크, 아이스크림, 캔디 등에 사용한다.

⑫ **정향(clove)** 꽃봉오리가 스파이스로 사용된다. 정향의 선홍색 꽃봉오리를

정향

넛멕(육두구)

올스파이스

캐러웨이

사프란

코리앤더

실란트로

회향

햇빛에 말리면 흑갈색을 띠고 강한 향과 얼얼한 맛이 난다.

⑬ **넛멕(nutmeg)과 메이스(mace)**

- 넛멕(육두구) : 육두나무 열매의 종피를 제거한 후 건조시킨 것으로 쓴맛과 특이한 향을 가지고 있어 미각을 자극한다.
- 메이스 : 넛멕의 종피를 건조시킨 것으로 신선한 것은 붉은 색이지만 건조된 것은 엷은 노란색이나 갈색을 띤다.

⑭ **올스파이스(allspice)**　인도, 멕시코에서 나는 고추의 일종으로 크기는 완두콩만하며 향미는 넛멕, 계피, 정향을 혼합한 것과 같아 올스파이스라 한다. 매운맛은 없지만 달콤하면서 조금 쌉쌀한 맛이 난다.

⑮ **캐러웨이(caraway)**　미나리과에 속하는 파슬리와 비슷한 식물로 종자를 사용하며 스튜, 치즈 제조에 사용한다. 빵, 과자, 케이크 등의 독일이나 영국 요리에 많이 사용한다.

⑯ **사프란(saffron)**　붓꽃과의 식물로 꽃의 암술을 말려서 사용하는데, 음식에 넣어 조리하면 진한 노란색으로 물들이고 쌉쌀하면서 달콤한 맛과 독특한 향이 난다. 꽃 한 송이당 암술이 세 가닥만 있어, 매우 비싼 향신료이다.

⑰ **코리앤더(coriander)와 실란트로(cilantro)**　미나리과에 속하는 식물로 고수 또는 중국 파슬리라고도 한다. 열매, 줄기, 잎 등이 독특한 향을 내며, 열매로 만든 향신료가 코리앤더이고 줄기와 잎으로 만든 향신료는 실란트로이다.

⑱ **회향(fennel, 소회향)**　미나리과 식물로 종자처럼 보이는 과실을 주로 향신료로 사용하며, 잎이나 인경(비늘줄기)도 사용한다. 생선의 비린내, 육류의 느끼함과 누린내를 없애고 맛을 돋운다. 이밖에도 과자, 캔디, 피클, 케이크,

술의 향료로 이용된다.

⑲ **아니스(anise, aniseed)** 미나리과 식물의 종자로 회향과 비슷하며, 독특한 향과 단맛을 내는 아네톨이 들어 있다. 말린 것은 과자·카레·빵·캔디·피클 등에 사용되고 말리지 않은 것은 알코올 음료인 리큐르 제조 등에 쓰고, 아니스유는 약용·향료·조미료 등으로 사용한다.

아니스

⑳ **팔각(star anise, 팔각회향, 대회향)** 붓순나무과의 다년생 상록교목인 대회향의 열매를 건조시킨 것인데, 단단한 껍질로 싸인 꼬투리 여덟 개가 마치 별처럼 붙어 있는 모양을 하고 있고 향이 아니스(anise)와 비슷하여 스타 아니스(star anise)라고 한다. 또한 회향의 향과 비슷하여 팔각회향, 대회향이라고도 불린다. 육류를 사용하여 오래 조리하는 찜이나 조림에 첨가하면 육류의 나쁜 냄새를 제거하면서 독특한 향으로 맛을 살린다.

팔각

(2) 허브

허브(herb)는 향이 좋은 식물의 잎, 줄기, 꽃, 때로는 뿌리 등을 말하며, 스파이스에 비해 더 섬세한 향미를 음식에 더해 준다. 음식뿐 아니라 스트레스나 피로를 풀거나 정서 안정 등에 효과적인 것으로 알려지면서 건강과 미용에도 이용되고, 건조된 허브로 만든 포푸리 등은 장식품으로 이용되기도 한다.

표 14-13 허브의 용도에 따른 분류

용도	허브 종류
차	카모밀, 레몬밤, 세이지, 라벤더, 서양박하, 타임, 로즈마리
소스	러비지, 고수, 처빌, 세이지, 히서프, 타임, 타라곤, 레몬그라스
카레원료	캐러웨이, 고수
샐러드	안젤리카, 고수, 딜, 러비지, 바질, 히서프, 마조람, 로즈마리, 세이지, 세이보리, 타임, 처빌, 워터크레스, 크레스, 파슬리, 서양박하, 로켓, 타라곤, 소렐
목욕	카모밀, 세이지, 장미, 서양박하, 로즈마리, 라벤더, 오렌지꽃, 레몬밤, 마조람, 타임, 컴프리의 잎과 뿌리

아로마테라피에 이용되는 허브	
작용	허브 종류
신경안정	서양박하, 카모밀, 라벤더
불면치료	서양박하, 마조람, 호프, 아니스
긴장완화	서양박하, 베르가못
진정작용	바질, 베르가못, 카모밀, 타임, 아니스

레몬그라스

① **레몬그라스(lemon grass)**　레몬향이 나며 줄기의 질긴 껍질을 벗겨 내고 부드러운 부분을 사용하는데, 뿌리에 가까울수록 향이 강해 주로 수프, 스튜, 소스, 카레 등을 만들 때 넣는다.

레몬밤

② **레몬밤(lemon balm)**　박하과에 속하는 레몬향이 나는 허브로 지중해 지역 음식에 많이 사용되며 장식용이나 샐러드용으로 많이 사용된다. 과일과 잘 어울리므로 과일음료, 과일디저트의 향미를 좋게 하기 위해 넣어 주고 레몬그라스 대용으로도 사용한다.

로즈마리

③ **로즈마리(rosemary)**　가늘고 뾰족한 잎에서 상쾌하고 시원한 향이 나는 허브로, 주로 잎을 사용하고 향미가 강하다.

마조람

④ **마조람(majoram)**　작은 달걀 모양을 하고 있으며 엷은 녹색을 띤다. 꽃박하라고 부르는데, 이는 마조람의 말린 잎과 꽃봉오리가 달콤한 박하 향미를 내기 때문이다.

바질

⑤ **바질(basil)**　박하과에 속하는 바질은 일반 박하보다 자극적인 맛이 약하고 상큼한 향을 낸다. 이탈리아 음식의 맛을 내는 데 중요한 허브로 토마토와 잘 어울려 토마토 요리에 많이 사용된다.

⑥ **서양박하(mint)** 약한 단맛이 있으며 청량감을 주고, 페퍼민트, 스피아민트, 애플민트 등이 있다. 페퍼민트는 주로 과자, 차 등에 사용하고 애플민트는 샐러드 드레싱, 고기요리, 탄산음료 등에 이용한다.

서양박하

⑦ **세이지(sage)** 마른 잎이 생잎보다 강한 향을 내며 이탈리아 요리나 독일 요리에 많이 사용된다. 독특한 쓴맛으로 음식의 느끼함을 없애 주고 소화를 도와 주며 고기나 생선 비린내를 제거하는 데 효과적이다.

세이지

⑧ **오레가노(oregano)** 마조람과 비슷한 향미를 내나 마조람보다 그 정도가 강하다. 주로 이탈리아 요리나 멕시코 요리에 많이 사용되며 토마토 요리에 잘 어울린다.

오레가노

⑨ **월계수잎(bay leaf, laurel)** 잎은 말리면 생잎에서 나는 쓴맛이 없어지고 달콤하면서 강한 특유의 향을 낸다. 가열하면 은은하고 품위 있는 향이 나 조림, 스튜, 소스 등에 사용된다.

월계수

⑩ **타라곤(tarragon)** 향신료의 여왕으로 불리며 달콤한 향과 조금 매콤하면서 쌉쌀한 맛이 일품이다. 주로 식초의 향을 좋게 하기 위해 사용하고 피클, 겨자, 소스, 수프, 스튜, 생선요리, 고기요리에 사용된다.

타라곤

⑪ **타임(thyme)** 백리향이라고도 하며 잎이나 꽃순을 말려서 사용하는데 향미가 매우 강하다. 마늘, 양파, 토마토 등과 함께 고기요리에 사용되며 오래 가열해도 향이 유지되므로 스튜에 많이 이용된다.

타임

⑫ **파슬리(parsley)** 생것을 다지거나 말려서 사용하는데 말린 것은 거의 향미를 내지 않는다. 가열하거나 다져 두면 향이 없어지므로 조리가 거의 끝날 무렵에 넣고 음식을 할 때 새로 다져서 사용한다. 장식용으로 많이 이용되며 수

파슬리

프, 샐러드, 소스, 고기요리, 생선요리 등에 사용한다.

3) 혼합 향신료

오향분

① **오향분(五香粉)** 중국 후추, 팔각, 회향, 정향, 계피 등의 가루를 혼합한 향신료로 중국음식에 많이 사용되는 대표적인 혼합 향신료이다. 오향은 '여러 개'라는 뜻으로 이 5가지 향신료만을 사용하는 것은 아니다.

중국 후추
= 화초(花椒)
= 쓰촨 통후추

② **소금과 혼합된 향신료** 셀러리소금, 마늘소금, 양파소금 등은 소금과 따로 사용할 때보다 식품 재료에 잘 스며드는 장점이 있다.

소금

③ **피클링 스파이스** 오이피클, 콘비프 등을 만들 때 사용한다. 말린 마늘, 검은 후추, 겨자씨, 딜의 씨, 월계수, 코리앤더, 정향, 칠리페퍼 등을 혼합하여 만든 것으로 모든 향신료는 통째로 사용한다.

칠리시즈닝

④ **칠리시즈닝** 멕시코 음식에 많이 사용되며 생선, 조개를 이용한 칵테일소스, 그레비소스 등을 만들 때 이용된다.

카레가루

⑤ **카레가루** 혼합하는 향신료에 따라 다른 향미를 낸다. 카레가루에는 마늘 · 생강 · 커민 · 코리앤더 · 정향 · 강황 · 후추 등이 사용되며, 육류 · 생선 · 채소 요리와 소스 등에 이용된다.

부케가르니

⑥ **부케가르니(bouquet garni)** 셀러리, 릭(leek), 파슬리 줄기, 월계수 잎, 타임 등을 작은 것을 안쪽에 큰 것을 바깥쪽으로 하여 함께 굵은 실로 묶은 것을 말한다. 스톡이나 소스, 수프, 스튜 등에 향과 맛을 더하기 위해 대중적으로 사용하고 있다.

⑦ **마살라(Masala)** 인도 음식에 사용되는 혼합 향신료의 총칭이다. 그 중 가람 마살라는 매운 향신료의 혼합이라는 말로 매운맛이 강하며, 후추, 커민, 카다멈, 계피, 정향, 고수 씨, 월계수 잎, 육두구와 메이스를 혼합해서 만든다. 마살라는 커리, 처트니, 수프, 스튜, 삼바르, 탄두리 치킨 등에 첨가한다.

마살라

⑧ **자타르(Zaatar)** 타임, 오레가노, 마조람, 참깨, 소금의 혼합향신료로 중동에서는 고기나 채소요리 또는 후머스(hummus)에 뿌려 먹는다. 이스라엘에서는 우슬초잎, 옷열매, 참깨, 후추, 소금을 혼합하며, 자타르 단독으로는 성경에 나오는 우슬초를 의미하기도 한다. 자타르를 올리브 오일에 적셔 플랫브레드에 토핑한 자카르 만나키시, 페이스트리 속에 넣은 보락(Borek)이 있다.

자타르

⑨ **케이준 스파이스 (Cajun spice mix)** 케이준 요리에 많이 쓰는 케이준 스파이스(cajun spice)라고 알려진 양념믹스로, 마늘, 양파, 칠리, 검은 후추, 겨자, 샐러리가 재료이며, 매운맛이 난다. 대표적인 음식은 잠발랴야(jambalaya), 검보(gumbo) 등이다.

CHAPTER 15
당류 및 음료

CHAPTER 15
당류 및 음료

1. 당류

단맛은 인류가 가장 좋아하는 맛 중의 하나로 식품에 함유된 여러 물질에 의해 발현된다. 당류는 그 종류, 입체구조 등에 따라 정도의 차이는 있으나 일반적으로 단맛을 가지고 있다. 당류는 분자량이 증가함에 따라서 단맛이 감소하는데 분자의 크기가 증가하여 용해도가 감소하기 때문이다. 따라서 다당류가 되면 거의 단맛이 없어진다. 또한 같은 당이라도 온도에 따라 단맛이 변하는데 이것은 당의 α-형과 β-형의 입체구조적 차이 때문이다. 일반적으로는 천연당류 중에서 단당류와 이당류가 많이 사용되지만 사카린이나 아스파탐과 같은 비당류물질도 감미료로 널리 쓰이고 있다.

1) 당류의 종류

천연당류 중에서 단당류는 가수분해에 의해 더 이상 간단한 당류로 분해되지 못하는 당을 말하고 단당류가 2개 결합한 것을 이당류, 3개 결합한 것을 삼당류, 4개 결합한 것을 사당류라 하며 이당류, 삼당류, 사당류를 소당류라 총칭한다. 일반적으로 당류는 소당류까지를 지칭하며 다당류와 구별한다.

(1) 포도당

포도당(glucose)은 자연계에 매우 널리 분포하는 가장 중요한 단당류로서 특히 포도를 비롯한 단맛이 있는 과일에 많고 설탕을 비롯한 이당류, 올리고당류 및 다당류의 주요 구성성분이며 동물의 혈액에도 약 0.1% 정도 존재한다.

포도당은 α-형과 β-형의 두 개의 이성체가 존재하는데, 보통 사용하는 포도당은 α-형이며 포도당은 α-형이 β-형보다 1.5배 더 달다. 그러나 α-형은 불안정하여 그 수용액을 방치하면 일부가 β-형이 되고 가열하면 더욱 β-형이 증가되어 단맛은 더욱 약해진다. 따라서 포도당은 낮은 온도에서 사용하면 보다 단맛이 강하다. α-형의 상대적 감미도는 약 50~75 정도이며 β-형은 셀룰로오스의 구성성분이기도 하다. 시판 포도당은 전분의 가수분해에 의하여 공업적으로 만들어진 것이며, 효모에 의하여 쉽게 발효된다.

(2) 과당

과당(fructose)은 자연계에 널리 존재하며, 특히 과즙, 꿀에 많이 존재한다. 과당은 설탕의 구성성분이고, 다당류로서는 돼지감자, 다알리아 뿌리의 이눌린이 과당의 중합체이다. 과당은 흡습성이 강하기 때문에 결정화하기 어려우며 벌꿀을 끈적끈적하게 하는 원인물질이다. 용해도가 크며 포화되기 쉽고 점도가 포도당이나 설탕보다 적다. 천연의 당류 중에서 가장 단맛이 강하고 상쾌한 맛을 준다. 과당은 주로 β-형으로 존재하며 β-형이 α-형보다 3배나 더 달고 상대적인 감미도는 약 115~130 정도이다.

(3) 설탕

설탕(sucrose)은 과실, 종자 등 식물계에서 널리 분포하고, 사탕수수, 사탕무 등에 각각 13~17%, 10~16% 정도 함유되어 있으며 보통 자당이라고도 한다. 대체로 당류의 감미도는 온도에 의해 영향을 받지만 설탕은 α-포도당과 β-

실생활의 조리원리

과일을 차게 먹을 때 더 달게 느껴지는 이유
과일의 단맛은 주로 과당에 의한 것으로 α-형과 β-형의 이성체로 섞여 존재하며 β-형이 α-형에 비해 단맛이 강하다. 두 이성체는 서로 쉽게 바뀔 수 있는데 온도가 낮아지면 불안정한 α-형보다 안정한 β-형이 더 많아지게 되어 더욱 강한 단맛을 낸다. 따라서 같은 과일이라도 온도에 따라 두 이성체의 비율이 변하기 때문에 단맛의 차이가 생기는 것이다.

포도당

α형 포도당

β형 포도당

과당

α형 과당

β형 과당

과당이 결합하여 α, β의 이성체가 존재하지 않기 때문에 같은 농도에서는 온도에 상관없이 항상 일정한 단맛을 가지고 있다. 따라서 다른 당류의 상대적 감미도를 측정하는 표준감미물질로 이용되고 있다.

설탕을 산, 알칼리 또는 효소 인베르테이즈(invertase 또는 sucrase)에 의해 가수분해를 하면 등량의 포도당과 과당 혼합물이 생성된다. 이를 전화(inversion)라하고 생성된 등량혼합물을 전화당(invert sugar)이라 한다. 전화당은 벌꿀의 주요 당성분이며 꿀벌의 타액에 있는 효소(invertase)에 의해 설탕이 가수분해되어 생성된 것으로 알려지고 있으며, 설탕보다 단맛이 강하기 때문에 캔디 및 제과에 널리 이용되고 있다.

인베르테이즈(invertase)
설탕을 포도당과 과당으로 가수분해하는 효소

말테이스(maltase)
맥아당을 두 분자의 포도당으로 가수분해하는 효소

맥아(malt)
겉보리를 싹 틔워 말린 것. 엿기름

(4) 맥아당

맥아당(maltose)은 식물의 잎이나 발아 종자에 널리 존재하고, 특히 맥아 중에 다량 함유되어 맥아당이라 한다. 맥아당은 물에 녹기 쉽고 산 또는 효소(maltase)로 가수분해하면 두 분자의 포도당이 생성된다. 맥아당은 효모에 의해 발효되며, 감미도는 설탕의 약 30~50% 정도이다.

(5) 당알코올

6탄당이나 5탄당을 환원제나 수소 등으로 환원하면 알데히드기와 케톤기가 환원되어 수산기(-OH)로 바뀐다. 이 생성물을 당알코올이라 하며 솔비톨(sorbitol), 만니톨(mannitol) 및 자일리톨(xylitol), 말티톨(maltitol) 등이 대표적이다.

솔비톨

만니톨

- 솔비톨 : 자연계에 광범위하게 존재하며, 특히 과실류(1~2%), 해조류(13%)에 다량 함유되어 있고 감미도는 설탕의 60~70% 정도이다.
- 만니톨 : 다시마 등의 일부 갈조류에 20% 내외, 버섯류에 14% 함유되어 있고 당근, 양파에도 많다. 만니톨의 단맛은 설탕의 70% 정도이며 껌, 엿의 점착방지제나 의약품에 많이 이용된다.
- 자일리톨 : 5탄당의 당알코올로 딸기 등의 과실, 채소 등에 많다. 같은 질

량의 설탕과 비교할 때 같은 정도의 단맛이 나지만 칼로리는 설탕의 65% 정도이다. 설탕과 달리 충치균이 분해할 수 없기 때문에 치아를 보호하는 데에 도움을 주므로 충치예방 감미료로서 이용되고 있으며 껌에도 쓰인다. 인슐린이 소모되지 않기 때문에 당뇨병 환자의 설탕 대용으로도 사용된다.

자일리톨

2) 당류의 물리 · 화학적 특성

(1) 감미도

천연에 존재하는 모든 당류는 동일하게 1 g당 4 kcal의 열량을 내지만 단맛을 나타내는 상대적인 감미도는 다르다. 이론적으로 단맛이 강한 당은 단맛이 약한 당에 비해 사용량이 적으므로 열량은 적게 낼 수 있다. 10% 설탕용액의 단맛을 100으로 하여 각 당류의 상대적인 단맛의 강도를 상대적 감미도(relative sweetness)라고 한다. 상대적 감미도는 측정하는 사람들의 주관적인 판단에 따라 정해지므로 연구자나 연구방법 등에 따라서 차이가 있기도 하나, 일반적으로 과당 > 전화당 > 설탕 > 포도당의 순으로 강도가 높다(표 16-2 참조).

(2) 흡습성

당은 공기중의 수분을 흡수하며 온도가 증가할수록 그 흡습량도 증가한다. 일부 제빵류의 경우 당의 흡습성(hygroscopicity)으로 신선도와 촉촉함이 유지될 수 있다.

(3) 용해도

당류의 종류와 물의 온도에 따라 용해도는 달라진다. 즉, 물의 온도가 증가할수록 일정량의 물에 용해되는 당류의 양도 증가하며 용해도는 식품의 텍스처에 중요한 영향을 끼친다.

- 과당 : 용해도가 높아 청량음료 등 차게 마시는 음료에는 액상과당이 사

용되며, 캔디와 같은 식품에서 다른 당을 함유한 경우보다 훨씬 더 부드럽다.

- 유당 : 우유 속의 유당은 용해도가 매우 낮아 아이스크림 제조에 필요한 낮은 온도에서 유당의 결정이 형성되고 그 결과 먹을 때 입 안에서 모래같은 촉감을 느끼게 하는 문제를 유발한다.

(4) 가수분해

이당류 및 다당류는 산, 효소 및 가열에 의해 가수분해된다. 설탕의 경우 가수분해에 의해 포도당과 과당이 1:1로 생성되는 등량혼합물인 전화당이 생성된다.

(5) 당류의 갈색화 반응

캐러멜화 온도

당의 종류	온도(℃)
과당	110
포도당	160
갈락토오스	160
맥아당	160
자당(설탕)	160

① **캐러멜 반응**　당이 녹을 정도의 고온(설탕의 경우 160℃)으로 가열하면 여러 단계의 화학반응을 거쳐 보기 좋은 연한 금갈색에서부터 점차로 진한 갈색으로 변하다가 결국 눌거나 타게 되는데, 이를 당의 캐러멜 반응(caramelization)이라고 한다. 당류의 캐러멜화는 색깔의 변화와 함께 당류 유도체 혼합물의 변화로 향미의 변화가 동시에 일어난다.

캐러멜 반응에 의한 갈변은 산성에서는 당의 탈수반응을 시작으로 여러 단계를 거쳐 히드록시메틸푸르랄 및 유도체가 만들어지고 다시 리덕톤, 퓨란 유도체, 락톤류가 형성되며 이 분해산물들이 산화, 중합, 축합하여 흑갈색의 휴민, 즉 캐러멜을 형성한다. 따라서 캔디류와 같이 식품의 가열공정에서 흔히 일어나며, 마이야르 반응에 의해 주로 색깔이 형성되는 간장에서도 일부 기여한다.

② **마이야르 반응**　마이야르 반응(Maillard reaction)은 당류가 아미노산과 같은 질소화합물과 상호반응하여 멜라노이딘(melanoidin)이라는 갈색 색소를 만드는 것으로 효소가 관여하지 않는 비효소적 갈변반응으로 가장 중요한 반응이다. 거의 모든 식품은 함량 차이는 있지만 당류와 아미노산, 펩티드, 단백질 모두를 함유하고 있기 때문에 마이야르 반응은 대부분의 모든 식품에서 자

달고나의 원리

달고나는 설탕을 가열할 때 녹는 융해와 소다를 넣으면 부풀어 오르는 열분해라는 과정을 거쳐 일어난다. 가열에 의해 소다가 열분해 되면 이산화탄소가 발생하고 물과 탄산나트륨이 되며 이산화탄소는 녹은 설탕을 부풀어 오르게 하고 탄산나트륨은 쌉싸름한 맛이 나게 한다.

연발생적으로 일어난다.

◎ 마이야르 반응의 3단계

• 초기단계 : 당류와 아미노화합물이 축합하는 반응이 진행되며 색깔의 변화는 일어나지 않는다.

• 중간단계 : 여러 가지 중간생성물이 만들어지고 이들이 계속 분해되면서 휘발성 화합물들이 생성되어 식품의 풍미에 영향을 준다.

• 최종단계 : 중간단계에서 형성된 각종 분해물들이 서로 축합 또는 중합되면서 갈색으로 착색된 멜라노이딘을 만든다. 또한 다량의 이산화탄소가 발생하고 알데하이드 화합물들이 형성되면서 그 식품의 향기에 중요한 영향을 미친다.

◎ 마이야르 반응에 의해 갈변된 식품의 예

• 오븐에서 빵을 구울 때 빵의 노출된 겉부분은 뜨거운 열에 마이야르 반응을 일으켜 갈색으로 변하게 되며, 이때 빵은 보기 좋은 갈색으로 변하면서 구수한 맛을 내게 된다.

• 간장 특유의 냄새나 맥주, 커피, 쿠키 등 대부분 식품의 특유한 색깔과 맛, 냄새 등도 대부분 마이야르 반응에 의한 것이다.

◎ 마이야르 반응 시의 영양가 손실

마이야르 반응 시에 필수아미노산이나 비타민을 파괴하여 영양가의 손실을 초래하기도 한다.

3) 설탕

당액

사탕수수나 사탕무를 분쇄한 후 압착하여 얻은 즙

함밀당
(molasses containing sugar)

당액에서 당밀을 제거하지 않고 그대로 농축하여 만든 설탕의 총칭

분밀당
(molassesfree sugar)

당액에서 당밀을 제거하여 만든 설탕의 총칭

원료당
(원당, 조당, raw sugar)

당액에서 당밀을 제거하여 1차 정제한 후, 여과, 농축 및 결정과정을 거쳐 입자로 만든 황갈색 설탕으로, 대개 사탕수수나 사탕무의 생산지에서 만들어짐

정제당(refined sugar)

원료당을 재용해·재결정 등의 정제과정을 거쳐 설탕의 결정만을 얻어낸 설탕의 총칭

삼온당(三温糖)

상백당과 같은 제조공정이지만 마지막에 제당용 당밀을 섞어 다시 결정화한 것임. 결정화를 할 때마다 당밀을 가열한다는 것에서 삼온이라는 말이 유래되었음. 삼온당은 여러 번 가열함으로써 캐러멜 성분이 형성되어 갈색을 띠고 단맛이 더 강하게 느껴지며 특유의 풍미를 가지고 있어 조림등에 사용함. 흔히 갈색설탕이라고 하는 것은 삼온당을 말함

설탕은 제조원료인 사탕수수와 사탕무로부터 당액을 분리하여 정제, 결정화하여 얻는다. 설탕은 가공단계, 가공방법 등에 따라 다음과 같이 분류한다(표 15-1). 세계적으로 설탕이라고 하면 보통 그래뉴당을 의미하며, 전화당이 첨가된 차당을 일반적으로 사용하고 있는 곳은 일본을 비롯한 아시아의 일부 지역에 한정된다.

설탕은 여러 식품의 텍스처에 상당히 중요한 영향을 미친다.

- 케이크 : 설탕의 함량이 증가할수록 부피가 증가하고 점점 더 부드러워진다.
- 난백 머랭 : 난백의 기포는 설탕에 의해 안정화되며 휘핑을 많이 할수록 설탕은 기포의 크기를 더 작게 하여 미세한 텍스처를 제공한다.
- 푸딩 : 설탕이 연화제의 역할을 하므로 설탕 함량이 많을수록 단백질이 응고되도록 더 높은 온도로 가열해야만 한다.

실생활의 조리원리

약과나 약식에 백설탕보다 흑설탕을 사용하는 이유는?
흑설탕은 사탕수수를 짠 즙액에서 당밀을 제거하지 않고 그대로 농축하여 설탕으로 만들었기 때문에, 당도는 백설탕에 비해 낮으나 단백질, 칼슘, 인, 철, 나트륨, 비타민 B 복합체, 색소 등을 함유하고 있어 독특한 풍미가 있고 색이 갈색이기 때문에 약과나 약식에 넣으면 백설탕에는 없는 맛과 색을 낸다.

과실주 제조 시 빙당을 사용하는 이유는?
과실주의 알코올 용액의 당도가 높으면 과실이 위로 떠올라 과실 성분이 충분히 용출되기 힘들다. 따라서 과실주를 담글 때 용해 속도가 느린 빙당을 사용하면 과실 성분이 용출되기도 전에 과실이 위로 떠오르는 것을 방지할 수 있다.

구워서 만드는 과자에는 상백당보다 그래뉴당이 더 적합한 이유는?
상백당에는 설탕입자끼리 붙어 고화되는 것을 방지하기 위하여 전화당이 1%가량 첨가되어 있는데, 이로 인해 아미노산 존재 하에서 가열하면 그래뉴당에 비해 마이야르 반응이 일어나 쉽게 갈변되기 때문이다.

표 15-1 설탕(당액)의 종류 및 특징과 용도

분류 및 종류			특징 및 용도
함밀당			당밀을 제거하지 않아 산지에 따라 독특한 풍미가 있으며, 흑설탕과 홍설탕이 여기에 속함. 약식, 약과, 양갱, 제과제빵 등에 사용
분밀당 · 원료당	정제당	경지백당	원산지에서 직접 정제하여 만든 백설탕으로 현지 소비를 위해 만들어지기도 함
		싸라기설탕 백쌍당	입자가 가장 큰(0.8~1.2mm) 백설탕으로 가정용보다 2배 정도 크고 특수 제과용, 표면 코팅용으로 주로 사용
		싸라기설탕 중쌍당	백쌍당보다 입자가 다소 작고 제조 시 캐러멜을 가하여 약간 황색을 띠며, 캐러멜의 향미 때문에 솜사탕이나 카스텔라 등에 사용. 일본, 중국, 홍콩 등지에서 주로 사용
		싸라기설탕 그래뉴당	전 세계적으로 설탕이라고 하면 보통 그래뉴당을 뜻함. 싸라기설탕 중에서 입자가 가장 작고 순도 및 청결도가 가장 높은 백설탕으로 전 세계적으로 사용량이 가장 많으며, 아주 잘 녹아 음료, 가정용, 제과용으로 사용
		차당 상백당	색이 흰 백설탕으로 감미도가 높고 부드러우며, 일본에서는 그래뉴당보다 더 많이 조리에 사용되나, 일본, 중국 외에는 잘 사용하지 않음
		차당 중백당	상백당보다 정제도가 낮아 담황색이며, 상백당보다 수분과 전화당을 많이 함유하여 더 차분함. 특수 빵, 쿠키, 조리용으로 사용
		차당 삼온당	중백당보다 정제도가 낮아 전화당, 회분을 많이 함유한 갈색 설탕으로 독특한 향미가 있어 약과, 약식, 수정과, 호떡, 제과용, 캐러멜 색소의 원료로 사용
	가공당	빙설탕	싸라기설탕을 용해시켜 정제한 후 결정화한 것으로 얼음덩어리처럼 생겼으며, 결정이 부정형인 것은 빙당이라 하고, 결정이 정형인 것은 크리스털 빙당이라 함. 맛이 좋고 용해도가 느려 과실주 제조 등에 사용
	가공당	각설탕	그래뉴당에 그래뉴당 포화용액을 소량 첨가한 후 압착 성형하여 건조시킨 것으로 커피, 홍차 등 차 종류에 사용

싸라기설탕(hard sugar)

결정의 크기가 어느 정도 큰 설탕으로 결정의 크기에 따라 백쌍당, 중쌍당, 그래뉴당이 있음

차당(soft sugar)

결정의 크기가 작은 설탕으로 정제 정도에 따라 색이 다름. 고화 방지를 위해 1% 정도의 전화당이 첨가되어 있어 그래뉴당보다 더 달게 느껴지고 부드러움

가공당

정제당을 다시 가공한 설탕의 총칭

계속

분류 및 종류			특징 및 용도
분밀당·원료당	가공당	과립상당	그래뉴당에 공기를 함유시켜 과립상으로 만든 것으로 눈 또는 서리 같은 모양을 하고 있어 frost sugar라고 함. 그래뉴당보다 더 잘 녹아 요구르트와 같은 반고체상의 식품이나 제과, 드레싱에 사용
		커피슈가	빙당과 제조법이 같으며, 캐러멜을 첨가한 설탕용액을 20일간 온도와 습도를 조정하여 굳힌 것을 부수어 입자를 골라 제품화한 다갈색인 커피전용 설탕
		분설탕 (파우더슈가, 분당)	싸라기설탕을 아주 곱게 분쇄한 것으로 아이스크림, 껌, 제과 제빵용 크림 등에 사용
		고화방지 분설탕	분설탕에 고화방지를 위해 전분을 3% 가량 혼합한 것으로 제과용 크림, 프리믹스 등에 사용

4) 캔디

캔디는 설탕과 물엿을 주원료로 농축하고 응고시켜 만든 과자의 총칭이다. 설탕 결정 유무에 따라 결정형 캔디와 비결정형 캔디로 분류하고(표 15-2) 농축 온도에 따라 캔디의 특성이 달라진다.

- 고온(132~154℃)에서 농축 : 드롭스나 태피(taffy)와 같이 부서지기 쉬운 하드캔디가 된다.
- 저온(112~130℃)에서 농축 : 캐러멜, 폰당, 누가, 퍼지, 젤리, 마시멜로 등과 같은 부드러운 소프트캔디가 된다.

(1) 결정형 및 비결정형 캔디

① 결정형 캔디 결정형 캔디는 쉽게 깨물 수 있고 설탕 결정이 질서정연하게 널리 분포된 캔디를 말한다. 설탕은 상당한 과포화상태일 때 결정이 생기고 과당은 설탕보다 더 높은 과포화상태일 때 결정이 생긴다. 즉 과포화상태의 용액은 용해되어 있을 수 있는 정도를 넘어서 과다하게 용질이 녹아 있기 때문에 다시 고체로 되돌아가려는 경향이 크다.

캔디는 가열로 물이 증발하므로 용액 속의 설탕 농도는 점점 더 증가한다. 대부분의 결정형 캔디는 약 80% 이상의 설탕농도를 가지며 이 농도는 가열온도가 112℃일 때 도달된다. 과포화용액은 매우 불안정하므로 만약 용질 몇 분자가 서로 붙어 미세한 핵(nuclei)을 형성하면 즉시 이 과량의 설탕은 결정화한다.

일단 핵이 생성되면 결정체의 형성속도는 가속화되므로 일시에 다량의 결정체 형성을 위해 작은 결정체를 용액에 섞어 주는 씨뿌리기(seeding)를 한다. 그러나 캔디를 원하는 정도까지 과포화시키기 위해 약 45℃까지 냉각시키고, 냉각시키는 동안에는 절대로 씨뿌리기를 하거나 저어 주면 안 된다. 일

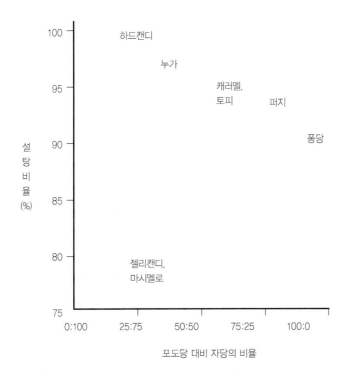

사탕에 당이 많고 수분이 적을수록 질감이 단단해진다. 포도당과 포도당 사슬(옥수수 시럽)은 자당의 결정화를 차단하거나(하드캔디, 껌사탕) 또는 제한하기(캐러멜, 퍼지, 퐁당) 위해 사탕 시럽에 넣는다.

그림 15-1 몇 가지 대표적인 사탕의 구성

단 결정화가 시작되면 즉시 교반을 시작하여 굳어질 때까지 계속 저어 크기가 작은 많은 수의 결정이 형성되게 하면 부드러운 결정형 캔디를 만들 수 있다.

표 15-2 캔디의 종류

디비니티(누가)

폰당

퍼지

하드캔디

분류	종류	특성
결정형 캔디	디비니티 (divinity)	일명 '누가'라고 부르는 캔디로 시럽을 119~121℃까지 가열한 후 난백 거품이나 젤라틴 등에 조금씩 넣어가며 계속 저어 작은 크기의 수많은 결정을 형성한다. 지방을 넣고 식을 때까지 치댄다.
	폰당 (fondants)	대표적인 고운 결정질 사탕으로 폰당이란 명칭은 프랑스어로 '녹다'라는 의미이다. 혀 위에서 크림 같은 농도로 용해되는 성질이 있다. 폰당은 시럽을 114℃까지 가열한 후 큰 접시에 부은 후 미지근하게 식히고 부드러워질 때까지 저으면서 혼합한다.
	퍼지 (fudges)	대표적인 고운 결정질 사탕으로 혀 위에서 크림 같은 농도로 용해되는 성질이 있다. 폰당에 우유, 지방, 초콜릿 고형분이 더 첨가된 것이라 보면 된다. 설탕과 콘시럽을 114℃까지 서서히 끓이고 버터를 첨가한 후 냉각하여 모양을 갖출 때까지 치댄다. 버터팬에 펼쳐서 딱딱해지면 사각형으로 자른다. 이때 사용되는 콘시럽은 작은 결정 생성에 유리하게 작용한다.
	팬드사탕 (panned candy)	견과류나 향신료를 설탕으로 코팅한 것으로 하드패닝과 소프트패닝의 두 가지 제법이 있다. 하드패닝은 견과 등을 뜨거운 팬 위에서 굴려가며 농축된 설탕시럽을 뿌려준다. 이때 시럽의 물기는 증발하고 단단한 결정층이 남는다. 소프트패닝은 젤리빈처럼 젤리사탕을 포도당 시럽과 가루설탕을 뿌린 차가운 팬에서 이리저리 굴려 만든다. 이때 코팅은 두툼하며 덜 결정질이다.
비결정형 캔디	하드캔디 (hard candy)	캔디의 가장 간단한 형태로 주로 설탕과 시럽으로 만들며 149℃까지 끓여 만든다. 다양한 형태, 크기, 색, 향을 낼 수 있다. 하드드롭, 버터스카치, 봉봉사탕, 막대사탕 등이 여기에 포함된다. 하드캔디는 최종 고형물이 1~2%의 수분만을 함유하도록 충분히 높은 온도에서 끓여야 한다. 높은 당 농도 때문에 잘못하면 시럽이 결정을 형성할 수 있으므로 콘시럽을 첨가하면 결정화를 방지하여 투명한 유리 같은 질감을 만들 수 있다.

계속

분류	종류	특성	
비결정형 캔디	캐러멜 (caramels)	설탕, 콘시럽, 우유, 크림, 버터를 재료로 하여 119℃로 가열한 후 버터 바른 팬에 부어 냉각한 후 자른다. 캐러멜은 비결정질 사탕 중 조리온도는 가장 낮고 수분함량은 가장 높으며 가장 말랑말랑하다. 쫄깃쫄깃한 질감을 가지며 씹으면서 설탕 덩어리에 있던 유지방 방울이 빠져나오므로 입안 가득 침이 고이게 된다. 캐러멜 특유의 맛은 우유와 시럽속 당 사이의 갈변반응에 의한 풍미이다.	 캐러멜
	태피(taffy)	캐러멜과 비슷하나 더 농도가 진하다. 버터와 우유 고형분이 캐러멜보다 적게 들어가거나 전혀 넣지 않기도 한다. 캐러멜보다 10℃ 정도 더 높은 온도에서 제조하기 때문에 캐러멜보다 더 탄탄하다.	 태피
	토피(toffee)	토피는 하드캐러멜로 태피와 비슷하다. 버터와 우유 고형분이 캐러멜보다 적게 들어가며 캐러멜보다 더 단단하다. 영국에서는 토피에 사용할 버터를 일부러 약간 산패할 때까지 보관했다 쓰는 경우도 많은데 이것이 오히려 완성된 사탕에서 강한 유제품 향을 생성하여 바람직한 성질로 간주된다.	 토피
	브리틀 (brittle)	시럽을 143℃까지 가열하여 팬 위에 넓게 펼쳐 쏟은 후 냉각하여 조각으로 깨뜨린다. 수분 함량이 2% 정도로 매우 낮아질 때까지 가열하지만 버터, 우유고형분, 견과류 조각 등을 첨가한다는 점이 다른 하드캔디와 다르다. 지방방울과 단백질 입자로 인해 불투명하며 당과 단백질 사이의 갈변반응로 갈색을 띈다.	 브리틀
	마시멜로 (marshmallows)	끈적끈적한 단백질 용액(보통 젤라틴)을 캐러멜 정도의 단계까지 농축한 설탕시럽과 함께 섞고 이것을 저어서 기포를 형성시켜 만든다. 단백질 분자는 기포벽에 응집되고 이것이 시럽의 점성과 함께 거품 구조를 안정화한다. 젤라틴은 약 2~3% 정도로 탄성있는 질감을 만들어 주고, 난백은 가볍고 말랑말랑하며 폭신한 질감을 부여한다.	 마시멜로
기타	젤리(jellies)	젤리는 설탕, 콘시럽, 젤라틴과 펙틴을 거의 같은 중량으로 섞어 만든다. 젤라틴은 사탕 무게의 5~15% 정도로 탄력 있는 질감을 부여하고, 펙틴은 복잡한 미세구조를 유도하며 더 짧고 바삭바삭한 질감을 준다. 젤리빈, 검드롭스 등이 있으며 이 사탕들은 수분이 15% 정도로 비교적 촉촉하다.	
	리코리스 (licorice)	감초사탕과자는 밀가루, 당밀, 설탕, 콘시럽으로 만들고 감초추출물로 향을 낸다.	 리코리스

계속

분류	종류	특성
기타	마지팬 (marzipan)	마지팬은 본질적으로 설탕과 아몬드 페이스트라고 보면 된다. 중동과 지중해 지역에서 수백년의 역사를 지닌다. 난백을 거품 내고 아몬드 페이스트와 설탕을 섞어 만든다. 가열하지 않는다. 24시간 방치한 후 모양을 내거나 속을 채우는 데 쓸 수 있다. 난백이나 젤라틴의 첨가로 결합력을 높여줄 수 있다.
	팝콘볼 (popcorn balls)	설탕, 콘시럽, 물을 138℃까지 가열하여 향료를 넣고 팝콘 위에 쏟아 잘 젓는다. 손에 버터를 바르고 공모양으로 만든다.
	솜사탕 (spun sugar)	시럽을 154℃까지 끓여서 팬을 찬물에 담가 반응을 중지시킨 후 결정이 생기기 전에 따뜻한 팬에 담는다. 실 같은 시럽을 나무주걱이나 막대에 둘둘 말아 만든다.
	초콜릿 (chocolates)	초콜릿 리쿼를 기본재료로 하여 만들며 코코아버터, 설탕, 우유, 향료 등을 첨가하기도 한다.

② **비결정형 캔디**　비결정형 캔디(표 15-3)는 당 농도가 높고 결정형성 방해물질이 많아 끈적거리는 캔디를 말한다. 비결정형 캔디는 결정형 캔디보다 더 높은 온도로 가열해야 하며 당 농도도 높아야 한다. 또한 많은 양의 방해물질로 결정 형성을 방해하여 제조하므로 처음에는 매우 점성이 강해 걸쭉한 상태로 분리된 조각으로 자를 수 있을 정도이며 잘 부서진다.

표 15-3 비결정형 캔디의 제조조건

캔디의 종류	최종온도(℃)	설탕농도(%)	성분
캐러멜	119	83	설탕, 콘시럽, 우유, 크림, 버터
태피	127	89	설탕, 콘시럽, 크림, 버터
브리틀	143	93	설탕, 콘시럽, 황설탕, 버터, 물, 중조
토피	149	95	설탕, 버터, 밀가루, 바닐라, 소금, 베이킹, 파우더, 코코아파우더

(2) 결정 형성에 영향을 주는 요인

① **당용액의 종류**　당용액을 이루는 용질의 종류에 따라 다른 결정을 형성하며, 포도당보다 설탕이 결정형성 속도가 빠르다.

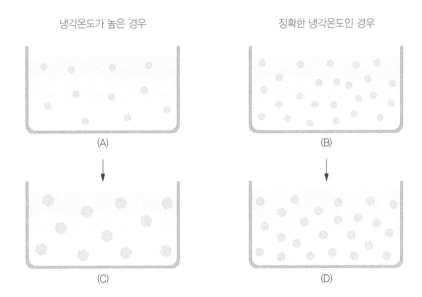

냉각온도가 높은 경우   정확한 냉각온도인 경우

(A)   (B)

(C)   (D)

그림 15-1 냉각온도와 많은 수의 작은 결정 형성과의 관계

결정의 크기가 작으면 부드러운 캔디를 얻을 수 있다. (A)보다 (B)는 결정 형성 시 결정
수가 더 많아서 크기가 더 작은 결정(D)을 얻을 수 있다.
출처 : Amy Brown(2004), Understanding Food Principles and Preparation, Wadsworth

② **설탕용액의 농도**　설탕용액이 농축될수록 과포화도는 높아지고, 과포화도
가 높을수록 결정의 크기는 작아지고 숫자는 많아진다. 왜냐하면 과량의 설탕
이 농축되어 있는 상태이므로 결정이 생기기 시작할 때 더 많은 수의 핵이 형
성되어 크기가 작은 결정이 많이 형성되기 때문이다. 결정의 크기가 작아지는
또 다른 이유는 당용액이 많이 농축될수록 점성이 증가하기 때문에 성장하고
있는 결정의 표면으로 설탕 분자들이 빨리 이동하지 못하여 성장이 느려지고
결과적으로 큰 결정이 만들어지지 못한다.

③ **설탕용액의 냉각온도**　가열한 설탕용액을 냉각시켜 결정이 형성되기 시작할
때의 온도가 높으면 과포화도가 낮기 때문에 결정의 수는 적고 크기는 크며
더 규칙적인 결정이 생겨 거칠어진다. 그 이유는 고온에서는 용액의 유동성이
커서 설탕 분자의 이동이 쉽기 때문이다. 따라서 많은 수의 작은 결정이 형성

되도록 정확한 온도까지 냉각하는 것이 부드러운 캔디의 제조에 매우 중요하다(그림 15-1).

④ **젓는 속도** 과포화용액은 일단 일정한 온도로 식힌 후에 빠르게 저어 주어야 하는데, 그 이유는 쉽게 핵이 형성되어 결정화가 잘 되기 때문이다. 또한 과포화 설탕용액을 저어 주면 결정 표면에 설탕 분자가 많이 쌓이는 것이 방지되므로 결정의 크기가 작다. 반면에 잠시만 저어 주고 그대로 방치해 두면 소량의 핵이 형성된 후 나머지 설탕분자들이 질서정연하게 자리를 잡아 쌓이므로 큰 결정이 만들어진다. 따라서 폰당 같은 결정형 캔디는 계속 저어 미세한 결정을 만들어야 좋은 캔디가 된다. 한편 높은 온도에서 젓기 시작하면 용해도가 커져 핵의 수가 적게 형성되어 결정의 크기가 커져서 거칠게 되므로 유의해야 한다.

⑤ **결정형성 방해물질** 과포화 설탕용액 안에 불순물이 미량이라도 존재하면 설탕결정의 성장이 저해 된다. 달걀 흰자, 젤라틴, 시럽, 꿀, 우유, 크림, 초콜릿, 한천, 유기산, 전화당 등 설탕 이외의 물질은 핵 주위를 둘러싸서 결정이 생기는 것을 방해한다. 그 이유는 성장하고 있는 설탕결정의 표면에 이물질이 흡착하기 때문이다. 즉, 설탕결정이 성장하기 위해서는 결정이 질서정연한 배열의 격자를 이루어야 하는데 만약 설탕 분자와 크기와 성질이 다른 이물질이 끼어들면 질서정연한 격자구조가 만들어질 수 없기 때문이다. 따라서 결정의 성장이 정지되거나 결정의 크기가 작아지게 된다.

실생활의 조리원리

거품을 내고 타닥거리는 소리가 나는 사탕의 제조 원리는?
입안에서 거품이 생기고 타닥거리는 소리를 내는 사탕들은 19세기에 개발되었으며 식으면서 굳어가는 설탕 시럽에 동량의 베이킹파우더를 넣어 제조한다. 베이킹파우더는 산과 알칼리성인 베이킹소다의 혼합물이기 때문에 이 두 가지 성분이 반죽 속에서 수분을 만나면 서로 반응해 이산화탄소 기포가 발생하기 때문에 찌릿찌릿한 거품 느낌을 주는 것이다.

2. 음료

음료는 수분, 비타민의 공급, 피로회복 등의 생리적인 효과뿐 아니라 식욕을 돋우고 섭취 시에 만족감을 부여하는 등 기호성을 지닌 식품이다. 국내에서 유통, 소비되는 음료는 차, 커피 등과 같은 알칼로이드 음료와 콜라, 사이다 같은 청량 음료를 비롯하여 유산음료, 과실주스류, 이온음료 등이 있고 최근 들어 더욱 다양한 형태의 음료들이 개발되고 있다. 여기에서는 차, 커피 등을 포함한 기본적인 몇 가지 음료에 국한해서 설명하기로 한다.

1) 차

차(茶)는 차나무의 새 잎을 원료로 제조하는 것으로 습기와 온도에 변화되기 쉬워 완전방습 용기에 넣어 밀봉해야 하며, 향기성분은 고온에서 증발하므로 냉장온도에서 보존하는 것이 좋다. 차의 성분은 주로 탄닌, 카페인, 데아닌(theanine)이다. 탄닌은 주로 떫은 맛을 내며 평균 12% 함유되어 있다. 카페인은 어린 싹에 1~3%로 많으며, 데아닌은 감칠맛을 내고 1% 정도이다. 차에는 비타민 C가 많으며 녹차의 비타민 C는 열에도 안정하다. 그러나 발효차에는 비타민 C가 거의 들어 있지 않다.

(1) 녹차

녹차는 차잎을 솥에 넣고 볶아서 만드는 덖음차와 수증기로 가열하여 만드는 찐차가 있는데, 전자는 중국과 우리나라의 전통적인 제다법이고 후자는 일본의 제다법이다. 차나무의 어린 잎이 4~5장 자라면 채취하여 가열한 솥바닥에 펴놓고 가열하거나 또는 찜상자에 넣어 강한 수증기로 찌고 나서 클로로필의 파괴를 방지하기 위해 선풍기 등으로 신속히 냉각시킨다. 가열하면 산화효소의 파괴로 차의 녹색이 유지되며 풋냄새가 없어지고 차잎이 부드러워져서, 비비고 건조시키는 조작이 편리해지며 세포의 파괴와 차 성분의 추출이 용이해진다.

표 15-4 차의 분류

발효 여부에 따른 분류	제조방법	불활성화 방법 또는 발효 정도에 따른 분류		차의 종류
비발효차	차잎을 가열하여 조직 중의 산화효소를 불활성화시킨 다음 비벼주면서 건조시킴	덖음차 (부초제차)	약부초차	쌍계차, 설록차
			반부초차	신차, 유비차
			강부초차	작설차, 화개차, 보향차
		찐차 (증제차)	약증제차	쌍계차
			반증제차	반야차
			경증제차	설록차(옥로, 다향 등), 병다, 가루차
발효차	차잎을 건조시키는 동안에 산화효소를 이용하여 발효시키고 비벼주면서 건조시킴	약발효차	약간만 발효시킨 차	청녹차(초의차)
		반발효차	차잎을 햇볕에 건조시키면서 발효시킨 후 솥에 넣고 볶아서 발효를 정지시키고 건조시킨 것	오룡차(우롱차), 백차, 포종차, 자스민차
		강발효차	완전히 발효시킨 차	홍차
		후발효차	발효를 85% 정도 시킨 후 제다를 하여 이후에도 발효가 진행되는 차	보이차, 육보차, 흑전차 등

푸얼차 (puer tea, 보이차)

발효한 흑차의 일종. 운남 대엽종 차잎을 햇볕에 건조하여 만든 모차(母茶)를 이용하여 만듦. 오래될수록 떫은맛이 사라지고 향기가 오래 지속됨. 처음 우려낸 찻물은 버리고 다음부터 여러 번 우려 마시는 차

냉각된 차잎(수분 함량 약 80%)을 증발·건조시키고 덩어리진 것들을 풀고 비비면서 모양을 정비하여 마지막에 60~70℃로 가열하여 수분이 5% 정도 되도록 건조한다. 건조가 끝난 차는 품질과 형상별로 분류하고 풍미를 좋게 하기 위해 다시 한 번 가열한 후 포장하여 제품화한다.

세계 3대 홍차
· 인도의 다즐링
· 스리랑카의 우바
· 중국의 기문

홍차잎의 점핑

홍차잎이 들어있는 포트에 끓는 물을 부으면 홍차 잎이 끓는 물 속에서 위아래로 움직임. 홍차잎이 마치 점핑하는 것처럼 보인다 하여 이렇게 부르고 있는데, 점핑이 충분히 일어나야 홍차잎 본래의 맛과 향이 잘 우러나옴

(2) 홍차

채취한 생잎을 넓게 펴서 10시간 정도 건조시켜 중량이 60~70% 정도로 감소되면 세차게 눌러 비벼 준다. 발효실에 넣어 온도 20~25℃, 습도 95%에서 2~3시간 발효시키면, 산화효소에 의하여 카테킨류 등이 산화되는 갈변반응에 의해 잎이 점차 구리빛으로 변하고 풋냄새가 없어지면서 독특한 방향이 생

홍차를 맛있게 끓이려면?

1. 물은 충분히 펄펄 끓이되 너무 오래 끓이지 않도록 한다. 오래 끓이면 물 속의 공기가 다 빠져 나가 포트 안에서 홍차 잎이 점핑(jumping)하지 않는다.
2. 홍차 잎은 적정량을 정확히 재서 넣는다. 1인분 3 g 정도(티스푼 고봉으로 1스푼)가 기준이며 필요한 분량에 1인분을 여분으로 더 넣되, 6인분 이상부터는 여분으로 더 넣지 않고, 10인분 이상부터는 오히려 1인분을 뺀 양을 넣는다.
3. 포트와 잔은 미리 데워 둔다.
4. 포트 위 약간 높은 위치에서 한꺼번에 끓는 물을 부어 공기를 많이 함유하게 하여 홍차잎이 충분히 점핑하도록 한다.
5. 보온용 포트 보자기로 덮어 씌워 보온하면서 적당히 우려내도록 한다. 우려내는 시간은 홍차 의 종류와 잎의 크기, 제조법, 용도(스트레이트 티, 레몬 티, 밀크 티)에 따라 다르나, 스트레 이트 티일 경우 대체로 다즐링(Darjeeling)은 3~4분, 기문(Keemun)은 2~3분 정도이다.

성된다. 발효가 적당히 진행되면 발효를 정지시키고 저장성을 지니도록 건조 (수분 함량 약 4%)하여 분류, 포장한다. 홍차에는 탄닌 15%, 카페인 3% 정도 가 함유되어 있다.

(3) 오룡차(烏龍茶)

녹차와 홍차의 중간향미를 가지는 반발효차로 중국과 대만에서 많이 생산된 다. 일본에서 '우롱차'로 발음하여 국내 제품에도 우롱차로 표기하기도 한다. 차잎을 햇볕에 말려서 시들게 한 후, 실내에서 발효시켜 볶아서 효소를 불활 성화시킨 후 손질하여 건조시킨 제품이다.

2) 커피

(1) 커피의 종류

커피는 열대 상록관목인 커피나무 열매에서 따는 커피콩을 볶아서 분쇄한 후 뜨거운 물로 추출하여 음용하는 기호음료로서 영양가는 거의 없고 1.1~2.2% 정도의 카페인 등 특수성분을 함유하고 있다. 커피의 주요 산지는 지역별로 북·중·남미 지역, 아프리카 지역, 아시아 지역 등 3개로 나누며 이들 국가 중 브라질, 콜롬비아, 인도네시아에서 생산되는 커피가 세계 총 생산량의 50%를 넘는다.

커피 종류는 품종명을 쓰지 않고 산지명이나 제조지명을 상표로 통용하는 것이 일반적이다. 주요 품종은 이디오피아 원산의 아라비카종, 아프리카 서해안 지방 원산의 라이베리아종, 콩고 원산의 로부스타종의 3종이다.

표 15-5 커피의 종류 및 특징

종류	특징
에스프레소(espresso)	전통 이탈리아 커피로서 '크림 카페'라고도 함. 이탈리아에서 특히 식후에 즐겨 마시는 이 커피는 진하므로 기름진 요리와 잘 어울림
아메리카노(americano)	유럽풍의 커피를 미국식으로 접목한 것으로 진한 에스프레소에 더운 물을 혼합한 것
카푸치노(cappuccino)	전통 이탈리아 커피로서 진한 에스프레소 커피와 우유, 시나몬(계피)향을 더하고 증기를 쐬어 거품을 일으킨 것
카페모카(caffe mocha)	초콜릿 모카시럽과 에스프레소를 스팀밀크와 혼합한 후 휘핑크림으로 마무리한 것
비엔나 커피(vienna coffee)	차가운 생크림의 부드러움과 뜨거운 커피의 쓴맛, 그리고 시간이 지날수록 차츰 진해지는 단맛이 어우러져 한 잔의 커피에서 세 가지 이상의 단계적인 맛을 즐길 수 있음
아이리시 커피(irish coffee)	뜨거운 머그잔에 위스키 약간과 흑설탕에 진한 커피를 2/3 섞은 후 휘핑크림을 얹은 것
카페오레(cafe'au lait) = 카페라떼(caffe latte)	우유를 넣은 커피. 진한 커피를 즐기는 유럽인들이 아침에 위의 부담을 덜기 위해 마시기 시작한 것. 나라마다 이름이 달라 영국에서는 밀크커피, 이탈리아에서는 카페라떼로 불림
마키아토(macchiato)	에스프레소에 우유 거품을 얹어 '점을 찍는다(marking)' 는 의미로, 카푸치노보다 강하고 에스프레소보다 부드러움
캐러멜 마키아토 (caramel macchiato)	바닐라 시럽과 스팀밀크 위에 에스프레소를 혼합한 후 우유 거품을 살짝 얹고 캐러멜로 장식한 것

커피의 제법은 먼저 커피콩을 천일건조나 화력건조를 한 후 316~427℃에서 15분간 볶은 후 즉시 냉각한다. 이렇게 볶은 커피를 원두 커피라 하고, 분쇄한 커피를 레귤러 커피라 한다. 원두 커피는 수분 5.0% 이하, 카페인 1.0% 이하여야 한다. 인스턴트 커피는 원두 커피를 177℃의 뜨거운 물로 6~7회 추출하여 분무건조한 것과 동결건조하여 얻은 그래뉼 커피로 나눌 수 있다. 동결건조한 커피는 분무건조한 제품보다 향기의 보존이 우수하다.

수확 전 커피콩

로스팅한 커피콩

(2) 커피콩 볶음(로스팅) 중의 변화

숙성된 커피나무의 열매에서 종자를 분리 건조한 후 볶으면 커피의 독특한 방향이 생성되고 착색되며 볶는 정도에 따라서 커피의 풍미에 큰 영향을 미친다. 볶는 동안 카페올과 초산, 에스터류, 아세톤류, 알데히드류 등이 생성되어 향미가 증가되고 수분이 10~12% 제거된다. 탄수화물은 마이야르 반응과 캐러멜화 등에 의해 갈변을 유발하고, 단백질은 분해되어 쓴맛의 원인물질인 다이케토피페라진(diketopiperazine)이 생성되며 중량도 감소된다.

커피열매를 볶는 정확한 온도와 시간 등은 기호에 따라 결정되나 대체로 강하게 볶아야 신맛이 나지 않으며 약하게 볶은 경우에는 신맛이 강한 부드러운 맛을 내며 향이 진한 커피가 된다. 커피의 맛은 주로 카페인(쓴맛, 생두 중 1~1.5%)과 탄닌(떫은맛, 4~9%)에 의한다.

(3) 커피의 보관

볶은 커피콩은 수분이나 다른 냄새를 흡수하지 않도록 밀봉하여 진공포장을 한다. 특히 약하게 볶아 산도가 높은 것은 쉽게 변질될 수 있다. 개봉 후에는 지방이 산화되어 향이 변하는 등 여러 가지 변화가 일어나므로 10일 이내에 모두 소비하는 것이 바람직하며 냉장고에 보관하거나 바로 사용하지 않을 경우 분쇄하지 말고 그대로 두면 저장성을 높일 수 있다.

3) 코코아

카카오콩

카카오나무의 열매에서 분리한 종자인 카카오콩을 볶은 후 자엽의 유지 일부를 제거한 다음 분말로 만든 것이 코코아이다. 숙성된 열매를 잘라 과육이 붙은 채로 종자를 분리하여 약 3일간 발효시키면 쓴맛과 떫은 맛이 없어지고 고유의 방향이 생성된다. 발효가 끝나면 물로 씻고 건조시키는데 이것이 카카오콩이다. 이를 볶아 냉각하고 파쇄하면 껍질, 배아, 배유(nibs, 약 50%의 지방 함유)로 분리되며, 이 중 배유를 마쇄하면 카카오 매스(카카오 페이스트)가 된다. 이 카카오 매스를 압착하여 분리한 코코아버터(cocoa butter)는 초콜릿의 원료가 되고, 유박은 분말로 하여 코코아를 만든다. 코코아의 품질은 지방 함량이 높을수록 고급품으로 취급된다.

4) 청량음료

청량음료는 내용물에 탄산가스, 즉 탄산수를 함유한 포장음료를 총칭한다. 고유의 색을 가진 투명한 액체 또는 과즙 등을 원료로 하거나 희석하여 음용하는 액체로 단맛, 신맛 등과 향기 성분을 넣어 기호에 적합하도록 만든 음료이다. 청량음료는 기호용 음료로 사이다, 콜라, 과실향 탄산음료, 토닉, 소다수, 보리 음료 등이 있으며 영양을 목적으로 하지 않는 단순한 기호용이 대부분이다.

(1) 사이다

사이다(cider)란 용어는 무색 또는 담색의 감미가 있는 탄산음료의 총칭이지만 원래 유럽에서는 사과의 과즙을 알코올 발효시킨 사과술을 지칭하는 것이다. 그러나, 우리나라에서는 탄산수에 단맛을 가한 일종의 소다팝(soda-pop)을 의미한다. 현재 시판되고 있는 사이다는 당액에 산미료, 착향료 및 착색료 등을 가하여 시럽을 만든 후 병에 용량의 15~20% 정도씩 주입하고, 별도로 약 50파운드의 압력으로 탄산가스를 포화시킨 탄산수를 만들어 이것을 시럽을 넣은 병에 충전하고 밀봉하여 제조한다.

(2) 콜라

코카인을 함유한 코카나무잎과 카페인을 함유한 콜라나무 열매의 추출액에 계피유, 레몬유, 오렌지유 등을 배합하여 풍미를 조정하고 캐러멜 색소로 착색시킨 탄산음료이다. 우리나라에서는 수입한 조합원액에 감미료, 착색료, 탄산가스 등을 적당히 배합·가공하여 제품을 제조한다. 코카콜라의 경우 콜라 원액 A 0.14%, B 0.14%, 설탕 5.04%, 55%이성화당 6.91%, 탄산가스 0.89% 및 물 86.88%로 배합되어 있다. 이와 같이 80% 이상이 물이기 때문에 수질에 따라 품질이 크게 영향을 받는다. 미국에서는 신맛 성분으로 인산을 사용한다. 콜라에 함유된 인산은 콜라 특유의 청량감을 부여하는데 목이 타들어가는 듯한 느낌과 깔끔한 맛을 위해 첨가된다. 인산은 뼈의 구성성분이기는 하지만, 너무 많이 섭취하면 오히려 뼈를 약화시키기도 한다.

(3) 알칼리성 이온음료

1980년대 중반 기능성 음료 제품 출시로부터 형성되기 시작한 기능성 음료 시장은 1990년대 후반 전문 기능성 제품 본격 개발로 시장경쟁이 심화되었고, 2000년대 초반부터는 기능 및 타겟이 세분화된 기능성 제품의 발매가 증가 추세에 있다. 이 중 건강음료 또는 스포츠음료라고도 부르는 이온음료는 일종의 혼합음료로 격렬한 근육활동 등에 의해 땀으로 소실되는 수분과 이온을 신속 공급함으로써 인체의 기능을 정상적으로 유지하기 위한 음료이다. 약알칼리성(pH 7.4)으로 체액과 비슷하며 저칼로리, 무기질 균형, 비타민 강화 등의 특징을 가지며 무탄산가스형 음료로 떫은맛을 내고 몸을 긴장시키는 효과가 있다.

(4) 아미노산 음료

우리 몸은 많은 부분이 수분과 아미노산으로 이루어져 있어, 지속적으로 아미노산을 필요로 한다. 아미노산은 단백질의 기본 성분으로 피로회복 및 콜레스테롤 저하, 당뇨예방에 효과가 있으며, 신체를 약알칼리성 상태로 유지시키는 것으로 알려져 있다. 최근 등장하고 있는 아미노산 음료는 단백질이 분해된 상태이기 때문에 흡수가 빨라 아미노산 섭취의 새로운 방법으로 주목받고 있다. 일본의 경우 아미노산 음료는 유명회사에서도 많이 출시하고 있으며 국내에서도 다양한 제품이 유통되고 있다.

(5) 차 음료

최근 들어 국내의 음료회사들은 잇달아 녹차, 혼합 곡물차 등 당분이 가미되지 않은 제품을 출시하고 있다. 차음료 시장의 확대는 소비자들의 관심이 건강과 다이어트에 쏠리는 추세와 밀접한 연관이 있다. 녹차 시장을 선점하고 있는 음료회사들은 떫은맛을 없앤 녹차 음료를 내놓고 있고 2005년 첫선을 보인 혼합곡물차를 비롯하여 2006년 7월에 출시된 옥수수 수염차 등 다양한 종류의 차음료들이 개발되고 있으며 기타 식초음료의 개발도 꾸준히 증가하고 있다.

5) 과실음료

과실 음료는 비알코올성 음료로 과실의 성분을 10% 이상 함유한 포장상품으로 내용물의 함량과 음용과즙 규격에 따라 표 15-6과 같이 분류한다.

표 15-6 과실음료의 종류 및 특징

분류기준	종류	특징
내용물의 함량	과즙 음료	불용성 고형물을 가급적 제거한 음료로 과즙을 희석하지 않고 바로 마시는 천연과즙, 이를 농축한 것은 농축과즙, 당액으로 적당히 희석한 것은 희석과즙이라 함
	과육 음료	과육을 파쇄하여 고형물을 다소 함유하는 것으로 보통 넥타(nectar)라고도 하는데 이를 당액으로 희석하면 넥타베이스가 됨
	전과즙 음료	씨만 제거하고 외피를 포함하는 과실 전체를 파쇄하여 음료로 만든 것
	건조과실 음료	건조과실의 과육을 파쇄한 후 추출하여 만든 음료
	과립 음료	과즙이나 퓨레 또는 이를 혼합한 것에 과육의 세절품이나 과립 등을 혼합한 것으로 과립 함유율이 30% 이하인 음료
음용과즙 규격	농후과즙	과실착즙액을 농축한 것
	천연과즙	과실착즙액을 희석하여 과즙이 95% 이상 함유된 것
	과즙 음료 및 혼합과즙 음료	과즙이 50~95% 함유된 것
	희석과즙 음료	과즙 함량 10~50%인 것
	과육 음료 및 혼합과육 음료	과육 함량 20% 이상인 것

CHAPTER 16
음식의
관능특성과 평가

음식과 기호

음식의 관능특성

관능검사

CHAPTER 16
음식의 관능특성과 평가

1. 음식과 기호

1) 기호

기호란 어떤 사물을 즐기고 좋아하는 것을 말하는데, 자라온 환경에 의하여 형성되는 개인의 습관과 해당 물질의 품질에 의하여 영향을 받는다. 따라서 음식이나 식품의 품질은 그에 대한 기호를 결정하는 데 매우 중요한 역할을 한다.

2) 음식과 식품의 품질

음식이나 식품의 품질 평가요소에는 다음과 같은 것들이 있다.

- 양적 요소 : 무게, 부피, 고형분 함량, 수량 등이며, 실험적으로 측정하거나 목측하여 알아볼 수 있다.
- 영양적 요소 : 식품의 영양소 조성 및 함량, 영양소의 질 및 효율 등이며, 먹는 당사자가 정확히 알기는 힘들다.
- 위생적 요소 : 영양저해물질, 독성물질, 유해 미생물의 유무 등이며, 위생적 요소는 음식이나 식품을 먹는 당사자가 미리 알기 힘들 때가 많다.
- 관능적 요소 : 맛, 외관(모양, 색), 향(냄새), 질감, 소리 등이며, 우수한 영양과 위생을 갖춘 음식이라도 맛이 없어 먹지 않으면 소용이 없기 때문에 관능적 요소는 음식의 품질 평가에서 매우 중요한 위치를 차지한다. 음식의 상태(객체)를 오감으로 느끼는 특성을 관능적 특성이라 하며, 식생활

의 어메니티(그림 1-1)에 있어서 매우 중요한 요인이다. 따라서 음식의 관능적 특성을 이루는 요인들과 그것을 평가하는 관능검사에 대한 이해가 필요하다.

2. 음식의 관능특성

1) 화학적 요인

(1) 맛

맛은 음식에 대한 만족도를 결정짓는 가장 중요한 요소이며, 식욕을 증진시키고 식사 중의 만족감을 줄 뿐 아니라 음식의 소화 흡수에도 영향을 준다.

① 맛을 느끼는 감각기관 혀 표면이나 연구개에는 맛을 감지하는 미뢰(taste bud)가 존재하는데, 이곳의 미각 수용체 자극이 미각 신경을 따라 대뇌중추에 전해져 맛을 느끼게 된다. 일반적으로는 혀의 다른 영역에서 다른 맛을 느끼는 미각 분포지도가 있다고 해왔으나, 맛을 느끼는 특성은 혀의 모든 영역에서 같으며 부위에 따른 차이가 없다.

> **미뢰(taste bud)**
> 혀와 연구개에 주로 분포하며, 미뢰 안에 있는 미각세포의 미각수용체가 정미물질에 의해 자극을 받으면 맛을 느낌

- 문턱값(역가, 역치, threshold value) : 어떤 정미물질의 맛을 지각할 수 있는 최소농도를 지각역가, 자극역가 또는 절대역가(absolute threshold)라 하며 단순히 역가라고도 한다. 5가지 기본맛 중 쓴맛의 역가가 가장 낮아 극히 미량으로도 쓴맛을 느낄 수가 있으며(표 16-1), 역가는 실험자에 따라 다를 수 있다.

② 5가지 기본맛 맛은 헤닝(Henning, 1924년)이 단맛, 짠맛, 신맛, 쓴맛을 4가지 기본맛(4원미)으로 한 것에서 시작하여, 현재는 이 4가지 기본맛에 감칠맛을 더하여 5가지 기본맛으로 분류하고 있다.

표 16-1 맛을 내는 물질의 역가

역가 (%, g/100ml)	맛을 내는 물질의 역가(절대역가, 평균값)				
	쓴맛	신맛	감칠맛	짠맛	단맛
0.34					자당
0.15					과당
0.08				소금	
0.03	카페인		글루탐산염*		사카린
0.012			이노신산염*		
0.008					
0.004		초산, 젖산			
0.0035			구아닐산염*		
0.0025		구연산			
0.00005	염산키니네				

*: 나트륨염

- 단맛 : 단맛(sweet taste)을 내는 물질은 크게 당질 감미료와 비당질 감미료가 있으며, 이들 물질들은 상대적인 감미도가 다르다(표 16-2).
- 짠맛 : 짠맛(salty taste)을 내는 물질은 소금(NaCl)이며, 음식으로 적당한 농도는 사람의 체액과 비슷한 0.85 % 정도를 기준으로 하고 있다. 각종 가공식품은 소금 함량이 비교적 높아 과잉 섭취하지 않도록 주의가 필요하다(표 16-3).

부패한 음식의 신맛

신맛은 음식이 부패했을 때에도 생성되므로 음식이 부패했는지 여부를 판별하는 정보로도 이용할 수 있음

- 신맛 : 식품이나 음식의 신맛(sour taste)은 주로 맛이 좋은 유기산에서 나오며, 향기를 동반하는 경우가 많아 향미를 더해 미각을 자극하여 식욕을 증진시킨다(표 16-4). 적당한 신맛은 pH 4~6 정도이며, pH 6 이상이 되면 맛이 없어지고 pH 8 이상이 되면 음식으로서는 부적당한 맛이 되는데, 식초를 0.04% 전후로 넣어 pH를 낮추면 적당하게 맛이 좋게 느껴진다.

독성물질의 쓴맛

대부분의 독성물질은 공통적으로 소수성기를 가지고 있어 쓴맛을 내는데, 이는 생체에 유해한 물질을 감지하여 섭취를 방지하기 위한 신호라고도 할 수 있음

- 쓴맛 : 쓴맛(bitter taste)을 내는 물질은 마그네슘 등의 무기 이온, 류신 등의 아미노산, 키니네 등의 알칼로이드, 그 밖에 다양한 물질이 있으며, 소수성기를 가진 것이 특징이다. 쓴맛은 단독으로는 맛있다는 느낌을 주는

표 16-2 감미료의 상대적 감미도

종류	분류	감미료명	원료	상대적 감미도 (설탕 1 기준)	열량 (kcal/g)	주된 특징
당질 감미료	당류	과당(fructose)	설탕	1.3~1.7	4	감미료 전체 소비량의 95% 이상을 차지하며, 그 대부분은 설탕임
		이성화당(전화당)	전분	1~1.1	4	
		설탕(sucrose)	사탕수수, 사탕무	1	4	
		포도당(glucose)	전분	0.6~0.7	4	
		자일로오스(xylose)	전분	0.5~0.6	4	
		맥아당(maltose)	전분	0.4	4	
		유당(lactose)	유청	0.2~0.3	4	
	당알코올	자일리톨(xylitol)	옥수수	1	2.4	• 충치예방효과가 있으며 특히 자일리톨이 효과가 탁월함 • 흡수되기 어려워 저열량 감미료로 사용됨 • 다량 섭취 시 설사 우려 있음
		말티톨(maltitol)	전분	0.8~0.9	0[1]	
		소르비톨(sorbitol)	전분	0.6~0.7	2.6	
	자당 유도체	수크라로오스(sucralose)	설탕	600	3.3	고감미도, 저우식성 감미료이며 음료, 디저트, 드레싱 등 가공식품에 사용됨
		프락토올리고당(네오 슈거)	설탕	0.6	4[2]	• 충치예방을 위해 개발된 저우식성 감미료임 • 감미도가 낮아 다른 감미료와 병행하여 사용되는 경우가 많음
		커플링 슈거	설탕	0.5~0.6	4	
		파라티노즈(palatinose)	설탕	0.4	4	
비당질 감미료	천연 감미료	소마틴(thaumatin)	서아프리카산 과실	2,000	—	• 천연 식물로부터 추출된 고감미도 감미료임 • 저열량 감미료로 사용되고 있으며 독특한 잔존성이 있음
		모넬린(monellin)	서아프리카산 과실	800~2,000	—	
		스테비오사이드(stevioside)	스테비아 잎	200~270	—	
		글라이시리진(glycyrrhizin)	감초	30~50	—	
	합성 감미료	사카린(saccharin)	톨루엔	300~500	—	소화·흡수되지 않아 저열량 감미료로 사용됨
	아미노산계 감미료	아스파르탐(aspartame)	아미노산	200	4	• 아미노산이 원료인 고감미도 감미료이며, 특유의 후미가 있음 • 치아를 우식시키지 않으며 단백질처럼 소화, 흡수, 대사됨

[1] 시판 말티톨은 소르비톨 등의 불순물이 함유되어 있어 분말제품은 0.2 kcal/g, 액상제품은 0.4 kcal/g임

[2] 흡수되기 어려우므로 실제로는 저열량임

표 16-3 가공식품 중의 소금 함량

식품명	소금 함량(%)	식품명	소금 함량(%)
간장	18~20	햄	3.3
된장	10~15	치즈	2.8
단무지	7.1~10	마요네즈	1.8~2.3
우스터 소스	5.8~8.6	버터, 마가린	1.0~2.0
토마토케첩	3.6	식빵	0.7~1.3

표 16-4 신맛 성분 및 함유 식품

신맛 성분	신맛의 특징	함유 식품
구연산(citric acid)	온화하고 상쾌한 신맛	감귤류, 매실
D-주석산(D-tartaric acid)	약간 떫은맛이 있는 신맛	포도 등의 과실
DL-말산(DL-malic acid)	상쾌한 신맛, 극히 약한 쓴맛	포도, 사과, 비파, 매실 등
L-아스코브산(L-ascorbic acid)	온화하고 상쾌한 신맛, 항산화성	레몬, 자몽, 채소 등
호박산(succinic acid)	깊이가 있는 맛있는 신맛	조개류, 청주, 사과, 딸기
푸마르산(fumaric acid)	상쾌한 신맛, 떫은맛을 동반	청량음료, 과일통조림, 청주, 절임류
D-글루콘산(D-gluconic acid)	온화하고 상쾌한 신맛, 부드러운 맛	곶감, 양조식품
젖산(lactic acid)	떫은맛이 있는 온화한 신맛, 방부성	김치, 발효유제품, 젖산음료, 청주
아세트산(acetic acid)	자극적인 냄새가 있는 신맛	식초, 김치

표 16-5 쓴맛 성분 및 함유 식품

분류	쓴맛 성분	함유 식품
알칼로이드	카페인(caffein)	차, 커피, 코코아, 초콜릿
	테오브로민(theobromin)	코코아, 초콜릿
배당체	나린진(naringin)	귤 껍질
	큐커비타신(cucurbitacin)	오이 꼭지
케톤류	휴물론(humulone), 루풀론(lupulone)	맥주의 호프
무기질류	염화마그네슘($MgCl_2$)	간수
아미노산	트립토판(tryptophan)	변질된 치즈
	류신(leucine)	건어물
기타	이포메아메론(ipomeamerone)	흑반병 고구마

것은 아니지만, 약간의 쓴맛은 기호도를 높이는 작용을 하여 식품의 맛에 좋은 영향을 주므로, 이들 제품은 주로 기호품으로 분류되는 것이 많다 (표 16-5).

- 감칠맛 : 감칠맛(palatable taste, umami)은 1908년 다시마의 감칠맛이 L-글루탐산에 의한 것으로 밝혀지고 그 후 혀 표면의 수용체도 발견되어, 4가지 기본맛의 혼합에 의해 생기는 맛이 아닌 독립된 맛으로 인정되어 5가지 기본맛의 하나가 되었다.

감칠맛에는 아미노산, 펩타이드, 유기산, 뉴클레오타이드(nucleotide), 아마이드(amide), 유기염기 등이 관여하고 있으며 천연에 많이 존재한다 (표 16-6). 아미노산에는 다시마의 L-글루탐산과 식품에 널리 존재하는 베타인(betaine)이 대표적이며, 뉴클레오타이드로는 건멸치나 다랑어포, 육류의 5′-이노신산인산염(5′-IMP), 건표고버섯이나 채소류의 5′-구아닐산인산염(5′-GMP) 등이 대표적이다. 이들은 글루탐산나트륨(MSG), 5′-이노신산나트륨, 5′-구아닐산나트륨 등의 형태로 공업적으로 대량생산되어 조미료로 시판되고 있으나, 동양에서는 예로부터 간장, 된장, 고기즙, 생선즙, 조개류, 젓갈류, 해조류, 버섯 등에서 감칠맛을 얻어 왔다.

베타인

메틸기를 세 개 가진 아미노산 유사물질로 식품에 널리 존재하는 감칠맛 성분. 어류의 근육에도 존재하나, 무척추동물인 오징어, 문어, 새우 등의 근육에는 더 많이 들어 있음. 사탕무의 당밀을 분리·정제하여 얻은 베타인은 수산가공품에 조미료로 사용

표 16-6 감칠맛 성분 및 함유 식품

분류	감칠맛 성분	함유식품
아미노산	L-글루탐산	다시마, 김, 치즈, 녹차, 어패류(마른 오징어 등), 버섯류(양송이, 표고버섯 등), 토마토
	베타인*	어패류(오징어, 문어, 새우 등), 사탕무, 두류, 구기자
뉴클레오타이드 (핵산 구성성분)	5′-이노신산인산염(5′-IMP)	건멸치, 다랑어포, 전갱이, 꽁치, 도미, 고등어, 육류
	5′-구아닐산인산염(5′-GMP)	건표고버섯, 송이버섯, 송로버섯, 채소류
유기산	호박산(숙신산)	조개류

*베타인 : 아미노산 유사물질(p433 side box 참조)

③ **기타의 맛**　이상의 5가지 기본 맛 외에 혀나 구강 점막 등을 직접 자극하는 통각, 온각 등을 통하여 느끼는 매운맛이나 떫은맛, 아린맛 등이 있으며 이들 외에 금속의 맛, 알칼리맛, 콜로이드맛 등이 있다.

- 매운맛 : 매운맛(hot taste)은 혀, 구강 및 비강 점막 등을 직접 자극하는 통각으로 느껴지며, 식품의 종류에 따라 함유 성분이 달라 느끼는 맛이 약간 차이가 난다(표 16-7). 적당한 매운맛은 맛에 긴장감을 주고 식욕을 증진시킨다.
- 떫은맛 : 떫은맛(astringent taste) 성분에는 탄닌, 철 등의 금속류, 알데하이드류, 일부의 지방산 등이 있는데, 이들 성분이 혀 표면의 점막에 닿으

표 16-7 매운맛 성분 및 함유식품

분류	매운맛 성분	함유 식품
알카로이드류	캡사이신(capsaicin)	고추
	피페린(piperine), 채비신(chavicin)	후추
알코올류	산쇼올(sanshool)	산초
황화합물류	아이소싸이오사이안산알릴(allyl isothiocyanate)	흑겨자, 고추냉이, 무
	ρ-하이드록시벤질 이소티오시아네이트 (ρ-hydroxybenzyl isothiocyanate)	백겨자
황화알릴류	알리신(allicin)	마늘, 양파
	다이메틸설파이드(dimethyl sulfide)	파래, 아스파라거스, 파슬리
	다이비닐설파이드(divinyl sulfide)	
	다이알킬설파이드(dialkyl sulfide)	부추, 파, 양파
	프로필알릴설파이드(propylallyl sulfide)	
방향족 알데하이드 및 케톤류	시나믹 알데하이드(cinnamic aldehyde)	육계
	진저롤(gingerol), 쇼가올(shogaol)	생강
	커쿠민(curcumin)	울금(카레분)
	바닐린(vanillin)	바닐라콩
아민류	히스타민(histamine), 티라민(tyramine)	썩은 생선, 변패 간장

면 점막 단백질이 일시적으로 변성되어 미각신경이 마비됨으로써 수렴성(astringent)의 불쾌한 떫은맛으로 느껴진다. 떫은맛은 너무 강하면 불쾌하지만 극히 약한 떫은맛은 쓴맛에 가깝게 느껴져, 특히 포도주나 차의 극히 약한 떫은맛은 다른 맛과 조화되어 독특한 향미를 자아내어 기호에 영향을 준다.

- 아린맛 : 아린맛(acrid taste)은 쓴맛과 떫은맛이 함께 어우러져 나타나는 불쾌한 맛인데, 토란, 우엉, 가지, 고사리, 죽순 등의 아린맛 성분은 호모겐티스산(homogentisic acid)이다.

- 금속의 맛 : 금속의 맛(metallic taste)은 철(Fe), 주석(Sn), 은(Ag) 등 금속이온의 맛이며, 통조림 식품에는 금속 맛이 배어 있어 금속 맛이 난다.

- 알칼리맛 : 알칼리맛은 OH^- 이온에 의한 맛이며, 나무의 재나 중조 등에서 느낄 수 있다. 아미노산류와 소금이 녹아 있는 용액이 pH 7보다 약간 높아지면 맛이 나빠지는데, 이 맛이 알칼리맛이다.

- 콜로이드맛(colloidal taste) : 식품 중에서 콜로이드 상태(colloid)를 형성하는 다당류나 단백질이 혀의 표면과 입 속의 점막에 접촉될 때 느끼는 맛이다. 찹쌀의 아밀로펙틴, 밥이나 떡의 호화전분, 밀가루의 글루텐, 고깃국의 젤라틴, 잼류의 펙틴 등이 이러한 맛을 낸다.

(2) 냄새(향)

① **냄새를 느끼는 감각기관**　냄새성분은 휘발성이므로 코 위쪽에 있는 후각상피에 녹아 상피 중에 분포되어 있는 후각세포의 섬모에 닿아 후각세포를 자극하면 이 자극이 후각신경을 통해 뇌에 전달되어 냄새를 느끼게 된다. 사람의 후각은 10^{-9} M 정도의 매우 낮은 농도의 물질의 냄새도 느낄 만큼 매우 예민하다. 그러나 같은 냄새를 오래 맡게 되면 후각이 둔화되어 냄새를 느끼지 않게 되고, 이는 다시 회복되는데, 보통 1~10분 내에 둔화현상과 회복현상이 모두 일어난다.

② **식물성 식품의 냄새(향)** 식물성 식품의 냄새는 알코올류, 에스터, 정유류, 함황화합물 등이 있다(표 16-8).

③ **동물성 식품의 냄새(향)** 동물성 식품의 냄새 성분은 아민계(어육류)와 지방산계(유제품)로 나눌 수 있다(표 16-9).

표 16-8 식물성 식품의 냄새 성분

분류	냄새 성분(소재)	분류	냄새 성분(소재)
알코올류	ethyl alcohol(주류)	정유류	limonene(오렌지, 레몬, 박하)
	pentanol(감자)		pinene(레몬, 당근, 송백류)
	β-r-hexenol(채소의 잎, 차잎)		camphene(레몬)
	α-β-hexenol(차잎)		geraniol(오렌지)
	1-octen-3-ol(송이버섯)		menthol(박하)
	2-6-nonadienol(오이)		citral(오렌지, 레몬)
	furfuryl alcohol(커피)		thujone(쑥)
			sesamol(참기름)
에스테르	amyl formate(사과, 복숭아)	함황화합물	methyl mercaptan(무)
	isoamyl formate(배)		propyl mercaptan(양파)
	ethyl acetate(파인애플)		dimethyl mercaptan(단무지)
	isoamyl acetate(배, 사과)		s-methylcysteine sulfoxide(양배추, 순무)
	methyl butyrate(사과)		methyl β-methylmercaptopropionate(파인애플)
	ethyl valerate(청주)		β-methyl mercaptopropylalcohol(간장)
	isoamyl isovalerate(바나나)		furfuryl mercaptan(커피)
	methyl cinnamate(송이버섯)		alkylisothiocyanate(겨자, 무, 고추냉이)
	apiol(파슬리)		alkylsulfide(파, 마늘, 양파, 무, 고추냉이, 아스파라거스)

표 16-9 동물성 식품의 냄새 성분

분류	냄새 성분	소재
아민계 (어육류)	trimethylamine	선도가 저하된 어류, 특히 해수어와 육류의 비린내
	ammonia	선도가 저하된 어류와 육류
	piperidine	담수어의 냄새
	methyl mercaptan	선도가 저하된 육류
	H$_2$S	
	indole	
지방산계 (유제품)	caproic acid	버터, 우유, 치즈
	lactone	
	diacetyl	버터
	acetoin	

(3) 향미

향미(flavor)는 맛과 냄새가 어우러져 느껴지는 특성을 말한다. 즉 냄새와 맛을 인지하는 화학적 감각이라고 불리는 후각·미각적 요소이다.

2) 물리적 요인

음식이 맛있다는 느낌에 영향을 주는 요인으로는 화학적 요인 외에도 색이나 형태 등의 외관, 질감, 온도, 소리 등과 같은 물리적 요인도 있다.

(1) 외관

음식의 외관적 특성은 모양, 크기, 색, 형태, 투명도, 윤기, 외적 결함 등을 판단할 수 있는 시각적 요소이며, 시세포에 의해 지각된다. 이 중 맛이나 식욕 증진과 관련성이 가장 큰 것은 색이며, 색에 따라 관능적 특성을 다르게 느낀다. 즉 음식을 만들 때 함께 사용하는 식품의 색이나 담는 그릇과의 조화 등에

시세포
· 간상세포 : 어두운 빛에 반응하며 색감각에는 관여하지 않음
· 원추세포 : 밝은 빛에 반응하며 색상을 구별

따라서도 느낌이 달라진다. 식품재료를 색으로 분류해 보면 곡류(흰색), 육류(적색), 채소류(녹색), 근채류(황색), 해조류나 버섯류(흑색) 등이 있다. 이러한 5가지 색의 식품을 잘 조합하여 5가지 기본맛을 이용하여 잘 조리하면, 영양이나 맛의 균형만이 아니라 외관까지도 아름답게 어우러져 음식이 더 맛있게 느껴질 것이다.

(2) 질감

질감(texture)이란 식품에서는 주로 경도나 점도 등을 말하며, 입 안에서의 촉각에 의해 평가되는 식품의 물리적 성질을 말한다. 또한 입 안의 혀, 잇몸, 입천장, 치아 등의 근육운동에 의한 것과 넘길 때 목에서의 느낌, 손가락 등으로 눌러볼 때 느끼는 촉각적 요소도 포함된다.

음식이 맛있다고 느껴지려면 맛과 냄새로 대변되는 화학적인 요인과 질감인 물리적인 요인이 균형을 이루어야 하는데, 두 요인이 차지하는 비율은 음식의 종류에 따라 다르다. 청주, 주스, 수프 등은 화학적 요인이, 알찜, 밥, 양갱, 쿠키 등은 물리적 요인이 더 중시된다.

(3) 온도

구강 내 피부 감각에 의해 인지되는 온도는 질감과 함께 음식을 맛있게 느끼는 데에 영향을 주는 요인이며, 맛의 종류에 따라서 그 맛을 느끼는 최적온도가 다르다. 단맛은 당의 종류에 따라서도 아주 다르지만(표 16-2), 온도에 따라서도 달라진다. 맥아당의 상대적 감미도는 온도와 무관하지만, 과당의 상대적 감미도는 온도가 낮을수록 강해진다. 과당은 β형이 α형보다 높은 단맛을 가지는데, β형은 저온에서 증가하기 때문에 과일은 차게 먹어야 달다. 그러나 너무 차면 단맛을 느끼는 감각이 저하되므로 너무 차지 않도록 한다.

음식이 맛있게 느껴지는 온도는 음식의 종류에 따라 다르지만, 대체로 체온을 중심으로 ±25~30℃ 범위라고 한다. 따라서 음식을 더 맛있게 먹기 위해서는 적절한 온도에서 먹을 수 있도록 하는 것이 중요하다(표 16-10).

표 16-10 맛있게 느껴지는 음식의 온도

음식명	온도(℃)	음식명	온도(℃)	음식명	온도(℃)
전골	95	단팥죽	60~65	수박	11
찐고구마	90 또는 실온	우유	58~64	바바로아	10
커피	65~73	홍차	60	주스	8~10
우동	58~70	청주	50~60	맥주	7~10
된장국	60~68	냉수	8~12	냉커피	6
튀김	64~65	찬 우유	10~15	사이다	1~5
수프	60~65	양갱	10~12	아이스크림	-6

온도에 따른 과당의 감미도(설탕 대비)

온도(℃)	과당의 감미도
5	1.4
40	1.0
60	0.8

맛의 최적온도

맛의 종류	최적온도(℃)
단맛	30~40
짠맛	30~40
신맛	35~40
쓴맛	40~50
매운맛	50~60

(4) 소리

먹을 때 채소의 아삭하는 소리나 과자의 바삭하는 소리, 찌게가 보글보글 끓는 소리, 스테이크가 지글지글 익는 소리 등은 그 음식을 더욱 맛있게 느끼게 하는 소리이다. 일본에서는 면류를 먹을 때에 소리를 내서 먹으면 더 맛있게 느껴진다고 한다.

3) 음식의 관능적 특성에 영향을 주는 요인

(1) 생리적 요인

① **연령과 미각** 젊을 때와는 달리 50세 전후부터는 미뢰의 수가 감소함에 따라 미각감도가 심하게 떨어져 음식의 관능적 특성이 다르게 받아들여진다.

미뢰의 수

유아의 혀에는 약 1만 개의 미뢰가 있으나, 성인이 되면 약 5천 개로 감소하며 노화와 더불어 더욱 감소함

② **온도와 미각**

- 음식 자체의 온도와 미각 : 맛의 종류에 따라서도 그 맛을 느끼는 최적온도가 다르며, 단맛은 온도에 따라서도 크게 달라진다. 또한 음식이 맛있다고 느끼는 온도는 음식의 종류에 따라 다르므로, 더 맛있게 먹기 위해서는 적당한 온도에서 먹을 수 있도록 하는 것이 중요하다(표 16-10).
- 계절과 미각 : 계절에 따른 온도나 습도의 변화로 인해 식욕이나 음식에 대

한 기호가 달라진다. 즉 더운 여름에는 땀도 많이 흘리므로 소금을 적당량 섭취해야 하며 단백질이 적은 산뜻하고 차가운 음식을 선호하는 반면, 추운 겨울에는 체온 상승 작용이 있는 단백질 식품과 열량 보충을 위한 기름기 많은 음식을 선호하게 된다.

③ **아연 결핍과 미각 장애**　미각 장애가 있는 사람들의 약 40%에서 혈청 아연 수치가 낮게 나타나는데, 이들에게 아연 100 mg을 복용하게 한 결과 많은 경우에서 미각 장애에 개선효과를 보여 아연이 미각 감수성과 관련이 있음을 보여 주고 있다.

④ **맛의 상호작용**　맛 성분을 서로 혼합했을 때 다음과 같이 상호작용하여 여러 효과를 나타낸다(표 16-11).
- 맛의 대비 : 서로 다른 맛 성분들이 혼합되었을 경우 주된 성분의 맛이 강하게 느껴지는 것을 맛의 대비현상(taste contrast)이라 한다.

표 16-11 맛을 혼합했을 때의 상호작용

분류	맛의 혼합	효과	실제 예
대비작용	단맛(주) + 짠맛	단맛이 강하게 느껴짐	단팥죽에 소금을 약간 넣음
	감칠맛(주) + 짠맛	감칠맛이 강하게 느껴짐	다시국물에 소금을 약간 넣음
	짠맛(주) + 신맛	짠맛이 강해짐	소금 간을 한 무생채에 식초를 넣으면 짠맛이 더 강해짐(저염식에 응용)
억제작용	신맛(주) + 단맛	신맛이 약해짐	초절임에 설탕을 넣음
	신맛(주) + 짠맛	신맛이 약해짐	초절임에 소금을 넣음
	쓴맛(주) + 단맛	쓴맛이 약해짐	커피에 설탕을 넣음
상쇄작용	짠맛 + 신맛	조화된 맛으로 느껴짐	김치
	단맛 + 신맛	조화된 맛으로 느껴짐	청량음료
상승작용	MSG+IMP(or GMP)	감칠맛이 강하게 느껴짐	다시마와 다랑어포의 혼합 맛국물 다시마와 표고버섯의 혼합 맛국물

- 맛의 억제 : 서로 다른 맛 성분이 몇 가지 혼합되었을 때 주된 성분의 맛이 약하게 되는 것을 맛의 억제(taste inhibition)라 한다. 초절임에 설탕이나 소금을 넣어 주면 신맛이 억제되고, 커피에 설탕을 넣으면 쓴맛이 억제되는 경우이다.

- 맛의 상쇄 : 서로 다른 맛을 가진 물질 두 가지가 혼합되었을 때 각각의 고유한 맛이 약해지거나 없어지면서 조화된 맛으로 느껴지는 현상을 맛의 상쇄(taste compensation)라 한다. 김치의 짠맛과 신맛이 상쇄되어 조화롭게 느껴지거나, 청량음료의 단맛과 신맛이 상쇄되어 조화된 맛으로 느껴지는 경우이다.

- 맛의 상승 : 같은 종류의 맛을 내는 물질 두 가지를 서로 섞으면 각각 가지고 있는 맛의 이론상의 값보다 훨씬 강하게 느껴지는 것을 맛의 상승(taste synergistic effect)이라 한다. 다시마와 다랑어포를 함께 넣어 만든 국물은 MSG와 IMP 간의 상승효과로 인해 훨씬 더 맛있게 느껴져, 각각 단독으로 맛을 보는 경우의 5~18배 정도의 맛을 낸다.

- 맛의 변조 : 쓴맛을 맛본 직후 물을 마시면 무미한 물이 달게 느껴지는데, 쓴 약을 먹은 후 물을 마시면 물이 달게 느껴지는 경우이다. 오징어를 먹은 직후 신맛이 나는 식초나 귤을 먹으면 쓴맛이 느껴진다. 이처럼 한 가지 맛을 본 후 다른 맛을 맛볼 때 전혀 다른 맛으로 느껴지는 것을 맛의 변조(taste successiveness)라고 한다.

- 맛의 상실 : 김네마 실베스터(*Gymnema sylvestre*)라는 열대지방 식물의 잎을 씹은 후에 일시적으로 1~2시간 동안 단맛이나 쓴맛을 느낄 수 없는 경우를 맛의 상실(taste modification)이라 말한다. 설탕은 모래와 같은 감촉으로 느껴지고, 오렌지주스는 단맛은 느끼지 못하고 신맛만 느끼며, 퀴닌의 경우 쓴맛을 느끼지 못한다.

- 맛의 피로(순응) : 같은 맛을 지속적으로 맛보면 맛이 변하거나 미각이 둔해져 느끼지 못하게 되는 것을 맛의 피로나 순응(taste fatigue)이라 한다.

미맹(taste blind)

대부분의 사람들이 쓰다고 느끼는 것을 일부분의 사람들은 무미하게 느끼는 현상을 말함. 유전적 요인으로 미맹이 되며, 백인은 약 30%, 황색인은 15%, 흑인은 2~3%, 남자는 25.9%, 여자는 22.2%가 미맹이나, 실생활에는 큰 지장 없음

(2) 심리적 요인

음식이 아무리 맛있게 조리되어도 그것을 먹는 사람의 정신적인 불안이나 긴장, 스트레스 정도 등에 따라 미각은 달라진다.

(3) 환경적 요인

사람은 어릴 때부터 익히 먹고 자란 음식에 대한 기호는 일반적으로 긍정적으로 나타나는 반면에, 전혀 경험해 보지 못한 음식에 대해서는 일반적으로 기피하는 경향이 있다. 이렇듯 그 사람을 둘러싸고 있는 식습관이나 식문화, 식탁환경 등의 환경적 요인도 음식의 관능적 특성에 영향을 미친다.

3. 관능검사

1) 관능검사의 정의 및 중요성

관능검사(sensory evaluation)란 음식이나 식품, 물질의 특성을 사람의 미각, 시각, 후각, 청각, 촉각에 의해 인지하고 이를 측정, 분석, 해석하는 것을 말한다. 외식과 급식의 대형화와 식품산업의 발달로 조리 가공된 음식과 식품이 대중화, 일반화된 현대사회에서는 관능검사가 매우 중요시되고 있다.

2) 관능검사의 적용

식품회사의 연구개발부나 외식 및 급식업체 등에서 신제품 개발이나 제품 개량, 품질 유지, 저장 안정성 검사, 소비자 선호도 조사 등을 위해 관능검사를 실시하여 그 결과를 식품 및 음식 연구, 마케팅의 여러 분야에 적용하고 있다.

3) 관능검사 평가원(패널)의 분류 및 선정

평가원은 관능검사의 목적과 평가원의 능력에 따라 크게 세 그룹으로 분류한다.

- 전문가(expert, connoisseur) : 한두 전문가의 의견과 결정이 절대적으로 품질 평가에 반영된다. 예를 들어 맥주나 포도주 등의 주류 감정사, 차, 커피 등의 기호음료 감정 전문가, 향료 · 향수 제조 조향사 등이다.
- 훈련된 관능평가원(trained panelist) : 주로 검사실, 실험실에서 활동하는 평가원이며 훈련이 되어 있는 평가원이다.
- 소비자(consumer) : 조사대상 식품 또는 유사품을 사용하고 있는 사람 중에서 사용하는 계층을 대표할 수 있도록 무작위로 선발하며 최소한 24명 이상이어야 한다. 중형 소비자 조사에는 40~200명, 대형 조사의 경우에는 200~200,000명 정도를 선발한다.

4) 관능검사실의 환경

- 실내온도 및 습도 : 온도는 20~25℃ , 습도는 50~60%를 유지하도록 한다.
- 장소 : 소음이 없고 번잡하지 않으면서 모이기 편한 장소가 좋다.
- 구조 : 시료의 조리 및 저장이 가능한 준비실과 평가수행 장소로 나누어져 있어야 한다.
- 평가수행 장소의 구조 : 개별 칸막이(booth) 10개 정도와 맛을 보며 토론할 수 있도록 원탁이 있는 개방된 공간이 있어야 한다.
- 조명 : 자연광과 인공조명을 함께 사용하도록 한다.
- 실내 색 : 연회색 등 밝고 안정된 색으로 한다.
- 환기시설 : 환기시설을 완비한다.

관능검사 실시에 적당한 시간
공복시에는 평가원의 감각이 예민해져 있고 만복 시에는 둔해져 있으므로 공복시나 만복시를 피해 오전 10~11시, 오후 2~3시 사이가 적당

5) 시료의 준비 및 제시

- 시료의 제조 : 정해진 방법에 따라 매번 동일한 조건으로 준비하고, 사용하는 기구 및 용기는 유리, 사기, 스테인리스 재질 등을 사용한다.
- 시료 담는 용기 : 자체 냄새가 없으며 시료의 색깔에 영향을 주지 않는 유리, 사기, 스테인리스 재질을 선택하고, 하나의 계속된 실험 시에는 같은 종류의 용기를 사용한다.
- 시료 제공분량 : 일반적으로 평상시 먹을 때와 같은 상태, 같은 분량을 맛보도록 하며, 3~4번 먹어 볼 수 있는 분량을 제공한다.
- 시료의 번호 부여 : 난수표를 이용하여 무작위로 세 자리 숫자를 선정하여 표시한다.
- 시료의 수 : 한 번에 많은 수의 시료를 평가하면 정신적 피로만이 아니라 감각의 둔화로 제대로 평가할 수 없게 되므로, 한 번에 검사하는 시료의 수를 조절해야 한다. 일반적으로 맛과 향이 순한 시료는 8~10개까지 가능한 반면, 자극이 강한 시료는 2개 정도로 제한한다.
- 제공 시 시료의 온도 : 음식의 온도는 향미를 느끼는 데에 영향을 주므로 관능검사 시에는 일반적으로 일상생활에서 그 식품을 섭취하는 온도로 제공하며, 검사가 진행되는 동안 시료 간에 동일한 온도를 유지하도록 한다.
- 동반식품 제공 : 시료에 따라서는 평상시에 함께 섭취하는 동반식품(carrier)을 함께 제공하는 경우가 있다. 예를 들면 커피에는 우유와 설탕을, 잼에는 크래커를 함께 제공하기도 하는데, 동반식품이 시료의 특성을 평가하는 데 방해가 되어서는 안 된다.

6) 관능검사 방법

대표적인 관능검사 방법으로는 차이 식별 검사(difference & discrimination test), 묘사 검사(descriptive test), 기호도 검사(affective test)가 있다. 관능검사 실시 시 평가원에게 검사 목적과 방법을 충분히 설명해야 한다.

(1) 차이 식별 검사(difference & discrimination test)

시료 간에 차이가 있는지 없는지를 측정하는 검사이다(표 16-12).

표 16-12 차이 식별 검사의 종류

종류		내용
이점 대비 검사 (paired comparison test)	두 시료(A, B)를 동시에 제시하여 관능적으로 차이가 있는지를 알아보는 검사로, 두 가지 검사가 있음	
	이점 비교 검사 (directional paired comparison test)	두 시료(A, B)를 동시에 제시하고 주어진 특성의 강도가 더 강한 것을 선택하도록 함
	단순 차이 검사 (simple difference test)	두 시료(A, B)를 동시에 제시하여 종합적이고 전체적인 관능적 특성에 차이가 있는지, 즉 서로 같은지 다른지를 판별함
일-이점 검사 (duo-trio test)	세 개의 시료가 동시에 제공되나, 표준시료(R)를 지정하여 먼저 표준시료를 맛보게 하고, 나머지 두 개의 시료 중 어느 시료가 표준시료와 동일한지를 평가함. 표준시료 제시방법에 따라 두 가지 방법이 있음	
	constant reference duo-trio test	모든 평가원이 동일한 표준시료(R_A)를 받게 되며, 나머지 두 개의 시료(A, B) 중 어느 시료가 표준시료(R_A)와 동일한지를 평가함. 평가원에 따라 시료 배치 두 가지(R_AAB, R_ABA) 중에서 한 가지가 제공됨
	balanced reference duo-trio test	모든 평가원이 동일한 표준시료를 받는 것이 아니라 표준시료로 두 시료(R_A, R_B) 모두 사용하는 방법임. 평가원에 따라 시료 배치 네 가지(R_AAB, R_ABA, R_BAB, R_BBA) 중에서 한 가지가 제공됨
삼점 검사 (triangle test)	특성이 다른 두 개의 시료 차이를 평가할 때 사용하며, 비교적 정확하게 식별된다고 인정되어 차이 식별 검사에서 가장 많이 쓰임. 세 개의 시료 중 두 개는 같은 시료를 제공하여 세 개 중 다른 한 가지 시료를 판별하게 함. 제공될 수 있는 시료의 배치는 6가지(AAB, ABA, BAA, BBA, BAB, ABB)이며, 위치 및 순위 오차를 제거하기 위해 무작위로 배치되어 각 평가원에게 제공됨. 평가원은 왼쪽부터 제공된 순서대로 맛을 보아 세 개 중 다른 한 가지 시료를 지적함. 감각의 둔화현상을 고려하여 한 번 검사 시 4회 이하(총 12시료)로 실시하는 것이 좋음	
순위법 (ranking test)	세 개 이상의 시료 중에서 주어진 특성이 큰 그룹 또는 작은 그룹의 시료를 선택하는 데 많이 사용함. 주어진 특성에 대하여 맛을 본 후 시료를 임시로 배치하여 계속 맛을 보면서 강도의 순위를 결정함. 시료는 보통 3~6개 정도이며, 10개를 넘지 않는 것이 좋음	
평점법 (rating test)	척도법(scaling test) 또는 채점법(scoring test)이라고도 함. 시료의 특성 강도가 어떻게 다른지를 조사하기 위하여 특성의 정도가 표시된 척도를 사용하여 평가함. 구획척도(주로 5점, 7점, 9점, 11점)나 선척도(대개 15cm)를 이용함	

구획척도

특성 강도가 서술된 척도를 제시하여 각 시료의 주어진 특성이 어느 강도에 속하는지를 평가하며, 주로 5점, 7점, 9점, 11점 척도 이용

선척도

대개 15cm의 직선상에 인지하는 강도만큼을 표시하게 하는 방법

(2) 묘사 검사(descriptive test)

묘사 분석(descriptive analysis)이라고도 하며, 시료의 모든 관능적 특성을 인식하여 용어로 묘사하거나 그 특성의 정도를 주어진 척도를 사용하여 정량화하는 방법으로, 시료의 관능적 특성을 종합적으로 나타내는 데 사용된다. 따라서 전문적인 평가원을 필요로 하는 경우가 많으며, 다음과 같은 대표적인 검사방법이 있다(표 16-13).

표 16-13 묘사 검사의 종류

종류	내용
향미 프로필 분석 (flavor profile analysis)	시료의 모든 향미 특성을 분석하여 각 특성이 나타나는 순서를 정하고 그 강도를 측정하여 향미가 재현될 수 있도록 묘사하는 방법임. 냄새, 맛, 후미의 순서로 실시함.
텍스처 프로필 분석 (texture profile analysis, TPA)	식품의 다양한 질감 특성을 분류하고 각 특성의 출현 순서와 강도를 측정하여 재현될 수 있도록 하는 방법임.
정량적 묘사 분석 (quantitative descriptive analysis, QDA)	한 종류의 관능적 특성만을 평가하는 것이 아니라 색, 향미, 텍스처 등 모든 관능적 특성을 묘사하여 출현 순서를 정하고 정량화하는 방법임. 일반적으로 자격이 인정된 10~12명의 관능검사 평가원을 선발하여 실시함.
스팩트럼 묘사분석 (spectrum descriptive analysis)	제품의 모든 특성을 기준이 되는 절대 척도와 비교하여 평가하는 방법임. 따라서 이 분석을 수행하는 관능검사 평가원은 용어와 척도 사용에 대해 다른 묘사분석에 비해 훨씬 심도 있는 전문적인 훈련을 받아야 함.

후미
음식을 삼킨 다음 1분 후에 남아 있는 향미

(3) 기호도 검사(affective test)

소비자 조사(consumer study)라고도 하며 대상 식품을 소비하는 소비자의 선호도나 기호도를 평가하는 방법(표 16-14)으로, 새로운 식품 개발이나 품질 개선에 이용되고 있다. 이 검사의 관능검사 평가원은 소비자들이므로 전문적인 훈련이 필요하지 않다.

표 16-14 기호도 검사(소비자 조사)의 종류

분류	종류	특징
선호도 조사	이점비교법	두 시료 중 더 좋아하는 것을 선택하는 방법
	순위법	세 가지 이상의 시료를 좋아하는 순서로 나열함.
기호도 조사 (평점법, 척도법)	항목척도	주어진 시료를 얼마나 좋아하는지를 점수로 나타냄. 패널의 특성에 따라 5점 척도, 7점 척도, 9점 척도를 주로 사용함.
	선척도	주어진 시료에 대한 기호의 정도를 15cm의 선에 나타냄.
	얼굴척도	만족도를 나타내는 얼굴 그림으로 시료에 대한 기호도를 표시하게 함. 글자를 모르는 패널에게 이용함.

7) 관능검사에 심리적 영향을 주는 요인

평가원의 심리상태에 영향을 미쳐 관능검사 결과에 오차가 생길 경우가 있는데 그 종류는 다음과 같다.

- 기대오차(expectation error) : 사전에 얻은 정보에 의해 기대하여 판단하는 경우에 일어나는 오차이다.
- 습관오차(error of habituation) : 자극강도가 아주 완만하게 증가하거나 감소할 경우 동일 강도가 계속되는 것처럼 느껴지는 경향이 있다.
- 자극오차(stimulus error) : 용기의 모양, 색깔 등 외부적 자극의 차이에 의해 영향을 받아 시료 자체의 차이에 관계없이 판단할 경우에 나타난다.
- 논리적 오차(logical error) : 식품 내의 특성 중 두 개 이상이 서로 관련이 있다고 생각될 때 한 특성의 차이가 다른 특성의 차이 판단에 영향을 준다.
- 후광효과(halo effect) : 한 특성이 좋을 경우 다른 특성도 좋은 쪽으로 평가하려고 하는 경향 또는 그 반대이다.
- 시료 제공순서에 따른 오차
  - 대조효과(contrast effect) : 좋은 시료 뒤에 제시된 나쁜 시료가 대조효과로 인해 각각 따로 평가할 때보다 더 나쁘게 평가되는 경향이 있다.
  - 그룹효과(group effect) : 대조 효과와 반대의 효과로, 나쁜 시료들과 함께

좋은 시료를 평가시키면 좋은 시료도 나쁘게 평가되는 경향이 있다.

- 중앙경향오차(error of central tendency) : 가운데 위치한 시료(척도법에서는 가운데 구간)가 더 잘 선택되는 경향이 있다.

- 시간오차/위치편견(time error/positional bias) : 시료의 제시순서나 제시위치에 따른 오차로 첫 번째 제시된 시료가 두 번째 제시된 시료보다 더 잘 선택되는 경향이 있다.

● 상호암시(mutual suggestion) : 평가원이 다른 평가원에 의해 영향을 받는 경우이다.

● 동기의 결핍(lack of motivation) : 평가원의 낮은 동기유발로 인한 불성실한 평가도 관능검사 결과에 오차를 가져온다.

APPENDIX
부록

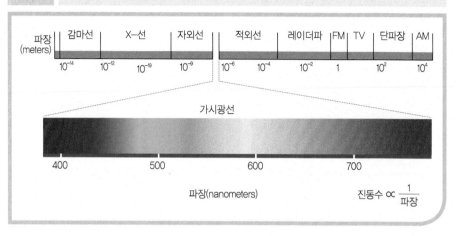

부록 2 커피의 다양한 추출법

추출법	침지법(steeping)	특징
침지법(steeping)	커피를 뜨거운 물에 넣고 끓는 온도 아래에서 담가 두는 방법	터키식 커피
여과법(filtering)	물통에서 뜨거워진 물이 필터 위의 커피를 우려 내어 유리 주전자로 내려오는 구조	퍼콜레이터, 드립식, 자동 드립식(전기커피메이커)
가압추출법	압력을 가해 커피가루의 성분이 충분히우러날 수 있도록 추출하는 방법	에스프레소 머신

칼의 종류	특징	모양
다목적용 칼 (french or chef's knife)	다양한 용도에 사용, 길이는 8~14인치 정도	
유틸리티 나이프 (utility knife)	다목적용 칼과 모양은 같으나 작고 폭이 좁으며 5~7인치	
패어링 나이프 (paring knife)	칼날이 짧은 것으로 채소나 과일용이며 칼날은 2~4인치	
본 나이프 (boning knife)	뼈 분리 시에 사용하며 6인치 정도로 칼날이 단단함	
생선칼 (fish knife)	포 뜨는 데 사용하며 날카로움	
슬라이서 (carving or slicer knife)	덩어리고기를 얇게 써는 데 사용, 칼날의 길이가 김	
중국 칼 (cleaver knife)	뼈나 냉동식품 등 딱딱한 식품을 자르는 데 사용되고 직사각형의 칼날을 가짐	

종류	특징	모양
스키머 (skimmer)	뜨거운 음식의 건더기 건지는 데 사용	
스파이더 (spider)	튀김 건지는 용도로 사용	
콜렌더 (colander)	파스타 건지는 데 사용하며 바닥에 굽이 있고 스테인리스로 만듦	
키노 (chinoi)	원뿔모양으로 스톡을 거르거나 소스를 짤 때 사용	

종류	특징	모양
소스팬 (sauce pan)	팬의 높이가 낮고 한 개의 손잡이가 있음	
프라이팬 (fry pan)	소테팬이라고 하며 옆면이 경사진 것은 소투스, 옆면이 직선인 것을 소투와라고 함. 소투스는 음식을 흔들어가며 볶을 때, 소투와는 가만히 구울 때 사용	
오믈렛팬 (omelet pan)	프라이팬과 모양은 같으나 넓이가 12~18cm 이며 경사져 있음	
쉬트팬 (sheet pan)	깊이가 낮은 팬으로 쿠키를 구울 때 사용	
호텔팬 (hotel pan)	주로 이미 요리된 음식을 보관하는 컨테이너로 사용	
웍 (wok, chinese fry pan)	아래로 갈수록 폭이 좁아지는 중국의 전통적인 팬으로 양수(양손잡이)와 편수(한손잡이)가 있음	

출처 : 강명숙 외(2003). 서양조리. 교문사. p.16

모양	한국	일본	서양	중국
	통썰기	와기리	rondelle	
	반달썰기	항게츠기리	half moon	
	막대썰기	효오시기키리	batonnet	탸오
	얄팍썰기	코구찌기리	thin slicing	

(계속)

모양	한국	일본	서양	중국
	어슷썰기	나나메기리	diagonal	새피엔
	채 썰기	셍기리	julienne	쓰
	은행잎썰기	이쪼오기리		
	골패쪽썰기	탄자쿠기리		
	깍둑썰기	사이노메기리	dice	띵
	깎아썰기	사사가키	shred	
	다지기	미징기리	chopping	모
	돌려깎아 썰기	가츠라무키		
	마구썰기	랑기리		마얼, 투얼

출처 : 한국식품조리과학회(2007). 조리과학용어집. 교문사

REFERENSE
참고문헌

국내문헌

강근옥·신미혜·김지연·설민숙·박화연(2004). 조리과학 이론 및 실험. 효일문화사.

강명숙·김동수·김영운·정혜정·차명화(2003). 서양조리. 교문사.

권순자·이정원·구난숙·신말식·서정숙·우미경·송미영(2006). 웰빙식생활. 교문사.

김경환(2007). 서양조리실무개론. 석학당.

김광옥·이영춘(1998). 식품의 관능검사. 학연사.

김기숙(1996). 조리방법별 조리과학실험. 교학연구사.

김기숙·김향숙·오명숙·황인경(1998). 조리과학 이론과 실험실습. 수학사.

김완수·신말식·이경애·김미정(2004). 조리과학 및 원리. 라이프사이언스.

김우정·최희숙(2001). 천연향신료. 도서출판 효일.

김혜영·김미리·고봉경(2004). 식품품질평가. 도서출판 효일.

농촌진흥청 국립농업과학원(2017). 국가표준식품성분표(제9개정판)

모수미·이혜수·현기순·홍성야(2000). 조리학. 교문사.

문수재·손경희(1999). 식품학 및 조리원리. 수학사.

배영희·박혜원·박희옥·정혜영·최은정·채인숙(2003). 식품과 조리과학. 교문사.

배영희·양동호(2005). 단체급식관리와 조리실습워크북. 교문사.

손경희 외(2001). 한국음식의 조리과학. 교문사.

손정우·송태희·신승미·오세인·우인애(2005). 조리과학. 교문사.

송주은·현영희·변진원(2001). 최신 조리원리. 백산출판사.

신말식·김완수·이경애·김미정·윤혜현·김성란 역(2001). 식품과 조리과학. 라이프사이언스.

신민자·정재홍·강명수(2000). 식품 조리 원리. 광문각.

안명수(1995). 식품과 조리원리. 신광출판사.

오석태·염진철(1998). 서양조리학개론. 신광출판사.

오치 도요코 저·김창원 역(1998). 생활도감. 진선출판사.

유영상·이윤희(1997). 식품 및 조리원리. 광문각.

윤계순·이명희·민성희·정혜정·김지향·박옥진(2008). 새로 쓴 식품학 및 조리원리. 수학사.

윤숙자(1997). 한국의 저장 발효음식. 신광출판사.

이윤호(2004). 완벽한 한 잔의 커피를 위하여. MJ미디어.

이한창(1999). 장 역사와 문화와 공업. 신광출판사.

이혜수 외(2001). 조리과학. 교문사.

이혜수·조영(1999). 조리원리. 교문사.

전희정·백재은·주나미·정희선(2002). 제과·제빵 이론 & 실기. 교문사.

정현숙·정외숙·임효진·박춘란(1998). 새로운 조리과학. 지구문화사.

조신호·조경련·강명수·송미란·주난영(2008). 식품학 개정판. 교문사.

한국식품과학회 편(2003). 식품과학기술대사전. 광일문화사

한국식품조리과학회(2007). 식품조리과학용어사전 개정판. 교문사.

한국영양학회(2006). 영양학 용어집. 한국영양학회.

한복려·한복진(1995). 종가집 시어머니 장 담그는 법. 둥지.

홍진숙·박혜원·박란숙·명춘옥·신미혜·최은정·정혜정(2005). 식품재료학. 교문사.

서양문헌

Amy Brown(2000). Understanding Food. Wadsworth.

Helene Charley & Connie Weaver(1998). Foods : A Scientific Approach, 3rd ed. Pentice Hall.

Jenifer Harvey Lang ed.(1988). Larousse Gastronomique. Crown Publoshers.

Margaret McWilliams(2006). Food fundamentals, 8th ed. Pearson Prentice Hall.

Young Eun Lee(1987). Phsicochemical factors affecting cooking and eating quality of nonwoxy rice. Ph.D. Dissertation, Iowa State University.

일본문헌

科學技術廳資源調査會編(2002). 新ビジュアル食品成分表. 大修館書店.

吉野精一(1993). パンこつの科學. 柴田書店.

島田淳子·畑江敬子(1995). 調理學. 朝倉書店.

網本祐子編(1997). 別冊專門料理−イタリア料理の技法. 柴田書店.

山野善正·山口靜子編(1997). おいしさの科學. 朝倉書店.

杉田浩一(1972). こつの科學. 柴田書店.

成美堂出版編集部編(2002). おいしい紅茶の事典. 成美堂出版.

細谷憲政監修, 全國調理師養成施設協會編(2001). 最新食品標準成分表五訂版. 調理榮養教育公社.

岩井和夫·渡邊達夫編(2000). トウガラシ−辛味の科學. 幸書房.

野菜基本大百科(1997). 集英社.

五明紀春監修(1988). ビジュアル榮養科學事典サルビオ. 第一卷. 新しい食物學. ダイレック.

佐竹秀雄(1999). 漬物. 農文協.

池田ひろ・木戸詔子編(2000). 調理學. 化學同人.

太木光一(2000). 話題の食材事典. 旭屋出版.

品川弘子・川染節江・大越ひろ(2001). 調理とサイエンス. 學文社.

河野友美(1997). おいしさの科學味を良くする科學. 旭屋出版.

淺田峰子(1997). はじめての台所. グラフ社.

ベターホーム協會編(1985). お料理一年生. ベターホーム出版局.

저자
소개
____

이주희
서울대학교 식품영양학과(학사)
미국 미네소타대학교 식품학 박사
현재 경상대학교 식품영양학과 교수

김미리
서울대학교 식품영양학과(학사)
서울대학교 대학원 식품학 박사
현재 충남대학교 식품영양학과 교수

민혜선
서울대학교 식품영양학과(학사)
미국 캘리포니아대학교(버클리) 영양학 박사
현재 한남대학교 식품영양학과 교수

이영은
서울대학교 식품영양학과(학사)
미국 아이오와주립대학교 식품학 박사
현재 원광대학교 식품영양학과 교수

송은승
서울대학교 식품영양학과(학사)
미국 아이오와주립대학교 식품학 박사
현재 호서대학교 식품영양학과 교수

권순자
서울대학교 식품영양학과(학사)
일본 東京大學 보건영양학 박사
현재 배재대학교 외식경영학과 교수

김미정
서울대학교 식품영양학과(학사)
서울대학교 대학원 식품학 박사
현재 동국대학교 가정교육학과 겸임교수

송효남
서울대학교 식품영양학과(학사)
서울대학교 대학원 식품학 박사
현재 세명대학교 바이오식품산업학부 교수

4판 과학으로 풀어쓴
식품과 조리원리

2008년 9월 10일 초판 발행 | 2012년 3월 5일 개정판 발행
2014년 8월 20일 제3판 발행 | 2019년 2월 27일 제4판 발행 | 2023년 7월 20일 제4판 6쇄 발행

지은이 이주희 외 | **펴낸이** 류원식 | **펴낸곳 교문사**

편집팀장 성혜진 | **디자인** 신나리

주소 (10881) 경기도 파주시 문발로 116 | **전화** 031-955-6111 | **팩스** 031-955-0955
홈페이지 www.gyomoon.com | **E-mail** genie@gyomoon.com
등록 1968. 10. 28. 제406-2006-000035호
ISBN 978-89-363-1830-7(93590) | 값 24,000원